Klostermann, Das Klima im Eiszeitalter

Das Klima im Eiszeitalter

von

Prof. Dr. habil. Josef Klostermann
Leitender Geologiedirektor beim Geologischen Landesamt
Nordrhein-Westfalen

mit 90 Abbildungen und 7 Tabellen

E. Schweizerbart'sche Verlagsbuchhandlung
(Nägele u. Obermiller) · Stuttgart 1999

Anschrift des Autors:
Prof. Dr. habil. Josef Klostermann, Geologisches Landesamt Nordrhein-Westfalen, De-Greiff-Str. 195, D-47803 Krefeld.

Titelfoto:
Spitzbergen (Foto: S. Werner)

Die Deutsche Bibliothek – CIP-Einheitsaufnahme

Klostermann, Josef:
Das Klima im Eiszeitalter : mit 7 Tabellen / von Josef Klostermann. –
Stuttgart : Schweizerbart, 1999
ISBN 3-510-65189-8

ISBN 3-510-65189-8

∞ Gedruckt auf alterungsbeständigem Papier nach ISO 9706-1994

Verlag: E. Schweizerbart'sche Verlagsbuchhandlung, Johannesstraße 3 A, D-70176 Stuttgart
Satz: Typomedia Satztechnik GmbH, Ostfildern
Druck: Tutte Druckerei GmbH, Salzweg bei Passau

Printed in Germany

Vorwort

Klima, Klimageschichte und Klimaprognosen haben inzwischen große Bedeutung für die gesamte Menschheit erlangt, wie die Weltklimagipfel zeigen. Daher wird auch mit aufwendigen Computermodellen versucht, die künftige Klimaentwicklung vorherzusagen. Computermodelle erlauben jedoch nur dann gute Klimaprognosen, wenn sie in der Lage sind, Klimaschwankungen zu berechnen, die während der Erdgeschichte stattgefunden haben.

Im Laufe der Erdgeschichte gab es lange, oft mehrere 100 Mio. Jahre während Warmphasen. Aber es gab auch Zeiten mit extremen Klimaschwankungen, die sogenannten Eiszeitalter. Sie dauerten in der Regel nur bis zu 20 Mio. Jahren. Das jüngste Eiszeitalter, in dem wir heute noch leben, begann vor ca. 2,4 Mio. Jahren. Das Klima der Zukunft wird daher das eines Eiszeitalters sein. Es gilt also das Klima des Eiszeitalters zu erforschen, wenn man Klimaveränderungen der Vergangenheit verstehen und Prognosen für die Zukunft abgeben will.

Das Klima im Eiszeitalter wird von einer Fülle komplexer Vorgänge gesteuert, die wiederum durch eine Vielzahl von Rückkopplungsprozessen miteinander verknüpft sind. Dies führt dazu, daß bei der Beschreibung des Klimas im Eiszeitalter und bei der Erörterung der Ursachen für Klimaschwankungen die verschiedensten Wissenschaftszweige beteiligt sind. Geologie, Ozeanographie, Paläontologie, Archäologie, Astronomie und Geographie, um nur einige zu nennen, müssen zur Beschreibung herangezogen werden. Das vorliegende Buch ist daher zwangsläufig ein interdisziplinäres Werk geworden. Ein einzelner Autor ist aber bei der heutigen Informationsflut überfordert, wenn er in allen Fachbereichen auf dem neuesten Forschungsstand sein will. Daher bin ich für Hinweise auf eventuell vorhandene Fehler sehr dankbar. Dennoch schien es mir den Versuch wert zu sein, ein Buch zu schreiben, das alle Disziplinen mit erfaßt, die an der modernen Klimaforschung mitwirken.

Daher soll das Buch all jene ansprechen, die an der Klimaforschung beteiligt sind oder sich für diese Fragen interessieren. Insbesondere Studenten der Geowissenschaften und der anderen oben aufgeführten Disziplinen, Lehrern und naturwissenschaftlich interessierten Laien soll das Buch grundlegende Kenntnisse vermitteln und als Nachschlagewerk dienen. Es soll die komplexen Zusammenhänge des Klimas im Eiszeitalter aufzeigen und zu verstärkter interdisziplinärer Forschung anregen.

Einigen Personen, denen ein besonderer Anteil an der Erarbeitung des vorliegenden Buches zukommt, gebührt mein besonderer Dank. An erster Stelle danke ich meiner Frau Monika, die mich während all der Jahre unterstützt und viel Verständnis für meine Forschungen aufgebracht hat. Besonderer Dank gebührt ihr auch für die Umsetzung des Manuskriptes mit Hilfe eines Computers. Der Amtsleitung des Geologischen Landesamtes NRW, dem Präsidenten Prof. Dr.-Ing. Peter Neumann-Mahlkau und seinem ständigen Vertreter Hanns Dieter Hilden danke ich für die Unterstützung und Förderung meiner Arbeiten. Den Herren Stefan van de Logt und Jörg Schardinel danke ich für die Reinzeichnung der Abbildungen und anschließende Umsetzung mit dem Computer. Dem Verlag, insbesondere Herrn Dr. Erhard Nägele und Frau Angela Pfeifer, gilt mein besonderer Dank für die ausgezeichnete Gestaltung des Buches.

Krefeld, im Januar 1999 Josef Klostermann

Inhalt

1 Forschungsgeschichte 1
1.1 Die Entwicklung des Eiszeit-Konzeptes 2

2 Gletscher und Inlandeismassen 5
2.1 Entstehung von Gletschern 5
2.2 Schneegrenzen und Firnlinie 7
2.3 Gletschertypologie 9
2.3.1 Dem Relief untergeordnete Gletscher 9
2.3.2 Dem Relief übergeordnete Gletscher 9
2.3.3 Schelfeis- oder Meergletscher 10
2.4 Gletschergefüge 11
2.4.1 Schichtung 11
2.4.2 Bänderung oder Blätterung 13
2.4.3 Scherflächen 14
2.4.4 Spalten 15
2.5 Gletscherphysik 17
2.5.1 Temperaturen und Drücke in Gletschern 17
2.5.2 Bewegung von Gletschern 20
2.6 Gletscherschwankungen und ihre Ursachen 24
2.6.1 Gletschervorstoß 25
2.6.2 Gletscherrückgang 25
2.6.3 Massenbilanzen von Gletschern 26
2.6.4 Pleistozäne Eisschilde 30
2.7 Glazigene Sedimente 44
2.7.1 Moränen 45
2.7.1.1 Endmoränen 45
2.7.1.2 Grundmoränen 47
2.7.2 Schmelzwässer im Eis – Erosion und Sedimentation 49

2.7.2.1 Tunneltäler, Glazigene Rinnen und Fjorde 50
2.7.2.2 Oser 55
2.7.2.3 Kames 58
2.8 Glaziäre Sedimente 59
2.8.1 Eisstausee- und Zungenbeckenablagerungen 59
2.8.1.1 Warven 60
2.8.2 Sander 63

3 Kontinente außerhalb vergletscherter Regionen 67
3.1 Periglazial-Gebiete 67
3.1.1 Wirkungen und Spuren des Permafrostes (Fließerden, Kryoturbationen, Eiskeilpseudomorphosen, Pingos) 68
3.1.2 Fluviatile Bildungen (Terrassen) 71
3.1.3 Äolische Ablagerungen 75
3.2 Wüsten 79
3.2.1 Lage heutiger Wüsten und Ursachen für deren Entstehung . . 80
3.2.2 Klimazeugen in Wüsten 82
3.2.3 Seespiegelhöhen und Pluviale 83

4 Ozeane 85
4.1 Chemische und physikalische Eigenschaften des Ozeanwassers . 86
4.1.1 Temperatur 87
4.1.2 Salzgehalt 90
4.1.3 Dichte 92
4.2 Ozeanische Strömungen 93
4.2.1 Tiefenströmungen 93
4.2.1.1 Bodenwässer 93
4.2.1.2 Tiefenwässer 94
4.2.1.3 Zwischenwässer 94
4.2.2 Antarktische Wassermassen 95
4.2.3 Oberflächenströmungen 95
4.2.4 Ringe im Golfstrom 97
4.2.5 Aufquellendes Kaltwasser und El Niño 97
4.2.6 Strömungen aus Nebenmeeren (Europäisches Mittelmeer) . . . 101
4.3 Meeresspiegelschwankungen 103
4.3.1 Definition 103
4.3.2 Geschwindigkeiten, Dimensionen, zeitliche Abstände 104
4.3.3 Nachweis fossiler Meeresspiegelhöhen 106
4.3.3.1 Spuren an Küsten 106
4.3.3.2 Korallenriffe 112

4.3.4 Ursachen 117
4.3.4.1 Eustatische Meeresspiegelschwankungen 117
4.3.4.1.2 Dichteänderungen 117
4.3.4.1.3 Schwankungen der Wassermenge 117
4.3.4.1.4 Gestaltänderung der Ozeanbecken 117
4.3.4.1.5 Andere plattentektonische Ursachen 118
4.3.5 Wirkungen 118
4.4 Chemische und biologische Prozesse in den Ozeanen 120
4.4.1 Calciumkarbonate 121
4.4.1.1 Die Lysokline 121
4.4.2 Cadmiumgehalt und ^{13}C : ^{12}C-Verhältnis 124
4.4.3 Schelfdeponierungshypothese 127
4.4.4 Kieselsäure und phosphatisches Material 130
4.4.4.1 Häufigkeitsänderungen von Calciumkarbonat und Kieselsäure 131
4.5 Nicht-biogene Tiefseesedimente 132
4.5.1 Sedimentationsmechanismen 132
4.5.2 Verwitterung und Verteilung der Verwitterungsprodukte in den Ozeanen 135

5 Stratigraphie 141
5.1 Chronostratigraphie und Geochronologie 142
5.1.1 Lithostratigraphie und andere stratigraphische Methoden . . . 144
5.1.2 Biostratigraphie 147
5.1.2.1 Flora 148
5.1.2.2 Fauna 162
5.1.2.2.1 Klimawechsel und Artenspektrum 162
5.1.2.2.2 Quartärzeitliche Säugetiere 164
5.1.2.2.3 Faunenwechsel im Ober-Pleistozän am Beispiel des Oberrheingrabens 174
5.1.2.2.4 Andere quartärzeitliche Faunen 177
5.2 Quartärstratigraphie 182

6 Entwicklungsgeschichte des Menschen 188
6.1 Einflüsse von Geologie und Klima auf die Evolution des Menschen 192
6.2 Genforschung in der Abstammungslehre 194
6.3 Werkzeugtechnologien und Kulturen 197
6.3.1 Paläolithikum 197
6.3.2 Mesolithikum und Neolithikum 205

7 Klima – Archive 207
7.1 Historische Beobachtungen 207
7.2 Eisbohrkerne 210
7.3 Tiefseebohrkerne und Sauerstoffisotopen 216

8 Ursachen für Eiszeiten und Klimaschwankungen 222
8.1 Plattentektonik und Klima 223
8.2 Astronomische Ursachen 226
8.3 Erdatmosphäre und Treibhausgase 233
8.3.1 Entstehung und Entwicklung der Atmosphäre 234
8.3.2 Atmosphärenchemie 236
8.3.2.1 Kohlendioxid 236
8.3.2.2 Weitere Treibhausgase 238
8.3.3 Atmosphärische Strömungen 239
8.4 Der Einfluß der Ozeane 242
8.5 Biomasse als Reglerelement 244

9 Rückkopplungen 246
9.1 Tektonik – Verwitterung – Meeresspiegelhöhe 246
9.2 Inlandeis – Albedo – Biomasse 247
9.3 Biomasse – Atmosphäre – Ozean – CO_2 248
9.4 Chemie der Ozeane – ozeanische Strömungen 250
9.5 Atmosphärenchemie – Treibhausgase 251
9.6 Strahlungsmenge – Chemie der Ozeane und Strömungen 252

10 Klimamodelle – Rekonstruktion der letzten 18000 Jahre – 253

11 Schriftenverzeichnis und weiterführende Literatur 257

Orts- und Sachregister 270

1 Forschungsgeschichte

Im 18. und 19. Jahrhundert wurden die geologischen Wissenschaften von der Theorie des Katastrophismus beherrscht. So entdeckte JOHAN SCHEUCHZER (1726) in der Schweiz eine Ansammlung fossiler Knochen, die er als Überreste eines Mannes deutete, der in der Sintflut umgekommen sein sollte. Erst 100 Jahre später identifizierte der französische Anatom Baron GEORGE CUVIER (1769–1832) die Knochen als Reste eines ausgestorbenen großen Salamanders. GEORGE CUVIER war einer der bedeutendsten Vertreter des Katastrophismus. Er schloß aus dem mehrfachen Wechsel von Land- und Meerestieren in den tertiärzeitlichen Schichten nahe von Paris auf eine Folge von Überflutungskatastrophen. DE SAUSSURE (1779, 1786, 1796) vermutete, daß beim „Zusammenbruch der Alpen“ der darüberliegende Ozean plötzlich aufgewallt sei. Dabei hätten Stoßfluten die erratischen Blöcke aus den Alpen in den französischen Jura transportiert. Auch LEOPOLD VON BUCH (1815) folgte dieser „Alpenfluttheorie“. ALEXANDER VON HUMBOLDT vertrat 1799 als Neptunist sogar die Theorie, daß das wärmere Klima früherer Zeiten dadurch entstanden sei, daß bei der Kristallisation von Gesteinen große Wärmemengen freigesetzt würden. WILLIAM BUCKLAND (1784–1856) war einer der letzten glühenden Vertreter des Katastrophismus. So veröffentlichte BUCKLAND (1823) in dem Buch „Reliquiae Diluvianae “ seine Theorien zum Einwirken einer allumfassenden Sintflut. Er benutzte dabei die Begriffe Diluvium (große Flut) und Alluvium (zusammengeschwemmt). Auch CHARLES LYELL vertrat in seinem zwischen 1830 und 1833 erschienenen berühmt gewordenen Buch „Principles of Geology“ die Theorie, daß die erratischen Blöcke durch driftende Eisschollen ins norddeutsche Tiefland gelangt seien. CHARLES DARWIN war ein berühmter Anhänger dieser Theorie. Die hier angeführten bedeutenden Vertreter der Wissenschaften haben über Jahrzehnte hinweg verhindert, daß sich eine moderne Deutung der beobachteten Phänomene durch das „Eiszeit-Konzept“ durchsetzen konnte.

1.1 Die Entwicklung des Eiszeit-Konzeptes

Am Beginn der Entwicklung des Eiszeit-Konzeptes stand die Erkenntnis, daß beispielsweise die erratischen Gesteine Norddeutschlands aus Skandinavien stammten. Bereits 1775 erkannte Hauptmann von Arenswald die große Ähnlichkeit von Gesteinen Mecklenburgs mit schwedischen Gesteinen. Aber auch von Arenswald hing noch der Fluttheorie an. Bereits 1787 hatte Goethe (Goethe 1840) mit dem späteren Bergrat J. C. W. Voigt die Möglichkeit erörtert, daß erratische Blöcke in Eistafeln eingeschlossen bis zum Harz und zum sächsischen Erzgebirge transportiert worden seien. Im Jahre 1790 – also 40 Jahre vor Charles Lyell – veröffentlichte G. A. von Wintersfeld seine Annahme, daß die Granite Mecklenburgs in Treibeisschollen eingefroren von Schweden herantransportiert worden seien.

Den wohl ersten konkreten Hinweis auf den Transport von Findlingen durch Gletscher gab im Jahr 1787 der Schweizer Bernhard Friedrich Kuhn, Justiz- und Polizeiminister im helvetischen Großen Rat. Seine Vermutungen hat Kuhn im Magazin für die Naturkunde Helvetiens unter dem Titel „Versuch über den Mechanismus der Gletscher" publiziert. 1794 schloß sich der schottische Geologe James Hutton, der vielfach als Vater der Geowissenschaften angesehen wird, den Thesen Kuhn's an. Hutton (1795) publizierte diese Theorie in seinem Buch „Theory of the Earth". 1802 veröffentlichte John Playfair in seinen „Illustrations" die Annahme, daß die erratischen Blöcke in der Umgebung der Alpen durch Gletscher transportiert worden seien. Jean-Pierre Perraudin rekonstruierte 1815 erstmals die Ausdehnung eines Gletschers in den Schweizer Alpen. Perraudin lebte von der Gemsenjagd nahe Lourtier im Val de Bagnes. Die Beobachtung von Kerben und Kratzern auf hartem Fels veranlaßte ihn zu der Schlußfolgerung, daß diese vom Eis verursacht worden seien und somit der Gletscher einst das gesamte Tal eingenommen haben müsse. Zu Lebzeiten Perraudin's befand sich der Gletscher nur im südlichen höheren Teil des Val de Bagnes.

Perraudin trug seine Theorie noch im Jahr 1815 Jean de Charpentier, dem berühmten Naturforscher, Professor in Lausanne und Salinendirektor von Bex, vor. Dieser befand Perraudin's Theorie jedoch: „ ..... für so übertrieben, daß ich sie nicht einer Untersuchung oder nur einer Betrachtung für wert halte". Zwischen 1816 und 1818 hielt sich Ignace Venetz (ein Straßen- und Brückenbauingenieur) im Val de Bagnes auf. Nur sehr zögernd übernahm Venetz die Theorie von Perraudin. 1821 fertigte Venetz eine Denkschrift an (Denkschriften der allgemeinen Schweizerischen Gesellschaft für die gesammten Naturwissenschaften, Bd. 1, Abt. 2: 1–38, Zürich), die im Jahre 1833 veröffentlicht wurde. Darin behauptete er, die Felstrümmer, die sich 5 km jenseits des Endpunktes des Flesch-Gletschers befänden, seien Moränen, die dieser Gletscher dort hinterlassen habe. Bereits 1822 legte VENETZ seine Vorstellungen über die Bildung von Moränen in einem Vortrag vor der Jahresversammlung der Schweizer Gesellschaft für Naturwissenschaften dar.

Fast zur gleichen Zeit, im Jahre 1824, entdeckte der Däne JENS ESMARK in Norwegen ebenfalls Spuren früherer Gletscher. Wenngleich GOETHE für den norddeutschen Raum weite Transportstrecken für erratische Blöcke ablehnte, so nahm er bereits 1828 für den alpinen Raum den Transport erratischer Blöcke durch Talgletscher an. 1829 hielt VENETZ im Hospiz am Großen St. Bernhard wiederum vor der Jahresversammlung der Schweizerischen Gesellschaft für Naturwissenschaften einen Vortrag über seine nun bereits ausgearbeitete Theorie. In diesem Vortrag entwickelte er die These, daß sich die Gletscher einst von den Alpen aus bis weit in den europäischen Raum ausgedehnt hätten. Auch die erratischen Blöcke Nordeuropas wurden von VENETZ in diesem Vortrag bereits als Hinterlassenschaften großer Eismassen gedeutet (EISSMANN 1974). Ebenfalls im Jahre 1829 verwertete GOETHE in „Wilhelm Meisters Wanderjahre“ den Streit um die Eistheorien. Für das norddeutsche Flachland postulierte REINHARD BERNHARDI, Professor an der Forstakademie Dreißigacker bei Meiningen, im Jahre 1832 eine Inlandvereisung, die die Findlinge nach Norddeutschland transportiert habe. 1833 veröffentlichte VENETZ seine Theorien in der Arbeit mit dem Titel „Mémoire sur les variations de la témperature dans les Alpes de la Suisse. Par M. VENETZ, ingenieur en chef du Canton du Valais“. Zwischen 1829 und 1833 befaßte sich CHARPENTIER nun doch intensiv mit dem Problem der Vergletscherung. Er trug eine Fülle von Beweisen für die von PERRAUDIN übernommene Theorie zusammen. 1834 hielt CHARPENTIER in Luzern einen Vortrag über die Gletschertheorie. Sie wurde jedoch von den führenden Wissenschaftlern der Geologie, u. a. auch von LOUIS AGASSIZ, abgelehnt. CHARPENTIER zeigte dann dem Paläontologen AGASSIZ auf gemeinsamen Exkursionen mit VENETZ und dem Botaniker SCHIMPER die Beweise für seine Theorie. Sowohl AGASSIZ als auch SCHIMPER erkannten die Richtigkeit der von CHARPENTIER vertretenen Theorie. Am 24. Juli 1837 vertrat AGASSIZ diese von ihm nun übernommene Theorie in einem Vortrag in Neuchatel vor der Schweizerischen Gesellschaft für Naturwissenschaften. Unter den Zuhörern befanden sich unter anderem LEOPOLD VON BUCH, ALEXANDER VON HUMBOLDT und ELIE DE BEAUMONT. Alle lehnten die Theorie ab. KARL SCHIMPER prägte anläßlich dieser

Versammlung in einem Gedicht erstmals den Begriff „Die Eiszeit". Ebenfalls im Jahr 1837 hielt F. A. QUENSTEDT in Tübingen seine Antrittsvorlesung mit dem Thema „Das Klima der Vorzeit". Im September des Jahres 1840 referierte AGASSIZ in Glasgow vor der „British Association for the Advancement of Science". Er postulierte, daß in gewissen Zeitaltern der ganze Norden Europas und auch der Norden von Asien und Amerika von einer Eismasse bedeckt gewesen seien. Auch hier traf der Vortrag auf wenig Gegenliebe. Insbesondere CHARLES LYELL opponierte. Wenig später führten BUCKLAND, AGASSIZ und RODERICK IMPEY MURCHISON eine Exkursion nach Schottland durch, in deren Verlauf sie unter anderem „Driftspuren" studieren konnten. Von ausschlaggebender Bedeutung waren dabei die Hangterrassen, die sogenannten Glen Roys. Sie waren von CHARLES DARWIN als marine Strandterrassen gedeutet worden. AGASSIZ dagegen interpretierte sie im Vergleich zum Aletschgletscher als Uferlinien eines absinkenden Gletscherstausees. Während dieser Exkursion konnte AGASSIZ BUCKLAND von der Eiszeit-Theorie überzeugen. Wenig später war es BUCKLAND gelungen, auch CHARLES LYELL für die Theorie zu gewinnen. Das Eiszeit-Konzept wurde nun von drei bedeutenden Wissenschaftlern vertreten. Im folgenden Jahr 1841 veröffentlichte JEAN DE CHARPENTIER seinen Artikel „Essai sur les Glaciers et sur le terrain erratique du bassin du Rhone par Jean de Charpentier"; Lausanne. Erste konkrete Hinweise auf eine Vereisung Norddeutschlands ergaben sich aus der Zusammenarbeit BERNHARD VON COTTA'S, CARL FRIEDRICH NAUMANNS und ADOLPH VON MORLOTS. Nachdem VON COTTA 1843 auf einer Exkursion mit LOUIS AGASSIZ in der Schweiz Gletscherschliffe kennengelernt hatte (EISSMANN 1974), beauftragte VONCOTTA NAUMANN mit der Suche nach Gletscherspuren in der Umgebung Leipzigs. Die gefundenen Spuren beschrieb NAUMANN noch im Jahre 1844. Auch VON COTTA fertigte eine Veröffentlichung zu diesem Thema (COTTA 1844). Noch im gleichen Jahr zeigte NAUMANN die Spuren dem Schweizer ADOLPH VON MORLOT. Dieser zog sofort den Schluß, daß große Inlandeismassen von Skandinavien her Mittelsachsen erreicht haben müßten (MORLOT 1844). NAUMANN kam nach sorgfältiger Überlegung im Jahre 1848 zum gleichen Ergebnis wie MORLOT. Aber erst das Jahr 1875 brachte den Durchbruch für das Eiszeit-Konzept. Am 3. November 1875 hielt OTTO TORELL aus Stockholm vor der Deutschen Geologischen Gesellschaft in Berlin einen Vortrag über die Gletscherschliffe von Rüdersdorf bei Berlin. Er begründete sehr überzeugend, daß das skandinavische Inlandeis bis nach Norddeutschland gereicht habe.

2 Gletscher und Inlandeismassen

Das Zeitalter des Quartärs ist unter anderem durch den Wechsel zwischen Aufbau und Abschmelzen von Gletschern und Inlandeismassen geprägt. Um die Auswirkungen großer Eismassen auf den Untergrund, das Sedimentations- und Erosionsgeschehen sowie Klima und Umweltverhältnisse verstehen zu können, ist es notwendig, sich zunächst mit der Entstehung von Gletschern zu befassen. Die Entstehung von Gletschereis und die Gletscherbewegungen lassen charakteristische Strukturen im Eis und typische Sedimente entstehen. Wichtig für die Beurteilung der Auswirkung von Eismassen auf Umwelt und Untergrund sind die physikalischen Verhältnisse in einem Gletscher. Auch die Bewegung der Gletscher ist physikalischen Gesetzen unterworfen und hat daher bestimmte Auswirkungen auf den Untergrund und die Sedimente, die im Zusammenhang mit Gletschern entstehen. Schließlich stellt sich die Frage nach den Ursachen von Gletscherschwankungen. Je nach Größe, Vorkommen und Verhalten lassen sich verschiedene Gletschertypen unterscheiden. Abschließend werden zunächst die glazigenen Sedimente, also jene, die im unmittelbaren Zusammenhang mit dem Eis entstehen und danach die glaziären Sedimente, also jene, die im mittelbaren Zusammenhang mit dem Eis entstehen, behandelt.

2.1 Entstehung von Gletschern

Gletschereis bildet sich durch die kontinuierliche Ansammlung von Schnee über mehrere Jahre hinweg. Im Winter gefallener Schnee darf im folgenden Sommer nicht vollständig abschmelzen. Je weniger Schnee im Sommer abschmilzt, um so mehr Schnee kann sich im darauffolgenden Winter dem bereits vorhandenen Schnee hinzugesellen. Daher sind nicht die Winter-, sondern die Sommertemperaturen für die Gletscherentstehung entscheidend. Eine weitere Voraussetzung für die Bildung von Gletschereis ist, daß der Niederschlag als Schnee und nicht als Regen niedergeht. Anschließend muß der Schnee in Gletschereis umgewandelt werden. Dies geschieht durch eine thermische und druckbedingte Metamorphose. Bereits die Form der meist hexagonalen **Schneekristalle** hängt von verschiedenen Umweltbedingungen ab. Sternförmige Schneekristalle besitzen ein spezielles Bildungsmilieu. Sie entstehen bei Temperaturen zwischen –14 °C und –17 °C und einer Wasserdampfübersättigung der Luft von 108%. Plättchen- und säulenförmige Kristalle bilden sich bei mehr als 100% Feuchte und Temperaturen zwischen –10 °C und –20 °C. Schneenadeln jedweder Form entstehen bereits zwischen –3 °C und –8 °C bei mehr als 108% Feuchte (WILHELM 1976). Nähern sich die Temperaturen der Luft dem Gefrierpunkt, kommt es zur Flockenbildung. Nach dem Feuchtigkeitsgehalt (Anteil an flüssigem Wasser im Schnee) lassen sich Pulverschnee (trockener Lockerschnee) und Pappschnee (feuchter Lockerschnee) unterscheiden. Bei extremer Kälte und Windstille bildet sich der sogenannte Wildschnee. Seine Kristalle sind nicht miteinander verbunden. Trockener Schnee ist bei gleichen Umweltbedingungen lockerer gelagert als Naßschnee.

Im Laufe der Zeit macht Neuschnee einen Wandlungsprozeß durch, die sogenannte Metamorphose (BADER et al. 1939). Durch Anschmelzen werden die Strukturen der Schneekristalle und Flocken abgebaut. Es kommt zur Verdichtung von Schneekristallen und Flocken. Dabei nehmen die Schneekristalle Kornform an. Zunächst bildet sich Altschnee und schließlich **Firn.** Das Wort Firn stammt aus dem althochdeutschen und bedeutet vorjährig. Je größer ein Korn ist, um so geringer ist seine Oberflächenspannung. Dies führt dazu, daß größere Körner auf Kosten kleinerer wachsen. Dieser Vorgang wird durch den Druck des überlagernden Schnees und höhere Temperaturen beschleunigt. Die Schneedichte nimmt während dieses Vorganges weiter zu. Wegen der niedrigen Temperaturen läuft die Metamorphose in Polargebieten deutlich langsamer ab als in temperierten Zonen. Bereits an der Oberfläche des Neuschnees kommt es immer wieder zu Auftau- und Gefriervorgängen. Weil der Wechsel zwischen Gefrieren und Wiederauftauen im Sommer häufiger abläuft, sind die Sommerkörner meist größer als die Winterkörner. Sommerkörner können Durchmesser von einigen Millimetern erreichen. In den obersten 10 bis 25 Metern nimmt die Dichte des Schnees am stärksten zu. Am Ende der ersten Metamorphosephase haben sich körnige Eisaggregate gebildet, der Firn. Während der zweiten Metamorphosephase wachsen die Firnkörner über Eisbrücken zusammen. Dadurch kommt es zu einer weiteren Verdichtung (PATERSON 1981). Gleichzeitig nehmen Porenvolumen und Luftdurchlässigkeit ab. Beginnend mit einer Dichte von 0,8 g · cm^{-3} bildet sich aus Firn weißes Firneis. Durch Rekristallisation entsteht daraus schließlich **Gletschereis** mit einer Dichte von 0,91 g · cm^{-3} (WILHELM 1976).

2.2 Schneegrenzen und Firnlinie

Gletscher entstehen dort, wo über längere Zeit hinweg mehr Schnee fällt als schmilzt. Die **Schneegrenze** wird daher auch als Grenze des ewigen Schnees bezeichnet. An der Schneegrenze sind Niederschlag und Ablation gleich groß. Die Höhenlage der Schneegrenze ist abhängig von Klima, Schneefall, Temperatur, Sonneneinstrahlung, Verdunstung, Reflexion, Luftfeuchtigkeit, Wind etc. Insbesondere ist sie jahreszeitlichen Schwankungen unterworfen. Im Winter liegt sie tiefer, im Sommer höher. Diese jahreszeitlich veränderlichen Schneegrenzen bezeichnet man als temporäre Schneegrenzen. Die höchste Position, die temporäre Schneegrenzen einnehmen, entspricht der Schneegrenze im engeren Sinne. Neben den jahreszeitlichen Temperaturschwankungen beeinflussen auch lokale Besonderheiten die Höhenlage der Schneegrenze. Hier sind unter anderem die Strahlungsmenge und die Windexposition zu nennen. In Schattengebieten liegt die Schneegrenze tiefer. Durch die größere Albedo über Gletschern liegt sie dort deutlich tiefer als in benachbarten felsigen Regionen mit geringerer Albedo. Die höchste Position, die die Schneegrenze in Abhängigkeit von lokalen Besonderheiten einnimmt, wird als orographische Schneegrenze bezeichnet.

Um globale Vergleiche von Schneegrenzen anstellen zu können, wird der Idealwert „klimatische Schneegrenze" eingeführt. Sie ist unabhängig von orographischen Einflüssen. In der Regel stellt die klimatische Schneegrenze den Mittelwert aus den orographischen Schneegrenzen dar. Oberhalb der klimatischen Schneegrenze liegt trotz stärkster Sonnenstrahlung den ganzen Sommer über Schnee. Ihre Höhenlage wird insbesondere durch das Feuchte- und Wärmeangebot der Klimazonen gesteuert. Sie ist außerdem von Luft- und Meeresströmungen, von Gebirgen und Niederschlägen sowie von der Luv- oder Lee-Position der Gletscher innerhalb großer Gebirge zu den atmosphärischen Strömungen abhängig. Von den Polen bis hinab auf 30° nördlicher oder südlicher Breite ist die Höhenlage der Schneegrenze etwa an den Verlauf der + 4,5 °C-Isotherme des wärmsten Monats

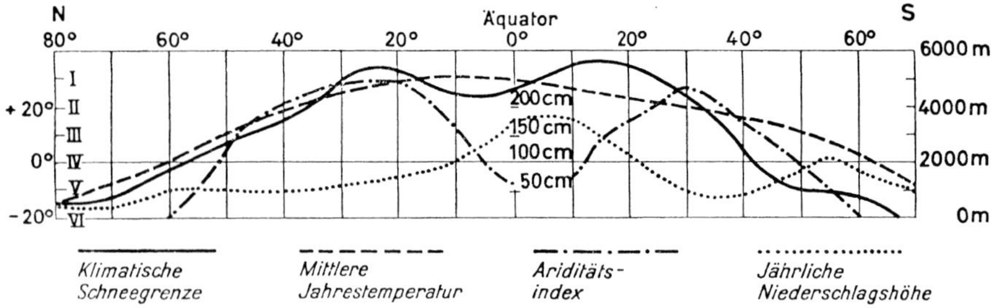

Abb. 1. Mittlere Höhenlage der klimatischen Schneegrenze in Abhängigkeit von der geographischen Breite (nach: WILHELM 1976).

gebunden (s. Abb. 1). Dabei fällt auf, daß sie auf der Südhalbkugel mit wachsender Breite deutlich tiefer liegt als auf der Nordhalbkugel (SCHNEIDER 1962). Schon bei 66° südlicher Breite erreicht sie den Meeresspiegel. Die Südhalbkugel ist vorwiegend von Ozeanen bedeckt, so daß sie weniger erwärmt wird als die Nordhalbkugel. Infolgedessen erreicht die Schneegrenze auf den Kontinenten der Südhalbkugel früher das Niveau des Meeresspiegels. Zwischen 30° nördlicher beziehungsweise südlicher Breite und dem Äquator haben neben der Temperatur besonders die Niederschläge großen Einfluß auf die Höhenlage der klimatischen Schneegrenze. Aufgrund der höheren Niederschlagsmengen liegt die Schneegrenze daher am Äquator deutlich tiefer (vgl. Abb. 1).

Über Gletschern gibt es eine Grenzlinie, die nicht mit der Schneegrenze identisch sein muß. Es ist die Grenze zwischen Akkumulation und Ablation an der Oberfläche von Talgletschern. Sie wird **Firnlinie** genannt (HOINKES 1970). Verursacht durch die gegenüber dunklem Felsgestein höhere Albedo kühlt das helle Eis seine Umgebung stärker ab. Daher liegt die Grenze zwischen Nähr- und Zehrgebiet über Gletschern normalerweise tiefer als die Schneegrenze.

Das unterhalb der Firnlinie gelegene Zehrgebiet wird als Gletscherzunge bezeichnet. Während der letzten Kaltzeit, der Weichsel-Kaltzeit (Würm-Glazial), war die Schneegrenze weltweit um ca. 1200 m abgesenkt. Die Jahresdurchschnittstemperaturen dürften damals um ca. 8° Celsius niedriger gewesen sein als heute.

2.3 Gletschertypologie

Gletscher bedecken überwiegend die Polargebiete und Hochgebirge. Die heute vergletscherte Fläche der Erde umfaßt etwa 14,9 Mio. km^2 (FLINT 1971). Dies entspricht 10% der Festlandsfläche. Die größten Eismächtigkeiten gibt es in Grönland mit etwa 3000 m und in der Antarktis mit mehr als 4000 m.

Während des Pleistozäns überdeckten Gletscher etwa 45 Mio. km^2. Dies entspricht einer vergletscherten Festlandsfläche von ca. 30%.

2.3.1 Dem Relief untergeordnete Gletscher

Gletscher werden in verschiedene Typen untergliedert (SCHNEIDER 1962). Es wird zwischen Vereisungen unterschieden, die dem **Relief untergeordnet** sind und solchen, die dem Relief übergeordnet sind. Zu den Gletschertypen, die dem Relief untergeordnet sind, zählen unter anderem Kargletscher, Talgletscher, Eisstromnetze und Vorlandgletscher. Bei Kargletschern fehlt eine Gletscherzunge. Talgletscher bestehen aus einzelnen Gletscherzungen, die die Täler erfüllen. Die größten Talgletscherlängen werden zur Zeit in Alaska mit 100 km erreicht. Der Aletschgletscher ist dagegen nur 25 km lang. Werden sämtliche Täler eines Gebirges von Gletschern erfüllt, so spricht man von einem Eisstromnetz. Besonders typisch ist ein solches Eisstromnetz auf Spitzbergen entwickelt (Spitzbergentyp). Treten die Gletscher aus dem Gebirge heraus, so vereinen sie sich oft zu einem großen zusammenhängenden Eiskörper. Dieser wird als Vorlandgletscher bezeichnet.

2.3.2 Dem Relief übergeordnete Gletscher

Bei Vereisungen, die dem **Relief übergeordnet** sind, wird zwischen Plateaugletschern und Inlandeismassen unterschieden. Die Bewegung dieser Gletscher wird fast ausschließlich durch deren Mächtigkeit gesteuert. Dennoch paust sich vielfach das Relief des Untergrundes bis an die Eisoberfläche durch. Unter der Bezeichnung **Plateaugletscher** wird ein geschlossener Eiskuchen verstanden, der Hochflächen in der Regel vollständig überdeckt. Von den Rändern eines solchen Plateaugletschers aus entwickeln sich Talgletscher in die angrenzenden Täler hinein. Plateaugletscher stellen Übergangsformen zwischen Talgletschern und Inlandeismassen dar.

Inlandeismassen sind mächtige Eiskalotten, die in polaren Breiten entstehen. Eine geschlossene Eisdecke überdeckt Landschaften mit dem unterschiedlichsten Relief. Eine solche Eiskalotte überlagert auch Wasserscheiden und bewegt sich unabhängig vom Talgefälle. Inlandeismassen können auch hangaufwärts strömen, wie das Beispiel der Ostsee während des Saale-Glazials belegt. Sie war damals vollständig von Eis überdeckt. Der Rand einer solchen Inlandeismasse ist oft durch zungenförmige Gletscherloben gegliedert.

2.3.3 Schelfeis- oder Meergletscher

Einen besonderen Gletschertyp stellen **Schelfeis- oder Meergletscher** dar. Bei diesen Gletschern soll die Akkumulation im Sinne der ursprünglichen Definition auf Meereis erfolgen. Voraussetzung dafür ist ein Absinken der Schneegrenze auf das Niveau des Meeresspiegels. Die Metamorphose des Schnees muß im Sinne der Erstdefinition ebenfalls auf dem Eis selbst ablaufen. In den meisten Fällen sind diese Voraussetzungen jedoch nicht erfüllt. Gerade die bekannten Schelfeisgebiete wie Ross-, Filchner- und Ronne-Schelfeis genügen der Erstdefinition nicht. So setzt sich beispielsweise das Ross-Schelfeis aus verschiedenen Bestandteilen zusammen. An seinem Eis sind Gletscherzungen des Inlandeises, wiedereingefrorene Eisberge sowie Schelfeis im Sinne der ursprünglichen Definition beteiligt. Angeschoben durch die einmündenden Gletscherzungen bewegt sich das Ross-Schelfeis mit einer Geschwindigkeit von durchschnittlich 450 m pro Jahr in Richtung auf den Ozean. Die Ross-Barriere, der Eisrand also, überragt das Meer um 2 bis 60 m. Das Ross-Schelfeis ist im Durchschnitt 300 m dick. Dort, wo Teile des Inlandeises beteiligt sind, kann die Eismächtigkeit auf 350 bis 750 m anwachsen. Vielfach hat das Eis am Festlandsrand Grundberührung. Dort kommt es verstärkt zur Abtrennung (Kalben) von Tafeleisbergen. Die Bezeichnung „Schelfeis" im heutigen Sinne umfaßt daher weitaus mehr als in der ursprünglichen Definition abgegrenzt worden war.

Ausgedehnte Eisgebiete finden sich auch am Nordpol. Das Nordpolarmeer, das aus zwei jeweils etwa 4000 m tiefen Hauptbecken besteht, die durch den Lomonossow-Rücken voneinander getrennt werden, wird in weiten Teilen vom Packeis überdeckt. Die Mächtigkeit des Packeises schwankt zwischen 30 und 40 m. 5 bis 15 m des Eises liegen über der

Wasserlinie, 15 bis 25 m darunter. Das gesamte arktische Packeis befindet sich, von Meeresströmungen angetrieben, in Bewegung. Dadurch kommt es zu Eispressungen. Dabei werden mächtige Packeisschollen übereinandergeschoben. An diesen Stellen ist die Eismächtigkeit größer.

2.4 Gletschergefüge

Unter dem Begriff Gletschergefüge werden Schichtung, Bänderung oder Blätterung, Scherflächen und Spalten zusammengefaßt.

2.4.1 Schichtung

Schichtung von Gletschern kann verschiedene Ursachen haben. Oft entsteht sie durch **primäre Dichteunterschiede** des Eises. Diese Unterschiede können durch lockeren Winterschnee und dichter gelagerten Sommerschnee zustandekommen. Die dichtere Lagerung des Sommerschnees ist auf seinen höheren Feuchtigkeitsgehalt zurückzuführen. Dichteunterschiede entstehen auch durch das Tauen und Wiedergefrieren des Schnees. Da diese Vorgänge nicht über weite Flächen hinweg mit der gleichen Intensität ablaufen, entstehen sehr unregelmäßige Schichten. Schichtung kann aber auch durch **äolische Staubsedimentation** entstehen. Dieser Schichtungstyp entsteht besonders während trockener Sommer. Bevorzugt in geschützten Lagen wie in Talschlußgebieten und in Lee von Bergkämmen sammelt sich äolischer Staub. In der Antarktis treten als Besonderheit Schichten kosmischen Staubes auf. Diese Staubschichten werden nur selten durch unterschiedliche Drücke zerstört. Daher ist es häufig möglich, primäre Schichten von späteren Texturen zu unterscheiden. Schichtung kann auch durch die **Einwehung von Pollen entstehen**. Die Winterschicht ist dabei fast pollenfrei. Eine Schicht wird durch Dichte- oder Farbunterschiede, aber auch durch Staubeinlagerungen sichtbar. Häufig werden Schichten durch Wind verweht und umgelagert, so daß zahlreiche Diskordanzen entstehen. Eine auf der Gletscheroberfläche gleichmäßig ausgebreitete Schicht wird vielfach durch Ausschmelzen, Windverfrachtung und Abgleitvorgänge an ihren Rändern ausgefranst. So wird der im Idealfall halbkreisförmig in Fließrichtung konvex vorgewölbte Rand zu einer sogenannten „**Ogive**“ (s. Abb. 2). Unter Ogiven werden rein deskriptiv prokonkave Querelemente an der Gletscherober-

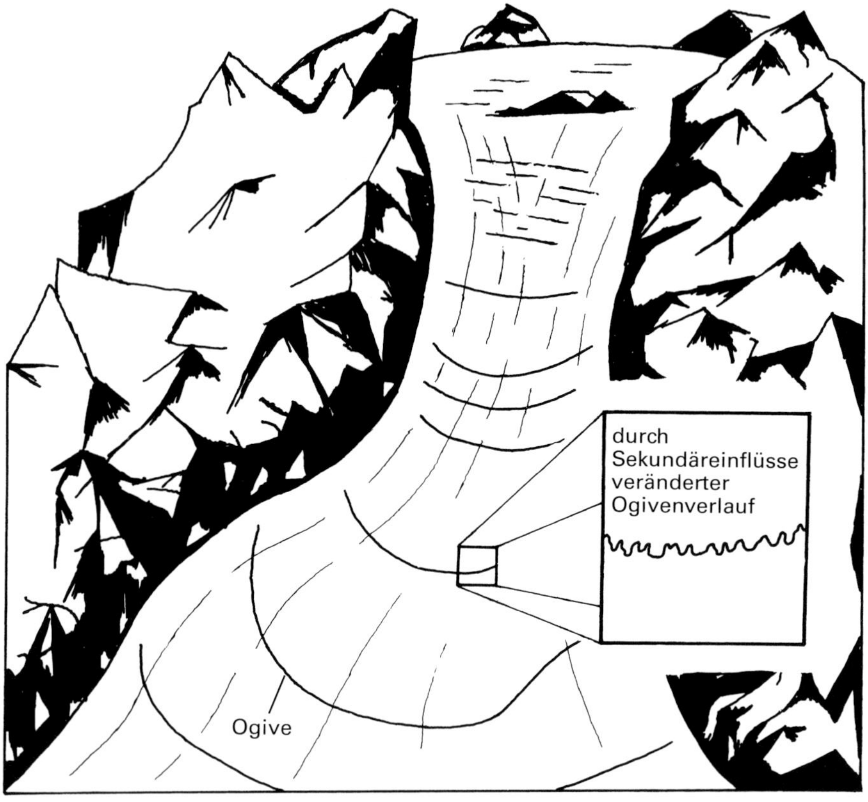

Abb. 2. Ogiven auf einem Gletscher.

fläche verstanden, die in Fließrichtung vorgebogen sind (KLEBELSBERG 1948). Sie entstehen besonders im Zusammenhang mit Eisabbrüchen. Die dunklen Schichten bilden sich im Sommer, die hellen im Winter. Ein Ogivenpaar repräsentiert in der Regel ein Jahr. Je höher die Geschwindigkeit des Eises ist, um so weiter sind die Ogivenpaare auseinandergezogen. Schichtung tritt bevorzugt im Nährgebiet eines Gletschers, also oberhalb der Firnlinie, auf. Im Zehrgebiet geht die primäre Schichtung allmählich verloren und wird von Drucktexturen abgelöst. In den Eiskalotten Grönlands und der Antarktis tritt nur selten Schichtung auf. Geringe Temperaturunterschiede haben zur Folge, daß sich kaum Sommer- und Winterlagen entwickeln können. Extrem starke Winde sorgen für eine rasche Verwehung und Umlagerung gerade entstandener Schichten. Außerdem gelangt nur wenig Staub in die genannten Regionen. Es gibt breit- und spitzbogige Zeichnungen oder Wellungen der Gletscheroberfläche, die oft Schichtneigungen oder Texturen folgen. Die Wellungen an der Gletscheroberfläche werden durch die unterschiedliche Verteilung des Staubes verstärkt. In Erhabenheiten wird der Staub weggeschmolzen. Er sammelt sich in den Depressionen. Bei dünner Staubbedeckung sind die hellen Teile der Ogiven erhaben, die dunklen zeichnen sich als Depressionen ab. Ist die Staubbedeckung mächtiger, schützt der Staub in den Depressionen den Untergrund vor dem Abschmelzen, so daß es allmählich zu einer Reliefumkehr kommt. Die Depressionen werden nun zu Erhabenheiten und umgekehrt.

2.4.2 Bänderung oder Blätterung

Mit Bänderung oder Blätterung wird eine schichtungsähnliche Erscheinung im körnigen Gletschereis bezeichnet. Es gibt weiße, lufthaltige und blasige Schichten, die **Weißblätter**. **Blaublätter** sind blau und grünlichblau gefärbte, luftarme, blasenlose Schichten. Die Farbunterschiede werden durch die verschiedene Lichtbrechung hervorgerufen. Die Wechsellagerung von Weiß- und Blaublatt wird Bänderung genannt. Eine Unterscheidung zwischen Schichtung und Bänderung ist ausgesprochen schwierig. Der Grund hierfür liegt darin, daß eine bereits vorhandene Schichtung oftmals die erste Disposition für die Entstehung von Bänderung darstellt. Die späteren Beanspruchungen des Eises orientieren sich meist an bereits vorhandenen Schichtflächen. Bänderung kann sich daher teils aus bereits vorhandenen Schichten, teils unabhängig davon entwickeln. An den Seiten des Gletschers streichen die Schichten uferparallel. Ein Querschnitt durch einen Gletscher zeigt (s. Abb. 3), daß die Bänderung zum Gletscherinneren hin ein sehr steiles Einfallen zeigt. Zum Zungenende heben sich die Blätter löffelförmig heraus. Die Lage der Blätter innerhalb des Gletschers zeigt eine deutliche Beziehung zur Druckverteilung innerhalb des Eises (vgl. Abb. 3). Durch den mächtigeren Eiskörper in der Mitte entstehen höhere Drücke. Dadurch wird die Bänderung nach unten hin verbogen. Am Zungenende hebt die Bänderung infolge der Druckverteilung im Eis löffelförmig heraus. Sie bildet dort sogenannte Bänderogiven.

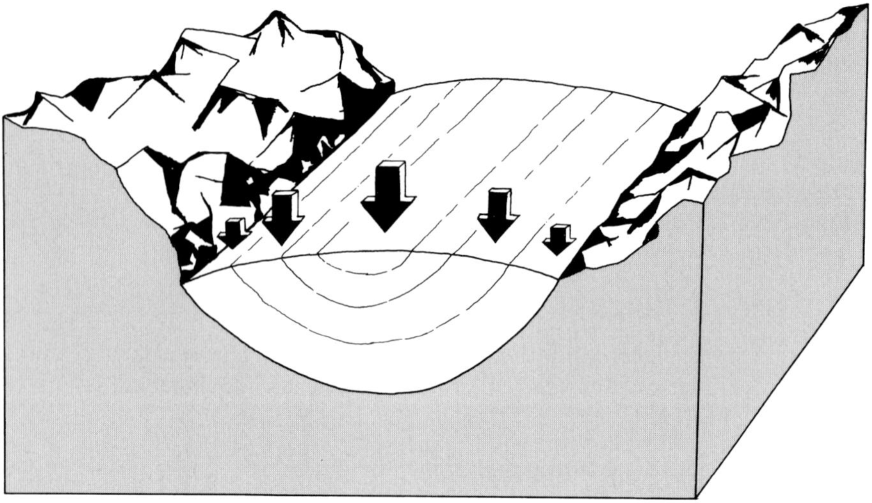

Abb. 3. Bänderung in einem Gletscherquerschnitt.

2.4.3 Scherflächen

Scherflächen zeigen meistens engste Beziehungen zur Blätterung. Die Bewegung von Gletschern erfolgt zum einen plastisch, zum anderen auf Scherflächen. Scherflächen sind häufig durch Staub dunkel gefärbt und folgen vielfach der primären Schichtung. An den Rändern und Enden des Gletschers verlaufen sie etwa randparallel. Sie schließen sich am Gletscherende in parabolischer Form. An der Gletscherstirn heben sie löffelartig heraus. Bei näherer Betrachtung zeigt sich, daß die Scherflächen Gletscherkörner durchschneiden. Scherflächen entstehen dort, wo sich das Gletschereis mit wechselnden Geschwindigkeiten bewegt. Reichen die elastischen Eigenschaften des Eises nicht mehr aus, um die durch die Bewegung verursachten Zug- und Schubspannungen über Formänderungen auszugleichen, bilden sich Scherflächen. Scherflächen, die überdurchschnittlich große Dimensionen besitzen und bis zur Gletscherbasis reichen, werden **Schubflächen** genannt. Häufig sind sie von mächtigen Schuttlagen bedeckt, die von der Gletschersohle stammen. Solche Schubflächen sind die Hauptlieferanten der Fließmoräne (Flow Till). Im Nährgebiet eines Gletschers dominieren abschiebende Scherflächen, im Zehrgebiet dagegen Überschiebungen. Die relativen Bewegungsraten an Scherflächen erreichen im Durchschnitt etwa 1 cm pro Tag. Es können aber auch, wie beispielsweise in Grönland, Bewegungsbeträge von bis zu 1 m pro Tag auftreten. Stellenweise gehen die Geschwindigkeitsunterschiede beiderseits von Scherflächen aber auch auf Null zurück. In diesen Fällen wird die Scherfläche als Blaublatt geschlossen.

2.4.4 Spalten

Zum Gefügeinventar eines Gletscher zählen auch die Spalten. Sie entstehen dort, wo benachbarte Eismassen große Geschwindigkeitsunterschiede aufweisen. An diesen Stellen treten Zugspannungen auf, die zur Spaltenbildung führen. Zur Tiefe hin schließen sich die Gletscherspalten.

In temperierten Gletschern (siehe Kap. 2.5) sind die Spalten bereits in 40 m Tiefe geschlossen, in kalten Gletschern können sie bis in Tiefen von 100 m und mehr offen sein. Spaltenbildung findet bevorzugt im oberen starren Bereich des Eises statt. Am Rand eines Kars bewegt sich ein Gletscher gegenüber dem Karinneren sehr viel schneller. Dort entsteht durch den steilen Abfall ins Tal das höchstgelegene ortsfeste Spaltensystem, der sogenannte **Bergschrund**. Die Spalten können dort in bis zu 100 m Tiefe hinabreichen. Unterhalb des Bergschrundes läßt die Zugspannung sehr rasch nach. Die Spalten verheilen. Am Rand des Gletschers zum Fels entwickeln sich Randklüfte. Sie entstehen infolge der Temperaturunterschiede, die durch den Schwarz-Weiß-Effekt von Fels und Gletschereis hervorgerufen werden. Auch innerhalb des Gletschers entwickeln sich unterschiedliche Spaltentypen (s. Abb. 4). **Querspalten** entstehen dort, wo im Längsprofil große Geschwindigkeitsunterschiede auftreten. Dies ist an Versteilungen im Gletscheruntergrund der Fall. Nach Überwindung der entsprechenden Stelle schließen sich die Spalten wieder. Finden sich Steilstellen im Untergrund, so entwickeln sich **Gletscherbrüche**. An extremen Steilstellen entstehen sogenannte **Serac's**. Dort ist der Gletscher in Eis- und Firntürme aufgelöst. Am Gletscherrand bilden sich nach allen Seiten hin divergierende Spalten, die **Radialspalten**. Treten innerhalb des Gletschers quer zur Bewegungsrichtung Geschwindigkeitsunterschiede auf, entstehen **Längsspalten**. Alle beschriebenen Spalten entwickeln sich senkrecht zur herrschenden Zugspannung. Ein besonderer Spaltentyp findet sich im antarktischen Eiskörper, die sogenannte **Innenspalte**. Risse und Klüfte schließen sich in diesen Fällen nach oben hin. Ursprünglich offene Oberflächenspalten sind durch Treibschnee nach oben hin verschlossen worden, so daß sie nur noch im Inneren des Eises offen sind.

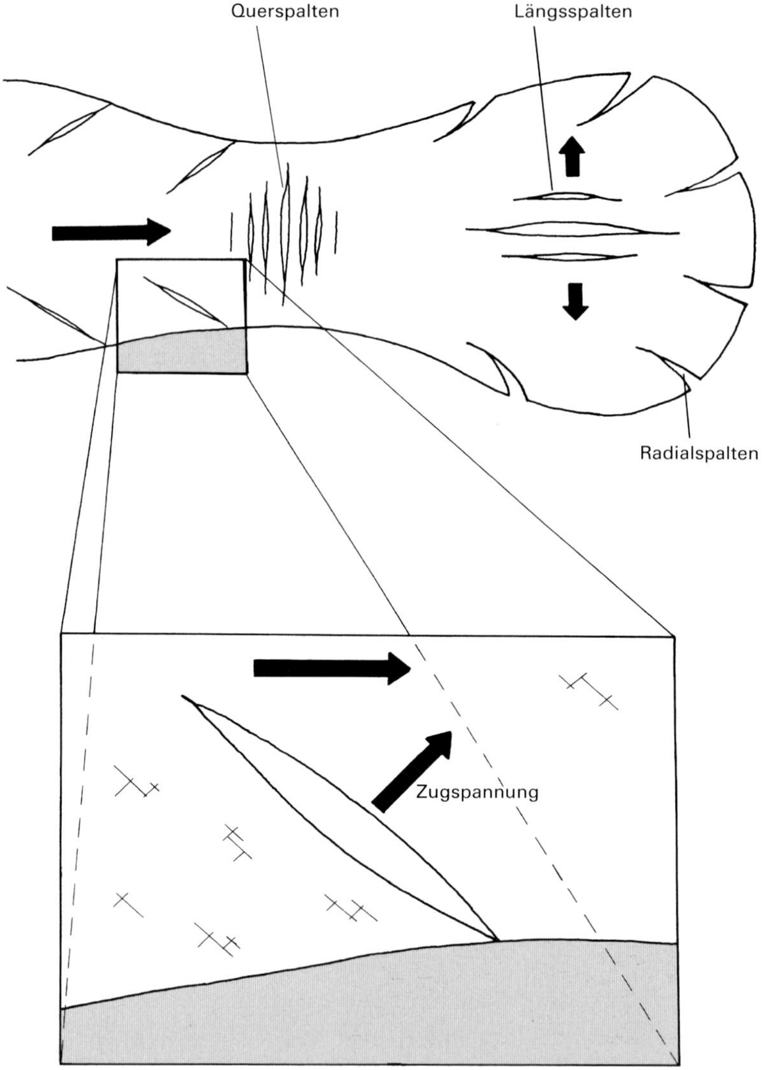

Abb. 4. Verschiedene Typen von Spalten in einem Gletscher.

2.5 Gletscherphysik

Grundsätzlich wird nach der Lage der Firnlinie zwischen temperierten Gletschern und kalten Gletschern unterschieden.

Bei **temperierten** Gletschern befindet sich die Gletscherzunge unterhalb der Firnlinie. Diese Gletscher führen daher ganzjährig Schmelzwasser und befinden sich in fließender Bewegung. Sie kommen vorwiegend in mittleren Breiten und in den Tropen vor. Bei **kalten** Gletschern befindet sich der gesamte Gletscher oberhalb der Firnlinie. Diese Gletscher sind schmelzwasserfrei. Ihre Bewegung erfolgt ruckartig. Die tieferen Teile des Eises liegen fest. In den höheren Abschnitten bewegen sich große zusammenhängende Blöcke vorwärts. Kalte Gletscher kommen überwiegend in Polargebieten vor.

2.5.1 Temperaturen und Drücke in Gletschern

Für Gletscher und Inlandeismassen gibt es verschiedene Wärmelieferanten. In erster Linie sind die Strahlung, die Regelation (= Auftauen von Eis bei Druckzunahme und Wiedergefrieren bei Druckabnahme) und die geothermische Wärme zu nennen. Die Wärme reguliert den Massenhaushalt eines Gletschers. Der Jahresgang der Lufttemperatur beeinflußt die Eistemperatur bis in etwa 15 m Tiefe. Die täglichen Temperaturschwankungen haben dagegen lediglich eine Eindringtiefe von 0,8 m. Bei **temperierten Gletschern** ist die Eistemperatur in einer bestimmten Tiefe etwa so groß wie die Druckschmelztemperatur (=Schmelzpunkterniedrigung von Eis durch erhöhten Druck) an dieser Stelle. Geht man von der idealisierten Vorstellung aus, daß temperiertes Eis aus einer Mischung von Eis und Wasser besteht, so würde die Schmelztemperatur durch den wachsenden Druck des überlagernden Eises sinken. Die Abnahme beliefe sich auf

$$\beta = 7{,}42 \cdot 10^{-5}\ \mathrm{K}\ (\mathrm{k\ Pa})^{-1}$$

Die Schmelztemperatur sinkt also in diesem Idealfall um 0,0074 °C pro 10^2 k Pa. Mit zunehmender Tiefe sinkt jedoch auch die Temperatur des Eises selbst. Wäre dies nicht der Fall, könnte sich kein Eis ansammeln, da es dann infolge der Schmelzpunkterniedrigung tauen würde. Messungen am Hintereisferner in den Ötztaler Alpen lieferten einen Temperaturgradienten von 0,078 °C/100 m. Damit liegt die Temperatur dort geringfügig unter der Druckschmelztemperatur des Eises. Der Druck, der vom Eis in 100 m Tiefe ausgeübt wird, berechnet sich zu 10^2 [N · cm $^{-2}$] (N=Newton). Dies entspricht einem Druck von 10^3 k Pa. Da der Schmelzpunkt um 0,0074 °C / 10^2 k Pa abgesenkt wird, liegt die Druckschmelztemperatur in 100 m Tiefe bei 0,074 °C.

Der Temperaturabnahme zur Tiefe hin steht im Eis eine gleichsinnig verlaufende Absenkung des Schmelzpunktes durch Druckzunahme gegenüber. Schon geringe Druckunterschiede führen daher zum Aufschmelzen des Eises. Bei Druckabnahme gefriert das Eis wieder. Dieser Vorgang wird **Regelation** genannt. Diese Temperaturverhältnisse in temperierten Gletschern führen dazu, daß diese ganzjährig Schmelzwasser führen. Höherer Druck fördert außerdem das Wachstum der Eiskörner. Durch Druckanstieg wird Luft aus dem Eis gepreßt. Aus weißem luftreichem Eis wird blaues luftarmes Eis. Die bisherigen Beschreibungen gehen von idealisierten Voraussetzungen aus. Zumindest im Sommer gibt es in temperierten Gletschern Schmelzwässer, die von der Oberfläche in die Tiefe des Gletschers strömen. Wird dort eine Temperatur von 0 °C unterschritten, gefriert das Wasser. Dabei wird Wärme frei. Diese reicht aus, um die Temperatur von 160 g Schnee um 1 Kelvin anzuheben (PATERSON 1994). Damit wird die Erwärmung durch wiedergefrierendes Schmelzwasser zu einem wichtigen Temperaturfaktor in temperierten Gletschern. Oft wird auf diese Weise Firn in oberflächennahen Schichten aufgeheizt. Am Aletschgletscher in 30 m Tiefe durchgeführte Messungen erbrachten dort Temperaturwerte von 0 °C, während an der Eisoberfläche Lufttemperaturen von –7 °C im Jahresdurchschnitt gemessen wurden. Voraussetzung für die Existenz temperierter Gletscher ist, daß die Kältewelle, die im Winter das Eis durchdringt, im Sommer durch die Erwärmung wiedergefrierenden Schmelzwassers rückgängig gemacht wird. Ist dies nicht der Fall, entsteht ein kalter Gletscher. Bei **kalten Gletschern** liegen die Eistemperaturen in der Regel weit unter dem jeweiligen Druckschmelzpunkt des Eises. Bei hochpolaren Gletschern ist dies ganzjährig der Fall. Bei subpolaren Gletschern kommt der Schmelzwasserabfluß im Winter zum Erliegen. Im Normalfall reicht die Durchkältung des Eises bis in mehrere 100 m Tiefe. Ständiges Tauen und Wiedergefrieren findet so gut wie nicht statt. Daher gibt es in den großen Inlandeiskappen nur selten richtiges Gletschereis. Meist ist die Metamorphose dort nur bis zur Firnkorngröße fortgeschritten. Die Entstehung von Gletschereis ist in den Inlandeiskappen ausschließlich auf Umwandlung durch zunehmenden Druck zurückzuführen

Die Gliederung in kalte und temperierte Gletscher kann nur als grobe Richtschnur dienen. Besonders in kontinentalen Gebieten, wie beispielsweise Tibet, können die Temperaturen in Gletschern deutlich unter dem

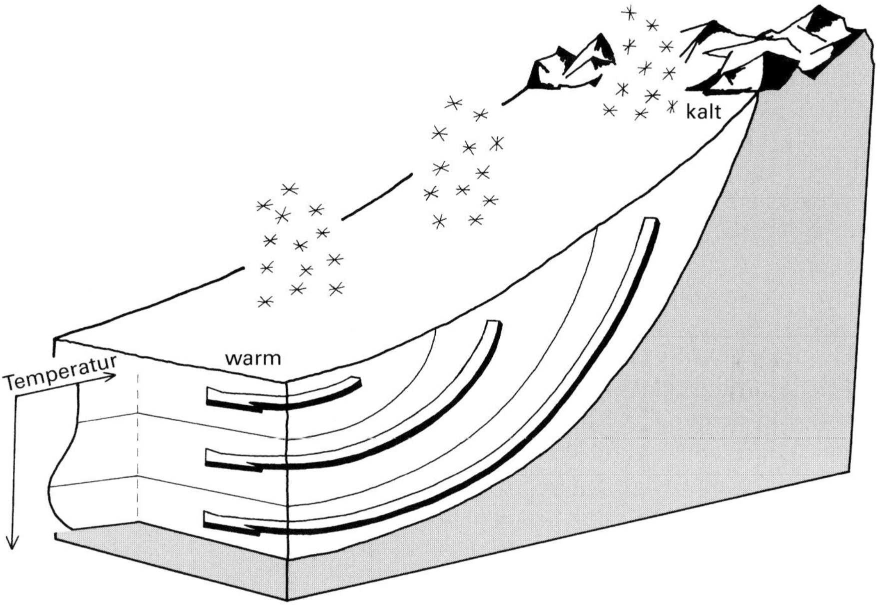

Abb. 5. Temperaturverteilung in den Eiskappen Grönlands und der Antarktis.

Druckschmelzpunkt liegen. Je nach Höhenlage sind die Gletscher dort kalt oder temperiert. Eine Besonderheit in der Temperaturverteilung zeigen die Eiskappen Grönlands und der Antarktis. Dort nimmt in einigen Fällen die Temperatur in den oberen Eisschichten zunächst ab, um dann in größerer Tiefe an manchen Stellen kräftig anzusteigen (s. Abb. 5). Eine Deutung dieses Phänomens geht davon aus, daß die oberen Schichten bei warmem Klima, die unteren dagegen bei kaltem entstanden seien. Eine andere Erklärung besagt, daß diese Temperaturverteilung durch die Gletscherbewegung verursacht wurde. Danach erklärt sich die kräftige Temperaturabnahme dadurch, daß das dortige Eis aus höheren kälteren Regionen stammt und durch die Gletscherbewegung in die entsprechende Tiefe gelangt sei (vgl. Abb. 5). Die Temperaturzunahme im unteren Teil ist auf den erhöhten Druck und die Zufuhr geothermischer Wärme zurückzuführen. Diese Theorie erklärt auch, warum der negative Temperaturgradient in der zentralen Antarktis deutlich kleiner ist. Dort ist das Gefälle der Eismassen sehr gering. ZOTIKOV (1963) kam aufgrund thermodynamischer Berechnungen zu dem Schluß, daß die Temperaturen etwa der Hälfte der Basis des antarktischen Inlandeises in der Nähe der Druckschmelztemperatur liegen. In jüngster Zeit wurde bei seismischen Messungen ein großer See unter dem westantarktischen Eis entdeckt. In den mittleren Bereichen der Antarktis schmilzt das Eis, wandert zu den Rändern und gefriert dort infolge der Druckentlastung wieder.

2.5.2 Bewegung von Gletschern

Schon früh wurde man durch verschiedene Ereignisse auf die Bewegung von Gletschern aufmerksam. So verlor beispielsweise SAUSSURE im Jahre 1788 bei der Besteigung des Mont Blanc im oberen Teil des Gletschers eine Leiter. Diese schmolz im Jahre 1832 etwa 4050 m tiefer wieder aus. Daraus ließ sich ein jährlicher Eisvorschub von etwa 92 m ableiten. Das Gewicht des Eises sorgt dafür, daß sich der Gletscher dem Gefälle folgend bewegt. Ein kleiner Teil der Bewegung erfolgt in Form basalen Gleitens, der größte Teil als plastisches Fließen. Dort kriecht die gesamte Eismasse zu Tal. Wichtig für die Bewegungsvorgänge in Gletschern ist die Zähigkeit oder Innere Reibung des Eises, die etwa den Eigenschaften von Glas bei + 500 °C entspricht. Je nach den herrschenden Temperaturen verändern sich die Eishärten. Bei –15 °C ähnelt die Eishärte etwa jener von Gips oder Kalkspat. Auf der Härteskala nach MOHS werden diesen Mineralen die Werte 2 und 3 zugeordnet. Bei –40 °C entspricht die Eishärte dem Wert 4, welcher der Härte von Flußspat entspricht. Die Bewegung von Gletschern wird durch Schwerkraft, Druck und die Plastizität des Eises gesteuert. Infolge der physikalischen Eigenschaften des Eises verhält sich der obere Teil eines Gletschers starr, während die unteren Abschnitte meist plastisch reagieren. Wenn Druck und Temperatur über lange Zeit hinweg relativ hohe Werte annehmen, reagiert das Eis plastisch. Beide Parameter führen dann dazu, daß die Eistemperaturen nahe am Druckschmelzpunkt liegen. Druckverflüssigungen können bereits bei Eismächtigkeiten von 30 bis 40 m auftreten. Im starren oberen Bereich eines Gletschers dominiert bei der Bewegung die Gleitkomponente. Dort kommt es zu Scherungen, und es entstehen Spalten und Risse. Plötzliche Druck- und Temperaturänderungen führen zu einer intensiven Spalten- und Rißbildung. Das Eis wird dort mylonitisiert. Dadurch wird klares Eis weiß und trüb. Lang anhaltender Druck führt im Gegensatz dazu zur Luftauspressung. Das Eis wird wieder klar. Die Druckfestigkeit von Eis reicht bis ca. 25 kg/cm^2. Oberhalb dieses Wertes kommt es

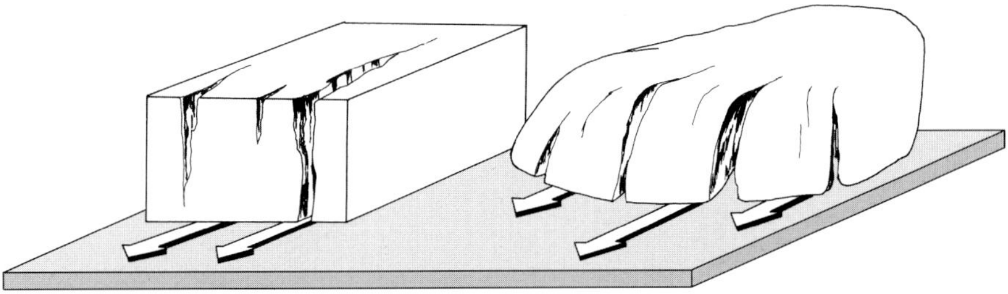

Abb. 6. Stark schematisierte Darstellung der Geschwindigkeitsverteilung im Querschnitt von Gletschern.

zur Scherung. Die Zugfestigkeit liegt bei nur 7 bis 8 kg/cm^2. Wird dieser Wert überschritten, bilden sich Gletscherspalten. Insgesamt betrachtet erfolgt die Bewegung eines Gletschers aber relativ kontinuierlich. Es gibt nur wenige Bewegungspausen. Erhöhter Druck hat eine Geschwindigkeitszunahme zur Folge. Im Querprofil eines Gletschers zeigt sich, daß das Eis in Ufernähe langsamer fließt als in uferfernen Bereichen (s. Abb. 6). Die Betrachtung von Mittel- und Seitenmoränen zeigt, daß einzelne Eispartien ihre Lage relativ zueinander beibehalten. Infolgedessen kann einem bestimmten Punkt im Nährgebiet ein bestimmter anderer Punkt im Zehrgebiet zugeordnet werden (s. Abb. 7). Die Gletscherbewegung läßt sich insgesamt als ein plastisches Fließen beschreiben. Messungen an Alpengletschern bestätigen diese Annahme. Die Strömungstheorie der Gletscherbewegung versucht diese Vorgänge zu beschreiben. Der Längsschnitt eines Gletschers (vgl. Abb. 7) zeigt, daß jenes Eisteilchen, das in den höchsten Teilen des Gletschers entstanden ist, am tiefsten absinkt. Auch an der Gletscherzunge schmilzt es zuunterst aus. Eisteilchen, die beispielsweise erst kurz vor der Firnlinie gebildet werden, bleiben im Laufe der Bewegung in Oberflächennähe. Dort, wo sich das mittlere der drei Eisteilchen bewegt (vgl. Abb. 7), ist die größte Eismasse zu transportieren. Folgerichtig fließt das Eis dort am schnellsten. Dadurch werden die Schichten innerhalb des Gletschers parabolisch verbogen. Gletschereis verhält sich jedoch, wie viele andere Stoffe auch, weder elastisch noch viskos, sondern plastisch. Die Fließgrenze wird bei einer Schubspannung von etwa 10^3 h Pa überschritten. Die Deformationsgeschwindigkeit ($d\gamma / dt$) des Eises ist von der angreifenden Schubspannung (τ) abhängig. Es ergibt sich die Proportionalität:

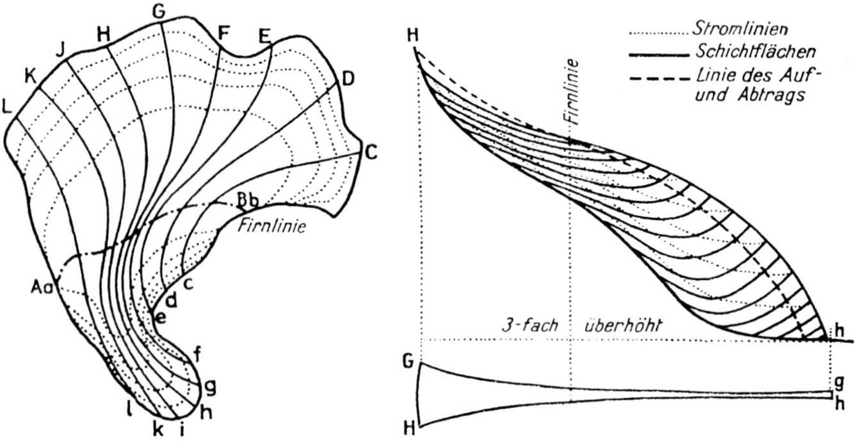

Abb. 7. Theorie der Gletscherbewegung in der Aufsicht und im Längsschnitt durch den Vernagtferner (nach: WILHELM 1976).

$$d\gamma / dt \approx \tau^{n}$$

Dabei ist n ein materialbedingter Exponent für τ. Für Eis liegt dieser Wert zwischen 2 und 4. Außerdem wird ein temperaturvariabler Faktor k eingeführt, der mit sinkender Temperatur abnimmt. Es ergibt sich folgende Gleichung:

$$d\gamma / dt = k \cdot \tau^{n}$$

Da k mit der Temperatur abnimmt, bewegen sich kalte Gletscher sehr viel langsamer als temperierte. Zwischen kalten und temperierten Gletschern besteht somit nur ein gradueller Unterschied. Die Schubspannung, die innerhalb des Eiskörpers angreift, ist in erster Linie von der Eismächtigkeit und der Größe des Gefälles abhängig. Der Gleitvorgang erfolgt innerhalb der Eiskörner. Der Kriechvorgang an der Gletschersohle wird von der Eismächtigkeit, dem Gefälle, der Eisdichte und dem Reibungswiderstand an der Grenze Eis/Fels beeinflußt. Überschreitet die Schubspannung die Druckfestigkeit des Eises, so entstehen Scherflächen. Auf diesen kommt es zu sogenannten Blockschollenbewegungen.

Basales Gleiten tritt in Gletschern auf, an deren Basis die Temperatur nahe an der Druckschmelztemperatur liegt. Infolge der Regelation bildet sich eine dünne Wasserschicht, die den Gleitvorgang erleichtert. Der Anteil des basalen Gleitens an der Gesamtbewegung eines Gletschers kann dann größere Beträge annehmen, wenn es sich um einen temperierten Gletscher größerer Mächtigkeit handelt. E. F. NYE (1965) kam aufgrund numerischer Berechnungen unter Berücksichtigung der Randeinflüsse der Gletscherbettwandungen zu dem Schluß, daß die Gletscherbewegungen gegen die Seiten und die Basis gegen Null gehen müsse. Mit dieser Theorie ist Gletschererosion jedoch nicht erklärbar, nicht einmal dann, wenn sich große Mengen von Gesteinsschutt an der Gletscherbasis befinden.

Im Karakorum und auf Spitzbergen wurde ein anderer Typ von Gletscherbewegung nachgewiesen. Dort nimmt die Geschwindigkeit in den Randbereichen der Gletscher rapide zu, bleibt dann jedoch über dem größten Teil des übrigen Gletschers konstant. Der Gletscher bewegt sich als Block vorwärts (vgl. Abb. 6). Solche Blockbewegungen treten bei gut genährten Gletschern mit steilem Gefälle auf. Entlang der Felsoberfläche ist die Geschwindigkeit des Eises ungleich Null. Dort gleitet das Eis aktiv. Auch in diesem Fall wird das Gleiten durch Druckschmelzvorgänge gefördert, die Schmelzwasser am Kontakt Eis/Fels freisetzen. Insbesondere katastrophale Gletschervorstöße, sogenannte Glacier Surges, sind durch solche Gleitvorgänge erklärbar. So bewegte sich beispielsweise der Black Rapids Glacier in Alaska in fünf Monaten um 5 km vorwärts (HANCE 1937), der Muldrow-Glacier in einem Jahr um 7 km. Betrachtet man die durchschnittliche Geschwindigkeitsverteilung im Längsprofil eines Gletschers, so zeigt sich eine Geschwindigkeitszunahme vom Firngebiet bis zum mittleren Zungenteil. Bis zum Zungenende nimmt die Geschwindigkeit wieder ab. Voraussetzung für eine solche Geschwindigkeitsverteilung ist ein etwa gleichbleibender Abflußquerschnitt. Oberhalb der Firnlinie ist die Summe akkumulierten Schnees größer. Dadurch nimmt die Geschwindigkeit dort zu. Unterhalb nimmt die Ablation zu. Die nun negative Massenbilanz sorgt für eine Geschwindigkeitsabnahme. Ein bedeutender, die Geschwindigkeit beeinflussender Faktor ist das Gefälle. Gletscher, die ins Meer münden, zeigen am Zungenende ebenfalls eine kräftige Geschwindigkeitszunahme. Die Durchdringung des Gletschers mit Meerwasser führt zu einem Mobilitätszuwachs. Das Salzwasser setzt zusätzlich den Schmelzpunkt herab. Das eindringende Wasser fördert die Gleitvorgänge auf Spalten, Rissen und Scherflächen. Die höchsten Geschwindigkeiten werden in verengten Auslässen von Inlandeismassen registriert. Durch die Querschnittsverengung werden die Stromfäden des Eises auf kleinerem Raum konzentriert (Düseneffekt). Infolgedessen erhöhen sich dort die Geschwindigkeiten ganz erheblich. In Westgrönland steigen die Geschwindigkeiten in solchen engen Durchlässen von 7 bis 9 m auf 18 bis 19 m pro Tag an.

Die Fließgeschwindigkeiten der Gletscher in den Ostalpen liegen zwischen 30 und 150 m pro Jahr. Im Karakorum und in Spitzbergen erreichen Gletscher Geschwindigkeiten von 130 bis 800 m pro Jahr. Die Geschwindigkeiten von Gletschern hängen vom Eisnachschub, dem Gefälle, der Mächtigkeit und der Durchlaßweite in Gebirgen ab. Querbewegungen in Gletschern sind kleiner als Längsbewegungen. Vertikalbewegungen innerhalb des Eises sind ebenfalls sehr klein. Wie beschrieben, bewegt sich ein Eisteilchen im Nährgebiet nach unten. Die zugehörige Geschwindigkeit wird als Submergenzgeschwindigkeit bezeichnet. Im Zehrgebiet bewegt sich das Eisteilchen nach oben. In diesem Fall wird von Emergenzgeschwindigkeit gesprochen. Vorstoßende Gletscher, also solche, die an Länge zunehmen, besitzen eine steile Stirn, während unterernährtes, abschmelzendes Eis eine flache Stirn besitzt.

2.6 Gletscherschwankungen und ihre Ursachen

Die Ausdehnung von Gletschern ist erheblichen Schwankungen unterworfen. Generell wird zwischen jahreszeitlichen und längerfristigen Schwankungen unterschieden. Jahreszeitliche Schwankungen sind dadurch charakterisiert, daß es im Winter zu Gletschervorstößen kommt. Zu dieser Jahreszeit ist der Nachschub von Schnee und Eis größer als die Abschmelzrate. Im Sommer kehren sich die Verhältnisse um. Es kommt zum sogenannten Sommerrückgang der Gletscher. Langfristige Gletscherschwankungen sind im allgemeinen klimabedingt. Vielfach können bereits geringfügige Klimaveränderungen starke Auswirkungen auf Gletscher ausüben. Dies ist insbesondere dann der Fall, wenn der Untergrund in der Nähe der Schneegrenze nur flach geneigt ist. Dann kann ein solches Gebiet bei kleinen Klimaveränderungen sehr rasch in das Nährgebiet einbezogen werden oder aus diesem herausfallen. Dadurch können erhebliche Gletscherschwankungen ausgelöst werden. Dieser Effekt ist um so größer, je größer der Anteil des Nährgebietes am Gesamtgletscher ist. Insbesondere bei Plateaugletschern ist dies der Fall. Auch die Gletscherlänge beeinflußt die Reaktion eines Gletschers. Je länger und größer ein Gletscher ist, um so langsamer reagiert er auf Klimaveränderungen. Kleinere Gletscher zeigen klimatisch verursachte Änderungen sehr viel rascher an. Dennoch können auch unmittelbar benachbarte Gletscher auf Klimaveränderungen völlig unterschiedlich reagieren. Die Ursache dieses unterschiedlichen Verhaltens ist wohl in den verschiedenen Eismächtigkeiten der jeweiligen Gletscher zu suchen. Bei Gletschervorstößen und -rückgängen zeigen Gletscher völlig unterschiedliche Reaktionen. Dadurch entstehen auch vollständig andere Sedimentationsbilder. Um die Reaktionen von Gletschern auf Klimaveränderungen auch quantitativ erfassen zu können, sind Massenbilanzen von besonderer Bedeutung. Auch bei der Rekonstruktion der pleistozänen Vereisungen spielen sie eine bedeutende Rolle.

2.6.1 Gletschervorstoß

Der Vorstoß eines Gletschers wird nicht durch eine Erhöhung seiner Geschwindigkeit, sondern durch das Anwachsen der Gletschermasse im Nährgebiet ausgelöst. Durch diese Massenzunahme kommt es zum Anschwellen der Firnoberfläche quer zur Abflußrichtung. Durch die Massenzunahme wird verstärkt Druck auf den gesamten Eiskörper ausgeübt. Der Gletscher wird dadurch passiv vorgeschoben. Der überall im Gletscher erhöhte Druck führt auch dazu, daß das Gletscherende kopfförmig vorgewölbt wird. Der Gletscher bekommt dadurch eine charakteristische steile Stirn (vgl. Kap. 2.6 Gletscherschwankungen und ihre Ursachen). Eine andere Reaktion des Gletschers auf die erhöhten Drucke kann darin bestehen, daß sich am Gletscherende junges Eis auf Scherflächen über altes Eis schiebt. Bedingt durch den Massenzuwachs greift der Gletscher auch seitwärts über bestehende Moränen hinweg und setzt dort höher gelegene jüngere Moränen ab. Durch die erhöhte Zufuhr frischen Schnees im Nährgebiet entsteht mehr Eis. Es bewegt sich, verursacht durch den Massenzuwachs, mit größerer Geschwindigkeit zu Tal. Auch die Abschmelzrate ist während dieser Zeiten geringer. Infolgedessen nimmt die Schuttbedeckung der Gletscher während der Vorstoßphase deutlich ab. Die höhere Geschwindigkeit des Gletschers führt außerdem zu vermehrter Spaltenbildung. Besonders weite und rasche Eisvorstöße können durch Erdbeben ausgelöst werden. Seismisch verursachte Gletschervorstöße wurden beispielsweise in Alaska beobachtet.

2.6.2 Gletscherrückgang

Die Ursache für das Abschmelzen von Gletschern kann zum einen eine gesteigerte Abschmelzung, zum anderen eine Abnahme des Eisnachschubs sein. In den meisten Fällen sind beide Vorgänge miteinander gekoppelt. Die

Folge einer gesteigerten Abschmelzung ist unter anderem ein Einsinken an der Oberfläche des Eiskörpers. Die Oberfläche zeigt sich weniger konvex. Das Zehrgebiet verflacht zusehends. Es bilden sich Hohlräume im tieferen Teil des Gletschers, die an vielen Stellen ein Niederbrechen des Eisrandes zur Folge haben. Die Geschwindigkeit des Gletschers und die Spaltenbildungsrate nehmen ab. Die Schuttbedeckung nimmt dagegen zu. Im fortgeschrittenen Stadium des Zerfalls entstehen ausgedehnte Toteisfelder. Wird der Gletscherrückgang durch Ausfälle im Nährgebiet verursacht, so sind die beschriebenen Schwunderscheinungen sehr viel intensiver. Oft bleibt zunächst eine vom Hauptgletscher abgetrennte Gletscherzunge zurück. An deren gletscherseitigem Ende entstehen bogenförmige Toteiskörper. Die Enden der Bögen weisen auf den Hauptgletscher. Manchmal besitzen diese Toteiskörper noch eine Verbindung zum Gletscher. Das oben beschriebene Abreißen der Gletscherzunge ist besonders dann zu beobachten, wenn dem Abschmelzvorgang ein besonders intensiver Vorstoß vorangegangen ist. Solche abgerissenen Gletscherzungen werden auch als „Gletscherleichen“ bezeichnet. Sie werden in der Antarktis, auf Grönland und im Kaukasus beobachtet. Ihre Erhaltungsdauer ist abhängig von der Geländeform, dem Grad der Verschüttung und den herrschenden Klimaverhältnissen. Je mehr sich das verschüttete Eis vom noch aktiven Gletscher trennt, um so intensiver werden die Auflösungserscheinungen an seiner Oberfläche. Es entstehen eine Fülle von Pingen (Reliefform, die ein wirres Haufwerk schuttbedeckter Eisbuckel und Eiskämme bezeichnet, die durch steile Gruben und Vertiefungen voneinander getrennt sind), Schründen (tiefe steile Vertiefungen im Eis) und Spalten (oberflächennahe Risse in Gletschern, die durch Zugspannungen entstehen, welche auf unregelmäßige Gletscherbewegungen zurückzuführen sind). Die Basis der Pingen reicht jedoch in der Regel nicht bis zur Eisbasis. Sie sind mit Schutt gefüllt und werden von Eisaufragungen umsäumt. Die sich dort bildenden Sedimente sind entsprechend ungeordnet aufgebaut.

2.6.3 Massenbilanzen von Gletschern

Um die Auswirkungen von Klimaschwankungen auf Gletscher auch quantitativ studieren zu können, ist es notwendig, möglichst genaue Daten über die Massenbilanzen von Gletschern zu haben. Der Eishaushalt eines Gletschers setzt sich aus der Summe der Akkumulations- und Ablationshöhen zusammen. Die mathematische Gleichung, die diese Zusammenhänge beschreibt, ist mit der Wasserhaushaltsgleichung vergleichbar (Wilhelm 1976).

Abfluß + Verdunstung + Rücklage – Aufbrauch + Niederschlag = 0.

Der Term „Rücklage-Aufbrauch" entspricht dem Massenhaushalt eines Gletschers. Ist der Ausdruck positiv, liegt eine Volumenzunahme vor, bei negativem Vorzeichen nimmt das Gletschervolumen ab. Ist der Ausdruck Rücklage minus Aufbrauch = Null, liegt der Sonderfall eines stabilen Gletschers vor. Die wichtigste Größe für die Ernährung eines Gletschers ist der Niederschlag. Aber auch Lawinen, gefrierender Regen und Rauhreif spielen eine Rolle. Sowohl die Menge des Niederschlags als auch der Schneeanteil sind in fast allen Fällen höhenabhängig. Die Ablation wird mit der Höhe geringer. Die Bilanz eines Gletschers an einem bestimmten Ort (bn) ist abhängig von der Akkumulation an dieser Stelle (K) und der Ablation (A). Wird bn größer 0, wächst der Eiskörper. Wird bn kleiner 0, schmilzt das Eis.

$$bn = K - A$$

Bei der Bilanzierung von Gletschermassen werden die Wasseräquivalentmengen der jeweiligen Mächtigkeitsschwankungen des Gletschers berechnet. Die Gesamtbilanz setzt sich aus einer Sommer- und einer Winterbilanz zusammen. Die Minima werden mit t_1 und t_2 bezeichnet (s. Abb. 8). tm steht für den Maximalstand des Gletschers.

Zunächst werden die Akkumulation (K) und Ablation (A) mittels der Akkumulationsraten (Kr) und der Ablationsraten (Ar) berechnet:

$$K = \int_{t_1}^{t} Kr \, dt$$

$$A = \int_{t_1}^{t} Ar \, dt$$

Um die Gesamtakkumulation (K_G) und die Gesamtablation (A_G) zu erhalten, integriert man über den Zeitraum zwischen zwei Minima:

$$K_G = \int_{t_1}^{t_2} K \, dt$$

$$A_G = \int_{t_1}^{t_2} A \, dt$$

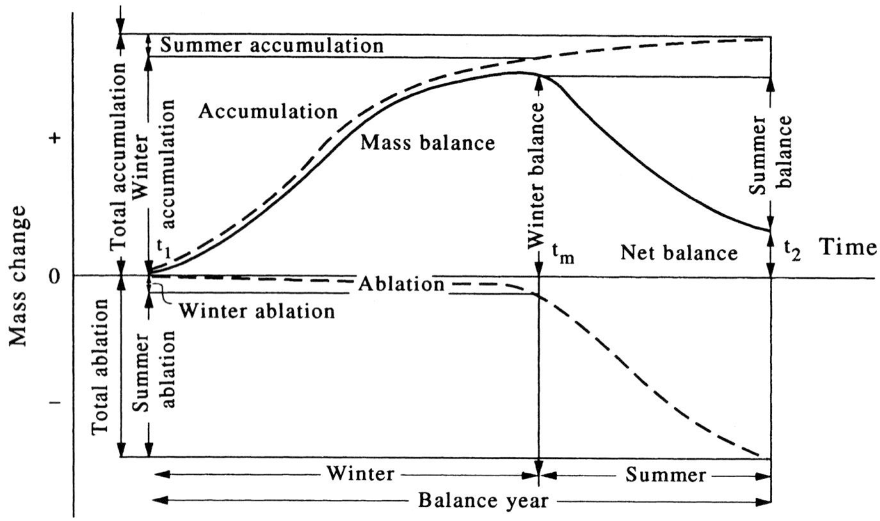

Abb. 8. Definitionen der Massenbilanz-Termini(aus: PATERSON 1994).

Die Massenbilanz für ein ganzes Jahr (bn) ergibt sich zu:

$bn = K_G + A_G$

Mittels der Teilbilanzen für Winter (bw) und Sommer (bs) läßt sich diese Gleichung wie folgt formulieren:

$bn = bw + bs$

Bisher wurde die Bilanzierung für eine bestimmte Stelle des Gletschers vorgenommen. Um die Gesamtvolumenänderungen zu erhalten, müssen die Bilanzen auf die Flächen des Gletschers bezogen werden und zwar differenziert nach der Fläche der Akkumulationsgebiete (F_K) und jener der Ablationsgebiete (F_A). Für die Netto-Bilanz des Gesamtgletschers (Bn) ergibt sich dann:

$$Bn = \int_{F_K} bn\, dF + \int_{F_A} bn\, dF$$

Die für die Bilanzierung wichtige Eintrittszeit des Maximums ist besonders schwierig zu ermitteln, da sie an verschiedenen Stellen des Gletschers zu verschiedenen Zeiten eintritt. Weil in großen Höhen der Niederschlag ständig als Schnee fällt, ist dort die Eintrittszeit des Maximums nicht sicher feststellbar. Für die Berechnung der Nettobilanz hat sich der Zeitraum des hydrologischen Jahres vom 1. Oktober bis zum 30. September bewährt. Für die Ermittlung der Nettobilanz werden verschiedene Meßverfahren benutzt. Das **glaziologische Verfahren** ist das genaueste. Dabei wird in Schneeschächten innerhalb des Nährgebiets der Massengewinn und in ebensolchen Schächten im Zehrgebiet der Massenverlust bestimmt. Mit der **hydrogeologischen Methode** werden die Niederschläge und die Abflußmengen innerhalb eines Gletscherbaches gemessen. Das **geodätische Verfahren** ist am ungenauesten. Die Größenänderungen der vergletscherten Gebiete werden anhand topographischer Karten miteinander verglichen. Die Ergebnisse der Bilanzierungen werden tabellarisch in 50 und 100 m-Höhenstufen dargestellt. Von Jahr zu Jahr zeigen die Bilanzen große Unterschiede. Auffallend ist jedoch der ähnliche Verlauf der einzelnen Kurven. Die jährlichen Schwankungen der Gletscher zeichnen sich deutlich ab. Der Rhônegletscher dehnt sich beispielsweise zur Zeit im Winter um etwa 2 m aus, schmilzt jedoch im Sommer um ca. 18 m zurück. Er besitzt eine negative Gesamtbilanz. Eine solche negative Bilanz der Gletscher wird in fast allen Hochgebirgen der Erde registriert. Extrem schwierig zu ermitteln sind die Massenbilanzen der Eisschilde. Dort treten große Unsicherheiten durch erhebliche Massenumlagerungen infolge von Schneedrift und durch das Kalben von Gletschern auf. Schätzungen der Massenbilanz der Antarktis deuten auf schwach positive Werte ($[3 \pm 1] \cdot 10^{17}$ g/Jahr) hin. Das Ross-Schelfeis hingegen zeigt eindeutig positive Werte mit ($18 \pm 5) \cdot 10^{6}$ g/Jahr (GIOVINETTO 1970). Der Eisschild Grönlands scheint dagegen eine ausgeglichene Massenbilanz aufzuweisen.

Betrachtungen weiter zurückliegender Gletscherausdehnungen zeigen, daß zum Beispiel die Alpen während des Atlantikums (ca. 7 ka BP)* bis auf die Höhe der heutigen Schneegrenze dicht bewaldet waren. Erst mit Beginn des Subatlantikums setzte die erneute Bildung von Gletschern ein.

* k (Kilo) = 10^3
a = Jahr (1a = 365,25 Tage)
BP = before present (bezogen auf das Jahr 1950)

2.6.4 Pleistozäne Eisschilde

Die Vereisung des antarktischen Kontinents begann bereits 20 Mio a B. P. Die Entstehung der Inlandeiskappen der Nordhalbkugel setzte dagegen erst allmählich, ca. 2,4 Mio. a BP beginnend, ein. Im Zuge der pleistozänen Vereisungen nahm der Eisaufbau relativ lange Zeiträume in Anspruch, während das Abschmelzen der Eiskappen außerordentlich rasch vor sich ging. Die Gletscherschwankungen des Pleistozäns hatten großen Einfluß auf das Klima. Im Gegensatz zur Südhalbkugel waren auf der Nordhalbkugel immer wieder große Landflächen eisbedeckt und anschließend eisfrei. Heute sind etwa 10% der Landoberfläche der Erde eisbedeckt. Das entspricht einer Fläche von 14,9 Mio. km^2. Meereis bedeckt heute etwa 7,3% der Ozeane. Im Pleistozän kam es wiederholt zu einer kräftigen Ausdehnung der eisbedeckten Flächen (Kryosphäre). Durch Temperaturerniedrigungen von 5 bis 10 °C während der Kaltzeiten konnte sich die Kryosphäre so weit ausdehnen, daß schließlich mehr als 30% der Festlandsfläche von Eis bedeckt waren. Während der Weichsel-Kaltzeit dehnte sich das Eis fast ausschließlich auf der Nordhalbkugel aus. Auf der Südhalbkugel ist lediglich eine Zunahme von 3% der Eismenge zu verzeichnen. Der Eiszuwachs fand dort fast ausschließlich im Bereich des patagonischen Eisschildes statt. Der Eisschild der Nordhalbkugel befand sich zu etwa 60% in Kanada und in den USA.

Von besonderer Bedeutung für das Studium pleistozäner Vereisungen ist die Rekonstruktion der Eisausdehnung und die Kenntnis der physikalischen Verhältnisse in den Eisschichten. Bei der Rekonstruktion der Grenzen der Eisausdehnung ist die Kartierung von Moränen jeglicher Art sehr hilfreich. Ebenso erlaubt das Vorkommen von Schmelzwasserablagerungen, Warven (vgl. Kapitel. 2.8.1.1 Warven), gekritzten Geschieben und Löß, Aufschluß über die Ausdehnung der pleistozänen Eisschilde zu erlangen. Von ebenso großer Bedeutung für eine detaillierte Rekonstruktion sind die morphologischen Besonderheiten, die Inlandeismassen hinterlassen.

Grundsätzlich dürften die pleistozänzeitlichen Eisschilde den heutigen Eismassen Grönlands und der Antarktis geähnelt haben. Auch sie besaßen wohl eine leicht domförmig gewölbte Oberfläche und überdeckten die Topographie des Untergrundes vollständig. Die größten Eismächtigkeiten wurden in der Eismitte erreicht. Durch die Bewegung der Eismassen entstanden unterschiedlich temperierte Bereiche. In Gebieten mit schneller Eisbewegung kam es unter Umständen durch die Reibungshitze zu Schmelzvorgängen. Dort, wo die Eismächtigkeiten entsprechend groß waren, wurde durch den Druck der Schmelzpunkt erniedrigt. In Inlandeismassen lassen sich vom Zentrum zum Rand hin Eisbereiche mit verschiedenen Eigenschaften unterscheiden. Im Eiszentrum stagniert das Eis. Es ist dort am Untergrund festgefroren, so daß es in diesen Bereichen fast keine Erosion gibt. Im Eiszentrum wird die Erdkruste im Laufe der Zeit aus isostatischen Gründen zum Erdinneren hin vorgebeult (isostatische Depression). In einem ringförmig um das Zentrum gelegenen Gebiet nimmt die Strömungsgeschwindigkeit des Eises zu. Durch die Reibung kann dort basales Schmelzwasser entstehen, das eine kräftige Erosion zur Folge hat. Auf felsigem Untergrund entstehen dort die bekannten Rundhöckerlandschaften (Beispiel: Schärenküsten Skandinaviens). An Stellen, an denen das Eis mächtiger ist, kann der Druckschmelzpunkt überschritten werden. Intensive lineare Tiefenerosion ist die Folge. Die dort entstandenen Rinnen werden heute oft von Seen ausgefüllt. Rundliche Seen bildeten sich dort, wo sich an der Eisbasis aufgetaute Bereiche befanden. In dieser ringförmig das Zentrum umschließenden Zone entstehen Drumlins, die ebenfalls die Fließrichtung des Eises nachzeichnen. Zwischen dem Ring, der das Eiszentrum umschließt und dem eigentlichen Eisrand nimmt die Mächtigkeit des Eises infolge zunehmender Ablation kräftig ab. Dadurch dominiert innerhalb dieser Gebiete die Gefrornis. Auch die Reibungshitze ist dort infolge der geringeren Strömungsgeschwindigkeit zurückgegangen. Tritt in dieser Zone dennoch Schmelzwasser auf, sammelt es sich in subglazialen Flüssen. Die Oser entstehen. Die im Gebiet des unmittelbaren Eisrandes abgelagerten Sedimente sind beim Abschmelzen des Eises entstanden und allenfalls durch Schmelzwässer modifiziert worden. Das Eis am Rand ist sehr dünn und daher am Untergrund festgefroren. Zwischen den jeweiligen Gefrornis- und Schmelzzonen des Eises gibt es ausgedehnte Übergangsbereiche, in denen Gefrornis mit Schmelzvorgängen wechselt. Die Ausrichtung der dort entstehenden Erosions- und Akkumulationsformen erlaubt eine Rekonstruktion des Eiszentrums. Bei den Eisrändern von Inlandeismassen muß zwischen polwärtigem und äquatorwärtigem Rand unterschieden werden. Am äquatorwärts gerichteten Rand fallen große Schmelzwassermengen an. Sie schmieren das Eis in gewisser Weise. Dadurch nehmen die Eisströme dort höhere Geschwindigkeiten an als am polwärtigen Rand. An den äquatorwärts gerichteten Rändern entstehen rasch vorstoßende Gletscherzungen, die mächtige Stauchmoränen aufpressen können.

Um das Aufbau- und Abschmelzverhalten pleistozäner Inlandeismassen studieren zu können, wurden Modellvorstellungen über die Glaziologie dieser Eismassen entwickelt (BOULTON et al. 1985). Die Modelle beinhalten als Randbedingung, daß das Grönland- und Antarktiseis auch während der Interglaziale existierten. Die Mächtigkeits- und Größenschwankungen der

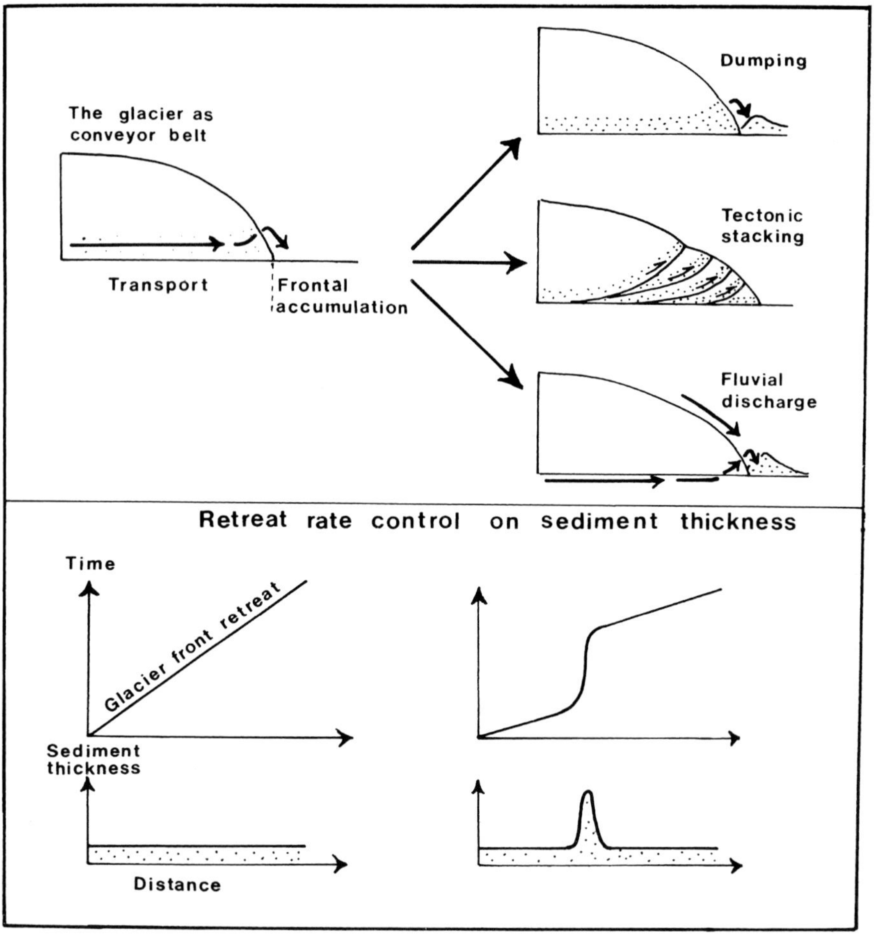

Abb. 9. Generalisiertes Modell für die Entstehung von Moränen und die Sedimentationsraten beim Rückzug des Eises (aus: BOULTON et al. 1985).

Inlandeismassen werden unmittelbar durch die Wechselwirkungen zwischen Eisschild, Ozean und Atmosphäre gesteuert. Die Eisschilde sind ausgezeichnete Klimaindikatoren, da sie gut deutbare Spuren hinterlassen. Der Eisrand kann mit Hilfe von Moränen rekonstruiert werden. Moränen haben jedoch den Nachteil, daß sie, global betrachtet, eine zu geringe Verbreitung besitzen. Sehr viel häufiger sind jene Ablagerungen und Strukturen, die unter dem Eis entstanden sind. Da das Wasser unter dem Eis in Richtung auf den Rand fließt, sind diese Erosionsformen und Sedimentkörper in den meisten Fällen parallel zur Bewegungsrichtung des Eises orientiert. Es bleibt zu berücksichtigen, daß jüngere Strukturen ältere überprägen. Die Kartierung dieser longitudinalen Strukturen erlaubt eine Rekonstruktion des Eiszentrums sowie des Eisrandverlaufs, da sie senkrecht zu letzterem ausgerichtet sind. Transversale Strukturen unterstützen die Rekonstruktion. Die Mächtigkeiten der transversalen Sedimente sind von der Abschmelzgeschwindigkeit des Eises abhängig. Schnelles Abschmelzen hinterläßt dünne Sedimente (s. Abb. 9), langsames dagegen mächtigere Folgen. Zu den Longitudinal-Strukturen zählen Drumlins, Striemungen, Fels-Lineationen und Groß-Rinnen. Stauchmoränen, Endmoränen, Rogenmoränen, Wallmoränen und parallel zum Eisrand verlaufende Flußterrassen werden ebenfalls den Transversal-Strukturen zugerechnet. Die beiden beschriebenen Gruppen von Strukturelementen stehen etwa senkrecht aufeinander. BOULTON et al. (1985) haben sämtliche Strukturen aus geologischen Karten und Landsat-Bildern für die weichselzeitlichen Eisschilde Nordamerikas und Nordeuropas kartiert (s. Abb. 10 und Abb. 11). Die Datierung der Rückzugsstadien des Eises wurde mittels ^{14}C-Untersuchungen und mit Hilfe der Warvenchronologie durchgeführt. Als besonders problematisch erwies sich die Rekonstruktion innerhalb der Schelfbereiche. Ob eine Verbindung zwischen Großbritannien und Skandinavien über die Nordsee hinweg bestand, ist nach wie vor strittig. Die durch die Kartierung der Strukturrichtungen gewonnen Daten erlauben aber zumindest eine Rekonstruktion der Zerfallsgeschichte der beiden genannten weichselzeitlichen Eisschilde. Ein glaziologisches Modell, das die Bewegungsvorgänge während des Eisauf- und -abbaus erfaßt, muß dreidimensional, zeitabhängig und thermomechanisch strukturiert sein. Außerdem muß berücksichtigt werden, daß der Nordrand der Eisschilde sehr langsam abschmilzt, während der Südrand dramatisch schnell zerfällt.

Um die Zusammenhänge zwischen sich verändernden Eisvolumina und deren Einfluß auf Sauerstoffisotopendaten aus Tiefseebohrkernen beschreiben zu können, müssen die Verweilzeiten von Eispartikeln und deren Isotopenzusammensetzung bekannt sein. Den Partikelbahnen in Raum und Zeit innerhalb des Eises kommt dabei eine besondere Bedeutung zu. Aus ihnen lassen sich die Verweilzeiten von Wassermolekülen im Eis ableiten. Die Bewegungsbahnen sind abhängig von der Geschwindigkeitsverteilung im Eisinneren (s. Abb. 12). Bei der Herleitung der Geschwindigkeiten geht man

Abb. 10. Strukturen des weichselzeitlichen nordeuropäischen Eisschildes (aus: BOULTON et al. 1985).

Abb. 11. Strukturen des weichselzeitlichen nordamerikanischen Eisschildes (aus: BOULTON et al. 1985).

von den Datierungen des Abschmelzprozesses aus. Entsprechende Daten für den Eisaufbau fehlen in der Regel. Daher ist man gezwungen, für das Modell zu postulieren, daß der Eisaufbau spiegelbildlich zum Eisabbau verläuft. Wichtig für die Modellierung dieser Vorgänge ist die Tatsache, daß sich die Eisscheide sowohl beim Eisauf- als auch beim Eisabbau sehr rasch

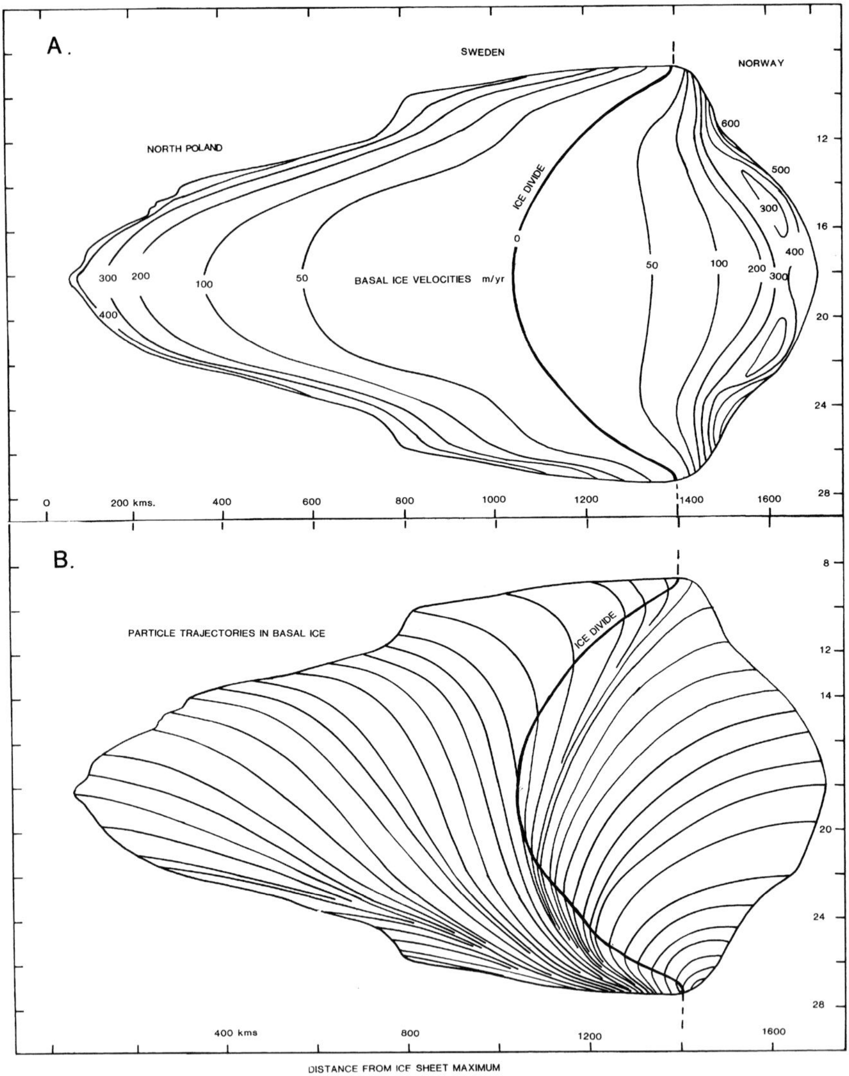

Abb. 12. Modellierte Geschwindigkeitsverteilung im basalen Eis des weichselzeitlichen europäischen Eisschildes (aus: BOULTON et al. 1985).

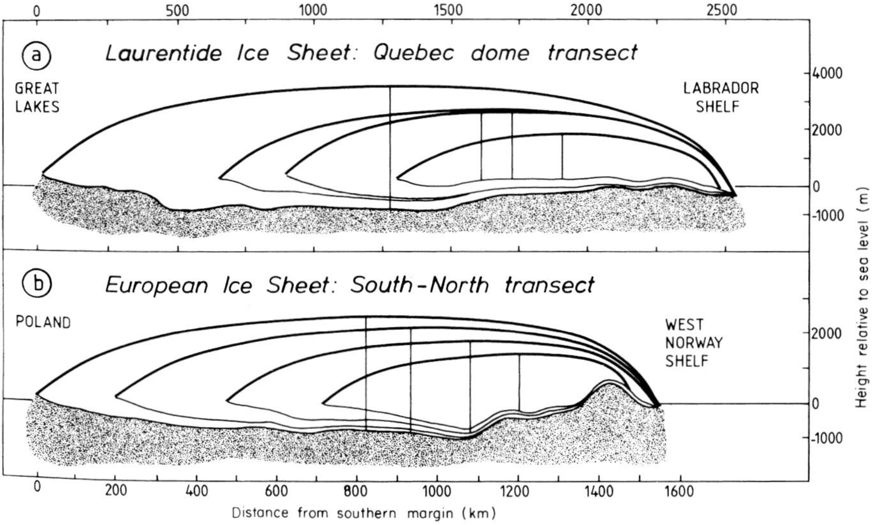

Abb. 13. Zweidimensionale Schnitte durch den weichselzeitlichen Laurentischen und Europäischen Eisschild mit den Positionen der Eisscheiden (aus: BOULTON et al. 1985).

verlagert (s. Abb. 13). Dadurch kann es geschehen, daß sich ein Partikel zunächst nach Norden hin bewegt, weil die Eisscheide südlich davon liegt. Verlagert sich die Eisscheide, beispielsweise durch Abschmelzvorgänge, so weit nach Norden, daß der Partikel nun südlich der Eisscheide zu liegen kommt, so wandert der Partikel nun in südliche Richtung (s. Abb. 14). Das Eis strömt also nicht kontinuierlich in einer Richtung den Rändern zu. Die Eispartikel halten sich unterschiedlich lange im Eis auf und benutzen verschiedene Bewegungsbahnen. Sie werden dem Ozean oft erst mit größerer Verzögerung wieder zugeführt. Daraus leitet sich ein Einfluß auf die $\delta^{18}O$-Werte der Ozeane ab. Hinzu kommt, daß sich der ^{16}O-Gehalt des Eises in Abhängigkeit von der Höhe des Eisschildes verändert. Ist man in der Lage, die Partikelwege, die $\delta^{18}O$-Werte der Eispartikel und deren Verweildauer zu rekonstruieren, sollten die Sauerstoffisotopen-Kurven aus Tiefseebohrkernen und die Gletschervolumenkurven miteinander korrespondieren. Bei der Berechnung der sich verändernden Gletschervolumina gingen BOULTON et al. (1985) vom interglazialen Zustand aus. Grönland

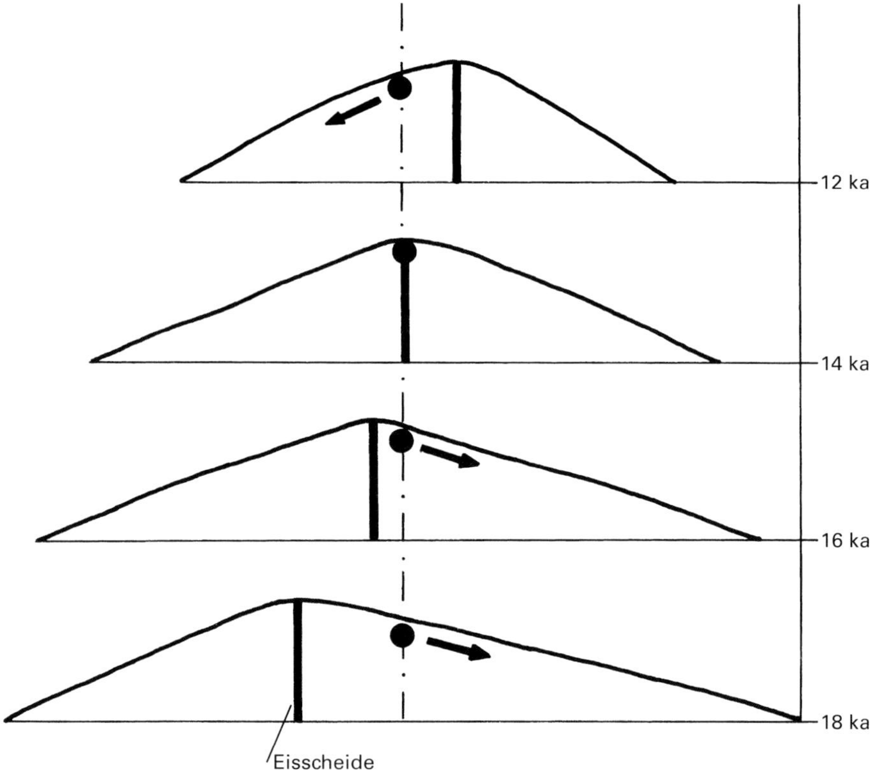

Abb. 14. Änderung der Bewegungsrichtung eines Eispartikels beim Durchlaufen der Eisscheide.

und Antarktis waren eisbedeckt. Zusätzliche isotopische Effekte durch das europäische und Laurentische Inlandeis sowie kleinere Vergletscherungen wurden berücksichtigt und ihr Einfluß auf die Sauerstoffisotopen-Gehalte berechnet. Beim Vergleich der aus den sich ändernden Gletschervolumina ergebenden $\delta^{18}O$-Kurve mit der Kurve des Tiefseekerns V19-30 zeigten sich erhebliche Differenzen (s. Abb. 15). Bei den Maxima c und d der Eisvolumenkurve zeigt sich keinerlei Korrelation mit der Tiefseekurve. Im Gegenteil, der Peak d korreliert mit einem Minimum der Tiefseekurve. Die Ursache für diese Differenz könnte sein, daß die Rückgänge des inter-

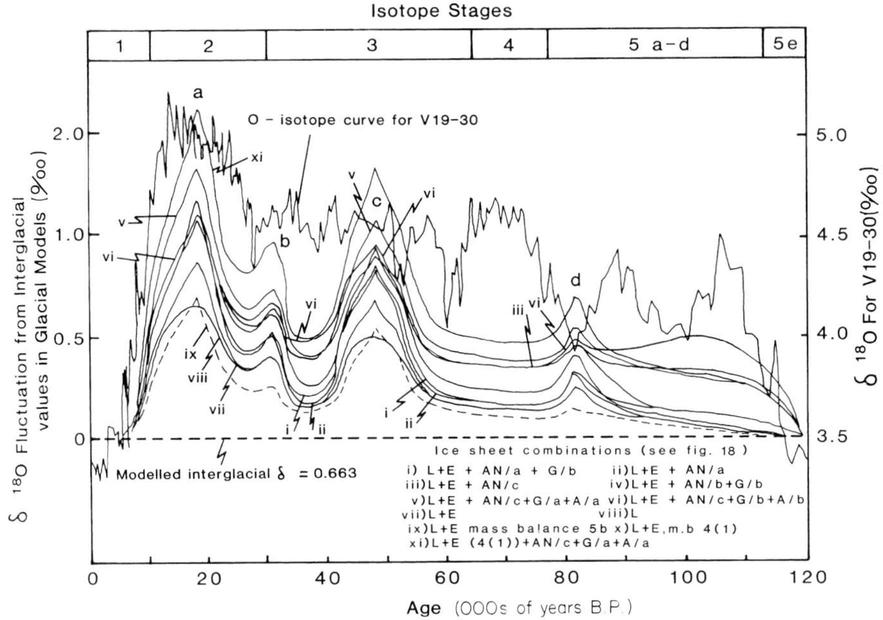

Abb. 15. Vergleich der sich aus sich ändernden Gletschervolumina ergebenden $\delta\ ^{18}O$-Kurve mit der $\delta\ ^{18}O$-Kurve des Tiefseekerns V 19-30 (aus: Boulton et al. 1985).

stadialen Eises bisher überbewertet wurden. Auch die Untergrenze des Eises und damit das Eisvolumen könnte sich während eines Interstadials so verändert haben, daß es zu einer Massenzunahme des Eiskörpers kam. Ebenso könnte eine vermehrte Tiefenwasserproduktion während der Interstadiale die Tiefenwassertemperaturen und damit die Sauerstoffisotopen-Zusammensetzung der Ozeane verändert haben. Betrachtet man die unterschiedlichen Größen des Laurentischen Eisschildes (s. Abb. 16), so lassen sich die Tiefseestufen 2 und 4 gut mit den maximalen Ausdehnungen des Laurentischen Eises verknüpfen. Die Lösung des Problems ergibt sich durch die gesonderte Betrachtung polarer Eismassen und jener Eismassen, die sich bis in gemäßigte Breiten ausgedehnt haben. Die polaren Eismassen produzieren Peaks bei 15 ka BP, zwischen 40 und 50 ka BP sowie bei 110 ka BP. Korreliert man mit der Tiefseekurve, zeigt sich, daß die polaren Eisschilde den 5 d-Peak, der Laurentische Schild die Peaks 4 und 2 ausgelöst hat. Die

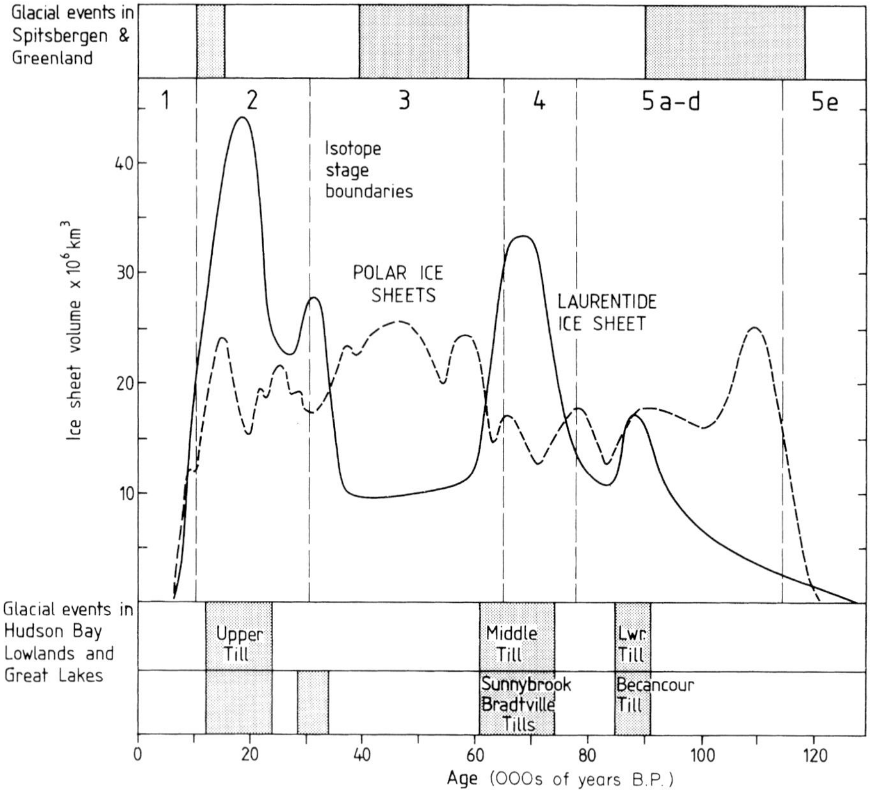

Abb. 16. Volumenmodell des Laurentischen Eisschildes und der polaren Eiskappen (aus: Boulton et al. 1985).

Ursache dieser getrennten Einflüsse ist in den durch das Eis verursachten Veränderungen der atmosphärischen Strömungen zu suchen. Die Tiefdruckgebiete wandern je nach Eisgröße und -ausdehnung weiter im Norden oder im Süden. Dadurch werden die Niederschläge in Form von Schnee unterschiedlich verteilt. Durch die Ausdehnung des Laurentischen und des europäischen Eisschildes bis in gemäßigte Breiten entstehen schneebringende Stürme, die an diese Breiten gebunden sind und nicht in den hohen Norden gelangen. Dadurch waren die polaren Eisschilde zu diesen Zeiten unterernährt. Der südliche Eisrand dagegen erfuhr infolge der zonalen

Strömungen während der Stadiale einen starken Massenzuwachs. Zerfiel während der Interstadiale sowie während der Früh- und Spät-Glazial-Zeiten das Eis der gemäßigten Breiten, entstanden meridionale atmosphärische Strömungen, die feuchtigkeitsbeladenen Stürmen den Weg von Süden nach Norden eröffneten. Im Bereich des polaren Eises kam es daher während dieser Zeiten zum Gletscherwachstum.

Die aus den sich verändernden Volumina der Eisschilde erklärbaren Veränderungen der $\delta^{18}O$-Kurve zeigen, daß die Tiefseekerne mit deutlicher Verzögerung reagierten und daß die Eisvolumina bisher ebenfalls überbewertet wurden. Die pleistozänen Eisschilde müssen sich in weiten Teilen völlig anders verhalten haben als moderne. Der Versuch, mit den für die Eisschilde erarbeiteten Modellvorstellungen den Weg von Erratika zu rekonstruieren, scheiterte. Ein Vergleich mit den tatsächlich vorkommenden Häufungen von Erratika zeigte, daß das benutzte Modell, zumindest in Teilen, grundlegend falsch sein mußte. Die Ursache für diesen Fehler liegt wohl darin, daß sich große Teile des pleistozänen Eises über wassererfüllten Lockersedimenten ausdehnten (BOULTON et al. 1985). Die Annahme, daß Lockersedimente im Untergrund von Gletschern hart gefroren seien, hat sich als falsch erwiesen. Die Sedimente sind im Gegenteil sehr weich und haben extrem hohe Wassergehalte. Dieser Zustand tritt jedoch in einiger Entfernung vom unmittelbaren Gletscherrand auf. Der Gletscherrand selbst ist aufgrund der geringen Mächtigkeit des Eises und seiner niedrigen Geschwindigkeit am Untergrund festgefroren. Messungen an einer Moräne im Liegenden des Breidamerkurjökull (Island) zeigten, daß 88% der Gletscherbewegung nicht im Eis, sondern in der Moräne abliefen. Die restlichen 12% der Bewegung wurden durch Gleiten an der Gletscherbasis bewerkstelligt. Die Gleitkomponente ist dort sehr klein, weil die Oberfläche der Moräne sehr viel rauher ist als eine vom Gletscher abgeschliffene Felsoberfläche. Liegt Eis hinreichender Mächtigkeit auf einer Moräne, so kann sich an der Eisbasis durch Erreichen des Druckschmelzpunktes Schmelzwasser bilden. Das Schmelzwasser durchströmt das Sediment. Besitzt das Sediment eine geringe Wasserdurchlässigkeit, so kommt es zu einem Anstieg des Porenwasserdrucks. Der vom Eis auf die Moräne verursachte Druck wurde vorher nur von den Sedimentpartikeln getragen. Nun übernimmt das Porenwasser einen Teil dieser Aufgabe. Der effektive Druck im Sediment nimmt ab. Folglich geht auch der Scherwiderstand des Sediments kräftig zurück. Dadurch kann die Moräne in ihren oberen Abschnitten leicht in Bewegung geraten. Bei kiesigen Ablagerungen ist diese Erscheinung nicht so deutlich, da Kies inkompressibel ist und seine Permeabilität nur wenig vom effektiven Druck abhängt. Erhöht sich die Akkumulation von Schnee über einem

Gletscher, der sich über kiesigem Untergrund bewegt, so kommt es auch dort zu Veränderungen. Der Gletscher fließt schneller, es entsteht mehr Schmelzwasser, und der Scherwiderstand des Kieses wird herabgesetzt. Berechnungen ergaben (Boulton & Jones 1979), daß bei einem 1000 km langen Inlandeisrand eine Akkumulationserhöhung von 0,15 m · a^{-1} ausreicht, um einen auf Kies ruhenden Gletscher zu destabilisieren. Nahe der Gleichgewichtslinie treten plötzlich hohe Fließgeschwindigkeiten auf. Die Oberfläche des Gletschers sinkt ein. Der gesamte Gletscher wird flacher. Die Oberfläche des Eisrandes ist also nicht mehr parabolisch wie auf felsigem Untergrund.

Am Südrand der pleistozänen Eisschilde traten immer wieder Loben auf, wie es sie normalerweise nur im Zusammenhang mit Talgletschern gibt. Ursache dieser Lobenbildungen dürften in vielen Fällen unterschiedlich deformierbare Substrate sein. Bewegt sich der Gletscher über einen gut deformierbaren Untergrund, ist er flach und strömt schnell. Trifft er dann auf schlecht deformierbare Substrate, nimmt die Geschwindigkeit rasch ab. Der Gletscher bekommt eine steilere Stirn. Nun können Stauchmoränen entstehen. Die Form von Gletschern ist daher substratabhängig. Geologische Untersuchungen im Umfeld des Laurentischen Schildes ergaben, daß die Gletscher dort im Pleistozän am Rand nur ein sechstel der Neigung heutiger Gletscher gehabt haben dürften. In vielen Fällen kam es an den Inlandeisrändern wohl auch zu extrem schnellen Vorstößen von Gletscherzungen, sogenannten „surges". Da das Eis an seinem äußersten Rand festfriert, staut sich das Schmelzwasser in einiger Entfernung vom Eisrand. Kann das Eis dem sich ständig erhöhenden Wasserdruck nicht mehr standhalten, kommt es zu Surges (sehr rasche Vorstöße von Gletscherzungen). So hat sich beispielsweise der Laurentische Eisschild während des weichselzeitlichen Maximums surgeartig um etwa 500 km nach Süden hin ausgedehnt. Nach dem Surge-Ereignis lag das Eis fast still. In diesem Zustand können extrem rasches Abschmelzen und sehr schnelle Eisausdehnungen miteinander wechseln. Der Abschmelzvorgang kann schnell ablaufen, weil das Eis relativ dünn ist. Die erneute Ausdehnung des Eises erfolgt ebenso rasch, weil in den meisten Fällen noch große Teile des Eises vorhanden sind. Der Eiskörper muß nicht erst vollständig neu aufgebaut werden.

Werden die unterschiedlichen Oberflächen der Inlandeismassen berücksichtigt, so ergeben sich für den Laurentischen Schild mehrere Eisdome (Keewatin, Quebec, Baffin Island) mit flachen Rändern. Werden mit diesem Modell Erratika-Ströme berechnet, stimmen sie mit der Realität relativ gut überein. Auch der bekannte baltische Eisstrom ergibt sich bei Anwendung dieser neuen Randbedingungen automatisch.

Die Eisvolumina der pleistozänen Inlandeismassen dürften deutlich geringer gewesen sein als bisher angenommen. Somit sollten auch die Meeresspiegelschwankungen kleiner sein als erwartet, und die Fluktuationen der δ^{18}O-Kurven sollten ebenfalls geringer sein (vgl. Kap. 7.3 Tiefseebohrkerne und Sauerstoffisotopen).

Dünne Gletscher reagieren sehr viel schneller auf Massenveränderungen als mächtige Eisschilde. Die Fluktuationen von Gletscherrändern sind neben den bereits beschriebenen noch von anderen Faktoren abhängig. Sie werden von der Massenbilanz des Eises, den hydrogeologischen Bedingungen und den im Untergrund anstehenden Sedimenten beeinflußt. Dadurch wird es möglich, daß der gleiche Gletscherrand an unterschiedlichen Stellen völlig anders auf Klimaschwankungen reagiert. So kann sich ein Gletscher zur gleichen Zeit an einer Stelle ausdehnen, während er an einer anderen abschmilzt.

Für die Theorie der randlich dünneren Eisschilde während des Pleistozäns sprechen auch die hohen Abschmelzgeschwindigkeiten. So lagen die Abschmelzraten des Laurentischen Eisschildes zwischen 80 und 360 m/a. Hätten pleistozäne Inlandeismassen die Mächtigkeiten heutiger Eisschilde besessen, so hätten die zu Beginn eines Interglazials zugeführten Wärmemengen bei weitem nicht ausgereicht, um das Eis mit einer solch hohen Geschwindigkeit abschmelzen zu lassen. Bei einem flacheren Eiskörper sind die erforderlichen Wärmemengen dagegen deutlich geringer. Für den Südrand des pleistozänen Inlandeises ging man bisher von einer sehr raschen Ausdehnung und einem ebenso raschen Abschmelzen des Eisschildes aus. Der Grund für eine solche Annahme ist in der Tatsache zu suchen, daß die Erdkruste in den südlichen Randbereichen des Eises kaum belastet wurde. Hätten Eismassen dort längere Zeit gelegen, wäre die Erdkruste isostatisch in die Tiefe gedrückt worden. Entsprechende isostatische Effekte in den südlichen Randbereichen pleistozäner Eisschilde werden nicht beobachtet. Ein dünnerer Eisschild erklärt sowohl dieses Phänomen als auch die hohen Vorstoß- und Abschmelzgeschwindigkeiten des Inlandeises.

Für das Quartär postulieren Boulton & Jones (1979) drei Stufen der Vereisung. Während der Interglaziale existierte eine innere vereiste Kernzone. Dazu zählen die Hochgebirgsgletscher und die polaren Eisschilde. Beide sind während des Quartärs ständig vereist gewesen. In den Interstadial-Zeiten treten in einer intermediären Zone zusätzliche Vereisungen auf. Es waren dies die Gebirge Nordeuropas und der Laurentische Schild. Beide waren Ausgangsgebiete für die Vereisungen der Glazial-Zeiten. Während der Glaziale kam es zu den am weitesten reichenden Vereisungen. In Nordamerika reichten sie bis auf 40° nördlicher Breite, in Europa bis auf

51° hinab. Diese nun ebenfalls vereisten Bereiche werden als äußere Zone bezeichnet. In der Inneren Zone wurde fast ausschließlich erodiert. Sedimentation fand dort kaum statt. In der intermediären Zone beschränkte sich die Sedimentation auf die Interglazial-Zeiten. In der äußeren Zone, die nur während der Glaziale existierte, überwog dagegen die Sedimentation. Erosion kam dort seltener vor und war nicht so intensiv wie in den anderen Gebieten.

2.7 Glazigene Sedimente

An den Rändern großer Inlandeismassen und im Bereich von Gletscherzungen folgen in horizontaler Richtung ganz bestimmte Sedimenttypen aufeinander. Für diese gürtelähnlich vor Eisrändern angeordneten Ablagerungen haben PENCK & BRÜCKNER (1909: 16) den Begriff „Glaziale Serie“ geprägt. Vom Eisrand ins Vorland hinein folgen danach Grundmoränen, Zungenbecken, Endmoränen, Sander und Urstromtal aufeinander. Der Begriff „Glazialer Zyklus“ wurde von HECK (1961) definiert. Er versteht darunter die vertikale Sedimentabfolge, die sich im Zusammenhang mit dem Vorstoß- beziehungsweise Abschmelzprozeß des Inlandeises entwickeln kann. Zunächst werden nach HECK (1961) grobe Vorschüttsande sedimentiert. Sie werden von Grundmoränen überdeckt. Beim Abschmelzen des Eises wird letztere von feinkörnigen Nachschüttsanden überlagert. Den Abschluß bilden schließlich Beckensedimente. Der „Glaziale Zyklus“ ist jedoch als stark vereinfachte Modellvorstellung zu verstehen. Bei Detailuntersuchungen an pleistozänen und rezenten Gletschern zeigt sich eine große Vielfalt wechselnder Sedimentabfolgen, die sich in den meisten Fällen nicht in ein vorgegebenes Schema pressen lassen.

In den folgenden Kapiteln wird zwischen glazigenen und glaziären Sedimenten unterschieden. Die Definition dieser Begriffe geht auf GRAHMANN (1951) zurück. Die dort gegebene Definition wird übernommen, um weitere Begriffsverwirrungen zu vermeiden. Unter glazigenen Sedimenten werden Ablagerungen verstanden, die sich in direktem Kontakt mit dem Eis bilden. Dazu zählen Moränen, Oser und Kames. Glaziäre Sedimente sind indirekt mit dem Eis verknüpft. Zu ihnen zählen Sander, Zungenbeckenablagerungen, Warven und glazimarine Sedimente. Die Bezeichnung „glazial“ sollte der zeitlichen Gliederung vorbehalten bleiben.

2.7.1 Moränen

Moränen sind Ablagerungen, die unmittelbar aus dem Eiskörper ausschmelzen oder von vorstoßenden Eismassen deformiert werden. Der Begriff Moräne wird sowohl für das Sediment als auch für die Geländeform verwandt. Im angloamerikanischen Sprachraum wird strenger unterschieden. Der Sedimentkörper einer Moräne wird als **till** bezeichnet. Die morphologische Erscheinungsform wird **moraine** genannt.

Moränen bestehen aus einer Mischung feinsten Gesteinszerreibsels mit sämtlichen gröberen Korngrößen bis hin zu Gesteinsblöcken. Moränen sind ungeschichtet. Gesteinsblöcke oder auch Blöcke aus Ton und Sand sind regellos eingelagert. Die Färbung der Moränen und ihr Kalkgehalt wechseln in Abhängigkeit vom überfahrenen Material. Buntsandstein führt zu Rotfärbung, glaukonitische Ablagerungen hinterlassen grünliche Moränen. Je kalkiger die überfahrenen Schichten sind, um so kalkiger ist auch die Moräne. Kalkhaltige Moränen werden als Geschiebemergel bezeichnet, entkalkte als Geschiebelehm. Der größte Teil des Moränenmaterials wird in den untersten Eisschichten transportiert. Diese können dort bis zu 10% Schutt enthalten. In Hochgebirgen dominieren Seiten-, Mittel- und Obermoränen. In den nordischen Vereisungsgebieten herrschen Grund- und Endmoränen vor. Endmoränen entstehen am Eisrand und sind morphologische Erhebungen. Sie werden moraine genannt. Grundmoränen bilden sich unter dem Eis. Es sind Sedimentkörper. Sie werden als till bezeichnet.

2.7.1.1 Endmoränen

Der Begriff „Endmoräne" ist als übergeordnete Bezeichnung zu verstehen. Zu den Endmoränen werden die Stauch(end)moränen und die Satz(end)-moränen gerechnet. Stauch(end)moränen entstehen im Bereich sich ausdehnender Gletscherzungen. Das Sedimentmaterial des Vorlandes wird dabei vom Eis in der Regel zu halbkreisförmigen Höhenzügen aufgepreßt. Je nach Konsistenz des Untergrundes können unterschiedliche Sedimentstrukturen entstehen. Kies- und Sandschichten im unmittelbaren Vorfeld des Gletschers sind meist hart gefroren. Sie werden, starren Betonblöcken ähnlich, beansprucht und zerschert, wobei typische glazitektonische Strukturen entstehen. Auf- und Abschiebungen (s. Abb. 17) der Sedimentpakete sowie Überschiebungen treten regelmäßig auf. Die ursprüngliche Schichtung der Sedimente ist fast immer deutlich erkennbar. Verhält sich der Untergrund plastisch, wie es bei mächtigen Tonen oft der Fall ist, kann es zu einer intensiven Faltung der Schichten kommen. Auch die Sanderab-

Abb. 17. Glazitektonische Strukturen in den Stauchmoränen der Niederrheinischen Bucht (Foto: KLOSTERMANN).

lagerungen können durch eine Oszillation des Eisrandes gefaltet werden (s. Abb. 18).

Stauchmoränen zeichnen sich im allgemeinen durch einen raschen Materialwechsel aus. Die Schichten innerhalb der Stauchmoräne fallen in Richtung auf den ehemaligen Eisrand zu ein. Der zum Eis hin gerichtete Rand der Stauchmoräne ist meist sehr steil ausgebildet. Die ins Vorland gerichteten Bereiche fallen dagegen relativ flach ein. Sind die Schichten innerhalb der Stauchmoräne dachziegelartig übereinandergeschoben, wird auch die Bezeichnung Stapelmoräne benutzt.

Die **Satz(end)moräne** stellt einen Sonderfall dar, setzt sie doch einen über längere Zeit hinweg stabilen Eisrand voraus. Eisnachschub und Abschmelzmenge müssen sich die Waage halten. Während der Abschmelzzeit entstehen Schmelzwasserbäche, die die Moränen durchströmen und deren feine Bestandteile entfernen. Blöcke und Geschiebe bleiben zurück. Infolgedessen ist eine Häufung von Blockpackungen (Anhäufungen grober Gesteinsbrocken) typisch für Satzendmoränen. Durch Eisrandoszillationen sind sämtliche Kombinationen von Stauch- und Satzmoränen möglich.

Abb. 18. Vom saalezeitlichen Inlandeis gefaltete Schmelzwasserablagerungen (Foto: KLOSTERMANN).

Beide Endmoränentypen können außerdem von Grundmoränen überzogen sein.

2.7.1.2 Grundmoränen

Grundmoränen lassen sich ebenfalls weiter untergliedern. Man unterscheidet zwischen Basismoränen und Ablationsmoränen (s. Abb. 19).

Basismoränen sind je nach ihrer Position innerhalb des Gletschers in Form bestimmter Moränentypen entwickelt. Am Grunde eines Gletschers lassen sich von oben nach unten folgende Basismoränentypen unterscheiden:

- Basis-Ausschmelzmoräne (Basal Melt-Out Till)
- Grundmoräne i. e. S. (Lodgement Till)
- Sohlmoräne (Deformation Till)

Basis-Ausschmelzmoränen entstehen an der Basis aktiv bewegten Eises oder innerhalb temperierten stagnierenden Eises. Dieser Moränentyp bildet sich in den meisten Fällen dort, wo das Eis infolge hohen Druckes schmilzt.

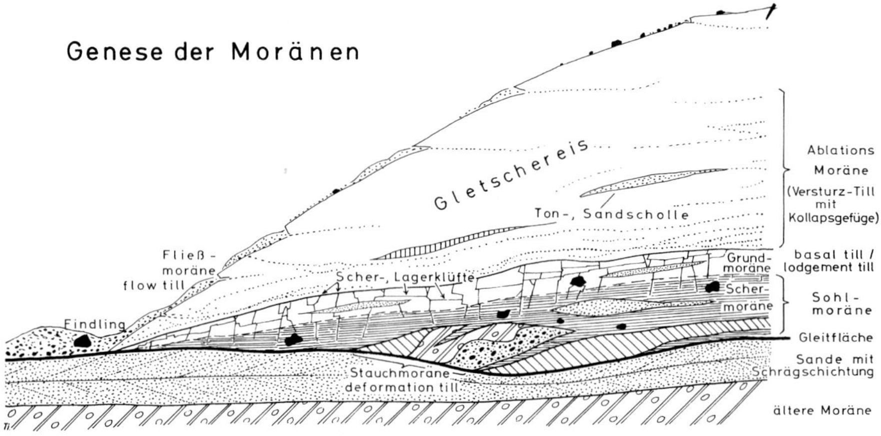

Abb. 19. Unterschiedliche Grundmoränentypen (nach GRUBE 1979).

Grundmoränen i. e. S. werden ebenfalls unter aktiv bewegtem Eis abgelagert. Der Sedimentationsprozeß wird durch hohe Drücke gefördert. Hohe Drücke entstehen unter anderem dort, wo das Eis im Untergrund gegen Hindernisse gepreßt wird. Im Bereich der Eisbasis befinden sich die größten Gesteinsmengen. Da dort auch die Eisauflast die höchsten Werte erreicht, kommt es zu einer starken Zerscherung des Moränenmaterials. Grundmoränen im engeren Sinne sind infolgedessen außerordentlich stark verdichtet.

Eine weitere Variante der Grundmoräne stellt die **Sohlmoräne** dar. Sie wird zwischen der Grundmoräne und der Gleitfläche an der Eisbasis abgelagert. Zahlreiche Gesteinsblöcke und Gesteinsscheiben sind charakteristisch für diesen Moränentyp. Vielfach ist auch aus dem Untergrund stammendes Lockermaterial eingearbeitet. Die ursprünglichen Ablagerungsstrukturen dieses Materials sind in den meisten Fällen noch erkennbar. Dennoch sind die Sedimente infolge des hohen Eisdrucks sehr stark beansprucht und verformt worden. Der Übergang zur Grundmoräne ist fließend.

Die **Schermoräne** stellt einen Spezialfall der Sohlmoräne dar. Dieser Moränentyp enthält einen extrem hohen Anteil von Fremdschollen und stark zerschertem Grundmoränen-Material. Die Fremdschollen können Größen von mehreren 100 m^2 besitzen.

Ablationsmoränen stammen entweder aus dem Eisinneren oder von der Eisoberfläche. Diese Moränen entstehen durch Schmelz- und Versturzprozesse(Gletscheranteile stürzen in Hohlräume, die beim Abschmelzen des Eises entstehen). Dadurch bekommen sie ein sehr kompliziertes Gefüge. Die Sedimente dieses Moränentyps bestehen aus Geschiebemergel, Kies- und Sandlinsen sowie zahlreichen Fremdschollen. Aufgrund ihrer Genese sind Ablationsmoränen sehr viel lockerer gelagert als Basismoränen. Auch bei Ablationsmoränen können verschiedene Varietäten unterschieden werden. Im wesentlichen werden folgende Fazies abgetrennt:

- (Ablations-) Ausschmelzmoräne (Ablation Melt-Out Till)
- Fließmoräne (Flow Till)
- Glazilakustrine Moräne (Waterlain Till)

Das Material der **Ausschmelzmoränen** stammt, wie erwähnt, von der Eisoberfläche und aus dem Eisinneren. Ihre Sedimentation ist mit dem Abschmelzvorgang verknüpft. Kollapsgefüge sind infolgedessen sehr häufig. Die Lagerungsdichten sind durch die genannten Bildungsbedingungen sehr gering.

Fließmoränen beziehen ihre Sedimente vorwiegend aus dem Gletscherschutt des Eisinneren. Dieser gelangt auf Scherflächen an die Eisoberfläche. Das so auf der Eisoberfläche angereicherte Material rutscht und fließt beim Abschmelzen des Gletschers ins Vorland des Eises. Diese rollenden, stürzenden und fließenden Bewegungen des Gletscherschuttes hinterlassen schichtungsähnliche Strukturen, die die Fließmoränen charakterisieren (s. Abb. 20). Übergänge zu späteren solifluktiven Bewegungen dürften häufig auftreten, lassen sich aber kaum als solche von Fließmoränen abgrenzen.

Glazilakustrine Moränen entstehen aus der Basis eines auf einem See aufschwimmenden schmelzenden Gletschers. Sie ähneln sehr stark glazimarinen Bildungen. Die Bezeichnung Glazilakustrine Moräne wird nur dann benutzt, wenn das Moränenmaterial gegenüber den lakustrinen Sedimenten deutlich dominiert.

2.7.2 Schmelzwässer im Eis – Erosion und Sedimentation –

Die Schmelzwässer des Inlandeises lassen eine Fülle von Erosionsformen und eine Vielzahl von Sedimenten entstehen, die in Zusammenhang mit dem Eis abgelagert wurden. Insbesondere im Abschmelzbereich des Inlandeises kommt es infolge der erhöhten, aber zeitlich variierenden Wassermengen zur Entstehung von zum Teil mächtigen Ablagerungen. So werden beispielsweise durch subglazigene Erosion Tunneltäler ausgeschürft, die

Abb. 20. Fließmoräne im nördlichen Niederrheingebiet (Foto: KLOSTERMANN).

anschließend mit Sedimenten aufgefüllt werden. Subglazigene Schmelzwässer und die Erosionstätigkeit der Inlandeismassen schnitten stark übertiefte Rinnen ein. In deren Hohlform lagern sich ebenfalls verschiedenste Sedimenttypen ab. Auch Oser und Kames entstehen im unmittelbaren Zusammenhang mit dem Inlandeis. In manchen Fällen bilden sie sich im Zusammenhang mit dem Toteis. Aus diesem Grund werden auch Oser und Kames den glazigenen Ablagerungen zugeschlagen. Sander werden dagegen den glaziären Bildungen zugerechnet, da sie im Vorfeld des Eises entstehen.

2.7.2.1 Tunneltäler, Glazigene Rinnen und Fjorde

Je nach Tiefe und Ausbildung unterscheidet man verschiedene Rinnentypen. Tunneltäler sind in der Regel 5 bis 15 m tief. Langgestreckte Erosionsformen mit Tiefen zwischen 100 und 400 m werden Rinnen genannt. Fjorde erreichen dagegen Tiefen von mehr als 1000 m.

Tunneltäler treten bevorzugt im Randbereich des Eises auf. Dort, im Abschmelzbereich des Eiskörpers, variiert der Wasseranfall im Laufe der Zeit außerordentlich stark. Regen, Schnee- und Eisschmelze lassen an der

Eisoberfläche Bäche, flache Seen und Schnee-Eis-Sümpfe entstehen. Der größte Teil dieses Wassers verschwindet jedoch rasch auf Gletscherspalten im Eisinneren. Das Wasser erreicht dort bald die Eisunterlage und fließt als Bach in einem Eistunnel ab. Diese Bäche ändern ihren Lauf sehr oft. Häufig blockiert das sich plastisch bewegende Eis den Bachlauf, weil es bestrebt ist, den Tunnelhohlraum zu schließen. Auch die Sedimentation mächtiger Gesteinsschuttbänke in den Tunneln lenkt den Stromstrich (der Teil eines Baches oder Flusses, in dem die höchsten Strömungsgeschwindigkeiten auftreten) ab. Eine kräftige Verlagerung des Tunnelverlaufs ist die Folge. Auf diese Weise fallen immer wieder weite Teile der Tunneltäler tot. Das Eis bricht über dem zuvor erodierten Tal zusammen. Es entsteht ein breiter eiserfüllter Talzug, der eben dieses Tal weitgehend vor nachfolgender Sedimentauffüllung schützt. Dadurch entsteht später an der Oberfläche des Tunneltals eine Hohlform. Spätere Eisvorstöße erfolgen bevorzugt innerhalb dieser Hohlformen. Das Eis stößt darin, aufgrund seiner größeren Mächtigkeit, weiter vor als in benachbarten Gebieten. Es schiebt sich über das noch in der Hohlform liegende Toteis. Der Schmelzwasseraustritt kommt dadurch immer höher zu liegen. Die Exaration am Boden des Tunneltals reicht dagegen immer tiefer hinab. Wird der Tunnel durch Eisausbrüche oder Schutt ganz verstopft, kann es zum artesischen Austritt des Schmelzwassers kommen. Solche Schmelzwässer entwickeln eine enorme Erosionsleistung.

Glazigene Rinnen treten in Nordwesteuropa bevorzugt im Zusammenhang mit dem elsterzeitlichen Inlandeis auf. Die Rinnen sind im Durchschnitt 1 bis 5 km breit und mehrere 10er Kilometer lang. Die Tiefen schwanken, wie erwähnt, zwischen 100 und etwa 400 m. Je schmaler eine glazigene Rinne ist, um so tiefer ist sie. In den meisten Fällen besitzen glazigene Rinnen einen geradlinigen Verlauf. Einen gewundenen Verlauf haben sie nur selten. Insgesamt verlaufen die Rinnen parallel zum Spaltennetz des Inlandeises. Vielfach zeichnen sie sogar den bajonettartigen Versatz der Eisspalten nach. Kleinregional betrachtet verlaufen viele der Rinnen parallel zueinander. Bei großräumiger Betrachtung zeigt sich jedoch eine fächerförmige Anordnung und zwar in der Weise, daß sie senkrecht zu den Endmoränen verlaufen und in Richtung auf das Eiszentrum konvergieren. Die Längsprofile der Rinnen weisen kein gleichmäßiges Gefälle auf. Oft zeigen sich Schwellen zwischen tief eingeschnittenen Rinnenteilen. Besonders häufig treten glazigene Rinnen in der Nähe von Endmoränen auf. Sie enden abrupt am ehemaligen Eisrand. Heute zeigen sie sich an der Oberfläche als langgestreckte Seen.

Die Genese der glazigenen Rinnen ist außerordentlich umstritten. Eine

Deutung macht die Erosion durch Schmelzwässer vor dem Eisrand für die Rinnenentstehung verantwortlich. Diese Vorstellung ist jedoch veraltet. „Normale" Schmelzwässer können sich nicht tiefer als 100 m einschneiden. Andere Theorien sehen als Ursache der Rinnenentstehung die Auslaugung von Salz im Untergrund oder die Überprägung tektonischer Schwächezonen. Sicherlich trifft eine solche Deutung für einige Gebiete Nordwestdeutschlands zu. Grundlegend ist das Problem der glazigenen Rinnen damit jedoch nicht gelöst. Der größte Teil dürfte unmittelbar durch glazigene Erosion und durch subglazigene Schmelzwässer entstanden sein. Ausschließlich glazigene Erosion produziert vorwiegend breite, relativ flache Rinnen (U-Täler). In flachen Rinnen auftretende Verengungen sprechen für diese Deutung. Auch die Tatsache, daß es Rinnen ohne vorgelagerten Sander gibt, spricht für die Entstehung durch glazigene Erosion. Der größte Teil der glazigenen Rinnen ist vermutlich durch subglazigene Schmelzwässer entstanden. Eine solche Deutung dürfte insbesondere auf schmale, langgestreckte und tiefe Rinnen zutreffen. Am Rinnenende findet sich in der Regel ein Sander, der erheblich höher liegt als die Rinnenbasis. Die Schmelzwässer unter dem Inlandeis müssen folglich unter hydrostatischem Druck gestanden haben. Nur so läßt sich der hochgelegene Sander erklären (s. Abb. 21).

Unter Druck stehende Wässer haben ein hohes Erosionspotential. Sie können daher an Engstellen unter dem Eis tiefe Tunnel ausstrudeln. Dieser Vorgang wird als **Evorsion** bezeichnet. Auf diese Weise dürften Schwellen

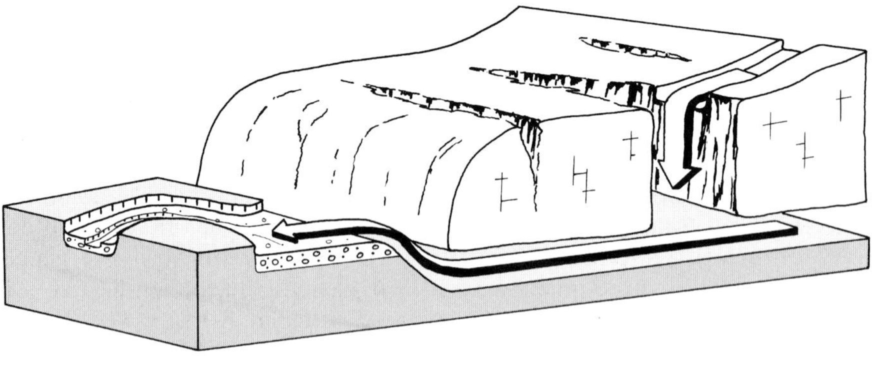

Abb. 21. Schematischer Schnitt durch den Inlandeisrand mit einer glazigenen Rinne.

und tiefe Rinnenabschnitte entstanden sein. Auch der parallele Verlauf der Rinnen zu den Spalten im Eis erklärt sich so. Oft werden die tief eingeschnittenen Rinnen von Toteis plombiert. Dadurch kann sich deren Füllung erheblich verzögern. Die Sedimentfüllungen der Rinnen sind aus diesem Grund oft außerordentlich komplex entwickelt. Glazifluviatile Sedimente, Beckenschluff, von den Seiten hereingerutschte Grundmoränenreste, warmzeitliche Tone, fluviatile Kiese und durch Unterwasserrutschungen verursachte turbiditähnliche Sedimente kommen vor.

Fjorde sind eine besonders ausgeprägte Form von Rinnen, die im Zusammenhang mit Inlandeismassen und Gletschern entstanden sind. Sie sind sehr lang, schmal und steilwandig. Die Tiefen liegen in der Regel bei mehreren 100 Metern. Tiefen von 1000 m werden oft überschritten. So liegt beispielsweise die Basis des Vanderfjords in der Antarktis 2280 m unter dem Meeresspiegel. Am meerwärtigen Ende besitzen Fjorde eine oft extrem flache Schwelle. Tiefen von weniger als 150 m sind dort nicht ungewöhnlich. Vielfach gibt es in den Schwellenregionen sogar Inseln. Wenig landeinwärts schließt sich in den meisten Fällen die tiefste Stelle des Fjordes an (s. Abb. 22). Fjorde sind oft nur wenige Kilometer breit und verzweigen sich landeinwärts in mehrere Teiläste. Die extreme Tiefenerosion innerhalb der Fjorde ist zum einen auf die Exarationsleistung des Eises, zum anderen auf den Tidenhub und die Erosion durch Schmelzwässer zurückzuführen. Während der Kaltzeiten des Quartärs strömten die Gletscher von der in Skandinavien etwa 2500 m hoch gelegenen Eisscheide auf kurzer lateraler Distanz bis auf Meeresspiegelhöhe hinab. Das große Gefälle führte zu hohen Fließgeschwindigkeiten und hatte damit extreme Erosionsleistungen zur Folge. Die Eisauflast führte zur weiteren Erhöhung der Exarationsleistung. An Engstellen bewegte sich das Eis sehr viel schneller. Je schmaler der Durchlaß, um so tiefer reichte die Erosion hinab. Auch längere Gleitzeiten des Eises hatten eine tiefere Erosion zur Folge. In den heutigen Fjordgebieten liefen die erwähnten Bewegungen und Erosionsvorgänge fast während sämtlicher kaltzeitlicher Phasen des Quartärs ab. Auch die Wirkung des Tidenhubs auf den Schmelzwasserabfluß trug zur Exaration bei. Während der Flut wird das Schmelzwasser unter dem gesamten Gletscher gestaut. Bei Ebbe dagegen senkt sich die Gletscherzunge auf den Felsuntergrund, gleichzeitig schwimmt der übrige Gletscher noch auf den Schmelzwässern. Die Folge ist eine Komprimierung der Schmelzwässer unter dem Eis. Hydrostatischer Druck wird aufgebaut. Bei fortschreitender Ebbe entweicht das Schmelzwasser schließlich mit einem „Düseneffekt“. Extreme Erosionsleistungen sind die Folge. In diesem Gebiet kommt es zu einer extremen Tiefenerosion (tiefste Stelle des Fjordes). Wenig meerwärts kommt es an der

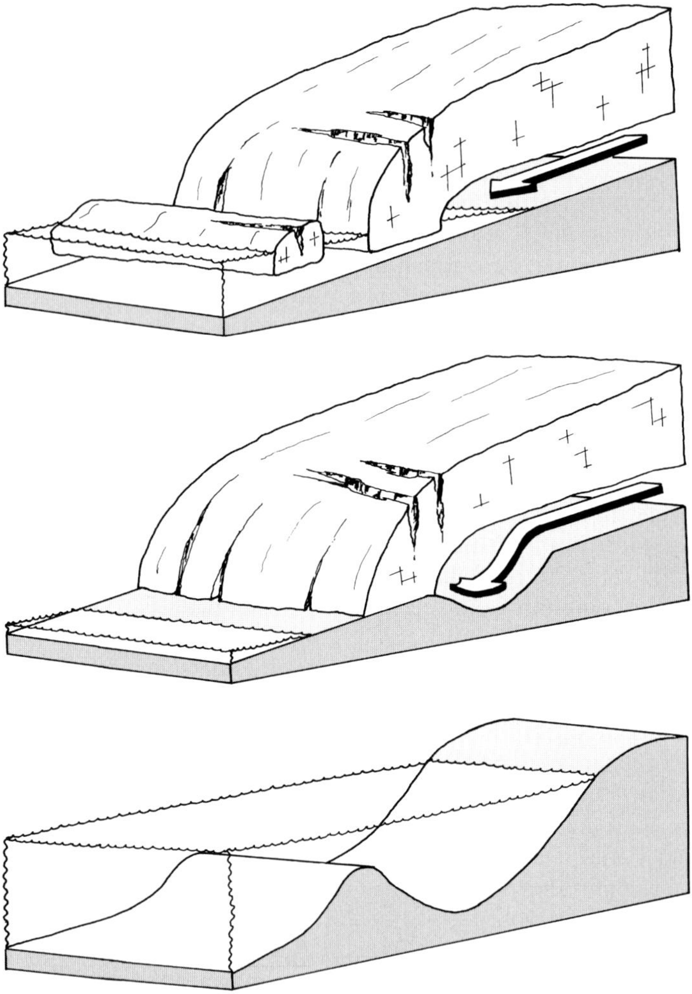

Abb. 22. Längsschnitt durch einen Fjord.

Austrittsstelle der Schmelzwässer zu einer raschen Druckentlastung. Die Erosionsleistung geht gegen Null. Die flache Schwelle am meerwärtigen Ende des Fjordes entsteht.

2.7.2.2 Oser

Die Bezeichnung Oser stammt aus dem Schwedischen. Das schwedische Wort Asar bedeutet Hügelzug oder Wallberg. Oser sind eisenbahndammähnliche, schmal gewundene Höhenzüge. Sie besitzen steile Hänge, eine schmale Krone und parallele Ränder. Sie sind im Durchschnitt zwischen 5 und 30 m hoch und bis zu 20 km lang. Oser (Os) von 450 km Länge werden aus Kanada beschrieben. Im Längsprofil weisen sie eine auf- und absteigende Linienführung auf. Sie sind parallel zur Bewegungsrichtung des Eises ausgerichtet. Am Os-Ende befindet sich meist ein Schwemmfächer. Die Sedimente eines Os bestehen aus gut gerundeten Kiesen und Sanden. Seine Ablagerungen sind vorwiegend horizontal geschichtet. Seltener wird Schräg- oder Diagonalschichtung beschrieben. Generell fallen die Schichten in Richtung auf das Vorland ein. Die Schichten eines Os streichen ins Freie aus. Hinsichtlich der Genese kann als gesichert gelten, daß es sich bei Osern um glazifluviatile Sedimente handelt. Dafür sprechen deren Schichtung, die Rundung der Sedimente sowie die zur Eisbewegung parallele Ausrichtung. Umstritten ist lediglich, ob es sich um subglazigene, englazigene oder supraglazigene Sedimente handelt. Eine subglazigene Entstehung erklärt insbesondere das freie Ausstreichen der Schichten sehr gut (s. Abb. 23). Bei der englazigenen Entstehung eines Os ist keine Schichtung mehr erkennbar. Im Eisinnern wird durch Schmelzwässer eine Röhre ausgewaschen (vgl. Abb. 23). Darin werden die Sedimente des Os abgesetzt. Schmilzt der Eiskörper, so schützen die Sedimente des Os das darunterliegende Eis zunächst vor dem Schmelzen. Mit dem Abschmelzen dieses liegenden Eises aber wird die Schichtung des Os vollständig zerstört (vgl. Abb. 23).

Bei supraglazigener Genese schneidet sich ein Schmelzwasserbach von der Eisoberfläche her in die Tiefe ein. Mit Erreichen der Eisbasis werden die zuvor abgelagerten Schichten aufgearbeitet und nehmen die Form eines horizontalen Schichtenverbandes an (s. Abb. 24). Es besteht auch die Möglichkeit, daß ein aktiver Eiskörper erneut auf sein eigenes Toteis vordringt (vgl. Abb. 24). Existiert an der Toteis-Basis bereits eine Depression, so entwickelt sich auf der Oberfläche des Toteises ebenfalls eine Hohlform. Darin fließen die Schmelzwässer des aktiven Eises ab und sedimentieren die Schichten des Os. Auch bei dieser Deutung schneiden sich die Schmelzwässer allmählich bis auf den Untergrund des Eises ein. In den meisten Fällen entstehen Oser im inaktiven Eis, da sie andernfalls kaum erhaltungsfähig wären.

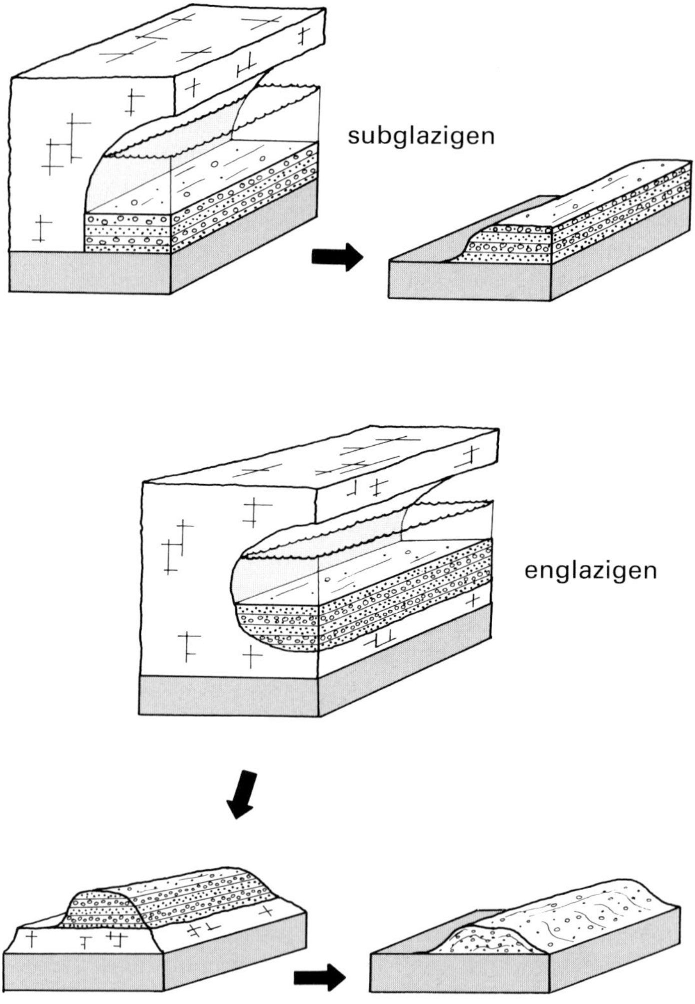

Abb. 23. Genese eines Os.

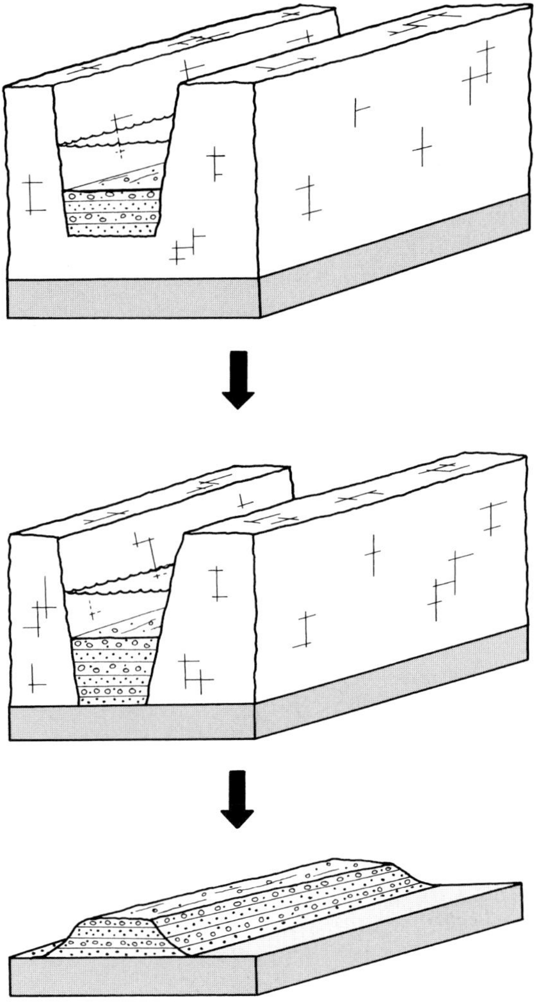

Abb. 24. Supraglazigene Genese eines Os.

2.7.2.3 Kames

Die Bezeichnung Kame stammt aus Schottland. Dort werden unregelmäßige Höhenzüge mit diesem Begriff belegt. Kames sind Wälle oder flache Hügel. Sie haben eine unregelmäßige Form und sind flacher als Oser. Fast immer treten Kames in Gruppen auf. Sie sind zwischen 10 und 20 m hoch. Ihr Inneres besteht aus zum Teil schluffigem Kies und Sand. Oft sind die Sedimente schräg- und diagonalgeschichtet. Lediglich in der Nähe der Rückenlinie treten häufiger horizontal geschichtete Bereiche auf. Vielfach biegt die Schichtung eines Kames an den Seiten nach unten ab. Die Schichten liegen also mantelförmig übereinander und nehmen so eine gewölbeartige, konzentrisch-schalige Struktur an, die als Übergußtextur bezeichnet wird. Bezüglich der Genese gibt es eine Fülle von Interpretationen. Zu den Osern zeichnen sich viele nicht klar abzugrenzende Übergänge ab. Kames sind subaerische, supraglazigene Bildungen. Sie entstehen in stagnierendem Eis oder in Toteismassen. Genetisch ähneln sie den Osern außerordentlich stark. Ihre interne Struktur kann sich von Osern unterscheiden. **Kameterrassen** werden zwischen Eis und höher gelegenen eisfreiem Gelände abgesetzt (s. Abb. 25). Infolge verschiedener Abflußbedingungen können unter-

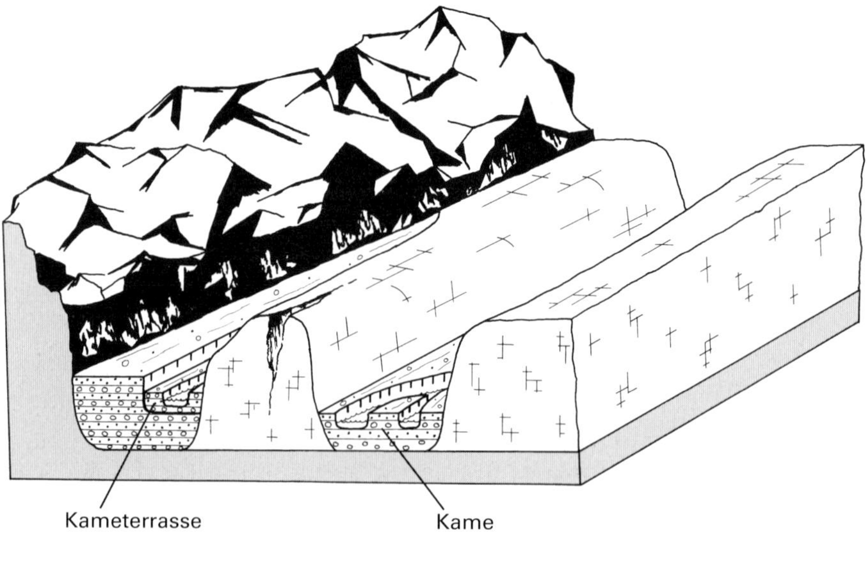

Abb. 25. Entstehung von Kame-Terrassen.

schiedliche Kamegenerationen sedimentiert werden, die terrassenartig ineinander geschachtelt sind.

2.8 Glaziäre Sedimente

Glaziäre Sedimente werden in erster Linie von den Schmelzwässern des Eises aufgeschüttet. Am Eisrand können unter anderem durch den Rückstau großer Flüsse Eisstauseen entstehen, die mit dem von den Schmelzwässern mitgeführten Material oder mit den von den Flüssen transportierten Sedimenten aufgefüllt werden. Aber auch vom Eis selbst ausgeschürfte Hohlformen, sog. Zungenbecken, werden mit Schmelzwassersedimenten aufgefüllt. Oft entstehen dabei rhythmische Bildungen, die Warvite.

Vor dem vorstoßenden und dem abschmelzenden Eisrand werden oft ausgedehnte Sanderflächen abgesetzt.

2.8.1 Eisstausee- und Zungenbeckenablagerungen

Durch die nach Süden vorstoßenden Eismassen wurden beispielsweise in Mitteleuropa viele ursprünglich nach Norden strömende Flüsse blockiert. Auf diese Weise entstanden Eisstauseen. Diese wurden allmählich sowohl vom Material der Flüsse als auch von dem mit den Schmelzwässern transportierten Material des Inlandeises aufgefüllt.

Deltaähnliche Sedimente und Stillwasserablagerungen entstanden in den Eisstauseen ebenso wie in den sogenannten Zungenbecken (während eines Eisvorstoßes ausgeschürfte Becken, die von Schmelzwässern des Eises gefüllt werden). Die Depressionen, in denen die Eisstauseen entstanden, existierten bereits vor der Blockade durch das Inlandeis. Die Hohlformen der Zungenbecken wurden durch Exaration, also den Zusammenschub älterer Sedimente und durch Aushobelung des Untergrundes im Zuge eines Eisvorstoßes gebildet. Sehr oft entstanden Zungenbecken im Hinterland von Stauchmoränen. Durch die Aufspaltung von Gletscherzungen konnte sich am Eisrand ein komplexes System von Zweigbecken entwickeln. Auch bereits existierende Hohlformen wurden durch das Eis glazigen überprägt und vertieft. Als bekanntestes Beispiel sei der Bodensee erwähnt.

Das Eis entwässert in die Hohlformen und setzt dort zunächst deltaartig das Sedimentmaterial ab. Ein solches Delta baut sich allmählich in den

Eisstausee oder den Zungenbeckensee vor. Aufgrund der nach innen abnehmenden Strömungsgeschwindigkeit wird in Eisrandnähe das gröbste Sediment abgesetzt. Mit zunehmender Entfernung vom Eis nehmen auch die Korngrößen ab. Im proximalen Bereich des Sees werden Kiese, im distalen Bereich Tone abgelagert. Beim Vorschub des Deltas werden im Lauf der Zeit auch die zuvor abgelagerten distalen Tone von Sanden und Kiesen überschichtet. Die feinkörnigen Sedimente der Eisstauseen und der Zungenbeckenseen zeigen oft eine intensive Bänderung (Warven).

2.8.1.1 Warven

Die feine Bänderung der Sedimente entsteht durch die unterschiedlich großen Schmelzwassermengen im Sommer und im Winter. Die Eisschmelze während des Sommers läßt schnell strömende Gletscherbäche entstehen, die große Mengen gröberen Materials herantransportieren. Eine Schicht aus hellem Feinsand und Schluff wird sedimentiert. Im Winter fällt nur sehr wenig Schmelzwasser an. Nur noch der feinste Schweb wird in den See transportiert. Eine dünne, dunkle, tonige Winterlage entsteht.

Die Grenze von der groben Sommer- zur feinen Winterlage ist nicht scharf. Die Ursache hierfür liegt in der zum Winter hin nur allmählichen Abnahme der Schmelzwassermengen. Im Frühsommer dagegen steigt die Schmelzwassermenge rasch und unvermittelt an. Im Gegensatz dazu ist die Grenze von der Winter- zur Sommerlage daher oft sehr scharf ausgebildet. Als Warve wird in der Regel ein Schichtenpaar aus Sommer- und Winterlage bezeichnet (Jahreswarve). Einen Spezialfall stellt die Tageswarve dar, die oft nur Bruchteile von mm dick ist. Ursache für die Entstehung verschiedener Schichten sind auch hier Temperaturschwankungen. Die höheren Temperaturen während des Tages erhöhen die Schmelzwassermenge, so daß eine gröbere Schicht entsteht. Während der Nacht entwickelt sich die feinere Sedimentschicht. Mit den Tageswarven fast identische Sedimentstrukturen können aber auch durch Schönwetterperioden erzeugt werden. Eine längere Schönwetterperiode kann so eine einzelne grobe Schicht entstehen lassen.

Die Dicke der Warven variiert in Abhängigkeit von der Distanz zum Eisrand. In Eisrandnähe entwickeln sich dicke Warven **(proximale Warven)**. Eisrandfern dagegen werden dünne Warven erzeugt **(distale Warven)**. Durch wärmere Sommer entstehen dickere Sommerlagen. In kalten Wintern werden dünnere Winterlagen gebildet, da kaum noch Schmelzwasser anfällt. Die Warvendicken liegen im Durchschnitt zwischen 0,5 und 2,5 cm. Riesenwarven von 50 cm Mächtigkeit werden aus Dänemark beschrieben. Obwohl

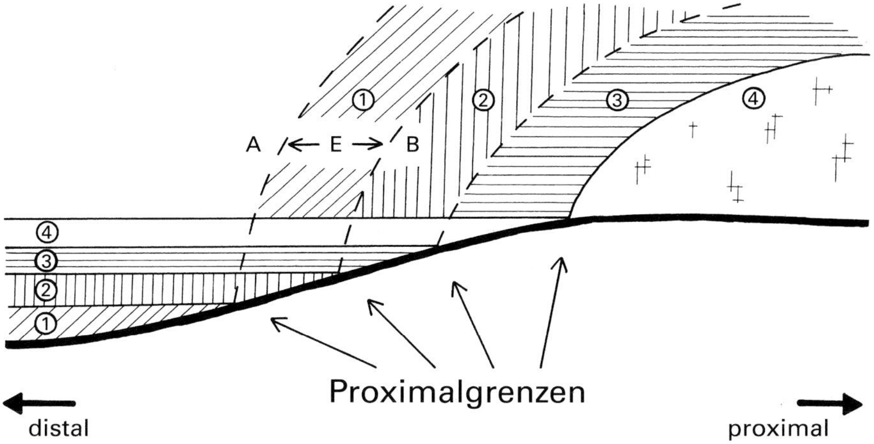

Abb. 26. Lateraler Warvenaufbau.

die Mächtigkeiten regional verschieden sind, bleibt doch die Relation der Serie erhalten. Ist beispielsweise das Mächtigkeitsverhältnis eines Warvenpaares an einer Stelle 1 cm : 3 cm, so bleibt dieses Verhältnis an einer anderen Stelle mit anderen Mächtigkeiten (Beispiel 10 cm : 30 cm) erhalten. Die Anzahl der abgesetzten Warven ist also konstant. Da verschiedene Warvenmächtigkeiten durch die Distanz zum Eisrand und durch Klimaschwankungen hervorgerufen werden, wird verständlich, daß lediglich die Mächtigkeit der Warven variiert, nicht aber ihre Anzahl.

Als stratigraphisches Hilfsmittel wurden die Warven erstmals von dem schwedischen Geologen De Geer genutzt. Im Jahre 1905 begann De Geer mit Warvenzählungen in Skandinavien. 1910 stellte er die Ergebnisse in einem Vortrag vor. Er ließ auf einer 800 km langen Strecke nördlich von Stockholm von seinen Studenten möglichst viele Warven zählen. Durch das allmähliche Abschmelzen des Eises entstanden in verschiedenen Regionen unterschiedlich viele Warven (s. Abb. 26). Während das Eis in Position 1 liegt, wird die Warvenserie 1 abgesetzt. Befindet sich das Eis in Position 2, entsteht die Warvenserie 2 und so fort. Die Entfernung von dem Punkt, an dem eine Warve erstmals auftritt bis zu jenem Punkt, an dem eine andere Warve erstmals unter ihr sichtbar wird, bezeichnet man als Äquizesse. In Abbildung 26 entspricht der Abstand A-B einer solchen Äquizesse. Die tiefste Warve in Eisrandnähe (Position 4 in Abb. 26) ist zeitgleich mit einer höheren Warve in Eisrandferne entstanden (Position 1 in Abb. 26). Hat man Jahreswarven vor sich, lassen sich mittels Warvenzählung Dauer und Geschwindigkeit des Eisrückzuges bestimmen. Die Warvenzählung wird in der Weise durchgeführt, daß im Aufschluß die Warven auf einem Papierstreifen aufgezeichnet werden. Im Anschluß daran werden die Mächtigkeiten der Warven gegen die Zeit aufgetragen (s. Abb. 27). Danach wird versucht, die Diagramme verschiedener Lokalitäten zur Deckung zu bringen. Die Verknüpfung gilt als erreicht, wenn mindestens 10 Ausschläge hintereinander gleich gerichtet sind (s. Abb. 28). De Geer gelang es, auf diese Weise eine lückenlose Warvenchronologie der letzten 12000 Jahre zu erstellen, die inzwischen mit ^{14}C-Untersuchungen bestätigt wurde. Es zeigte sich, daß das Eis der Weichsel-Kaltzeit unvermutet schnell abgeschmolzen sein mußte (De Geer 1940). Zu Beginn lagen die Abschmelzraten zwischen 50 und 100 m/a. Am Ende stiegen sie auf etwa 300 m/a an. Der Abschmelzbeginn des Weichseleises wird in Europa mit 14000 a BP angesetzt. Um 8000 a BP war der Eisschild in Nordeuropa vollständig verschwunden. Zur gleichen Zeit bedeckte der Laurentische Eisschild noch 50% seiner ursprünglichen Fläche. Etwa um 7800 a BP brachen im Zuge des sogenannten Hudson-Bucht-Ereignisses innerhalb von nur 200 Jahren etwa 3 Mio. km^3 Eis ins Meer ab. Danach existierten nur noch drei Eisschilde; das Keewatin-Eis, das um 6000 BP abgeschmolzen war, das Labrador-Eis, das um 5000 a BP

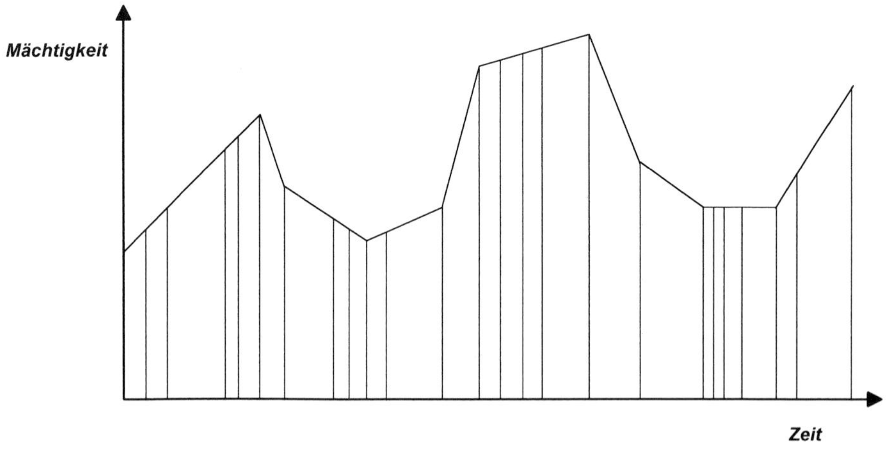

Abb. 27. Stratigraphische Deutung von Warvenfolgen.

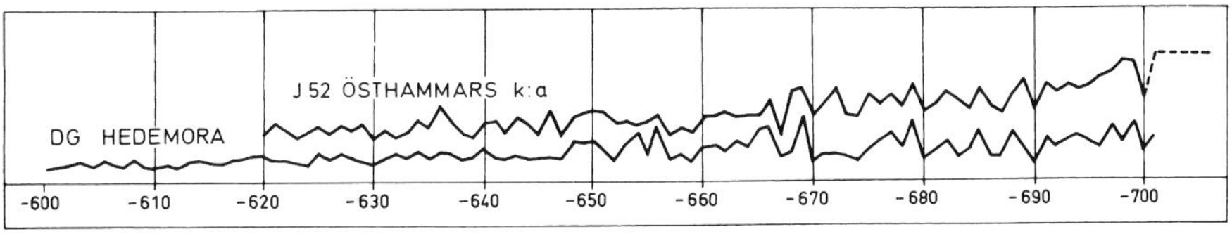

Abb. 28. Verknüpfung unterschiedlicher Warvenfolgen (aus: STRÖMBERG 1983).

verschwunden war und schließlich das Baffin-Eis, das noch heute existiert. Es nimmt zur Zeit eine Fläche von ca. 37000 km^2 ein.

2.8.2 Sander

Im Vorland des Inlandeises wurden von den Schmelzwässern ausgedehnte und zum Teil mächtige Sander abgesetzt. Das Wort Sander ist die eingedeutschte Version des isländischen Wortes Sandur. Dieser Begriff wurde 1883 von KEILHACK in die Literatur eingeführt. In vielen Fällen haben Sander ihren Ursprung in den einspringenden Buchten von Endmoränen. Oft münden an diesen Stellen Mittelmoränen eines Gletschers. Die dort fließenden Gletscherbäche können große Mengen des Moränenmaterials aufnehmen, umlagern und im Vorland des Eises erneut absetzen. An den einspringenden Stellen der Endmoränen schneiden sich die Schmelzwässer außerdem in die Moränen ein und lagern deren Material ebenfalls um. Nach dem Austritt der Schmelzwässer aus dem Eis entwickelt sich ein sehr flaches verwildertes Flußsystem. Ein solches Abflußsystem schüttet vielfach einen kegelförmigen Schwemmfächer auf. An der Spitze des Schwemmfächers besitzt die Sanderoberfläche mit 3 bis 5 ‰ ihr größtes Gefälle. In der Mitte geht die Neigung auf 2 bis 3 ‰ zurück. Im distalen Sander werden nur noch Neigungen von 1 bis 1,5 ‰ beobachtet. An der Oberfläche der Sander ist oft auch heute noch der Verlauf ehemaliger Hauptabflußrinnen der Schmelzwässer erkennbar. Meistens laufen die Rinnen vom Ursprung des Sanders radial auseinander. Am Kontakt Sander/Endmoräne sind beide Ablagerungen so eng miteinander verzahnt, daß eine Trennung oft unmöglich wird. Diese innige Verzahnung wird durch Oszillationen des Eisrandes noch verstärkt. Diese führen dazu, daß auch die Sanderablagerungen selbst in die Stauchmoränen einbezogen werden.

Am inneren Aufbau der Sanderablagerungen läßt sich deutlich ihre

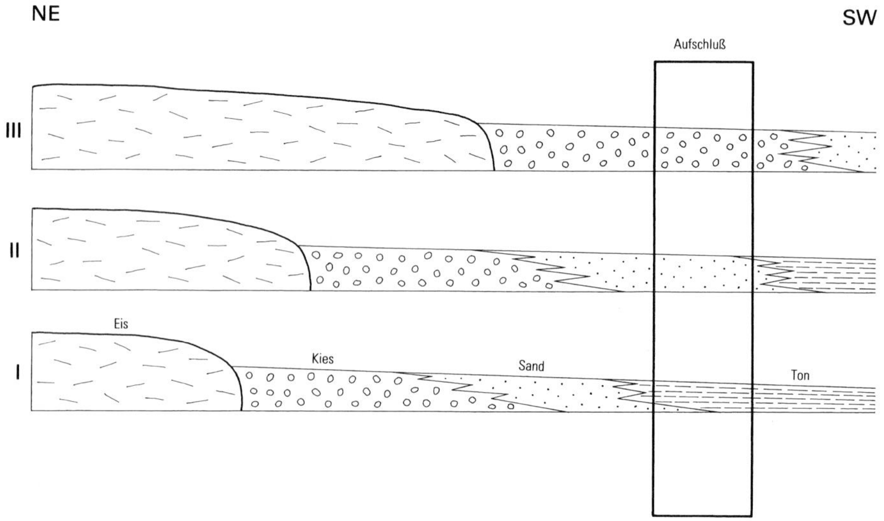

Abb. 29. Lateraler Aufbau eines Sanders (aus: KLOSTERMANN 1992).

Position zum Eisrand ablesen (s. Abb. 29). An der Sanderwurzel kommen sehr häufig schlecht gerollte Blöcke sowie Ton- und Sandgerölle vor. Die Schichtung wird dort sehr undeutlich. Oft sind in diesem Bereich Toteisstrukturen zu beobachten. In Richtung auf das Vorland verwachsen die zunächst kegelförmigen Schwemmfächer zu weiten Schotterfluren. Durch die unterschiedlichen Strömungsgeschwindigkeiten der Schmelzwässer in Eisrandnähe oder in großer Entfernung vom Eis kommt es zu einer deutlichen lateralen Differenzierung der sedimentierten Korngrößen. Im proximalen (eisnahen) Bereich sind die Strömungsgeschwindigkeiten am größten. Folglich wird dort nur die gröbste Kornfraktion abgelagert. Mit zunehmender Entfernung vom Eis nimmt die Strömungsgeschwindigkeit der Schmelzwässer allmählich ab. Infolgedessen wird auch die sedimentierte Korngröße immer geringer. Im distalen Bereich eines Sanders werden daher nur noch Tone und Schluffe sedimentiert. Stößt das Inlandeis weiter vor, verlagern sich auch die Zonen unterschiedlicher Geschwindigkeiten in Richtung auf das Vorland. Durch diesen Vorgang nehmen in einem Aufschluß die Korngrößen innerhalb eines Sanders von unten nach oben zu. Das nach oben hin gröber werdende Korn zeichnet also den Vorstoß des Inlandeises nach (vgl. Abb. 29).

Die Charakteristika eines Sanders lassen sich folgendermaßen zusammenfassen: Sander bestehen hauptsächlich aus der Kornfraktion Sand. Das Gefälle ist auf das Vorland gerichtet. Sander besitzen meist eine radiale Struktur. Ihre Entstehung geht zum größten Teil auf die Sedimentation von großen subglazigenen Schmelzwasserbächen zurück. Manchmal wirken auch kleinere Schmelzwasserbäche mit, die ihre Wässer über die Endmoränen hinweg schütten.

Die zeitliche Zuordnung der Sanderschüttungen zum Eisvorstoß läßt sich in den meisten Fällen aus ihrer Verbindung zu den Grundmoränen des Eises ableiten. Die von Grundmoräne überdeckten Sanderablagerungen werden als Vorschüttsande bezeichnet. Diejenigen Sandablagerungen, die über Grundmoränen liegen, werden Nachschüttsande genannt.

In Abhängigkeit von ihrer Genese lassen sich verschiedene Sandertypen gegeneinander abgrenzen. Generell wird zwischen Flachsandern und Hochsandern unterschieden. Flachsander werden von Schmelzwässern aus Gletschertoren heraus aufgeschüttet. Hochsander dagegen entstammen Schmelzwasserbächen, die von der Eisoberfläche herabströmen.

Flachsander werden weiter in Flächensander, Saumsander und Kegelsander untergliedert. Flächensander sind breite Sanderebenen im Vorland von Endmoränen. Saumsander bilden lediglich einen schmalen Saum (wenige Kilometer) zwischen Endmoränen und höher gelegenem Vorland. Kegelsander sind dann ausgesprochen typisch entwickelt, wenn sie in der Einkerbung zwischen zwei Gletscherloben entstanden sind. An der Kegelspitze ist die Endmoräne fast immer unterbrochen. Die Höhenkurven eines Kegelsanders bilden flache Kreisbögen, deren Mittelpunkt im Gletschertor liegt.

Hochsander werden von Schmelzwässern sedimentiert, die von der Eisoberfläche herabströmen (s. Abb. 30). Mit dem allmählichen Anstieg der Eisoberfläche wächst auch die Oberfläche des Hochsanders in die Höhe. Durch diesen Vorgang ist die spätere Steilkante des Hochsanders dem Eisrand zugewandt. Im Hochsander fehlen oft Schrägschichtung und Rinnen. An der Basis des erwähnten Steilhanges finden sich Blockanreicherungen. Sie entstehen beim Abschmelzen des Eises. Während dieser Zeit strömen die Schmelzwässer vorwiegend zwischen Eisrand und Steilkante des Hochsanders. Hohe Strömungsgeschwindigkeiten und Aufarbeitung des Moränen- und Sandermaterials führen dort zu einer charakteristischen Blockanreicherung.

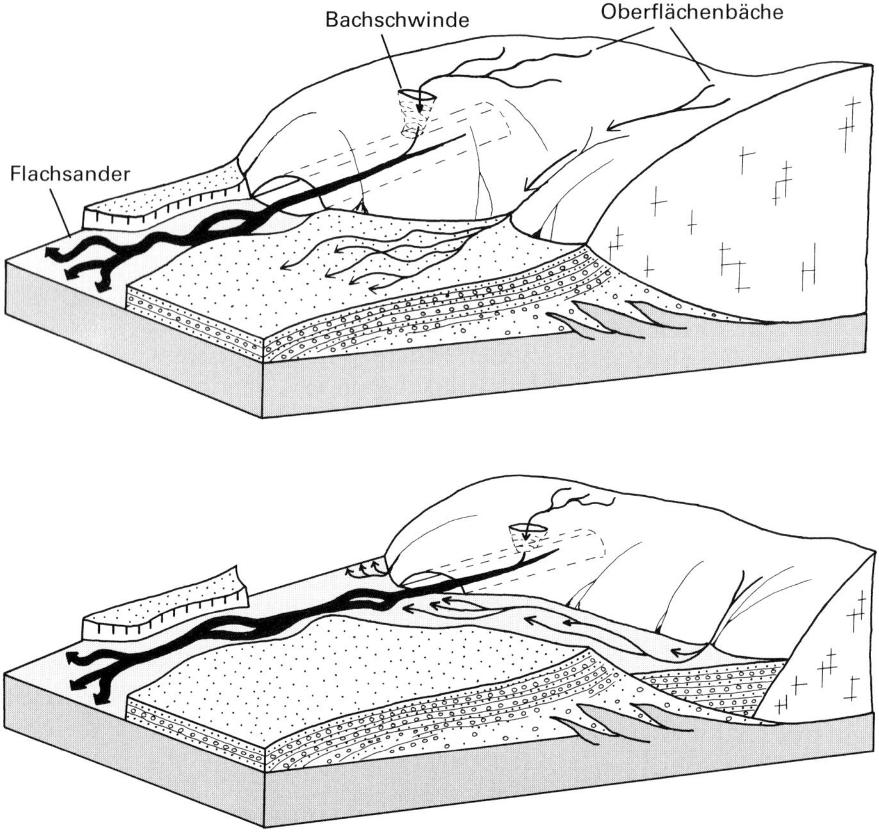

Abb. 30. Genese von Hoch- und Flachsandern.

3 Kontinente außerhalb vergletscherter Regionen

Während des Quartärs gab es auf den Kontinenten außerhalb der vergletscherten Gebiete zwei Regionen, in denen sich Klimaschwankungen besonders gut nachvollziehen lassen. Es sind dies die Periglazialgebiete, die unmittelbar an die Inlandeiskappen grenzten und die Wüsten der Erde. In beiden gibt es eine Fülle von Klimazeugen, die es erlauben, die Klimageschichte zu rekonstruieren. Besonders gut ist der Zeitraum vom Höhepunkt des Weichsel-Glazials vor 18000 Jahren bis heute dokumentiert (vgl. Kap. 10 Klimamodelle – Rekonstruktion der letzten 18000 Jahre –).

3.1 Periglazial-Gebiete

Als Periglazial-Gebiete werden jene Regionen der Erde bezeichnet, in denen Dauerfrostklima die Entstehung der Landschaft prägt. In erster Linie werden darunter die Wirkungen des ständigen Auftauens und Wiedergefrierens des Bodens verstanden. Spuren dieser Vorgänge sind unter anderem Fließerden, Kryoturbationen und Eiskeilpseudomorphosen. Neben diesen unmittelbaren Folgen verursacht das Dauerfrostklima auch massive Veränderungen der fluviatilen Dynamik. Terrassenkörper und bestimmte andere Sedimenttypen entstehen. Durch das weite Zurückdrängen der Vegetation infolge des Dauerfrostes entstehen ausgedehnte vegetationsarme Bereiche, in welchen der Wind eine intensive Umlagerung feinkörnigen Materials verursacht. Äolische Sedimente sind charakteristische Bildungen des periglazialen Raumes.

Hält die Gefrornis in einer Region länger als ein Jahr an, wird von Dauerfrost (Permafrost) gesprochen. Heutzutage finden sich die größten

Permafrostgebiete im nördlichen Nordamerika und in Nordsibirien. Die südliche Begrenzung der Permafrostgebiete wird mit der –2°- oder der –5°-C-Isotherme gezogen. Der Untergrund in Permafrostgebieten ist meistens mehr als 100 m tief gefroren. Im Norden Sibiriens reicht der Dauerfrost stellenweise sogar tiefer als 1500 m hinab. Während der Sommer taut lediglich eine dünne oberflächennahe Schicht des Bodens auf. In diesen Schichten hinterläßt der dort ständig stattfindende Wechsel zwischen Tauen und Wiedergefrieren seine Spuren. Insbesondere sind hier Fließerden, Kryoturbationen und Eiskeile zu nennen.

3.1.1 Wirkungen und Spuren des Permafrostes (Fließerden, Kryoturbationen, Eiskeilpseudomorphosen, Pingos)

Das Phänomen des Bodenfließens kann bereits an sehr flach geneigten Hängen auftreten. Bodenfließen oder Solifluktion kann unter bestimmten Voraussetzungen auch außerhalb von Periglazialgebieten auftreten. In den meisten Fällen ist diese Erscheinung jedoch an periglaziale Bedingungen geknüpft. Periglazialgebiete sind insofern für die Entstehung von **Fließerden** prädestiniert, als der Oberboden während der Sommer auftaut und zu dieser Zeit einen hohen Wassergehalt aufweist. Durch den gefrorenen Untergrund wird das Tauwasser am Versickern gehindert. Infolgedessen reichert es sich in den aufgetauten Schichten sehr stark an. Dadurch wird die Scherfestigkeit des Bodens so stark herabgesetzt, daß oftmals das Bodenfließen bereits bei Hangneigungen von 1° bis 2° einsetzen kann. Diese Neigungsgrenze verändert sich jedoch in Abhängigkeit von der Zusammensetzung der jeweiligen Schichten. So ist es durchaus möglich, daß bestimmte Sedimente erst bei Hangneigungen von mehr als 5° zu fließen beginnen (BALLANTYNE 1987). In vielen Fällen bewegt sich bei diesem Vorgang eine Masse mit breiiger Konsistenz zu Tal. Bei dem talwärtigen Umlagerungsvorgang werden die verschiedenen Sedimenttypen intensiv vermischt. Dadurch entsteht ein Sediment, das von seiner Textur her einer Fließmoräne außerordentlich ähnlich sieht. Sollen Fließerden als Klimaindikatoren herangezogen werden, so kann dies nur im Zusammenhang mit anderen Indizien geschehen.

Hier bieten sich beispielsweise **Kryoturbationen** an. Dabei handelt es sich um Verwürgungen oberflächennaher Bodenschichten (s. Abb. 31). In erster Linie dürften die Verwürgungen durch Frosthebung und die Bildung von Segregationseis entstanden sein (WASHBURN et al. 1978). Eine andere Deutung der Kryoturbationen geht von Dichteunterschieden verschiedener

Abb. 31. Kryoturbationen in Hauptterrassen des Niederrheins (Foto: KLOSTERMANN).

Sedimente aus. Sind Schichten verschiedener Korngrößen vollständig wassererfüllt, so kann es durch die ungleichmäßige Verteilung des Wassers in den Sedimenten zu Schwereausgleichsbewegungen kommen. Die entstehenden Strukturen sind daher mit jenen identisch, die als Belastungsmarken bezeichnet werden (EIßMANN 1981). Auch Pflanzenwurzeln und Verwitterungsvorgänge können kryoturbationsähnliche oder -identische Strukturen erzeugen. Durch die Kryoturbation erfolgt eine Materialtrennung und zwar in der Weise, daß es zu einer Anreicherung groben Materials, in erster Linie von Steinen, in polygonalen Ringen kommt. Gelangen diese Ringe in leicht geneigte Hangpositionen, werden sie zu Steinstreifen auseinandergezogen.

Die wohl besten Zeugen für Periglazial-Gebiete sind **Eiskeilpseudomorphosen** (s. Abb. 32). Beim winterlichen Wiedergefrieren reißen in Permafrostgebieten infolge der Kontraktion durch die Kälte im Boden Spaltensysteme auf. Beim sommerlichen Auftauen dringt Wasser in die Spalten ein und gefriert im nächsten Winter. Die Spalte kann sich infolgedessen nicht schließen. Durch erneutes Aufreißen im nächsten Winter und den Zutritt von Tauwasser, welches danach erneut gefriert, erweitert sich die Spalte des Eiskeils immer mehr. Je nach der Korngröße des Bodens können sich

Abb. 32. Eiskeilpseudomorphosen in Kiesen der Hauptterrassen desRheins (Foto: KLOSTERMANN).

Eiskeile bei unterschiedlichen Temperaturen bilden. Im Sand und Kies werden Jahresmitteltemperaturen von –5,5 °C angenommen (ROMANOVSKY 1985). In Schluffen und Torfen sollen sich Eiskeile bereits bei Jahresmitteltemperaturen von –2 °C bilden. Diese Temperaturwerte sind jedoch nur als obere Grenze anzusehen. So bilden sich beispielsweise heutzutage in Alaska Eiskeile bei Jahresdurchschnittstemperaturen von –12° C. Bei der Eiskeilentstehung spielt auch die Dichte der Schneedecke eine bedeutende Rolle (GOLD & LACHENBRUCH 1973). Ohne Schneebedeckung läuft die Eiskeilbildung am raschesten ab. Nach dem Auftauen des Eises wird der Hohlraum von Sedimenten, in erster Linie Löß, aufgefüllt. Eine „Eiskeilpseudomorphose“ ist entstanden.

In den Tundren Sibiriens und Kanadas entstehen oft linsenförmige Eisansammlungen im Boden. Im Laufe der Zeit wölbt das Eis Hügel auf, die bis zu 10 m hoch werden können (WASHBURN 1979). Diese Gebilde werden als **Pingos** bezeichnet. Taut das Eis, so brechen die Hügel zusammen. Es entstehen oft kreisrunde Hohlformen, die vielfach heutzutage Teiche enthalten.

3.1.2 Fluviatile Bildungen (Terrassen)

Insbesondere der Wechsel vom Glazial zum Interglazial hat in der Regel eine vollständige Umstellung der fluviatilen Systeme zur Folge. Dabei verändern sich die Abflußsysteme in Abhängigkeit von Klima, Höhe des Meeresspiegels sowie dem Gefälle. Das Klima beeinflußt in erster Linie die Verteilung der Niederschläge und der anfallenden Schmelzwassermengen über das Jahr hinweg. Die Höhe des Meeresspiegels beeinflußt das Gefälle. Letzteres wird in vielen Fällen durch tektonische Hebungen oder Senkungen stark verändert. Die Modellvorstellung, während der Warmzeiten werde erodiert und während der Kaltzeiten akkumuliert, ist inzwischen obsolet. Daher ist auch die Annahme, man könne aus der Zahl der Terrassen auf die Zahl der Glaziale schließen, nicht mehr haltbar. Die Einflüsse, die Akkumulation und Erosion steuern, sind außerordentlich komplex und beeinflussen sich gegenseitig. So läßt sich beispielsweise in küstennahen Flußabschnitten beobachten, daß dort während der Glaziale stärker erodiert wurde. Ursache war der stark abgesunkene Meeresspiegel. Dadurch war in diesen Flußabschnitten das Gefälle deutlich erhöht, so daß dort in erster Linie erodiert wurde. Während der Interglaziale war der Meeresspiegel stark angestiegen. Das geringe Gefälle hatte Sedimentation im Unterlauf der Flüsse zur Folge. Trotz der komplizierten Abläufe läßt sich im Laufe eines Glazials und Interglazials eine bestimmte Abfolge von Akkumulation und Erosion sowie ein Wandel der Abflußsysteme erkennen, der immer wieder auftritt.

Das fluviatile Abflußgeschehen während eines Glazials mit Inlandeisvorstößen wird von den Faktoren Temperatur, Niederschlag, Meeresspiegelhöhe und Vegetation gesteuert. Im Laufe des Frühglazials sinken die Temperaturen auf dem Festland zeitgleich mit dem Meeresspiegel ab (s. Abb. 33). Niederschläge und Vegetation gehen allmählich zurück. Die Folge ist, daß sich am Ende des Frühglazials ein verwildertes Flußsystem mit kräftiger Seiten- und Tiefenerosion entwickelt. In dieser Zeit, dem späten Frühglazial, erfolgt die Hauptakkumulation eines Terrassenkörpers. Im Hochglazial hat zwar der Meeresspiegel seinen Tiefststand erreicht, aber auch die Temperatur und die Niederschlagsmengen sind soweit zurückgegangen, daß Erosion und Akkumulation im fluviatilen Milieu fast voll-

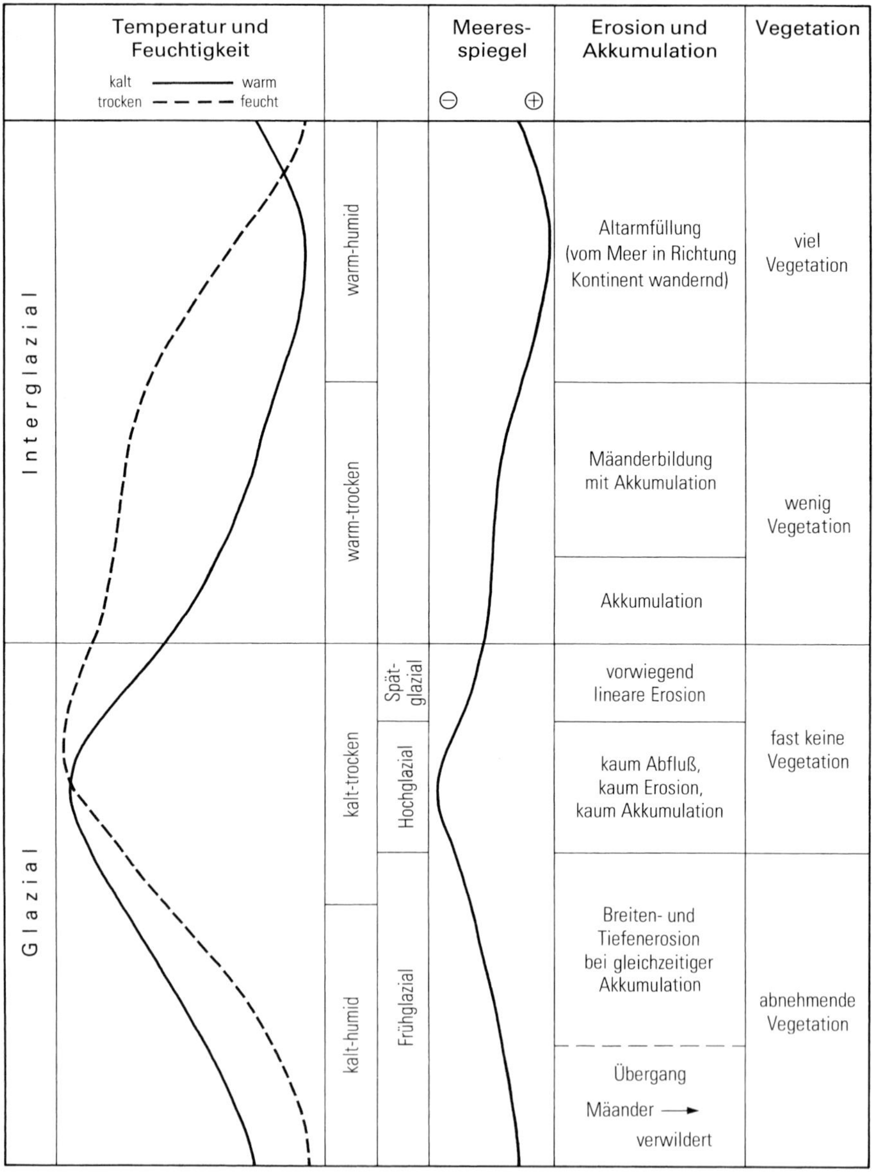

Abb. 33. Klima und Sedimentation im Quartär (aus: KLOSTERMANN 1992).

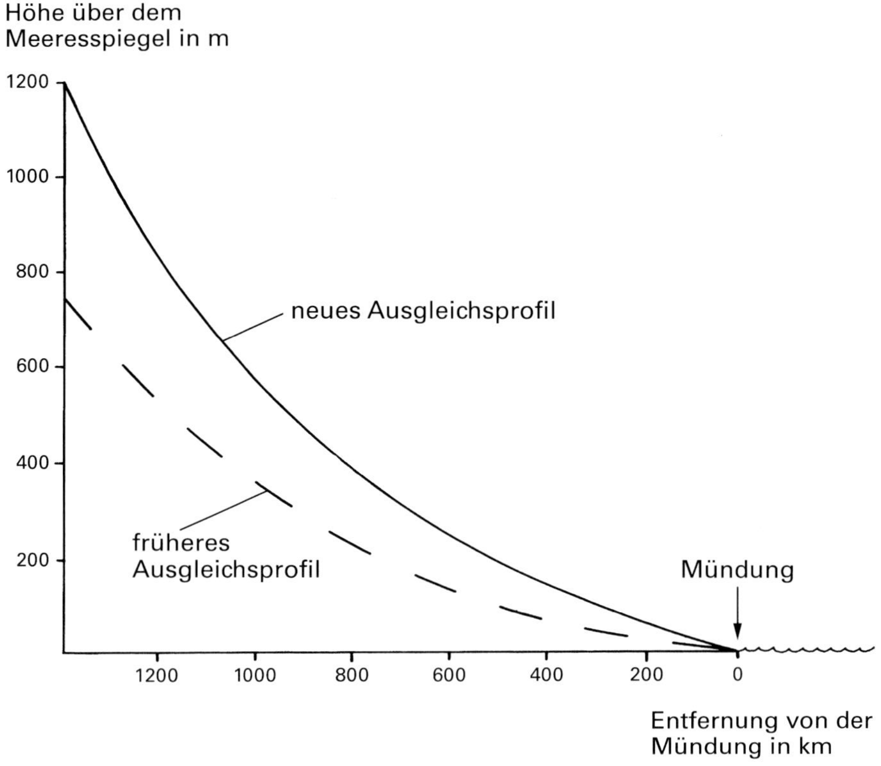

Abb. 34. Ausgleichsprofil eines Flusses bei Hebung des Oberlaufgebietes.

ständig zum Erliegen gekommen sein dürften. Es muß daher am Ende der Hauptakkumulation mit einer Schichtlücke gerechnet werden (KLOSTERMANN 1992).

Das Ende eines mit Inlandeisvorstößen einhergehenden Glazials wird von einem globalen Temperaturanstieg eingeleitet. Zur gleichen Zeit ist eine Unterernährung des Inlandeises zu beobachten. Ursache ist die ständig zunehmende Abkühlung während eines Glazials, die dazu führt, daß die Niederschläge immer mehr zurückgehen. Beide Faktoren – Temperaturerhöhung und Unterernährung des Eises – führen dazu, daß die Eismassen sehr rasch abschmelzen und der Meeresspiegel schnell ansteigt. Geht das Eis zurück, nimmt auch die Albedo rasch ab. Temperaturanstieg und noch

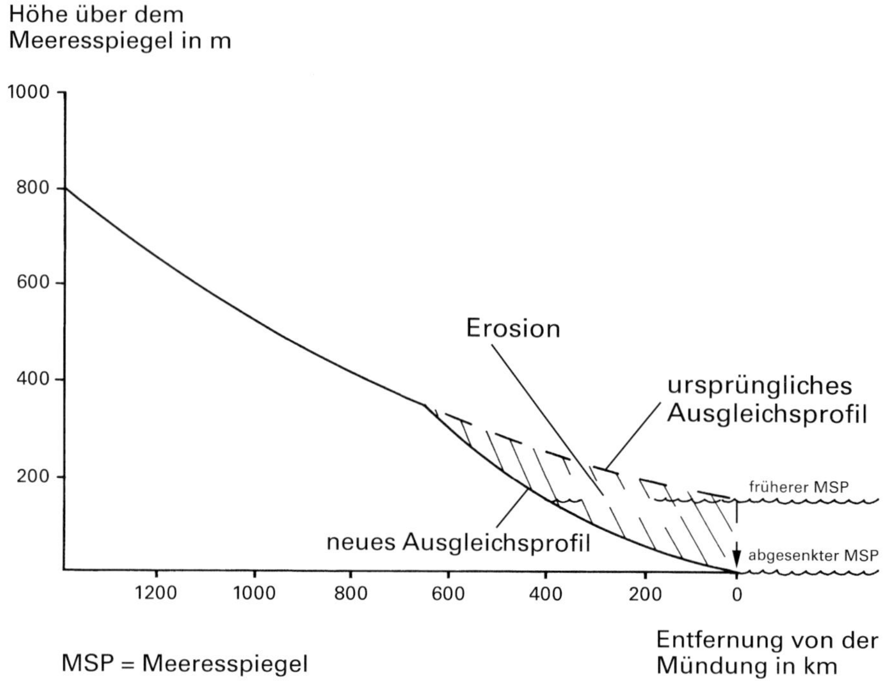

Abb. 35. Ausgleichsprofil eines Flusses bei Absenkung des Meeresspiegels.

relativ weit abgesenkter Meeresspiegel setzen das fluviatile Geschehen erneut in Gang. Wiederum entwickelt sich ein verwildertes Flußsystem mit einer mehr oder weniger ausgeprägten Breiten- und Tiefenerosion. Der Übergang zum Interglazial ist durch einen kräftigen Anstieg des Meeresspiegels, der Temperatur und eine rasche Ausbreitung der Vegetation gekennzeichnet. Alle diese Faktoren zusammen schaffen ideale Voraussetzungen für die Entstehung eines mäandrierenden Stroms.

Die Terrassenkörper großer Flüsse sind daher sehr differenziert zu betrachten. Treten weder tektonische Bewegungen noch Meeresspiegelschwankungen auf, so entwickelt ein Fluß im Laufe der Zeit ein Ausgleichsprofil. Wird das Gebiet des Oberlaufs gehoben, reagiert der Fluß mit Erosion in seinem Ober- und Mittellauf und zwar so lange, bis sich ein neues Ausgleichsprofil eingestellt hat (s. Abb. 34). Ist das Einzugsgebiet tektonisch stabil und sinkt der Meeresspiegel ab (Glazial), so beginnt der Fluß sich in seinen küstennahen Abschnitten einzuschneiden. Dieser Vorgang läuft solange ab, bis sich ein neues Ausgleichsprofil eingestellt hat (s. Abb. 35). Steigt der Meeresspiegel, kommt es im Unterstromgebiet des Flusses zur Sedimentation. Beide hier modellhaft vorgestellten Prozesse können sich in der verschiedensten Weise überlagern. Geht man von einer kontinuierlichen Hebung des Einzugsgebietes aus, so hat dies zur Folge, daß in den Ober- und Mittellaufabschnitten des Flusses normalerweise erodiert wird. Meeresspiegelschwankungen führen dazu, daß es im Unter- und Mittellauf zu einem Wechsel zwischen Akkumulation und Erosion kommen kann. Die Folge ist die Entstehung von Terrassenkreuzungen (s. Abb. 36).

3.1.3 Äolische Ablagerungen

Bei den äolischen oder Windablagerungen wird grundsätzlich nach den verschiedenen Korngrößen der Sedimente unterschieden. Löß als äolisches Staubsediment ist am feinkörnigsten ausgebildet. Es folgt der Sandlöß, der etwas gröbere Kornfraktionen führt oder aber eingeschaltete Fein- und Mittelsandlagen enthält. Der Sandlöß ist das Übergangssediment zwischen Löß und Flugsand. Flugsand besteht in der Regel aus gut sortierten Feinsanden, die bei höheren Windgeschwindigkeiten abgelagert werden. Dünen sind eine morphologische Variante der Flugsande. Während fast aller Glaziale des Quartärs dürfte es zur Ablagerung äolischer Sedimente gekommen sein. Aber auch weite Teile heißer Wüstengebiete sind durch äolische Sedimente, insbesondere Dünen, charakterisiert. Die äolischen Sedimente der Kältewüsten entstanden bevorzugt während der kalten Klimaphasen eines Glazials. Das Klima war zu diesen Zeiten dort ausgesprochen trocken und die Vegetation sehr weit zurückgedrängt; ideale Voraussetzungen für die Verlagerung von Sedimenten durch den Wind. Dies ist der Grund, warum es insbesondere während der Hochglazialzeiten zu intensiver Lößbildung kam. Erst später begann die Aufwehung von Flugsanden und Dünen der dominierende Vorgang zu werden.

Löß ist ein fossiles äolisches Staubsediment. Der Grobschluff dominiert. Die Feinsandfraktion zeichnet sich durch sehr gut sortierte Quarzkörner aus. Typischer Löß ist homogen, ungeschichtet, porös und carbonatführend entwickelt. Der Carbonatanteil erreicht 10–30%. Die Porositäten liegen zwischen 40 und 60%. Sein Kornaufbau verleiht dem Löß die gute Wasserhaltefähigkeit. Der ursprünglich vorhandene Kalkgehalt wird im humiden Klima aufgelöst und in einigen Metern Tiefe in Form von soge-

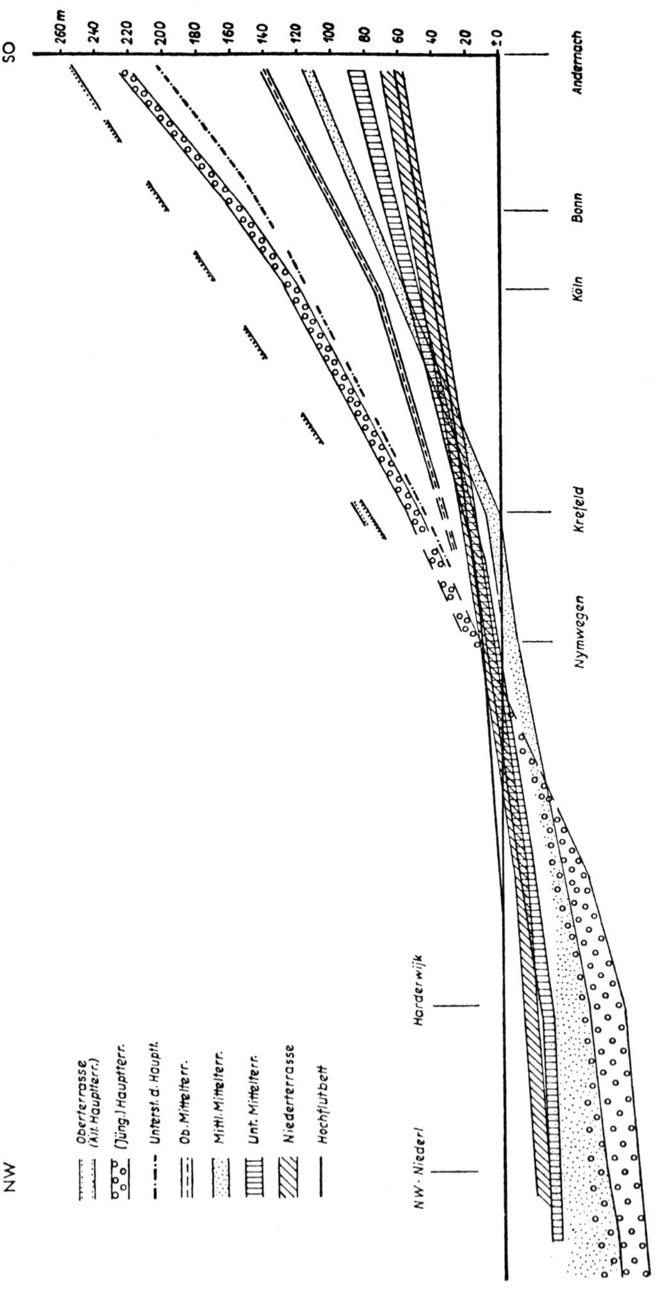

Abb. 36. Längsprofil der Rheinterrassen zwischen Andernach und den Niederlanden (nach ZONNEFELD, aus WOLDSTEDT 1969).

nannten Lößkindln wieder ausgefällt. Die Entstehungsweise des Lösses war lange Zeit heftig umstritten. Die richtungweisenden Arbeiten RICHTHOFENS (1877) in China haben gezeigt, daß Löß ein äolisches Staubsediment ist, das in Regionen mit dünner Vegetationsdecke abgelagert wird. Der Löß bildet sich überwiegend während der trocken-kalten Hochglazialzeiten. Die Nordgrenze der Lößverbereitung erweist sich als identisch mit der Verbreitung steppenartigen Bewuchses. In Richtung auf die Inlandeismassen schließt sich vegetationsfreie Frostschutt-Tundra an, in der kein Löß abgelagert wird, weil die Vegetation fehlt. Lößprofile bekommen für die Quartärstratigraphie dadurch eine besondere Bedeutung, daß sich in ihnen interglaziale Phasen gut abzeichnen. Während voller Interglazialzeiten ist die Lößaufwehung unterbrochen. Intensive interglaziale Verwitterungsvorgänge führen zur Entstehung von Parabraunerden (vgl. Kap. 5.2 Lithostratigraphie und andere stratigraphische Methoden). Im Zuge von Interstadialen entwickeln sich lediglich Tundra-Naßböden (Naßboden mit Gleyflekkenzonen). Je nach Intensität eines Interstadials und der geographischen Breite einer bestimmten Lokalität können sich während dieser Zeiten jedoch auch Parabraunerden entwickeln. Die stratigraphische Zuordnung bestimmter Horizonte wird dadurch außerordentlich erschwert. Die Untersuchung der Lößmollusken (LOŽEK 1965) erlaubt es, die paläoökologischen Verhältnisse während der Lößaufwehung zu rekonstruieren. Die Mollusken im Löß werden von Pupilla-Faunen dominiert. Entsprechende Faunen kommen heutzutage in den trockenen kalten Steppen Nordasiens vor. Schwermineralanalysen erlauben die Bestimmung der Herkunftsgebiete des Lösses. Oft zeigt sich dabei, daß der Löß aus der näheren Umgebung des Ablagerungsgebietes stammt.

Sandlöß ist lediglich eine Faziesvariante des Lösses. Er wird bei anderen Windgeschwindigkeiten abgelagert. Fauna und Flora entsprechen der des Lösses. Auch die stratigraphisch relevanten Parabraunerden und Tundrengleye entwickeln sich ebenso wie im Löß. Ihnen kommt daher die gleiche Bedeutung zu. Sandlöß ist entweder gröber entwickelt als Löß oder aber er besteht aus einer Wechselfolge von schluffigen Feinsandlagen mit Mittelsandschichten. Sandlöß steht genetisch zwischen Löß und Flugsand.

Flugsande und **Dünen** bestehen aus gelben oder gelbweißen Fein- und Mittelsanden oder mittelsandigen Feinsanden. Die Kornsummenkurve ist auf der groben Seite abgeschnitten. Der Sortierungswert beträgt 1,4, die Schiefe liegt bei 0,75. Der Median erreicht 0,2 mm. Diese Werte treten insbesondere bei Dünen auf. Sie zeichnen sich außerdem durch eine 25–30° leewärts einfallende Diagonalschichtung aus. Auf den Oberflächen von Flugsanden und Dünen entstehen Wellenfurchen und Rippeln. Die Luvseite der Rippeln ist flach, die Leeseite steil.

Werden große Sandmengen transportiert, entstehen Dünen. Ihr asymmetrischer Bau entspricht dem der Rippeln, besitzt jedoch andere Dimensionen. Dünen können Höhen von mehr als 100 m erreichen. Sie können an Hindernisse gebunden sein oder frei entstehen. Hindernisse können Steine, Sträucher, Grasbüschel o. ä. sein. Vor größeren Hindernissen wird in Luv akkumuliert. Kleinere Hindernisse führen zur Sedimentation in Lee.

Freie Dünen werden ohne sichtbares Hindernis auf freien vegetationslosen Flächen aufgeweht. Quer- oder Walldünen sind quer zur Windrichtung angeordnet, Längs- oder Strichdünen parallel dazu. **Walldünen** besitzen an ihrer höchsten Stelle einen sehr scharfen Abbruch von der mit 3–12° ansteigenden Luvseite zur mit 25–40° abfallenden Leeseite. In Lee rollen die Sandkörner den steilen Hang hinab und lassen so die oben erwähnte Schrägschichtung entstehen. Aus deren Einfallsrichtung lassen sich die Windrichtungen während der Entstehungszeit der Dünen rekonstruieren. Oft werden die flachen Enden einer Walldüne rascher umgelagert als der mächtige Bereich in der Mitte. Es entstehen Dünen, die sich konvex dem Wind entgegenwölben, die **Barchane**. Bei hochstehendem Grundwasser und damit aufkommendem spärlichen Pflanzenwuchs entwickeln sich **Parabeldünen**. Durch die Pflanzen werden die flachen Abhänge der Dünen fixiert. Das mächtige Dünenzentrum wird dagegen durch den Wind allmählich weiter umgelagert. Im Laufe der Zeit können sich aus Parabeldünen oder Barchanen auch Strichdünen entwickeln. Strichdünen zeigen eine Längserstreckung in Windrichtung. Ihr Kamm ist jedoch in den seltensten Fällen gerade ausgebildet. Vergesellschaftungen von Dünen werden als Dünenfelder bezeichnet. Durch spätere Ausblasungen können sie sich in Sterndünen umwandeln. Solange sich kein durchgehender Bewuchs einstellt, wandern die freien Dünen. An den deutschen Nord- und Ostseeküsten werden Wanderungsgeschwindigkeiten von 600 bis 800 m pro Jahr beschrieben. Je nach Lage der Dünen unterscheidet man Küsten- oder Binnendünen. Rezente Binnendünen kommen in allen Trockengebieten der Erde vor.

In Deutschland gibt es jedoch fossile Binnendünen nur aus den vergangenen Glazialzeiten. In Wüstengebieten lassen sich Zeiten verstärkter Dünenbildung identifizieren, die zeigen, daß die Vegetation zu diesen Zeiten kräftig zurückgegangen war. So lassen sich sowohl paläoklimatische Aussagen machen als auch Angaben über die jeweils herrschenden Windrichtungen (s. Abb. 37).

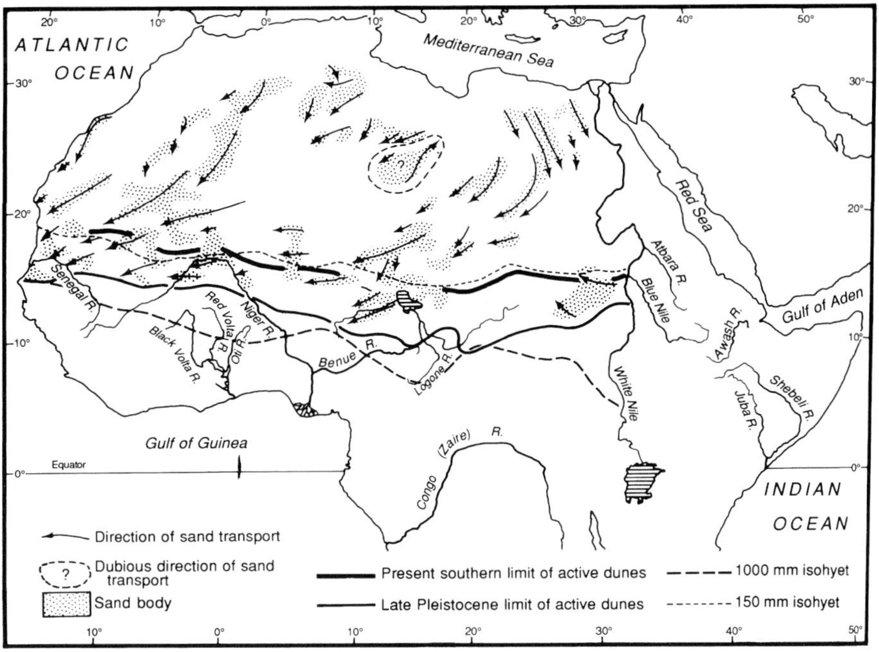

Abb. 37. Windrichtungen in der Sahara heute und im Oberpleistozän (nach WILLIAMS et al.1993).

3.2 Wüsten

Nach der Wärmeverteilung läßt sich die Erdoberfläche in die Tropen, die gemäßigten und die kalten Zonen untergliedern. Dabei grenzt die 20 °C-Jahresisotherme die Tropen gegen die gemäßigten Zonen ab, die 10 °C-Jahresisotherme die gemäßigten gegen die kalten Zonen. Eine andere Art der Untergliederung der Erdoberfläche benutzt die jeweiligen Niederschlags- und Verdunstungsmengen. Ist die Verdunstung größer als der Niederschlag, herrscht arides Klima. In humiden Klimazonen ist der Niederschlag größer als die Verdunstung. In nivalen Regionen fällt der Niederschlag in Form von Schnee.

Wüsten sind Gebiete, in denen die Niederschläge so gering sind, daß

Vegetation nicht oder nur sporadisch auftritt. Die herrschenden Temperaturen sind dabei zunächst ohne Bedeutung. Wüsten gibt es daher sowohl am Rande der Tropen als auch in den kalten Bereichen der Erde. In den meisten Fällen liegen die Niederschlagsmengen unter 250 mm/a und sind auf weniger als 2 Monate im Jahr verteilt. Die Lage der Wüsten wird von atmosphärischen Strömungen und den Temperaturen in den Ozeanen beeinflußt. In Wüsten entstehen typische Klimazeugen, die es möglich machen, auch fossile Wüstengebiete zu identifizieren. Von besonderer Bedeutung für das Studium des Paläoklimas sind fossile Seespiegelhöhen. Sie erlauben es, die Niederschlagsverteilung vergangener Zeiten zu studieren. Auch das Problem der Pluviale muß in diesem Zuammenhang neu diskutiert werden.

3.2.1 Lage heutiger Wüsten und Ursachen für deren Entstehung

Nach ihrer Lage auf der Erde werden Passatwüsten, Polarwüsten, Küstenwüsten und Wüsten in mittleren Breiten unterschieden. Den größten Raum nehmen die **Passatwüsten** ein. Sie entstehen durch bestimmte Bewegungen der Luftmassen in diesen Bereichen der Erde. Die atmosphärische Zirkulation wird vorwiegend von der jeweiligen Breite gesteuert. Am Äquator erreicht die Sonneneinstrahlung ihre maximalen Werte. Dort steigt warme Luft auf und kühlt sich dabei ab. Es kommt zur Wolkenbildung und in der Folge zu Regen. In den an die Tropen angrenzenden Gebieten sinkt die nun trockene Luft ab. Stabile Hochdruckkerne entstehen. Dabei wird die Luft komprimiert und erwärmt. Daher kann sie mehr Feuchtigkeit aufnehmen. Wolken lösen sich auf. Infolgedessen gibt es dort kaum Niederschläge. Fehlende Niederschläge und hohe Verdunstungsraten machen die Ausbreitung von Vegetation nahezu unmöglich. Wüsten entstehen. Da die Albedo über Wüsten höher ist als über benachbarten durch Vegetation dunkleren Gebieten, erhöht sich über Wüsten die Abstrahlung in den extraterrestrischen Raum. Die so verlorengegangene Energie muß ersetzt werden. Die dazu notwendige Energiezufuhr erfolgt über horizontale Luftströmungen in der oberen Troposphäre. Die Luftmassen konvergieren über der Wüste und sinken dort ab. Die Erhöhung der Albedo über Wüstengebieten hat eine Verstärkung der Konvergenz und eine Vermehrung absinkender Luftmassen über Wüstengebieten zur Folge. Es kommt zu einem positiven Feed-Back-Effekt. Wüstenbildung hat eine sich selbst verstärkende Ausdehnung der Wüsten zur Folge. Die Passatwüsten liegen im Bereich der Wendekreise zwischen 15 und 30° nördlicher beziehungsweise südlicher Breite. Auf der äquatorwärtigen Seite treten Niederschläge infolge des Monsuns recht regelmäßig auf. Auf der polwärtigen Seite dagegen sind die Niederschläge sehr unregelmäßig. Sie stammen dort von wandernden Tiefdruckgebieten, die nur in sehr unregelmäßigen Abständen in diese Breiten vordringen.

Auch die **Polarwüsten** der Erde bilden sich unter dem Einfluß semipermanenter Antizyklonen. Die Antizyklonen entstehen über den Polargebieten. Dort sinkt die Luft infolge der Kälte ab. Kalte absteigende Luftmassen entstehen, die zur Wüstenbildung führen.

Küstenwüsten entstehen ebenfalls innerhalb der Passatzonen und zwar an den Westseiten der Kontinente auf der Südhalbkugel. Dort herrschten aufgrund der schmalen Form der Kontinente die Ozeane vor. Daher können sich weder in Südafrika noch in Südamerika geschlossene Wüstengürtel entwickeln. Die Wüsten entstehen dort an den Westseiten der Kontinente im Lee von Hochländern oder Hochgebirgen. Außerdem gibt es vor diesen Küsten kalte Meeresströmungen, den Benguelastrom vor der Westküste Südafrikas und den Humboldtstrom vor der Westküste Südamerikas. Hinzu kommt, verursacht durch die Passatwinde, aufquellendes kaltes Tiefenwasser in diesen Meeresregionen. Es entsteht ein extremer Temperaturgegensatz zwischen kaltem Ozeanwasser und stark aufgeheiztem Kontinent. Dadurch entwickeln sich starke, auf das Land zu gerichtete Windströmungen. Die kalte, feuchte Meeresluft wird über dem Kontinent kräftig erwärmt. Infolge der Erwärmung kann die Luft mehr Feuchtigkeit aufnehmen. Die relative Luftfeuchtigkeit geht weiter zurück. Es kommt zu einer Verstärkung der Wüstenbildung. Weit draußen auf See bleiben die ablandigen Passatwinde erhalten. Dadurch nimmt die Divergenz an der Meeresoberfläche zu. Das Aufquellen kalten Tiefenwassers nimmt infolgedessen weiter zu. Es kommt zu einem positiven Feed-Back. Kühlt sich die feuchte Seeluft nachts über dem Festland ab, entsteht Nebel. Da jedoch eine außerordentlich stabile Vertikalschichtung der Atmosphäre vorliegt, wird die Feuchtigkeit nicht in Niederschlag umgesetzt. Die bekanntesten solcher Küstenwüsten sind die Atacama und die Namib.

Wüsten in mittleren Breiten entstehen bevorzugt im Inneren großer Landmassen oder in Lee von Hochgebirgen. Das im Inneren großer Kontinente herrschende kontinentale Klima fördert die Wüstenbildung. Diese Gebiete sind weit von feuchter maritimer Luft entfernt. Der Niederschlag nimmt, mit Ausnahme der Äquatorialbereiche, mit zunehmender Entfernung von den Küsten ab. Diese Tatsache verstärkt auch die Wüstenbildung in der Sahara und im Inneren Australiens. Einen weiteren bedeutenden Faktor bei der Wüstenbildung stellt der Regenschatteneffekt in Lee von Hochgebirgen dar.

Zusammenfassend kann festgestellt werden, daß heutige Wüsten das

Ergebnis des Zusammenspiels tektonischer Ereignisse mit sechs weiteren bedeutenden Faktoren sind. Dazu zählen absinkende antizyklonale Luftmassen, eine weit ausgedehnte Landfläche, Küstengebirge, gering reliefiertes Festland, kühles Ozeanwasser in Küstennähe und ein subtropischer jet stream in der höheren Atmosphäre. All diese Faktoren haben sich im Laufe des Quartärs nur wenig verändert.

3.2.2 Klimazeugen in Wüsten

Man kann in Wüsten zwischen erosiven und akkumulativen Formen sowie Verwitterungsbildungen unterscheiden. Das typischste Merkmal für Wüsten ist das Fehlen eines ständigen Abflußsystems. Wüsten sind in aller Regel abflußlos. Wüstenflüsse entwickeln sich nur sporadisch in Abhängigkeit von der Jahreszeit und den damit verbundenen Niederschlägen. Meist verlaufen die Flüsse im Sande, lagern jedoch während des Abfließens große Geröll- und Schlammassen ab, oder sie enden in Salzsümpfen. Zwar können allochthone Flüsse, wie beispielsweise der Nil, Wüstengebiete durchströmen, sie bekommen dort jedoch keine Zuflüsse. Im Gegenteil, in den meisten Fällen wird von ihnen tiefliegendes Grundwasser in diesen Gebieten aufgefüllt. Erosion findet innerhalb heutiger Wüsten nur in geringem Umfang statt. Meistens sind die dort gefundenen Erosionsformen fossil. Besonders typisch für Wüsten ist der Zusammenhang zwischen Gesteinsaufbau und Erosionsformen. In humideren Regionen werden diese Zusammenhänge durch mächtige Bodenbildungen verhüllt. In geschützten Wüstentälern können sich gut entwickelte mächtige Böden erhalten , die es ermöglichen, fossile Feuchtphasen nachzuweisen.

In Wüsten dominiert die Temperaturverwitterung. Extreme Temperaturgegensätze zwischen Tag und Nacht haben Abplatzungen vom Gestein und oft sogar Kernsprünge zur Folge. So können sich mächtige Schutt-, Kies- und Geröllmassen bilden. Bei den seltenen, dafür aber extremen Regenfällen in der Wüste werden sie in Form von Schuttströmen transportiert. Es entstehen unsortierte, nur selten geschichtete konglomeratähnliche Sedimente, die Fanglomerate. Auch feinkörniger Verwitterungsschutt mit Feldspäten, die sogenannten Arkosen, kommen häufig vor. Durch Verwitterungsprozesse hervorgerufene Verkieselungen werden oft beobachtet (verkieseltes Holz.)

Lateritische Verwitterung läßt rotgefärbte Böden entstehen, die jedoch nicht nur in Wüsten vorkommen. Typische Zeugen für Trockenklimate sind Evaporite. Sie entstehen besonders in den Randgebieten der Wüsten und in

Steppen, da nur dort hinreichende Wassermengen für den Transport von Salzlösungen verfügbar sind. Auch Steinsalzpseudomorphosen sind Bildungen dieser Klimazonen. Kältere und wärmere Klimaphasen der Vergangenheit lassen sich anhand der Verbreitung von Dünen rekonstruieren. Eine räumliche Ausdehnung der Dünengebiete zeigt wärmere Klimaabschnitte an. Auch die fossilen Windrichtungen können mit ihrer Hilfe bestimmt werden. Spuren erhöhter Niederschlagsmengen sind in vielen Trockengebieten in Form fossiler höher gelegener Seespiegel dokumentiert.

3.2.3 Seespiegelhöhen und Pluviale

In heutigen Wüsten gibt es abflußlose Seen, in denen hochgelegene ältere Strandterrassen ausgebildet sind. Bekanntestes Beispiel ist das Great Basin mit dem sogenannten Lake Bonneville in Utah. Es muß während der Eiszeiten Phasen gegeben haben, die feuchter waren als heute, so daß diese Seen aufgefüllt wurden. Schon im Jahr 1852 beobachtete Stansbury (Imbrie & Palmer Imbrie 1981: 62) am Lake Bonneville 13 hochgelegene Strandterrassen , die in etwa 60 m Höhe über dem heutigen Talboden liegen. Dort mußte sich folglich einst ein riesiger Binnensee befunden haben. Der heutige Große Salzsee ist der Rest dieses ehemaligen Lake Bonneville, der im Jahre 1870 von Grove K. Gilbert (1890) so genannt wurde. Der Lake Bonneville muß während der Eiszeit größer gewesen sein als jeder der heutigen großen Seen Amerikas. In diesem Teil Amerikas muß es daher während der Eiszeit zumindest zeitweise kälter und sehr viel feuchter gewesen sein als heute. Ähnliche Beobachtungen werden am Toten Meer und im Gebiet des Tschad-Sees gemacht. Auch zeitweise Verbindungen zwischen Kaspischem und Schwarzem Meer sind während des Quartärs nachweisbar. Besonders beeindruckende Zeugnisse dieser feuchten Klimaphasen sind Fossilfunde und Felszeichnungen in der Sahara. Es gibt eine Vielzahl von Spuren, die darauf hindeuten, daß es noch im Ober-Pleistozän und Holozän Zeiten mit erheblich größeren Niederschlagsmengen als heute gab. Diese feuchten Klimaphasen werden „Pluvial-Zeiten“ genannt. Man ging in der Vergangenheit davon aus, daß die Pluviale mit den Glazialen als zeitgleich anzusehen seien. Man nahm an, daß der Westwindgürtel durch die Vereisungen weit äquatorwärts gedrängt worden sei und so deutlich erhöhte Niederschläge verursacht habe.

Neuere Forschungen zeigen aber, daß beispielsweise die Felszeichnungen in erster Linie aus dem Früh-Holozän stammen. Der Höhepunkt der Feuchtigkeit dürfte dort vor ca. 9 ka erreicht worden sein. Für diese Zeit ist sogar Fischfang aus den damaligen Seen der Sahara belegt. Auch der Tschad-See und der Abhe-See in der Afar-Wüste Äthiopiens zeigten zu diesem Zeitpunkt extrem hohe Wasserstände. Der Tschad-See war damals so groß wie das heutige Kaspische Meer. Er überströmte die in 320 m Höhe gelegene Wasserscheide zum Benuë-Niger-System. Die Abflußmenge war etwa um den Faktor 10 erhöht, wie die Auswertung von Bohrlochkernen aus dem Nigerdelta belegt. Ähnliche Beobachtungen liegen vom Rudolph-See vor, der zum Weißen Nil überfloß. Die erste Feuchtphase des Holozäns ist auf humides Klima zurückzuführen. Sowohl die Niederschlagsmengen als auch die Temperaturen waren deutlich erhöht. Diese Annahme wird von den damaligen Florengemeinschaften in den Wäldern Europas bestätigt. Das Klima des Früh-Holozäns entsprach in etwa dem des Eem-Interglazials. Aufgrund dieser Beobachtungen neigt man heute eher zu der Auffassung, daß es große interglaziale Pluviale und kleine glaziale Pluviale gegeben hat. So reichte beispielsweise der Südwest-Monsun während der Interglaziale bis weit nach Nordafrika und brachte dort große Regenmengen, während der Glaziale wurden die Niederschläge allenfalls vom nach Süden verlagerten Westwindgürtel gebracht. Dieser erreichte jedoch nur sporadisch einen schmalen Saum im Norden Afrikas. Außerdem ist während der Glaziale die Verdunstung um etwa 20% herabgesetzt gewesen.

4 Ozeane

71% der Erdoberfläche werden von Ozeanen eingenommen. Sie enthalten den größten Teil der Biomasse der Erde. Die ungleichmäßige Verteilung der Kontinente – 67% des Festlandes liegen auf der Nordhalbkugel – wirkt sich deutlich auf Meeresströmungen und Klima aus. Infolge dieser Verteilung sind 81% der Südhalbkugel von Ozeanen bedeckt, während sie auf der Nordhalbkugel nur 61% einnehmen.

¾ der Ozeane sind tiefer als 3000 m und gehören den sogenannten Tiefsee-Ebenen an. In Richtung auf die Kontinente schließt sich oft eine schräge Ebene mit einem Neigungswinkel von etwa 1 : 700 an, die Kontinentale Fußregion. Sie endet am Kontinentalabhang. Der Kontinentalabhang besitzt einen Neigungswinkel von 1 : 40. Er begrenzt den Schelf nach außen hin. Die Schelfgebiete werden den Kontinenten zugerechnet und befinden sich im Mittel 200 m unter der Wasseroberfläche. Die Schelfregionen zeigen im Normalfall Neigungswinkel von 1 : 1000. Ein weiteres bedeutendes morphologisches Element der Ozeane sind die mittelozeanischen Rücken. Sie können insgesamt bis zu 60.000 km lang sein und überragen den Tiefseeboden um 2000 bis 4000 m.

Die Wassermassen der Ozeane sind durch verschiedene Temperaturen, Salinitäten und Dichtewerte charakterisiert. Dadurch entwickeln sich in den Ozeanen thermohaline Strömungen. Die oberflächennahen Meeresströmungen werden dagegen von den großen Windsystemen der Erde angetrieben.

4.1 Chemische und physikalische Eigenschaften des Ozeanwassers

Im Wasser sind alle Substanzen, wenn auch oft nur in geringen Mengen, löslich. Wasser bleibt auch dann durchsichtig, wenn große Substanzmengen darin gelöst sind. Diese Eigenschaften sind von grundlegender Bedeutung für die Biomasse, da Licht infolge dieser Eigenschaften bis zu einer bestimmten Tiefe ins Wasser eindringen kann. Außerdem besitzt Wasser eine große Wärmekapazität. Das bedeutet, daß weder der Entzug noch die Zufuhr großer Wärmemengen bedeutende Temperaturschwankungen auslöst. Das Wasser der Ozeane wirkt daher ausgleichend auf die Lufttemperatur. Auch die Schmelz- und Verdampfungswärme von Wasser sind extrem hoch. Es sind große Energiemengen notwendig, um Wasser verdampfen zu lassen oder Eis zum Schmelzen zu bringen. Eine weitere wichtige Eigenschaft zeigt Wasser bezüglich Temperatur und Dichte. Süßwasser erreicht seine maximale Dichte bei ca. +4 °C. Zwischen +4 °C und ±0 °C nimmt das spezifische Gewicht von Wasser ab. Daher bleibt das kühlere leichtere Wasser über dem schwereren, +4 °C warmen Wasser, so daß es an der Oberfläche zur Eisbildung kommen kann. Wasser mit Salzgehalten von weniger als 24,7‰ verhält sich ähnlich wie Süßwasser. Das Dichtemaximum wird je nach Salzgehalt zwischen –1,33 °C und +3,98 °C erreicht (Dietrich et al. 1992). Darunter nimmt die Dichte bis zum Gefrierpunkt ab. Wird Wasser mit über dem Dichtemaximum liegenden Temperaturen abgekühlt, nimmt seine Dichte zu. Die Wasserteilchen werden schwerer und beginnen abzusinken. Thermische Konvektion setzt ein. Sie dauert so lange an, bis alles Wasser die Temperatur des Dichtemaximums angenommen hat. Bei weiterer Abkühlung wird das Oberflächenwasser leichter, und die Konvektion wird beendet. Nur die dünne, vom Wind durchmischte Deckschicht kann weiter abkühlen und schließlich gefrieren.

Auch bei Wasser mit Salzgehalten von mehr als 24,7‰ setzt thermische Konvektion ein. Die Konvektion wird bei diesen Wässern jedoch nicht oberhalb der Gefriertemperatur unterbrochen. Das Dichtemaximum würde theoretisch erst unterhalb des Gefrierpunktes erreicht. Infolgedessen wird der Wärmeinhalt der gesamten durchmischten Wassersäule ausgenutzt. Der Abkühlungsvorgang verlangsamt sich. Die durch den erhöhten Salzgehalt verursachte Gefrierpunkterniedrigung bildet einen zusätzlichen Schutz vor dem Gefrieren des Wassers.

Von ausschlaggebender Bedeutung für die tiefen Meeresströmungen sind die Temperaturen und Salzgehalte der Ozeanwässer. Durch diese beiden Parameter wird die Dichte einer Wassermasse bestimmt.

Aufgrund der großen Variabilität von Temperatur und Salinität gibt es in den Ozeanen Wässer mit den verschiedensten Dichten, die sich ihrer Dichte entsprechend in die Ozeane einschichten. Diese Einschichtungsvorgänge lösen die thermohalinen Meeresströmungen aus.

4.1.1 Temperatur

In den Ozeanen der Erde kommt es zu einem intensiven Wärmeaustausch zwischen dem Äquator und den Polen. Dieser Austausch wird durch Meeresströmungen bewerkstelligt. Das Tiefenwasser der Ozeane ist deutlich kälter als das Oberflächenwasser. Ursache dafür ist die Tatsache, daß das Tiefenwasser in den Polargebieten der Erde entsteht. Das warme Wasser, das vom Äquator zum Pol transportiert wird, entstammt dagegen zum größten Teil oberflächennahen Meeresströmungen wie beispielsweise dem Golfstrom. In den Ozeanen befindet sich in Oberflächennähe meist eine Warmwasserschicht, die kaltes Tiefenwasser überlagert. Das Tiefenwasser der Ozeane beginnt in der Regel unterhalb von 1500 m Wassertiefe. Das warme Oberflächenwasser wird durch die thermische Sprungschicht von der kalten Tiefenwasserzone getrennt. Die thermische Sprungschicht tritt im Normalfall zwischen 100 und 1500 m Wassertiefe auf (s. Abb. 38). Da das warme Wasser eine geringere Dichte besitzt, findet kaum ein Austausch zwischen warmem Oberflächenwasser und kaltem Tiefenwasser statt.

Die höchsten Jahresmittel der Oberflächentemperaturen werden mit +28 °C bis +29 °C in den tropischen Gewässern gemessen. Im Roten Meer und im Persischen Golf können sogar mehr als +30 °C erreicht werden (Dietrich et al. 1975). Zu den Polen hin nehmen die Temperaturen der Oberflächenwässer auf weit unter +10 °C ab. An den Rändern der Packeisgebiete sinken sie auf der Nordhalbkugel auf Werte von +1 °C bis +2 °C ab. Am Rande der Antarktis, insbesondere im Bereich des Weddell-Meeres, kühlt sich das oberflächennahe Wasser der Ozeane sogar unter –1 °C, stellenweise sogar bis –1,9 °C ab. Sowohl im Pazifik als auch im Atlantik liegen die Wassertemperaturen des Oberflächenwassers an den jeweiligen Osträndern der Ozeane deutlich unter den Werten der Westränder. Die Ursache hierfür liegt unter anderem im Aufquellen kalten Wassers an den dort in Nord-Süd-Richtung verlaufenden Küsten. Das an den Küsten aufquellende kalte Wasser sorgt auch dafür, daß die Thermokline in den Subtropen von etwa 200 m Wassertiefe in der Mitte der Ozeane auf 20 bis 40 m Tiefe an den Ostseiten ansteigt.

In Polnähe entstehen kalte Wassermassen. Das dort sehr kalte Wasser

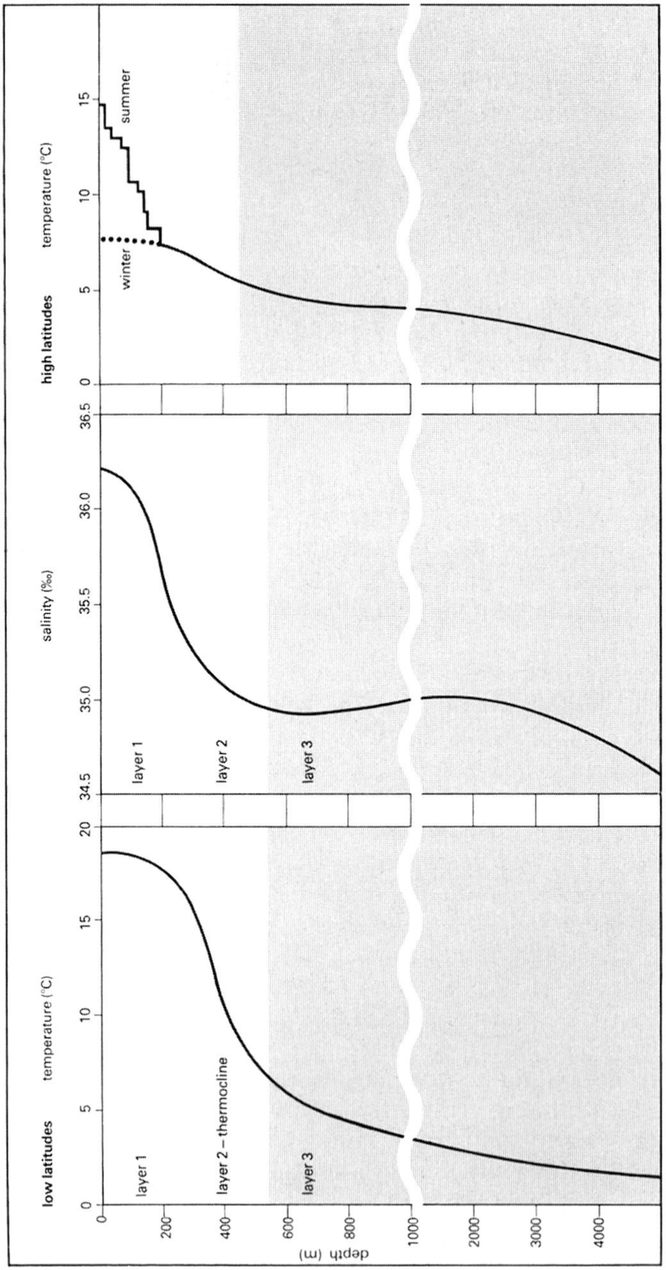

Abb. 38. Temperatur- und Salinitätsprofile (nach SMITH 1981).

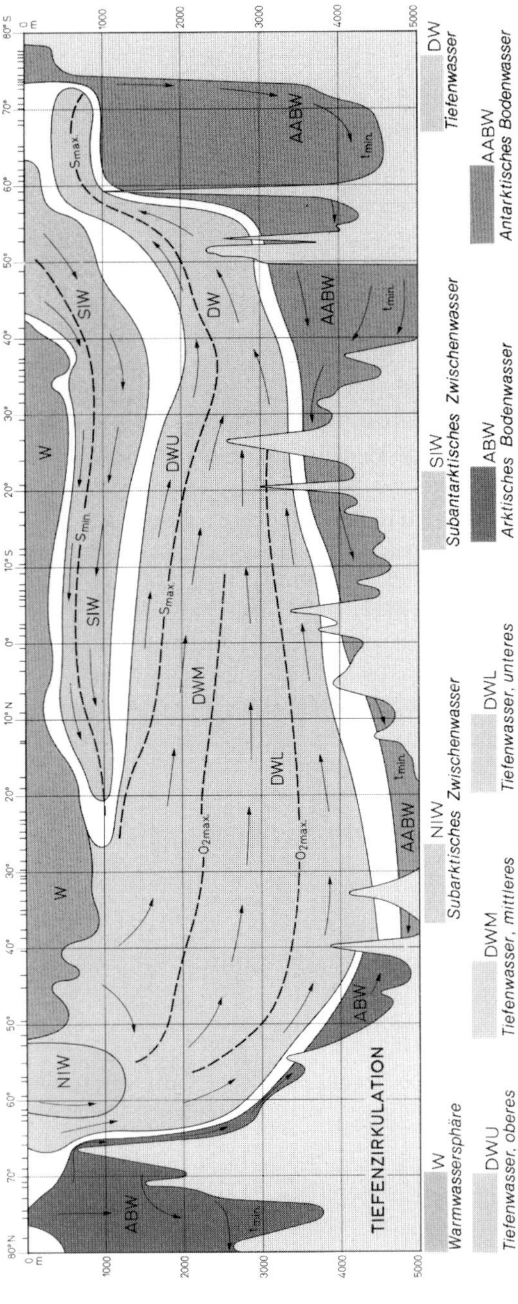

Abb. 39. Längsschnitt durch den Atlantischen Ozean, Westseite (nach DIETRICH et al. 1992).

mischt sich beispielsweise am Rand des arktischen Treibeises mit salzhaltigem Wasser. Dadurch entsteht dort schweres Wasser, das auf den Grund des Ozeans sinkt und in Richtung auf den Äquator strömt. Das so entstandene kalte Wasser wird als Arktisches Bodenwasser ABW (Arctic Bottom Water) bezeichnet (s. Abb. 39). Seine Temperatur liegt zwischen 0 °C und –1 °C. Rund um die Antarktis bildet sich auf diese Weise das Antarktische Bodenwasser AABW (Antarctic Bottom Water), das ebenfalls Temperaturen von weniger als –1 °C besitzt. Auf der Nordhalbkugel mischt sich das Arktische Bodenwasser beim Überströmen submariner Schwellen mit höherliegenden Wassermassen. So entsteht dort das Nordatlantische Tiefenwasser NADW (North Atlantic Deep Water), das Temperaturen von +2 °C bis +5 °C aufweist. Es läßt sich weiter in DWU (Deep Water Upper) DWM (Deep Water Middle) und DWL (Deep Water Lower) untergliedern (s. Abb. 39). Das Nordatlantische Tiefenwasser durchströmt den gesamten Atlantik von Norden nach Süden und kommt erst am Rand der Antarktis wieder in Oberflächennähe des Meeres. Das Nordatlantische Tiefenwasser überschichtet das Antarktische Bodenwasser, weil es aufgrund seiner höheren Temperatur eine geringere Dichte besitzt. Auf der Südhalbkugel entsteht in der Konvergenzzone der Oberflächenwässer das Subantarktische Zwischenwasser AAIW (Antartic Intermediate Water) oder SIW (Southantarctic Intermediate Water). Es ist zwischen +2 °C und +4 °C warm und erreicht zwischen warmem Oberflächenwasser und Nordatlantischem Tiefenwasser sogar die Nordhalbkugel der Erde.

4.1.2 Salzgehalt

Einschließlich des Wasserstoffs und Sauerstoffs setzt sich das Meerwasser aus 13 Hauptkomponenten zusammen (Dietrich et al. 1992: 88). Geht man von einem Chlorgehalt von 19 000 mg/Liter aus, ergeben sich folgende Werte:

Chlor	=	19 000 mg/l
Natrium	=	10 721 mg/l
Magnesium	=	1 350 mg/l
Schwefel	=	901 mg/l
Calcium	=	410 mg/l
Kalium	=	398 mg/l
Brom	=	67 mg/l
Kohlenstoff	=	28 mg/l

Strontium	=	7,7 mg/l
Bor	=	4,6 mg/l
Silicium	=	3,0 mg/l

Die Anteile dieser Hauptkomponenten sind trotz veränderlicher Gesamtgehalte in etwa konstant. Der Salzgehalt von Wasser ist definiert als die Menge gelöster Salze in Gramm pro Kilogramm Meerwasser. Ein großer Teil des Salzgehaltes der Ozeane ist auf die Verwitterung kontinentaler und ozeanischer Gesteine zurückzuführen. Dabei dominieren Natrium und Chlor, weil es sich um die am besten löslichen Verwitterungsprodukte handelt. Der durchschnittliche Salzgehalt der Ozeane liegt bei 35‰. Die Gesamtsalzgehalte schwanken jedoch zwischen 33,5‰ im Weddell-Meer und 37,5‰ im Nordatlantik. Der geringe Salzgehalt in der Weddell-See ist auf Verdünnung durch die Schmelzwässer des antarktischen Eises zurückzuführen. Es gibt jedoch noch andere Faktoren, die den Salzgehalt beeinflussen. Durch Evaporation kann es, ebenso wie durch Treibeisbildung, zu Konzentrationen der gelösten Stoffe kommen. Verdünnungen entstehen dagegen durch Flußwasser, Niederschläge und das Abschmelzen von Gletschern oder Eiskappen. Nebenmeere, wie beispielsweise das Mittelmeer, können deutlich erhöhte Salzgehalte aufweisen. Ein weiterer bedeutender Faktor für Veränderungen des Salzgehaltes ist die Vermischung von Wassermassen in den Randbereichen der großen Meeresströmungen.

Auffallend bei der Messung der Oberflächensalzgehalte in den Ozeanen ist, daß sie im Atlantik höher sind als im Pazifik (vgl. Abb. 40). Insbesondere in den Nordhälften beider Ozeane ist der Salzgehalt erhöht. Für dieses Phänomen gibt es verschiedene Ursachen. So fehlen dem Pazifik beispielsweise salzreiche Nebenmeere. Die über dem Pazifik verdunstenden Wassermassen regnen zum großen Teil an den hohen Gebirgen am Westrand Nord- und Südamerikas ab. Der über dem Atlantik entstandene Wasserdampf dagegen hat ein wesentlich größeres Auswirkungsgebiet, so daß diesem Ozean große Mengen süßen Wassers verloren gehen. Dem Pazifik dagegen kommen die dort verdunsteten Wassermassen über die Niederschläge wieder zugute.

Größere Salzgehaltsunterschiede beschränken sich auf die oberflächennahen warmen Wassermassen. Im Bereich des kalten Tiefenwassers ändern sich die Salzgehalte im Atlantik am stärksten und zwar sowohl in der Horizontalen als auch in der Vertikalen. Im Atlantik lassen sich salzarmes Zwischenwasser (NIW und SIW in Abb. 39), salzreiches Tiefenwasser (DWU, DWM, DWL in Abb. 39) und salzarmes Bodenwasser (ABW und AABW in Abb. 39) unterscheiden.

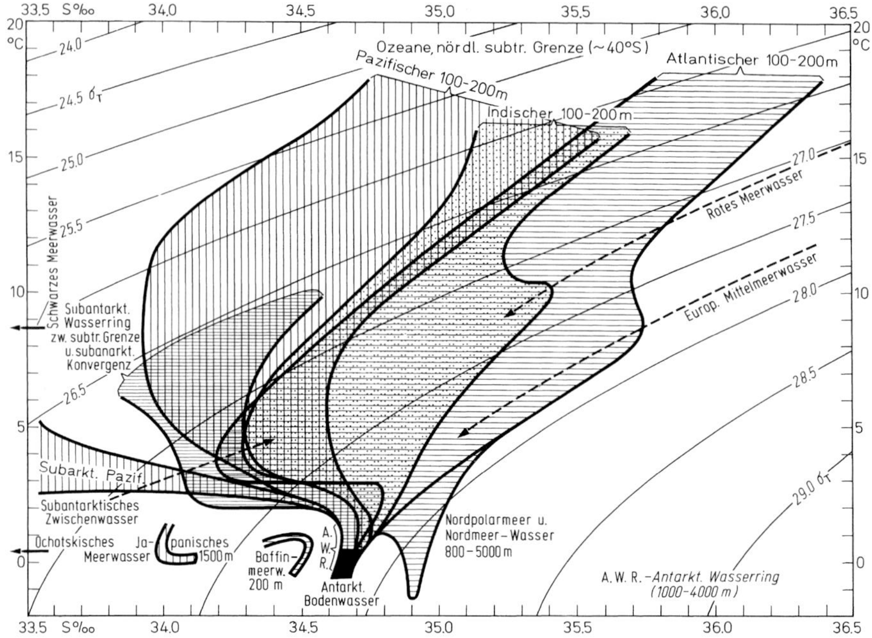

Abb. 40. Beziehung zwischen Temperatur und Salzgehalt im gesamten Weltmeer unterhalb der oberflächennahen Störungsschicht (nach Dietrich et al. 1992).

4.1.3 Dichte

Die Dichte des Ozeanwassers hängt unmittelbar von dessen Temperatur und Salinität ab. Bei einer vorgegebenen Salinität nimmt die Dichte mit zunehmender Temperatur ab. Bei einer bestimmten Temperatur nimmt die Dichte mit zunehmender Salinität zu. Trägt man in einem Diagramm die Temperatur gegen die Salinität auf, so lassen sich Wässer etwa gleicher Dichte identifizieren. Die Verbindungslinien von Wässern gleicher Dichte werden isopyknische Linien genannt (s. Abb. 40). In einem solchen Diagramm lassen sich Wassermassen bestimmter Ozeane anhand ihrer Temperatur, Dichte und Salinität identifizieren. Verursacht durch die unterschiedliche Dichte bildet sich im Wasser eine Schichtung aus. Verschieden dichte Wässer lassen sich zwar vollständig mischen, aber dennoch dauert dieser Mischungsprozeß sehr lange Zeit, da er fast ausschließlich auf Diffusion und Konvektion beruht. Eine bestimmte Wassermasse schichtet sich entsprechend ihrer Dichte ein. Dadurch werden andere Wassermassen verdrängt. Bestimmte Wassermassen, die u. a. als Tiefenströme die Ozeane durchziehen, lassen sich anhand ihrer Temperatur und Salinität identifizieren.

4.2 Ozeanische Strömungen

Bei den Strömungen in den Ozeanen werden zwei grundsätzlich verschiedene Strömungssysteme unterschieden. Die Oberflächenströmungen werden durch die großen Windsysteme der Erde angetrieben, während die Tiefenströmungen ihre Entstehung der unterschiedlichen Dichte der Wässer verdanken. Andere Kräfte wie beispielsweise die Corioliskraft beeinflussen die Strömungen.

4.2.1 Tiefenströmungen

Wie bereits in den Abschnitten „Temperatur" und „Salzgehalt" beschrieben, entstehen die Tiefenwasserströmungen durch unterschiedliche Temperaturen und Salzgehalte des Wassers. Sie werden daher thermohaline Strömungen genannt. Bestimmte Wassermassen werden nach ihrem Herkunftsgebiet klassifiziert. Entsprechend ihrer unterschiedlichen Dichte schichten sich die jeweiligen Wässer in die Ozeane ein und verdrängen dabei andere Wassermassen. Auf diese Weise entstehen in der Kaltwassersphäre Meeresströmungen, bei denen zwischen Bodenwasser (BW = Bottom Water), Tiefenwasser (DW = Deep Water) und Zwischenwasser (IW = Intermediate Water) unterschieden wird (vgl. Abb. 39).

4.2.1.1 Bodenwässer

Die Bodenwässer haben ihren Ursprung im Bereich der Ränder der polaren Packeis- beziehungsweise Schelfeisgebiete. Auf der Südhalbkugel wird der Ozean rund um den antarktischen Kontinent besonders stark abgekühlt. Dies geschieht insbesondere im Bereich des Weddell- und des Ross-Meeres sowie der Prydz Bay. Durch die Abkühlung entsteht Wasser mit der größten Dichte aller Ozeane. Es strömt als Antarktisches Bodenwasser (AABW =

Antarctic Bottom Water) in Richtung auf den Äquator und ist stellenweise bis auf 30° nördliche Breite nachweisbar (vgl. Abb. 39).

Auf der Nordhalbkugel entsteht am Rande des Packeises das Arktische Bodenwasser (ABW = Arctic Bottom Water). Es bildet sich in erster Linie nördlich von Jan Mayen in der Grönlandsee unmittelbar außerhalb der Packeisgrenze. Auch das Arktische Bodenwasser ist sehr kalt und dicht. Es wird jedoch bei seiner südwärts gerichteten Strömung zum einen durch die Beringstraße im Nordpazifik, zum anderen durch den Grönland-Schottland-Rücken im Nordatlantik behindert.

Die Folge ist, daß das Arktische Bodenwasser nicht weit nach Süden vordringen kann. Es mischt sich vielmehr beim Überströmen der submarinen Schwellen mit höher gelegenen Wassermassen.

4.2.1.2 Tiefenwässer

Der oben beschriebene Durchmischungsvorgang läßt das Nordatlantische Tiefenwasser (NADW = North Atlantic Deep Water, DW in Abb. 39) entstehen. Bei den höher liegenden Wassermassen handelt es sich um stärker salinares Wasser, welches unter anderem vom Golfstrom und aus dem Mittelmeer stammt. Dieses Wasser kommt im Europäischen Nordmeer an die Oberfläche und wird dort durch die polare Luft stark abgekühlt. Dadurch entsteht kaltes, salzhaltiges, schweres Wasser. Die Mischung mit dem Arktischen Bodenwasser, insbesondere im Bereich der Norwegen-Grönland-See, läßt schließlich das Nordatlantische Tiefenwasser entstehen. Es handelt sich dabei um eine der bedeutendsten thermohalinen Strömungen aller Ozeane. In südlicher Richtung dringt es bis in die unmittelbare Umgebung der Antarktis vor. Dort kommt es in die Nähe der Meeresoberfläche. Die erwähnten Tiefenwässer bilden sich ausschließlich auf der Nordhalbkugel.

4.2.1.3 Zwischenwässer

Die Zwischenwässer der Südhalbkugel bilden sich in der Konvergenzzone der Oberflächenwässer im antarktischen Zirkumpolarstrom. Dort entsteht das Antarktische Zwischenwasser (AAIW = Antartic Intermediate Water oder SIW = Southantartic Intermediate Water). Es schichtet sich zwischen Nordatlantischem Tiefenwasser und der Warmwassersphäre ein. Das Antarktische Zwischenwasser ist bis ca. 20° nördlicher Breite nachweisbar. Das Nordarktische Zwischenwasser (NIW = Northartic Intermediate Water) bildet sich zwischen 50° und 60° nördlicher Breite. Es ist in seiner räumlichen Ausdehnung auf dieses Gebiet beschränkt.

4.2.2 Antarktische Wassermassen

Rund um die Antarktis gibt es eine einzigartige ringförmige Zirkulation von Wassermassen. Diese Wassermassen zeichnen sich durch folgende Besonderheiten aus (DIETRICH et al. 1992: 454):
- Es handelt sich um eine ringförmige Strömung, die nicht durch kontinentale Barrieren unterbrochen ist.
- Es herrscht eine sehr geringe Temperatur- und Salzgehaltsschichtung. So können Druckstörungen von der Meeresoberfläche her den Tiefseeboden erreichen.
- Das Gebiet um die Antarktis herum liegt im Bereich starker zonaler Westwinde (also nach Osten wehender Winde). Dadurch wird eine kräftige tiefreichende zirkumpolare Strömung verursacht, die die gesamte Wassersäule erfaßt.

Innerhalb des antarktischen Zirkumpolarstromes werden die größten Wassermengen der Erde transportiert. Durch den Zirkumpolarstrom ist die Antarktis von warmen Meeresströmungen fast vollständig isoliert. Diese Isolation führt zu einer weiteren Abkühlung des Antarktischen Kontinents.

4.2.3 Oberflächenströmungen

Die Oberflächenströmungen der Ozeane werden zum großen Teil von den Windsystemen der Erde angetrieben. Sie umfassen im wesentlichen die Warmwassersphäre, die beiderseits des Äquators bis 40° nördlicher beziehungsweise südlicher Breite reicht (vgl. Abb. 39). Zeitweise dehnt sich die Warmwassersphäre auch bis zum jeweiligen 50. Breitengrad aus. Insbesondere die Passatwinde sorgen dafür, daß sich auf der Nordhalbkugel Wasserströmungen entwickeln, die sich im Uhrzeigersinn drehen, während sie auf der Südhalbkugel in umgekehrter Richtung rotieren (s. Abb. 41). Die Zentren der jeweiligen kreisförmigen Wasserströmungen befinden sich auf 30° nördlicher beziehungsweise südlicher Breite. Das warme Wasser der Äquatorregionen wird am Westrand der Ozeane nach Norden transportiert. Im Atlantik wird dies durch den Golfstrom, im Pazifik durch den Kuroshio bewerkstelligt. An den Osträndern der Ozeane fließt dagegen relativ kühles Wasser in Richtung Äquator zurück. Für die Vollendung einer vollständigen Rotation benötigt das Wasser in allen Ozeanen ca. 10 Jahre. Die warmen, nach Norden gerichteten Meeresströmungen fließen schneller als die nach Süden gerichteten kalten. Dieses Phänomen hat verschiedene Ursachen. Die Strömungen der Ozeane werden vom Wind, der inneren

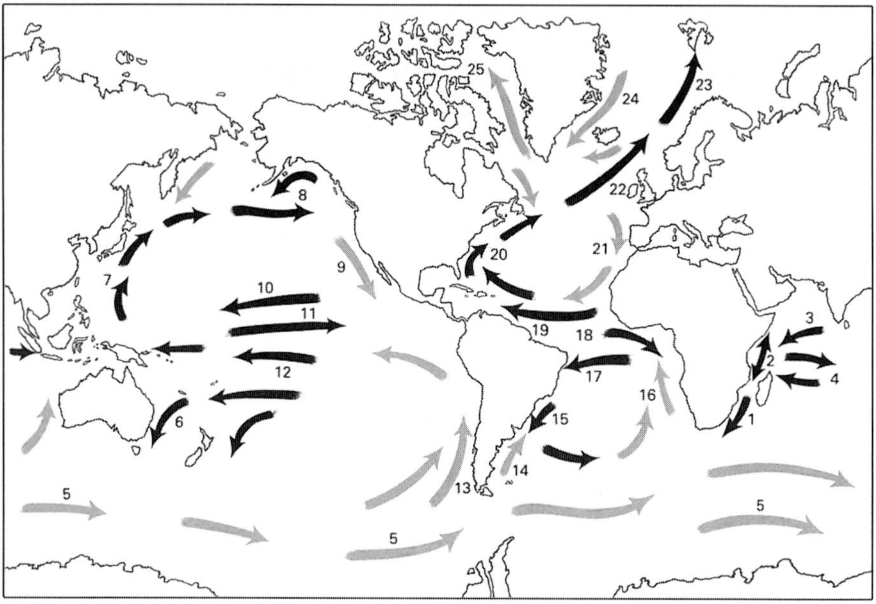

Abb. 41. Oberflächennahe Meeresströmungen in den Ozeanen der Erde (nach SMITH 1981).
1 Agulhas, 2 Somali, 3 North Equatorial, 4 South Equatorial, 5 Antarctic Circumpolar (West Wind Drift), 6 West Australian, 7 Kiro Shio, 8 North Pacific / Alaska, 9 California, 10 North Equatorial, 11 Equatorial Counter, 12 South Equatorial, 13 Peru, 14 Falkland, 15 Brazil, 16 Benguela, 17 South Equatorial, 18 Equatorial Counter, 19 North Equatorial, 20 Gulf Stream, 21 Canaries, 22 North Atlantic Drift, 23 Norwegian, 24 East Greenland, 25 West Greenland.

Reibung und der ablenkenden Kraft der Erdrotation (Coriolisparameter) beeinflußt. Der Coriolisparameter ist am Äquator gleich Null und wächst mit der geographischen Breite an. In einem geschlossenen Meeresgebiet muß der polwärtige Massentransport auf der Westseite durch einen äquatorwärtigen auf der Ostseite kompensiert werden (DIETRICH et al. 1992). An der Westseite addieren sich Coriolisparameter und Windkraft. Nur die Reibungskraft kann hier ein Gleichgewicht schaffen. Da die Reibung der Geschwindigkeit proportional ist, müssen zur Kompensation an der Westseite höhere Geschwindigkeiten auftreten. Aus diesen Gründen sind die Geschwindigkeiten an der Westseite höher als an der Ostseite.

4.2.4 Ringe im Golfstrom

Mit dem Golfstrom werden große Wassermengen vom Äquator in Richtung Pol transportiert. Die transportierte Wassermenge ist etwa 25 mal größer als jene, die in allen Flüssen der Erde abfließt. Die Strömungsgeschwindigkeit des Golfstroms kann auf bis zu 160 km pro Tag anwachsen. Sein Wasser fließt jedoch nicht gradlinig polwärts, sondern es mäandriert. Bei einem Fluß kann es dabei zur Abschnürung von Mäanderschleifen kommen. Im Golfstrom dagegen spalten Ringe ab, die sich unter schnellen Drehungen vom Hauptstrom entfernen. Diese Ringe erreichen Durchmesser von bis zu 320 km und Geschwindigkeiten von 1,8 bis 3,6 km pro Stunde. Die Temperaturdifferenz zum umgebenden Wasser kann auf bis zu 5,5 °C anwachsen. In den Ringen ist eine Fülle von Meeresorganismen gefangen, die an bestimmte Wassertemperaturen gebunden sind. Löst sich ein solcher Ring schließlich auf, sterben all diese Organismen ab. Den Ringen des Golfstroms kann also unter Umständen eine erhebliche ökologische Bedeutung zukommen.

4.2.5 Aufquellendes Kaltwasser und El Niño

Durch die Passatwinde entwickeln sich entlang des Äquators und an den Nord-Süd-gerichteten Küsten der Kontinente Bereiche, in denen große Mengen kalten Wassers aufquellen. So treibt beispielsweise der Nordost-Passat die oberste Wasserschicht der Ozeane an. Durch die Corioliskraft wird diese Wasserschicht auf der Nordhalbkugel geringfügig nach rechts abgelenkt. Sie nimmt die nächst tiefere Schicht mit, die wiederum geringfügig nach rechts abgelenkt wird. Auf diese Weise entwickelt sich im Wasser eine spiralförmige Struktur, die als Ekman-Spirale bezeichnet wird (s. Abb. 42). Betrachtet man die gesamte beeinflußte Wassersäule, so wird deutlich, daß der größte Teil des Wassers im rechten Winkel zum Passatwind abgelenkt wird. Auf der Nordhalbkugel erfolgt die Ablenkung nach rechts, auf der Südhalbkugel nach links. Infolge der beschriebenen Vorgänge bewegt sich das oberflächennahe Ozeanwasser vom Äquator weg (s. Abb. 43). Dadurch entsteht in der Nähe des Äquators in Oberflächennähe ein Wasserdefizit, das durch kaltes Wasser aus der Tiefe aufgefüllt wird. Die Auftriebsgebiete der Ozeane sind die Bereiche mit der höchsten biologischen Produktivität. Da pflanzliches Leben Licht und Nährstoffe benötigt, findet Assimilation vorwiegend im oberen Teil der Ozeane, in der euphotischen Zone statt (Arntz & Fahrbach 1991: 19). Die im Wasser

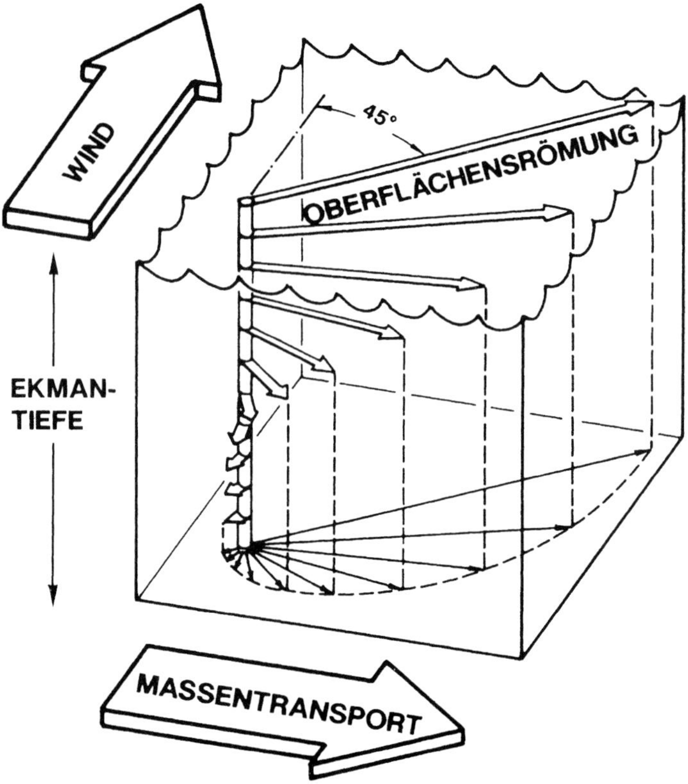

Abb. 42. Auswirkungen der Ekman-Spirale, dargestellt für die Nordhalbkugel (nach ARNTZ & FAHRBACH 1991).

gelösten Nährstoffe werden dort vom Phytoplankton aufgenommen. Da Phytoplankton nur lebend schwimmfähig ist, sinkt es nach dem Absterben in die Tiefe. Beim Absinken wird das Plankton zersetzt. Die Nährstoffe werden im Wasser gelöst. Zu den Nährstoffen zählen Phosphat, Nitrat und Silikat. Letzteres wird für den Skelettaufbau der Diatomeen benötigt. In Auftriebsgebieten werden die gelösten Nährstoffe wieder in die euphotische Zone transportiert. Die Folge ist eine starke Zunahme der organischen Produktivität im Bereich aufquellenden kalten Wassers. Das Phytoplankton entzieht dem Wasser und damit auch der Luft Kohlendioxid. Der Treib-

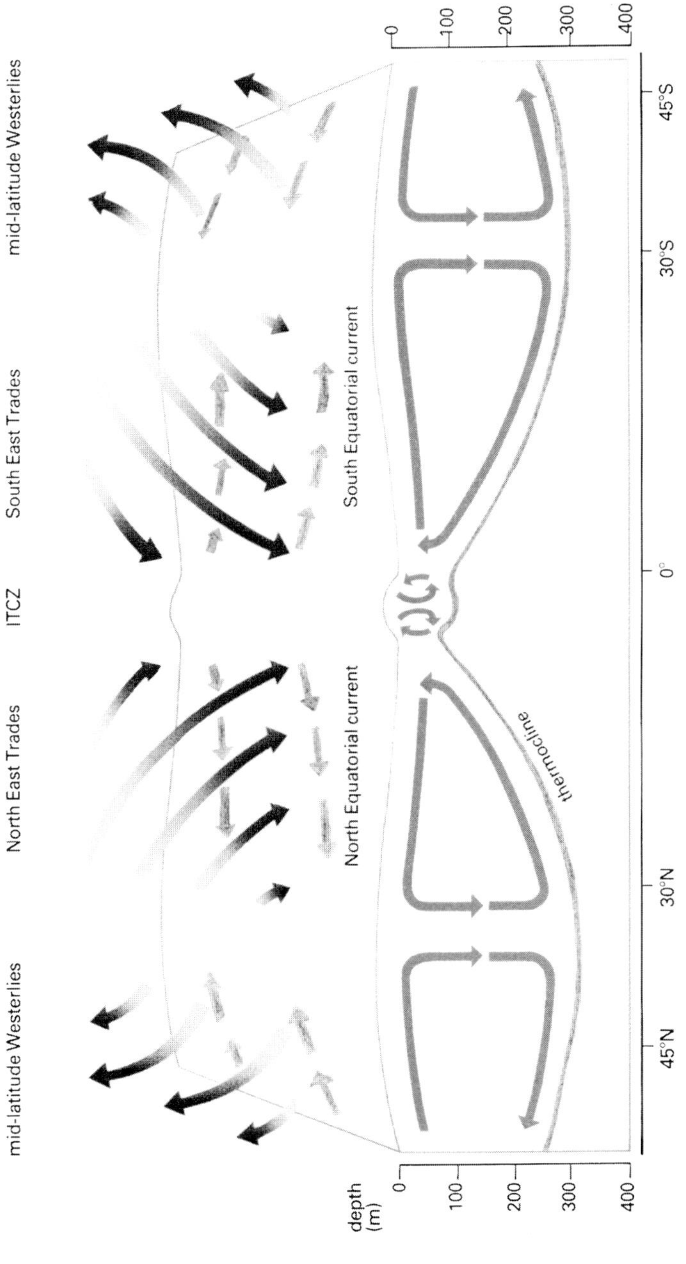

Abb. 43. Upwelling in den äquatorialen Ozeanen als Folge verstärkter Passatwinde (nach SMITH 1981).

hauseffekt wird vermindert. Aus diesem Grunde ist die Biomasse der Ozeane ein bedeutender klimatischer Faktor.

Vom Grundsatz her sind die Vorgänge, die sich entlang der Nord-Süd gerichteten Küsten der Kontinente abspielen, mit denen identisch, die am Äquator ablaufen. Beispielhaft sei hier das Aufquellen von kaltem Wasser vor der Westküste Südamerikas beschrieben. Der Südost-Passat treibt das oberflächennahe Wasser durch die Ekman-Drift von der Küste fort. Das dadurch entlang der Küste entstehende Wasserdefizit wird durch aufquellendes kaltes Wasser ersetzt (s. Abb. 44). Ein „gesunder“ Passatwind führt außerdem dazu, daß der Wasserspiegel des Pazifiks am Ostrand des Ozeans abgesenkt, am Westrand dagegen angehoben wird. Infolgedessen ist der

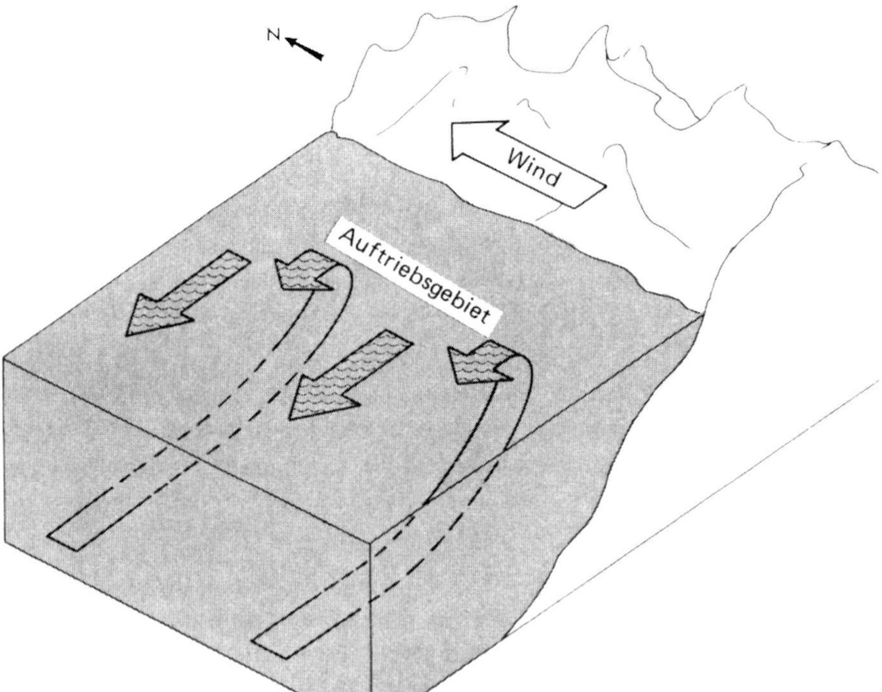

Abb. 44. Aufsteigendes kaltes Wasser (upwelling) auf der Südhalbkugel, ausgelöst durch die Ekman-Drift (nach TUREKIAN 1985).

Meeresspiegel in Neuguinea in der Regel höher als in Peru. Das vor der Westküste Südamerikas aufquellende Wasser ist sehr nährstoffreich. Dies führt zu einer außerordentlich starken Entwicklung von Biomasse im Ozean, beispielsweise vor der Küste Perus. Nimmt die Kraft des Passatwindes aus irgendeinem Grund ab, so strömt warmes Wasser von der asiatischen zur amerikanischen Küste. Dort kann das warme Wasser eine bis zu 135 m dicke Wasserschicht im Ostpazifik bilden. Sie verhindert das Aufquellen kalten, nährstoffreichen Wassers vor der südamerikanischen Westküste. Das warme Wasser erwärmt dort die Luft mit der Folge, daß die Passatwinde weiter geschwächt werden. Das Phänomen des sich ausbreitenden warmen Wassers tritt in der Regel um die Weihnachtszeit auf und wird daher El Niño, das Kind, genannt. Beim El Niño-Phänomen handelt es sich um die größte Störung innerhalb der Erdatmosphäre, die bisher bekannt ist. Die Folgeeffekte des nun nicht mehr aufquellenden Wassers sind vielfach katastrophal. Die Biomasse im Ozean geht vor der Westküste Südamerikas rapide zurück, und es kommt zu extremen Trockenzeiten auf dem Festland (vgl. Kap. 8.4. Der Einfluß der Ozeane und 9.4. Chemie der Ozeane – ozeanische Strömungen).

4.2.6 Strömungen aus Nebenmeeren (Europäisches Mittelmeer)

Die Strömungen der Nebenmeere sollen am Beispiel des europäischen Mittelmeeres kurz beschrieben werden, da diesem unter Umständen eine wichtige globale Bedeutung bei der Steuerung des Erdklimas zukommt (vgl. Kap. 9.6 Strahlungsmenge – Chemie der Ozeane und Strömungen).

Nebenmeere sind dadurch charakterisiert, daß sie oft durch hohe Bodenschwellen vom offenen Ozean getrennt sind. Durch diese Besonderheit entwickeln sich in Nebenmeeren völlig andere Strömungen als in Ozeanen. Von ausschlaggebender Bedeutung für die Entwicklung der Strömungen in Nebenmeeren sind die Berührungspunkte mit dem offenen Ozean. Wichtig für den Wasserumsatz sind horizontale Dichteunterschiede sowie die Neigung der Meeresoberfläche. Innerhalb des Mittelmeeres ist die Verdunstung, bedingt durch die ariden Klimaverhältnisse, höher als über dem Atlantik. Infolgedessen liegt der Meeresspiegel im östlichen Mittelmeer tiefer als im westlichen. Dadurch wird die thermohaline Konvektion erleichtert. Bildet sich in einem Nebenmeer eine thermohaline Konvektion aus, so ist in der Folge die Dichte des Wassers im Nebenmeer höher als im Ozean. Im europäischen Mittelmeer entstehen an vier Stellen thermohaline Strömungen. Es sind dies folgende Gebiete:

1.) Ligurisches Meer
2.) Südliches Adriatisches Meer
3.) Südliches Ägäisches Meer
4.) Seegebiet um Rhodos und Zypern

Ein besonders wichtiges morphologisches Element innerhalb des Mittelmeeres ist die Sizilische Schwelle, die bis 350 m unter die Wasseroberfläche hinaufreicht. Sie trennt das Tiefenwasser des östlichen Mittelmeers von jenem des westlichen.

Ein bedeutender Wasserkörper des europäischen Mittelmeeres ist das Levantinische Zwischenwasser. Es entsteht im Winter in der Nähe Zyperns und zeichnet sich dort durch hohe Salzgehalte von etwa 39‰ aus. Das Levantinische Zwischenwasser strömt in westlicher Richtung über die Sizilische und die Gibraltar-Schwelle in den Atlantik. Dort schichtet es sich unter anderem aufgrund seines Salzgehaltes von nunmehr 38,4‰ in etwa 1000 m Tiefe in das Wasser des Atlantiks ein (DIETRICH et al. 1992). Ausgehend von der Straße von Gibraltar breitet sich das Mittelmeerwasser deltaartig in den Atlantik aus. Infolge der Corioliskraft gewinnt es dort so hohe Geschwindigkeiten, daß es an den angrenzenden Kontinentalabhängen eine intensive Erosion verursacht. Diesem so in den Atlantik eingeschleusten Mittelmeerwasser kommt eine besondere globale Bedeutung zu, weil es später den Kern des Nordatlantischen Tiefenwassers bildet, das bis in den Südpazifik nachweisbar ist. Anthropogene Beeinflussungen der Mittelmeerzuflüsse führen bereits heute zu erheblichen Veränderungen des Ökosystems Mittelmeer.

Das Wasser des Schwarzen Meeres, das allgemein dem Mittelmeer zugerechnet wird, erfährt nur eine schwache Erneuerung. Durch den Bosporus fließt ein salzreicher Unterstrom ins Schwarze Meer. Dieser Strom transportiert jedoch pro Jahr lediglich 193 km^3 Wasser, so daß eine komplette Erneuerung der Wassermassen des Schwarzen Meers 2500 Jahre in Anspruch nehmen würde (DIETRICH et al. 1992: 474). Die Erneuerung des Wassers ist zu gering, um die Sauerstoffzehrung im Schwarzen Meer aufzuhalten. Infolgedessen gibt es dort in Tiefen zwischen 130 und 2244 m keinen Sauerstoff mehr. Dort kommt nur noch Schwefelwasserstoff vor.

Durch die Flüsse Donau, Dnjestr, Dnjepr und Don kommt es zu einer starken oberflächennahen Aussüßung des Schwarzen Meeres. Dieses Süßwasser strömt oberflächennah durch den Bosporus ins Mittelmeer und beeinflußt die dortige Wasserchemie.

4.3 Meeresspiegelschwankungen

Schon seit langem ist bekannt, daß sich die Meeresspiegelhöhe langfristig ändert. So fand bereits CHARLES LYELL im Jahre 1832 am Serapis-Tempel bei Neapel Bohrlöcher mariner Muscheln in den Säulen des Tempels. Er schloß daraus, daß der Tempel zumindest teilweise unterhalb des Meeresspiegels gelegen haben müsse. Bevor man sich jedoch mit Meeresspiegelschwankungen beschäftigt, muß der Begriff „Höhe des Meeresspiegels" möglichst exakt definiert werden. Die Untersuchung globaler Meeresspiegelschwankungen verlangt zunächst jene Spuren zu sichern, die Hinweise auf die Meeresspiegelhöhe von Paläo-Ozeanen liefern können. Der Nachweis fossiler Meeresspiegelhöhen muß mit möglichst großer Genauigkeit erbracht werden. Erst nach Dokumentation dieser Fakten ist Ursachenforschung möglich. Für Meeresspiegelschwankungen gibt es die verschiedensten Ursachen, die sich gegenseitig überlagern können. Am Schluß des Kapitels werden die Wirkungen der Meeresspiegelschwankungen untersucht. Sie erstrecken sich auf Meeresströmungen, Klima, die Biomassen der Kontinente und Ozeane und vieles andere mehr.

4.3.1 Definition

Der Meeresspiegel ist die potentiometrische Oberfläche des Ozeanwassers, die sich horizontal zum herrschenden Gravitationsfeld der Erde ausrichtet. Da die Gravitation lokal starke Veränderungen durch verschieden schwere Massen aufweist, hat man es mit einem ungleichmäßigen Gravitationsfeld zu tun. Dies führt dazu, daß der Meeresspiegel je nach der lokalen Stärke des Gravitationsfeldes verschiedene Höhen einnimmt. Die dadurch hervorgerufenen Differenzen in der Meeresspiegelhöhe können global betrachtet bis zu 200 m erreichen. Die Meeresspiegelhöhe ist folglich mit der Geoidform gleichzusetzen. Wind und Gezeiten verändern die Geoidform nur in geringem Umfang. Da die Meeresspiegelhöhe im allgemeinen auf die Landoberfläche bezogen wird, ergeben sich weitere Komplikationen. Die Höhenlage der Landoberfläche über dem Erdmittelpunkt ändert sich infolge von Gebirgsbildungen und anderen geologischen Vorgängen ständig. Eine „absolute Meeresspiegelhöhe" müßte sich folglich auf den Abstand des Meeresspiegels vom Erdmittelpunkt beziehen. Aus praktischen Erwägungen läßt sich daher nur eine „relative Meeresspiegelhöhe" definieren. Bei der Untersuchung von sich ändernden Meeresspiegelhöhen ist man daher gezwungen, weltweite Trends – steigend oder fallend – zu bestimmen und deren Größenordnung zu erfassen. Seit 1978 sind direkte Höhenmessungen des Meeresspiegels mit Hilfe des Satelliten Seasat möglich. Dabei wird die Höhe des Satelliten über dem Meeresspiegel mittels Radar gemessen. Die Genauigkeit liegt bei ±5 cm. Für die Feststellung fossiler Meeresspiegelhöhen ist man jedoch nach wie vor auf eine möglichst genaue Bestimmung der relativen Höhe des Meeresspiegels angewiesen.

4.3.2 Geschwindigkeiten, Dimensionen, zeitliche Abstände

Meeresspiegelschwankungen, die durch plattentektonische Vorgänge ausgelöst werden, erreichen weder die Geschwindigkeit noch die Dimension von eustatisch verursachten. Lediglich isostatische Ausgleichsbewegungen können von dieser Regel abweichen. So hat sich beispielsweise Skandinavien nach dem Abschmelzen des weichselzeitlichen Inlandeises um etwa 500 m gehoben. Durch die unterschiedliche Vorbelastung ergeben sich für verschiedene Gebiete jeweils andere Hebungsraten. So hebt sich das Gebiet bei Kopenhagen zur Zeit um 3 cm pro Jahrhundert, die Umgebung von Stockholm um 50 cm pro Jahrhundert und der Bottnische Meerbusen um 110 cm pro Jahrhundert. Ähnliche Werte wurden für den nordamerikanischen Kontinent ermittelt.

Eustatische Veränderungen werden in erster Linie durch Volumenänderungen des Ozeanwassers verursacht. Sie können Änderungsraten von 10 m pro 1000 Jahre erreichen. Damit laufen sie 1000 mal schneller ab als solche, die beispielsweise durch veränderte Spreizungsraten der mittelozeanischen Rücken ausgelöst werden (MENARD 1987). Eustatische Veränderungen laufen auch 50 mal schneller ab als jene, die durch Absenkungen des Ozeanbodens hervorgerufen werden. Diese Senkungen werden durch die allmähliche Abkühlung der ozeanischen Kruste verursacht. Die bedeutendsten eustatischen Veränderungen werden durch den Aufbau oder das Abschmelzen großer Inlandeiskappen verursacht. Dadurch hebt oder senkt sich der Meeresspiegel zum Teil um mehr als 130 m innerhalb weniger 1000 Jahre. Es ist zu berücksichtigen, daß die Absenkung oder Hebung des Meeresspiegels nicht mit konstanter Geschwindigkeit abläuft, sondern daß raschere Hebungs- oder Senkungsphasen mit langsameren wechseln. Dabei spielt die lokale Verteilung der Eiskappen und deren Abschmelzgeschwindigkeit (unter anderem abhängig von der Eisdicke) eine bedeutende Rolle.

Untersuchungen von präquartärzeitlichen Meeresspiegelhöhen haben gezeigt, daß der Wasserspiegel der Ozeane im Laufe der Erdgeschichte

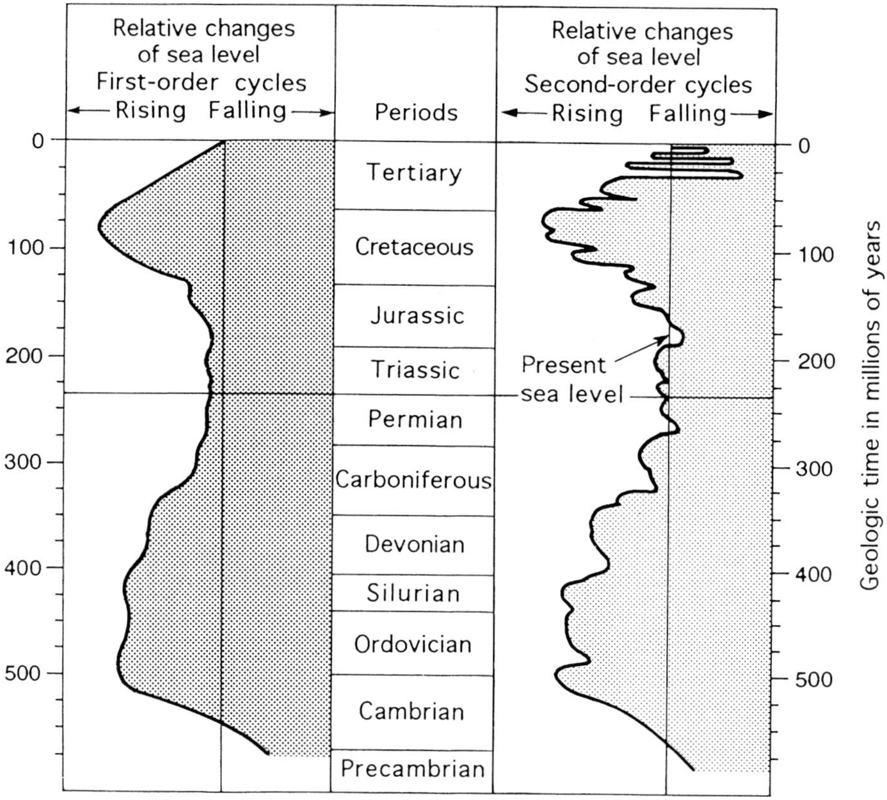

Abb. 45. Meeresspiegelschwankungen 1. und 2. Ordnung (nach VAIL et al. 1977 und HAQ et al. 1988).

zwischen +270 m und –150 m gegenüber dem heutigen Niveau geschwankt hat. Aus der Zeit des Quartärs sind die Meeresspiegelhöhen besonders gut dokumentiert. Während dieser Zeit traten Schwankungen zwischen +6 m und –130 m gegenüber dem heutigen Stand auf. Der Höchststand von +6 m ist für das Eem-Interglazial, der Tiefstand für den Höhepunkt des Weichsel-Glazials nachgewiesen.

An älteren Gesteinsfolgen konnte gezeigt werden, daß Meeresspiegelschwankungen in verschiedenen zeitlichen Abständen auftreten (s. Abb. 45).

Folgende Größenordnungen wurden nachgewiesen (LEINFELDER & SEYFRIED 1993: 163)

1. Ordnung: = 100 000 000 Jahre
2. Ordnung: = 10 000 000 Jahre
3. Ordnung: = 1 000 000 Jahre
4. Ordnung: = 100 000 Jahre
5. Ordnung: = 10 000 Jahre

Änderungen der 1. Ordnung sind mit der Öffnung der Ozeane in Verbindung zu bringen. Meeresspiegelhöhenänderungen der 2., 3. und 4. Ordnung hängen mit anderen plattentektonischen Vorgängen zusammen. Insbesondere sind dies Veränderungen der Form der Ozeanbecken. Schwankungen der 4. und 5. Ordnung sind jedoch überwiegend auch auf den Aufbau und das Abschmelzen von Inlandeiskappen zurückzuführen.

4.3.3 Nachweis fossiler Meeresspiegelhöhen

4.3.3.1 Spuren an Küsten

An den Küsten entwickeln sich eine Vielzahl von charakteristischen Erosionsformen, aber auch eine Fülle von typischen Sedimenten, die Rückschlüsse auf die Höhenlage einer ehemaligen Küste zulassen. Durch die Brandungseinwirkung entstehen Kliffs oder Brandungsterrassen. Kliffs bilden sich dort, wo das Meer an eine Steilküste grenzt. Losgebrochene Gesteinsstücke werden mit der Brandung hin und her verlagert, so daß sich im Laufe der Zeit Abrasionsplattformen bilden, die flach gegen das Meer geneigt sind.

Abrasionsplattformen entstehen zwischen Mittlerem Niedrig- und Mittlerem Hochwasserniveau des Meeres.

An Flachküsten entstehen dagegen bevorzugt „Sandriffe". Sie entwickeln sich im Bereich des Vorstrandes, jenem Gebiet, in dem die Brandung während des Niedrigwassers abtragend wirkt. Dort werden Sande angelandet, die den Meeresboden um wenige Dezimeter überragen. Diese Sande machen es möglich, die ehemalige Meeresküste zu lokalisieren.

Wattenküsten erstrecken sich im Regelfall einige 100 m weit ins Meer. Die Nordseeküste macht eine Ausnahme, dort reichen die Wattflächen einige Kilometer weit ins Meer hinaus (s. Abb. 46). Auf der Oberfläche und in den Sedimenten des Watts gibt es eine Fülle von Leben. Der Nährstoffreichtum führt dazu, daß dort organische Substanz angereichert wird. Infolgedessen ist der gesamte Sauerstoff bereits in den oberflächennahen Sedimentschichten verbraucht. Daher treten in diesen Bereichen vermehrt

Abb. 46. Das Wattenmeer an der holländischen Küste (aus: SIEVER 1989).

sulfatreduzierende Bakterien auf. Der von ihnen produzierte Schwefelwasserstoff verbindet sich mit Eisen. Es wird Eisensulfid ausgefällt, das die schwarze Färbung der Wattsedimente hervorruft. Sowohl die schwarze Farbe als auch die zahlreich vorhandenen Fossilien charakterisieren die Wattablagerungen. Ebenso typisch ist die vielfach zu beobachtende Fischgrätenschichtung der Sedimente (s. Abb. 47), die durch das viermalige Umkippen der Gezeitenströmung an einem Tag hervorgerufen wird. Anhand dieser sehr typischen Ablagerungen eines Watts läßt sich der fossile Meeresspiegel ebenfalls gut erkennen.

In den meisten Fällen werden Küstenbereiche durch eine bestimmte Sedimentabfolge charakterisiert. Die kontinentale Fazies besteht aus sandigen und tonigen Sedimenten. Meerwärts schließt sich ein Gürtel aus

Abb. 47. Fischgrätenschichtung durch Gezeitenströmung entstanden.

Strand- und Flachwassersanden an. Im hochmarinen Milieu werden tonige Schichten abgesetzt. Während einer Regressionsphase rückt die kontinentale Fazies meerwärts vor, bei einer Transgression ist eine umgekehrte Verlagerung der Faziesräume zu beobachten (s. Abb. 48). Meeresspiegelschwankungen hinterlassen breite Küstenzonen, die sich in den Sedimentabfolgen deutlich abzeichnen.

Viele Küsten sind bisher nur unzureichend mittels Bohrungen erkundet. Dennoch lassen sich die beschriebenen unterschiedlichen Faziesbereiche mit Hilfe seismischer Methoden auskartieren. Innerhalb der verschiedenen Faziesabschnitte entstehen unterschiedlich dicht gelagerte Schichten, die sich als seismische Reflexionsflächen abzeichnen. Aufgrund der unterschiedlichen Neigung der Flächen und der Überlappungen lassen sich bestimmte Sequenzen und damit nichtmarine Sedimente von Ablagerungen auf dem Kontinentalschelf und solchen der Kontinentalböschungen unterscheiden (s. Abb. 49). Steigt der Meeresspiegel allmählich an, entwickeln sich die drei unterschiedlichen Sedimentfazies nach oben hin zu mächtigen Schichtpaketen. Sinkt der Meeresspiegel, werden die älteren Schichten teilweise erodiert. Die neue, jüngere Schichtenfolge entwickelt sich meerwärts über den älteren Schichten und zwar in der Weise, daß unter Umständen die kontinentalen Schichten über den älteren Ablagerungen der Kontinentböschung abgesetzt werden. Ein erneuter Anstieg des Meeresspiegels führt wiederum zu einem vertikalen Wachstum der Schichtenfolge (vgl. Abb. 49). Sind die entsprechenden Schichten außerdem durch Bohrungen datiert, lassen sich Trans- und Regressionsphasen sehr genau festlegen.

Ein besonders typisches Gebiet für den Grenzbereich Land/Meer sind

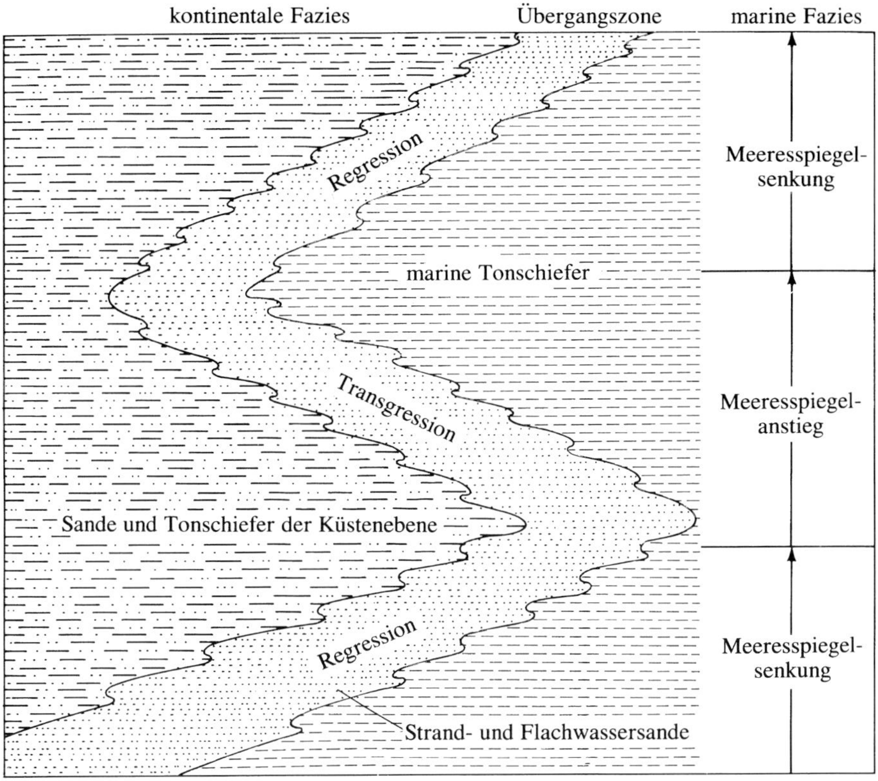

Abb. 48. Meeresspiegelschwankungen und Fazies der Küstenlinie (aus: SIEVER 1989).

Deltaregionen, die sich in langsam sinkenden Küstengebieten entwickeln. Der größte Teil des in den Ozeanen vorhandenen Sandes, mehr als 90%, gelangt durch Flüsse dorthin, der Rest wird vom Wind eingeweht. In vielen Deltaregionen bilden sich ebenfalls charakteristische Sedimentfolgen, die es erlauben, Meeresspiegelschwankungen zu rekonstruieren. Ursache dafür sind die verschiedenen Strömungsverhältnisse. Im Fluß strömt das Wasser immer etwa in die gleiche Richtung, während es an der Küste durch Wellen, Ebbe und Flut ständig hin und her bewegt wird. So entstehen im Küstenbereich gerippelte Sandwälle, auf dem Schelf dagegen werden breite Flächen

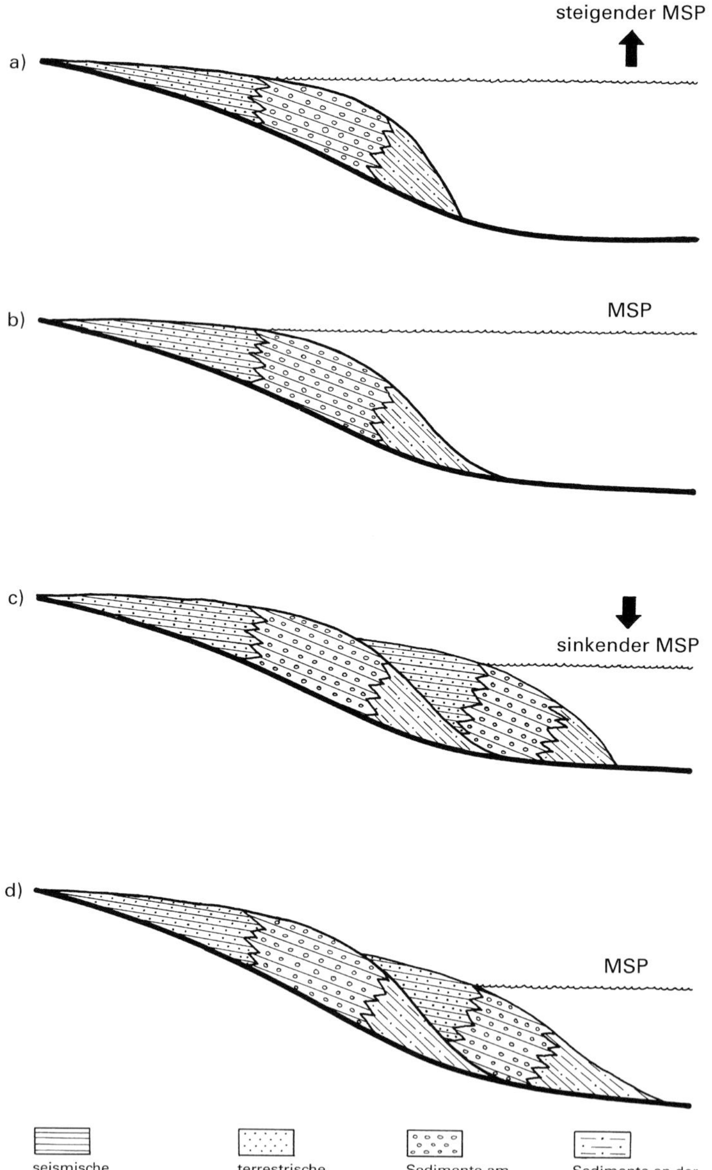
steigender MSP
a)
b)
MSP
c)
sinkender MSP
d)
MSP
seismische Reflexionsfläche
terrestrische Sedimente
Sedimente am Kontinentalschelf
Sedimente an der Kontinentböschung
MSP = Meeresspiegel

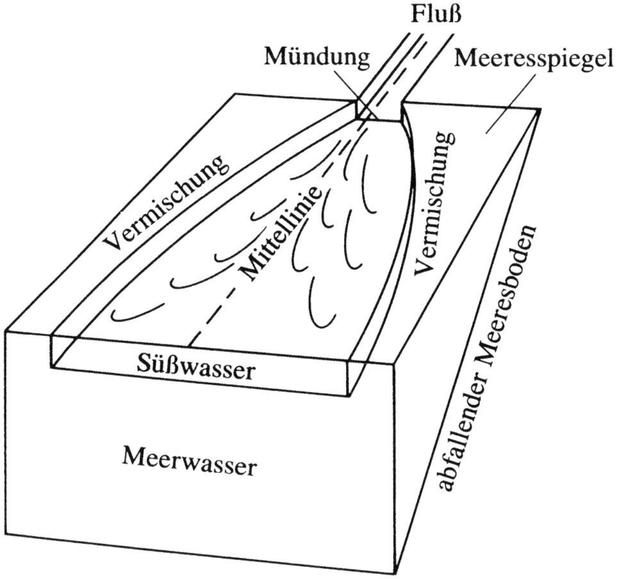

Abb. 50. Jet flow an der Einmündung eines Flusses ins Meer (aus: SIEVER 1989).

mit Sand zusedimentiert. In der Tiefsee kommen auf weiten Flächen Tone und Sande zur Ablagerung. Ursache dieser unterschiedlichen Korngrößenverteilung sind unter anderem Änderungen von Strömungsgeschwindigkeit und Wassertiefe. Mündet ein Fluß ins Meer, so bildet sich ein planarer Strahlstrom aus (s. Abb. 50). Leichtes Süßwasser überschichtet schweres Meerwasser. Dadurch bekommt das einströmende Wasser eine flache Unterseite. In einem solchen Strahlstrom breitet sich die Strömung rasch zu den Seiten hin aus, verliert an Stärke und ist schließlich nicht mehr nachweisbar. Derartige Strömungen werden „jet flow" genannt. In einem solchen planaren Strahlstrom treten in der Mitte die höchsten Strömungsgeschwindigkeiten auf. Dort wird der Sand weiter transportiert als an den Seiten. Daher entsteht vor einer solchen Mündung eine sichelförmige Sandbank.

◀ Abb. 49. Durch Meeresspiegelschwankungen hervorgerufene Sedimentabfolgen an einer Küste (verändert nach SIEVER 1989).

Kommt es zu einer Absenkung des Meeresspiegels, verlängert der Fluß seine Rinne über alte Deltaablagerungen hinweg. Eine rasche Absenkung hat in der Schichtenfolge einen abrupten Wechsel von einer Deltasedimentation zu einer rein fluviatilen Sedimentation zur Folge. Im oberen Teil des Deltas kommt es zu kräftiger Tiefenerosion. Bei einem Anstieg des Meeresspiegels wird die Flußmündung landeinwärts verlagert. Fluviatile Schichten werden nun von Deltasedimenten überlagert. Fluviatile und Deltasedimente besitzen für seismische Wellen andere Laufzeiten, so daß sich die entsprechenden Sedimentfolgen auch seismisch gut auskartieren lassen. Die hier beschriebenen Schichtenfolgen sind jedoch an ganz bestimmte Randbedingungen geknüpft. Wird der Strahlstrom (jet flow) eines Flusses durch küstennahe Strömungen rasch aufgelöst, ist eine Deltabildung von vornherein ausgeschlossen. Der Sand wird rasch entlang der Küste verteilt und die Sedimentabfolgen so stark verändert, daß nicht mehr erkennbar ist, ob es sich um Küsten- oder Deltasedimente handelt.

4.3.3.2 Korallenriffe

Küsten, an denen sich Korallenriffe entwickelt haben, sind besonders gute Zeugen für unterschiedliche Niveaus fossiler Meeresspiegel. Der Lebensraum, in dem sich Korallenriffe entwickeln können, ist an ein bestimmtes, eng begrenztes ökologisches Milieu gebunden. Wassertemperaturen von 25 bis 35° C, Salzgehalte von 35‰ sowie Wassertiefen zwischen 5 und 30 m sind die Voraussetzung für das Wachstum von Riffkorallen. So paradox es klingt, sind solche Gebiete für eine Rekonstruktion fossiler Meeresspiegel am besten geeignet, die sich tektonisch bedingt im Laufe der Erdgeschichte gleichmäßig gehoben haben. Bekannte Beispiele finden sich in Barbados und in Neuguinea. Dort haben sich große Rifftreppen gebildet (s. Abb. 51). Zunächst war die Entstehungsweise dieser Treppen umstritten. Es konnte sich zu Beginn um ein großes Riff gehandelt haben, das sich später bei konstantem Meeresspiegel ruckweise gehoben hat (s. Abb. 52). Während der Stillstandszeiten bildeten sich Abrasionsterrassen. Eine andere Deutung geht von der Annahme aus, daß sich der Untergrund ebenfalls ruckweise hob. Ein kleines Riff, das sich entwickelt hatte, wurde aus dem Wasser gehoben und starb ab. Während der Stillstandszeiten konnte dann jeweils ein neuer jüngerer Riffkomplex aufwachsen (s. Abb. 53). Die Riffterrassen bestünden in diesem Fall aus zahlreichen unterschiedlich alten einzelnen Riffkörpern. Eine dritte Deutung geht von einer kontinuierlichen Hebung des Untergrunds und einem schwankenden Meeresspiegel aus. Altersdatierungen der Rifftreppen ergaben Werte, die ausgezeichnet mit den Milanko-

Abb. 51. Rifftreppe auf Neuguinea (aus: MENARD 1987).

vitch-Zyklen übereinstimmen. Damit scheidet die erste Deutung, die von einem einzigen großen Riffkomplex ausging, aus. In diesem Fall hätte sich eine kontinuierliche Verjüngung in den Böschungen der Rifftreppen nach oben hin zeigen müssen. Die zweite Deutungsmöglichkeit würde voraussetzen, daß die Hebungen ausgerechnet synchron mit Milankovitch-Zyklen abgelaufen wären. Damit scheidet auch diese Deutung aus.

Für die Deutung der Riffterrassen kommt folglich wohl nur jene Erklärung infrage, die von einer fast konstanten Hebung und schwankendem Meeresspiegel ausgeht (s. Abb. 54). An der Wende vom Glazial zum Interglazial strömen große Schmelzwassermengen in die Ozeane. Der Meeresspiegel steigt infolgedessen sehr rasch an und übersteigt die Hebungsrate der Inseln. Während dieser Zeit können die Riffkorallen kräftig wachsen. Stagniert der Meeresspiegel, so heben sich die Inseln während dieser Zeit weiter, so daß das Riffwachstum zum Erliegen kommt. Sinkt der Meeresspiegel während der Glaziale, so stirbt das Riff ab. Wie weit der Meeresspiegel abgesunken ist, läßt sich jedoch mangels überlieferter Schichten nicht rekonstruieren.

Die Riffkomplexe entstehen also fast ausschließlich an der Wende vom Glazial zum Interglazial, dem sogenannten Glazial-Terminator. Dabei bil-

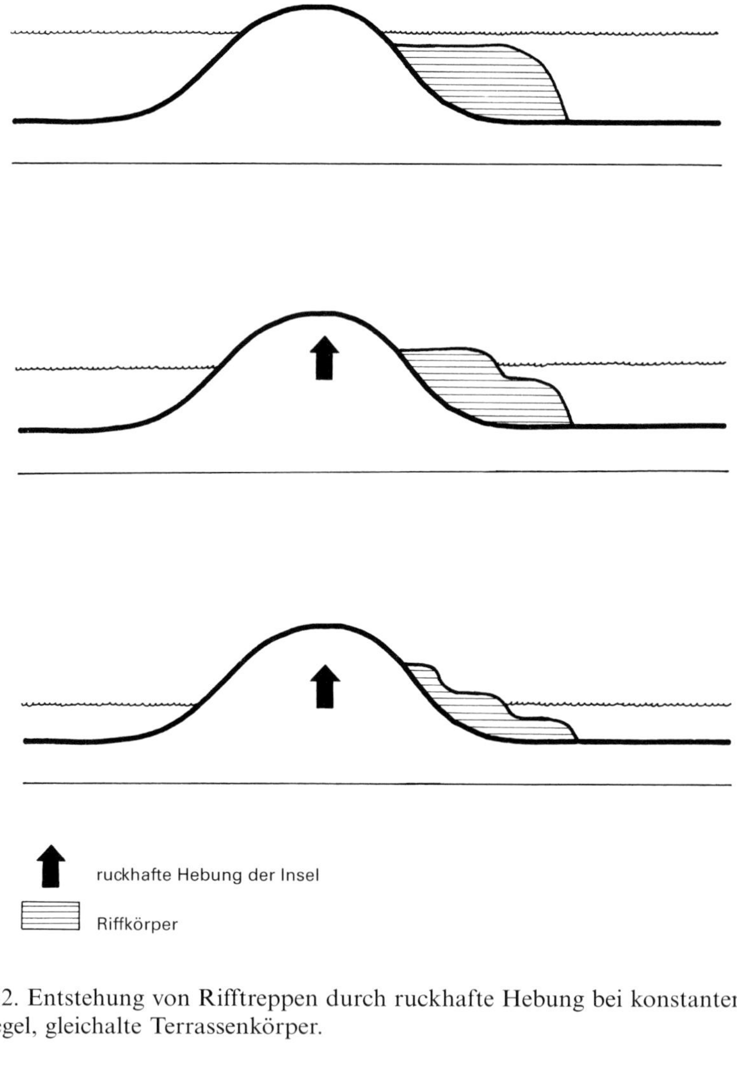

Abb. 52. Entstehung von Rifftreppen durch ruckhafte Hebung bei konstantem Meeresspiegel, gleichalte Terrassenkörper.

den sich Barriere-Riffe. Zu Beginn eines Interstadials kommt es lediglich zu einem geringfügigen Anstieg des Meeresspiegels. Infolgedessen bilden sich nur Saum- oder Küstenriffe. Die jeweils höchsten Positionen der Riffterrassen repräsentieren den Maximalstand der jeweiligen Transgression.

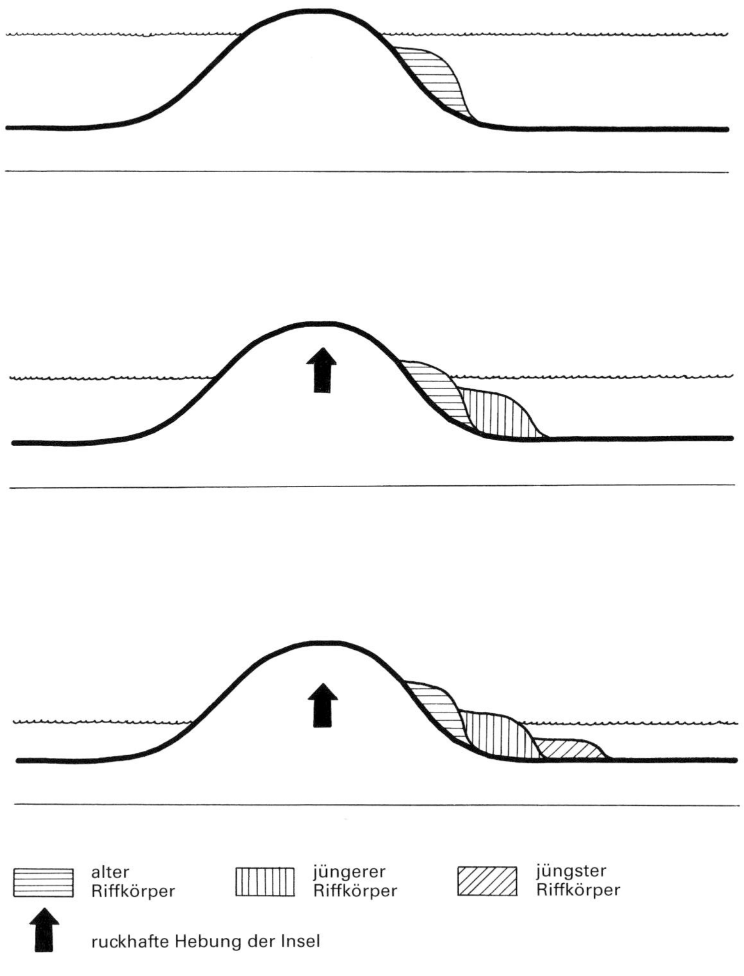

Abb. 53. Ruckhafte Hebungen führen bei konstantem Meeresspiegel zum ständig neuen Aufwuchs von Riffkörpern.

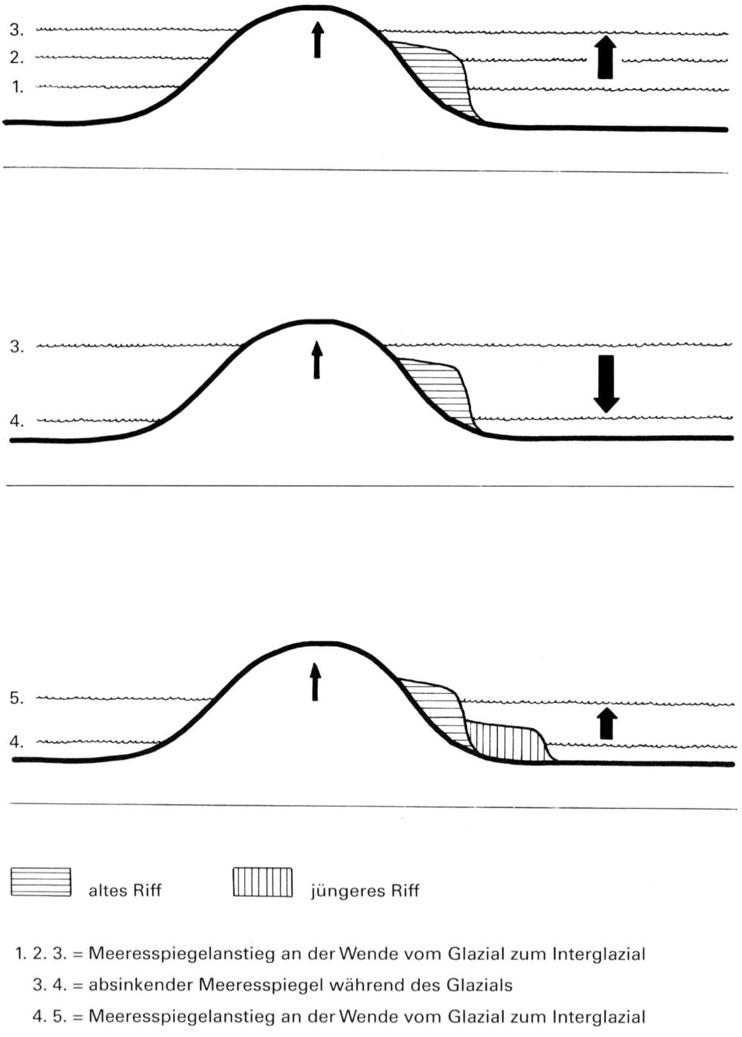

Abb. 54. Entstehung von Rifftreppen bei kontinuierlicher Hebung des Untergrundes.

4.3.4 Ursachen

Der größte Teil der Meeresspiegelschwankungen beruht auf lokal begrenzten tektonischen Vorgängen. Ein kleinerer Teil wird durch Änderungen der Wassermengen in den Ozeanen verursacht. Diese haben jedoch sehr viel größere Schwankungen zur Folge. Die Wassermengenänderungen in den Ozeanen werden den eustatischen Schwankungen zugerechnet.

4.3.4.1 Eustatische Meeresspiegelschwankungen

Eustatische Meeresspiegelschwankungen können die verschiedensten Ursachen haben.

4.3.4.1.2 Dichteänderungen

Durch Temperaturschwankungen ändert sich die Dichte des Wassers und damit das Volumen, das eine bestimmte Wassermenge einnimmt. So liegt beispielsweise der Meeresspiegel auf Hawaii im Sommer um ca. 18 cm höher als im Winter. Auch Änderungen des Salzgehaltes und des Luftdrucks haben Dichteschwankungen des Ozeanwassers zur Folge. In historischer Zeit sind durch derartige Veränderungen Schwankungen von bis zu 20 cm nachweisbar. Extremere Wärmeschwankungen von bis zu 10 °C können im Laufe der Erdgeschichte einen Anstieg des Meeresspiegels von 6 m herbeigeführt haben.

4.3.4.1.3 Schwankungen der Wassermenge

Die Hauptursache für Veränderungen der Wassermengen in den Ozeanen ist im Aufbau und im Abschmelzen von Inlandeiskappen zu suchen. So belief sich beispielsweise das während des letzten Glazials gebildete Inlandeisvolumen auf ca. $51 \cdot 10^6$ km^3. Um dieses Eisvolumen entstehen zu lassen, mußten große Mengen von Ozeanwasser verdunstet werden. Infolgedessen sank der Meeresspiegel zu dieser Zeit um etwa 130 m ab. Während des gesamten Quartärs konnten die Meeresspiegelabsenkungen möglicherweise auf 150 m bis 200 m anwachsen. Würden in Zukunft das antarktische Inlandeis und der Eisschild Grönlands schmelzen, hätte dies einen Meeresspiegelanstieg von bis zu 80 m zur Folge.

4.3.4.1.4 Gestaltänderung der Ozeanbecken

Die bedeutendsten Gestaltänderungen der Ozeanbecken treten infolge unterschiedlicher Spreizungsraten an den mittelozeanischen Rücken auf. Dadurch ändert sich das Volumen der Ozeane in Größenordnungen, die kräftige eustatische Schwankungen über lange Zeiträume hinweg verursachen. Bei einer schnellen Öffnungsrate bilden sich hohe mittelozeanische Rücken, die ein großes Volumen einnehmen und dadurch große Wassermengen verdrängen. Das Volumen der Ozeane wird dadurch stark verkleinert mit der Folge, daß das Wasser auf die Kontinente transgrediert. Die Wasseroberfläche der Ozeane wird so erheblich vergrößert. Dadurch werden die Temperaturen der Luft effektiver gepuffert und das Klima somit wärmer. Langsamere Öffnungsraten haben tiefere Meeresspiegel zur Folge. Die Fläche der Festländer wird größer und das Klima kontinentaler. Unter diesen Voraussetzungen werden Vereisungen möglich.

4.3.4.1.5 Andere plattentektonische Ursachen

Eine bedeutende plattentektonische Ursache für relative Meeresspiegelschwankungen ist die Auftriebsveränderung der Kontinente. So sind passive Kontinentränder mit alter und somit kalter ozeanischer Kruste verknüpft. Die Kontinente sinken infolgedessen ab. An konvergenten Plattenrändern kommt es bei hoher Subduktionsgeschwindigkeit zu einer Hebung der überfahrenden Platte. Ist ein Kontinent dagegen von divergierenden Plattenrändern umgeben, wie beispielsweise Afrika, so wird dieser Kontinent über seine normale isostatische Position angehoben. Für Afrika geht man derzeit von einer um ca. 100 m überhöhten Position aus.

Auch die tektonische Abtrennung eines Nebenmeeres kann bedeutende Auswirkungen auf den Meeresspiegel haben. So führte beispielsweise die tektonische Abtrennung des Mittelmeers vom Atlantik vor 5,5 Mio. Jahren zu einer erheblichen Steigerung der Verdunstung. Da die Flüsse dem Mittelmeer nicht genug Wasser zuführten, kam es zur Salzbildung. Das verdunstete Wasser des Mittelmeers wurde den Ozeanen über Niederschläge wieder zugeführt. Dadurch stieg der Meeresspiegel um bis zu 10 m an.

Die Isolation von Meeresbecken kann also schnelle eustatische Meeresspiegeländerungen zur Folge haben.

4.3.5 Wirkungen

Die stärksten Auswirkungen auf das Erscheinungsbild der Erdoberfläche und der Ozeane hatte ein stark abgesunkener Meeresspiegel während der Glazialzeiten des Quartärs. Die Fläche der Kontinente wurde um große Gebiete, die Schelfbereiche, erweitert. Die Folge war eine kräftige Tiefenerosion der Flüsse und eine Vergrößerung der Gesamtkontinentfläche. Infolgedessen wurde das Klima kontinentaler, die Temperaturgegensätze nahmen

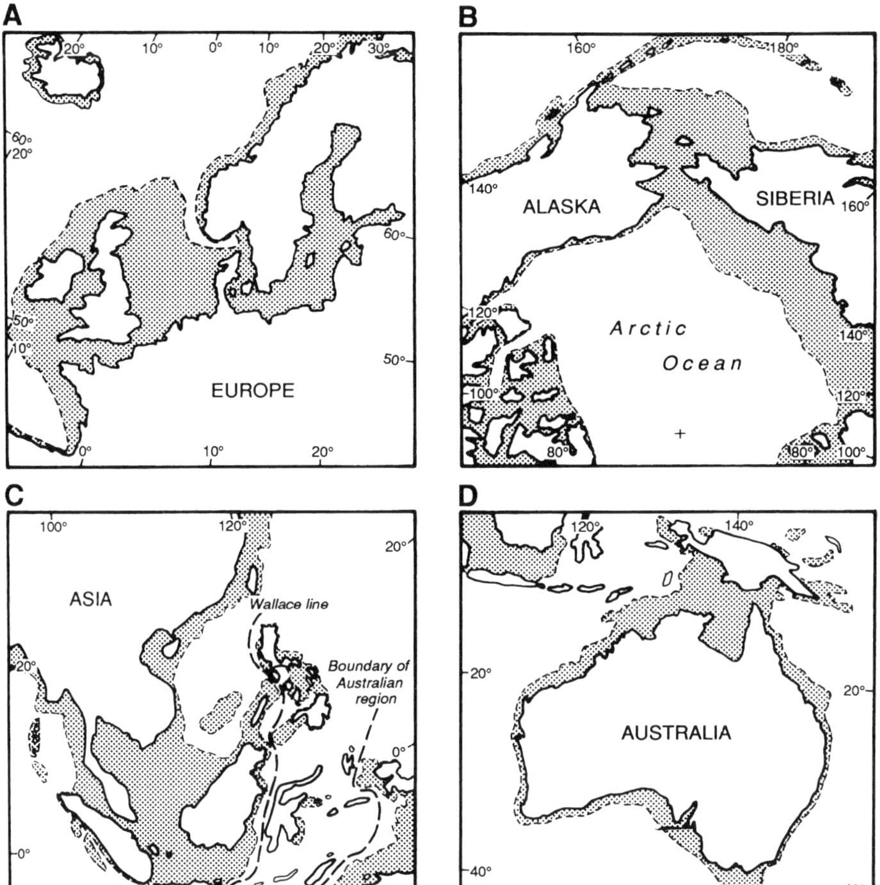

Abb. 55. Landbrücken während des letzten glazialen Maximums zwischen 17000 und 21000 Jahren vor heute (aus: WILLIAMS et al. 1993).

zu, Vereisungen wurden möglich. Die nun weitgehend trockenliegenden Schelfgebiete bildeten an vielen Stellen Landbrücken. So fielen während des letzten Glazials vor ca. 18ka BP Jahren weite Flächen der Nordsee trocken (s. Abb. 55). Großbritannien war damals mit dem Festland verbunden.

Alaska und Sibirien waren durch die Beringia-Landbrücke miteinander verbunden. Australien gehörte gemeinsam mit Neuguinea und Tasmanien einer Festlandmasse an. Die südostasiatischen Inseln bildeten mit dem Festland eine Einheit.

Das Auftauchen der Landbrücken ermöglichte zum einen einen intensiven Austausch der festländischen Faunen, behinderte jedoch andererseits den Faunenaustausch in den Ozeanen. Bedeutender für das Klima waren die durch die Landbrücken verursachten Veränderungen der Meeresströmungen. Die großen Korallenriffe der heutigen Zeit (Barriere-Riff, Australien) müssen damals den Meeresspiegel um fast 150 m überragt haben. Die Verwitterung hat den Kalken des Riffs massiv zugesetzt. Höhlen entstanden, die in der folgenden Zeit zusammenbrachen und noch heute in den Riffen als „Blue Holes" erkennbar sind. Ein Absinken des Meeresspiegels hatte vielfach auch Krisen der Biomasse zur Folge. Nach sehr langen Warmphasen waren viele Lebensformen zu stark spezialisiert, um auf kräftige Klimaschwankungen reagieren zu können. Ein Anstieg des Meeresspiegels hatte die Entstehung großer flacher Meeresgebiete zur Folge. Aufgrund der Wärmekapazität des Wassers und der höheren Verdunstungsraten änderte sich das Klima von einem eher ariden zum humiden Typ. Die Temperaturunterschiede zwischen verschiedenen Breiten waren sehr viel geringer als zu Zeiten tief liegenden Meeresspiegels. Das Abflußverhalten der großen Flüsse veränderte sich zum mäandrierenden Typ. Warmzeitliche Klimaverhältnisse hielten Einzug. Die Verbindungswege für Landfaunen wurden geschlossen, der Austausch mariner Organismen wurde wieder möglich. Die Strömungen in den Ozeanen änderten sich erneut.

4.4 Chemische und biologische Prozesse in den Ozeanen

In den Sedimenten der Ozeane ist eine Vielzahl biogener Bestandteile enthalten. Die wichtigsten sind Calciumkarbonat, Kieselsäure und Calciumphosphat. Einige von ihnen, wie beispielsweise das Calciumkarbonat, können einen bedeutenden Einfluß auf die chemische Zusammensetzung der Ozeanwässer besitzen. Einige Bestandteile erlauben es, jene Vorgänge zu studieren, die sich beispielsweise beim Wechsel von einer Kalt- zu einer Warmzeit abspielten. Dazu zählen unter anderem Cadmium und das Verhältnis von ^{13}C : ^{12}C. Die Untersuchung von Sauerstoffisotopenverhältnissen erlaubt es, Aussagen über die Temperatur der Ozeane sowie die Größe der Inlandeiskappen zu machen. Fossilien machen eine Rekonstruktion der Klimageschichte und der Paläoökologie möglich. Die Wechselwirkungen zwischen der Biomasse und den chemischen Bestandteilen der Ozeane können zu bedeutenden Änderungen des Klimas führen.

4.4.1 Calciumkarbonate

Der größte Teil des in Sedimenten enthaltenen Calciumkarbonats stammt von Foraminiferen, Coccolithophoriden und Pteropoden. Das für den Aufbau der Schalen notwendige Ca^{2+} gelangt mit dem Flußwasser gelöst ins Meer. Der Kohlenstoff (C) wird auf zwei Arten in die Ozeane eingetragen. Zum einen kommt er in Form eines Karbonat-Ions (CO_3^{2-}) ins Meer, zum anderen stellt vulkanisches Kohlendioxid (CO_2) eine wichtige Kohlenstoffquelle dar. Im Laufe der Zeit geht der Kohlenstoff als $CaCO_3$ oder in Form organischen Materials wieder verloren. Der $CaCO_3$-Gehalt von Sedimenten in den Ozeanen ist in erster Linie von der Sedimentationsrate abhängig. Die regionale Verteilung ist mit dem topographischen Aufbau des Ozeanbodens und der organischen Produktionsrate verknüpft. Topographisch hochgelegene Meeresgebiete werden in der Regel von karbonatreichen Sedimenten überdeckt. Bei besonders hoher organischer Produktion, wie beispielsweise in den upwelling-Gebieten, können karbonatreiche Sedimente auch in größeren Wassertiefen vorkommen.

4.4.1.1 Die Lysokline

Generell ist mit zunehmender Wassertiefe eine Abnahme des Karbonatgehaltes zu beobachten. Unterhalb von 4500 m Wassertiefe sind die Karbonatgehalte in den Sedimenten extrem gering. Die Tiefe, in der der Karbonatgehalt sehr stark abnimmt, wird Karbonat-Kompensationstiefe (CCD = Carbonat Compensation Depth) genannt (Turekian 1985). Dort halten sich Zufuhr von karbonatischem Material und seine Auflösungsgeschwindigkeit die Waage. Bei extrem hoher oder niedriger Karbonatproduktion ist die CCD ohne Bedeutung. Laborversuche zeigten jedoch, daß Meerwasser unterhalb von 500 m Calciumkarbonat-untersättigt ist. Das bedeutet, daß sich das $CaCO_3$ bereits in diesen Tiefen auflösen müßte. Diese Ergebnisse stehen jedoch im Widerspruch zu den natürlichen Verhältnissen. Um die Vorgänge verstehen zu können, die in den Ozeanen bei der Auflösung von Calciumkarbonat ablaufen, muß notwendigerweise ein kinetisches Modell entwickelt werden. Versuche im Pazifik zeigten, daß die Auflösung von Calcit unterhalb von 3800 m kräftig einsetzt. Diese Ergebnisse konnten mit

Foraminiferengehäusen bestätigt werden. Bei verschiedenen Schalentypen zeigten sich jedoch Unterschiede. Zarte Foraminiferenschalen wurden unterhalb von 3800 m vollständig aufgelöst, während robuste dichte Schalen, zumindest teilweise, erhalten blieben. Es bleibt festzuhalten, daß sich heutzutage in etwa 3800 m Wassertiefe ein Wendepunkt im Grad der Untersättigung des Meerwassers an Calciumkarbonat befindet. Dieser Wendepunkt wird als Lysokline bezeichnet. Sind Auflösungs- und Ablagerungsrate in einer bestimmten Tiefe gleich groß, so befinden sich CCD und Lysokline in gleicher Tiefe. Übersteigt dagegen die Ablagerungsrate von $CaCO_3$ die Auflösungsrate, so wird die Grenzzone Sediment/Wasser mit $CaCO_3$ übersättigt. Dadurch wird die Auflösung gestoppt, so daß sich karbonatische Sedimente auch in größeren Tiefen bilden können (TUREKIAN 1985).

Die Position der Lysokline wird unter anderem durch die Biomasse der Ozeane gesteuert. In Oberflächennähe der Weltmeere werden dem Wasser durch die Photosynthese große Mengen von CO_2 entzogen. Dadurch kommt es in oberflächennahen Wasserschichten zu einem CO_2-Mangel (s. Abb. 56). Das für die Photosynthese notwendige CO_2 liefert dort das HCO_3^--Ion. Bei diesem Vorgang werden sowohl CO_2 als auch CO_3^{2-}-Ionen freigesetzt. Die Folge ist, daß der CO_3^{2-}-Gehalt in den oberflächennahen Schichten ansteigt (vgl. Abb. 56). In größeren Wassertiefen werden durch die Zersetzung organischen Materials große Mengen von CO_2 freigesetzt. Dadurch entstehen HCO_3^--Ionen. Bei diesem Prozeß werden dem Wasser CO_3^{2-}-Ionen entzogen. Die CO_3^{2-}-Konzentration sinkt. $CaCO_3$ löst sich bei größerem Druck besser. Daher steigt die Sättigungskonzentration des CO_3^{2-}-Ions mit der Tiefe an. Je größer die Wassertiefe ist, um so mehr CO_3^{2-} geht in Lösung. Das bedeutet, daß in größeren Tiefen immer höhere Konzentrationen von CO_3^{2-}-Ionen erforderlich sind, damit CO_3-Verbindungen entstehen können (vgl. Abb. 56). Der Schnittpunkt der Sättigungskonzentrationskurve von CO_3^{2-} und der Kurve des CO_3^{2-}-Gehalts des Meerwassers wird als Lysokline bezeichnet.

Die Tiefenlage der Lysokline ist durch Rückkopplung mit dem $CaCO_3$-Gehalt der Ozeane verknüpft. Ein theoretisches Modell verdeutlicht dies. Wird beispielsweise mehr $CaCO_3$ sedimentiert als C für seine Produktion nachgeliefert wird, so nimmt der CO_3-Gehalt des Ozeans ab. Infolgedessen verschiebt sich die gesamte Kurve des CO_3^{2-}-Gehaltes nach links (vgl. Abb. 56). Dadurch wird die Lysokline angehoben (Lysokline 2 in Abb. 56). Die Tiefenbereiche, in denen $CaCO_3$ aufgelöst wird, vergrößern sich. So nimmt der CO_3^{2-}-Gehalt des Wassers allmählich zu, bis sich schließlich ein neues Gleichgewicht einstellt. Am Ende der letzten Kaltzeit kam es offenbar

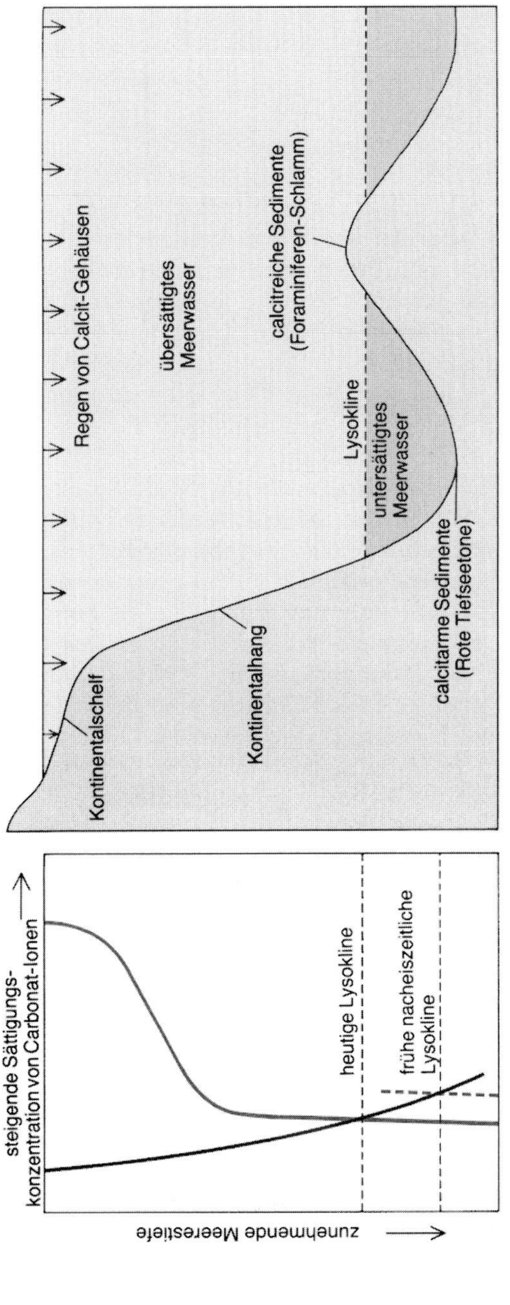

Abb. 56. Karbonat-Kompensationstiefe und Lysokline (nach BROECKER 1987).

zu einer deutlichen Veränderung in der Chemie der Ozeane. Die Luft aus dem Eis des letzten Glazials (18 ka BP) enthält, wie Eisbohrkerne aus Grönland belegen, 30% weniger CO_2 als Eis, das heutzutage entsteht. Wäre dieser Anstieg des CO_2-Gehaltes ausschließlich auf eine Temperaturzunahme zurückzuführen, müßte die Temperatur der Ozeane während dieser Zeit um etwa 12 °C angestiegen sein (BROECKER 1987). Aus anderen Untersuchungen ist jedoch bekannt, daß die Wassertemperatur der Meere lediglich um 2 °C erhöht wurde. Der überhöhte Anstieg des CO_2-Gehaltes in der Atmosphäre ist folglich nur durch eine veränderte Chemie der Ozeane erklärbar. Diese wurde vermutlich durch die abschmelzenden Gletscher verursacht. Für eine veränderte Chemie spricht auch ein deutliches Absinken der Lysokline zu Beginn der Nacheiszeit (vgl. Abb. 56). Ein Absinken der Lysokline bedeutet, daß die CO_3^{2-}-Konzentration zu dieser Zeit zugenommen haben muß. Um die oben genannten Veränderungen des CO_2-Gehaltes erklären zu können, muß die CO_3^{2-}-Konzentration um 10–20% zugenommen haben. Die Zunahme erreichte vor 11 ka ein Maximum, um sich dann, etwa 5 ka BP, wieder auf ein normales Niveau einzupendeln. Ursache dieses Phänomens dürfte die Zunahme der Biomasse zu Beginn der Nacheiszeit gewesen sein. Die erheblich größere Biomasse dieser Zeit hatte einen deutlich höheren CO_2-Verbrauch zur Folge. Es kam zu einem CO_2-Mangel in den oberflächennahen Wasserschichten. Der CO_2-Bedarf der Biomasse wurde nun aus den vorhandenen HCO_3^--Ionen gedeckt. Die Folge war eine Zunahme des CO_3^{2-}-Gehaltes und damit ein Absinken der Lysokline. Infolge dieses Absinkens wurden im Laufe der Zeit größere Mengen von $CaCO_3$ sedimentiert. So wurden dem Ozeanwasser allmählich größere Mengen von CO_3^{2-} entzogen. Dadurch begann die Lysokline allmählich wieder aufzusteigen (vgl. Abb. 56).

4.4.2 Cadmiumgehalt und $^{13}C : ^{12}C$-Verhältnis

Auch der Gehalt des Meerwassers an Cadmium und das Verhältnis $^{13}C : ^{12}C$ sind direkt an die Biomasse gekoppelt (BROECKER 1987). So wird das Cadmium in der gleichen Weise von Pflanzen aufgenommen wie Phosphat. Dies führt unter anderem dazu, daß oberflächennahe warme Wasserschichten in der Regel frei von Cadmium und Phosphat sind. Beide werden dort fast vollständig von den Pflanzen aufgenommen. Die Untersuchungen von Foraminiferen in rezenten Sedimenten zeigte, daß der Cadmium-Gehalt in ihren Schalen unmittelbar vom Cadmium-Gehalt des Wassers abhängt. Der Cadmium-Gehalt in den Schalen bodenbewohnender Foraminiferen in

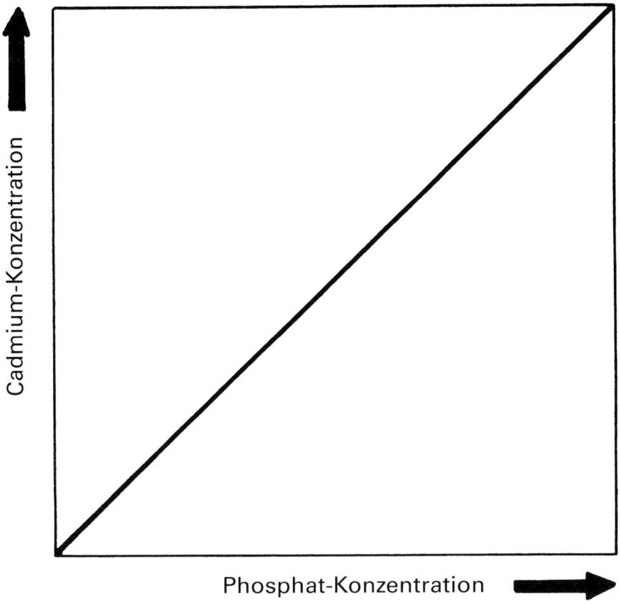

Abb. 57. Cadmium- und Phosphat-Konzentrationen im Meerwasser (nach BROEKKER 1987).

Tiefseebohrkernen sollte daher nicht nur den Cadmium-Gehalt des Meerwassers, sondern auch seinen Phosphatgehalt widerspiegeln. In Tiefseebohrkernen aus dem Nordatlantik wurde für das Ende der letzten Kaltzeit ein Absinken des Cadmium-Gehaltes in den Foraminiferenschalen auf etwa die Hälfte festgestellt. Ob dieses Absinken auf eine veränderte Chemie des gesamten Ozeanwassers zurückgeht oder auf eine andere Tiefenwasserzirkulation, ist bisher nicht geklärt. Es bedeutet jedoch in jedem Fall, daß sich zu Beginn der Nacheiszeit sehr viel Biomasse in den oberflächennahen Wasserschichten entwickelt hat, die dem Wasser große Mengen an Phosphat entzogen haben muß. Da Cadmium und Phosphat von den Pflanzen in gleicher Weise aufgenommen werden, muß sich auch der Phosphat-Gehalt zu dieser Zeit halbiert haben (s. Abb. 57).

Auch das Verhältnis von ^{13}C : ^{12}C ist unmittelbar an die Menge organischer Substanz, also an die Phosphat-Konzentration im Wasser gebunden. Pflanzen benötigen für die Photosynthese Kohlenstoff. Sie ziehen dabei das häufigere ^{12}C-Atom dem selteneren ^{13}C-Isotop vor. Befinden sich viele Pflanzen in den oberflächennahen Meerwasserschichten, so bauen sie größere Mengen von ^{12}C in ihre Substanz ein. Das ^{13}C-Isotop reichert sich daher im Meerwasser an. Dadurch nimmt das Verhältnis von ^{13}C : ^{12}C größere Zahlenwerte an. Gleichzeitig wird dem Wasser durch die Pflanzen viel Phosphat entzogen. Das bedeutet, daß mit zunehmender Biomasse der Phosphatgehalt abnimmt, während das Verhältnis von ^{13}C : ^{12}C größer wird (s. Abb. 58). Befindet sich dagegen nur wenig Biomasse in Oberflächennähe der Ozeane, nehmen die Pflanzen weniger ^{12}C auf. Es bleibt mehr ^{12}C in Lösung, so daß das Verhältnis von ^{13}C : ^{12}C kleiner wird. Wenige Pflanzen können dem Wasser auch nur wenig Phosphat entziehen. Daher ist der Phosphatgehalt des Wassers in diesen Zeiten höher. In oberflächennahen Wasserschichten gibt es meist nur wenig Phosphat. Das bedeutet, daß dort das schwere ^{13}C-Isotop geringfügig angereichert ist. Foraminiferen bauen auch beide Kohlenstoff-Isotope in ihre Schalen ein. Am Ende der letzten

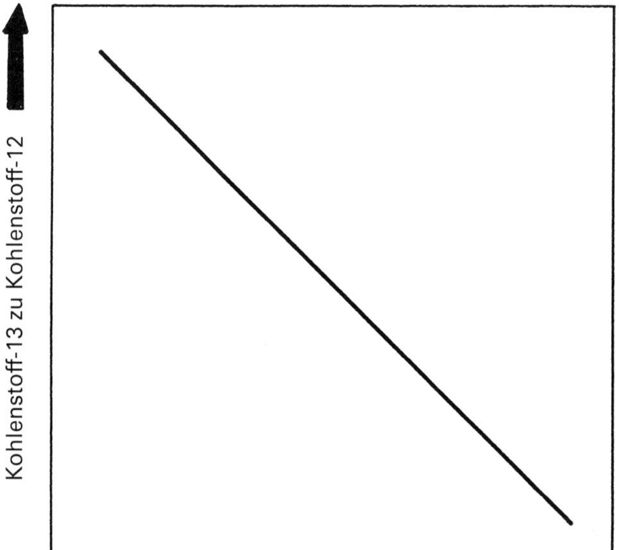

Abb. 58. Die Beziehung des ^{13}C : ^{12}C-Verhältnisses zur Phosphat-Konzentration (nach BROECKER 1987).

Kaltzeit läßt sich an Foraminiferenschalen aus Tiefseebohrkernen ein deutlicher Anstieg des ^{13}C : ^{12}C-Verhältnisses beobachten. Das bedeutet, daß zu dieser Zeit die Gesamtbiomasse der Ozeane deutlich zugenommen haben muß.

4.4.3 Schelfdeponierungshypothese

Die in den vorangegangenen Abschnitten beschriebenen Phänomene, die am Ende der letzten Kaltzeit beobachtet wurden, der Anstieg der CO_2-Konzentration, das Absinken und der Wiederanstieg der Lysokline, der Anstieg des ^{13}C : ^{12}C-Verhältnisses und das Absinken des Cadmium-Gehaltes werden am plausibelsten mit der Schelfdeponierungshyphothese von Broecker (1987) erklärt. Wie bereits angedeutet, weist die Erhöhung des ^{13}C : ^{12}C-Verhältnisses am Ende der letzten Kaltzeit daraufhin, daß dem System Ozean-Atmosphäre durch erhöhte pflanzliche Produktion große Mengen von CO_2 und damit auch von ^{12}C, das ja bevorzugt von Pflanzen eingebaut wird, entzogen wurden. Bei der Zersetzung der pflanzlichen Substanz müßte das eingebaute ^{12}C-Atom dem Wasser beziehungsweise der Atmosphäre wieder zugeführt werden. Dies war jedoch offenbar nicht in dem notwendigen Maße der Fall, da der Anteil an ^{13}C-Isotopen im Tiefenwasser erhöht blieb. Das ^{12}C-Atom muß also dem Ozean für längere Zeit entzogen worden sein. Die Schelfdeponierungshyphothese geht davon aus, daß diese organische Substanz in den Flachwassersedimenten der Schelfgebiete abgelagert und dort gespeichert, also deponiert wurde. Während der letzten Kaltzeit lag der Meeresspiegel etwa 150 m tiefer als heute. Die Schelfgebiete waren zu dieser Zeit der Erosion ausgesetzt. Organische Substanz konnte dort nicht abgelagert werden. Mit dem beginnenden Abschmelzen der Inlandeiskappen begann der Meeresspiegel allmählich anzusteigen. Die Kontinentalschelfe wurden überflutet (s. Abb. 59). Die in den wärmeren küstennahen Gebieten produzierte organische Substanz konnte nun im Bereich der Schelfgebiete deponiert werden. Auch die Flüsse setzten ihre Sedimentfracht einschließlich der organischen Bestandteile in den Schelfgebieten ab. Damit war diese organische Substanz mit dem darin enthaltenen Kohlendioxid und dem ^{12}C-Atom dem Kreislauf entzogen. Wichtig für die folgenden Betrachtungen ist die Tatsache, daß das Verhältnis von Phosphat zu Kohlenstoff in organischen Substanzen zehnmal höher ist als im Wasser der Ozeane. Überspitzt vereinfacht formuliert bedeutet dies, daß in organischen Substanzen auf 1 C-Atom 100 Phosphat-Moleküle kommen, während im Wasser der Ozeane auf 1 C-Atom nur 10 Phosphat-

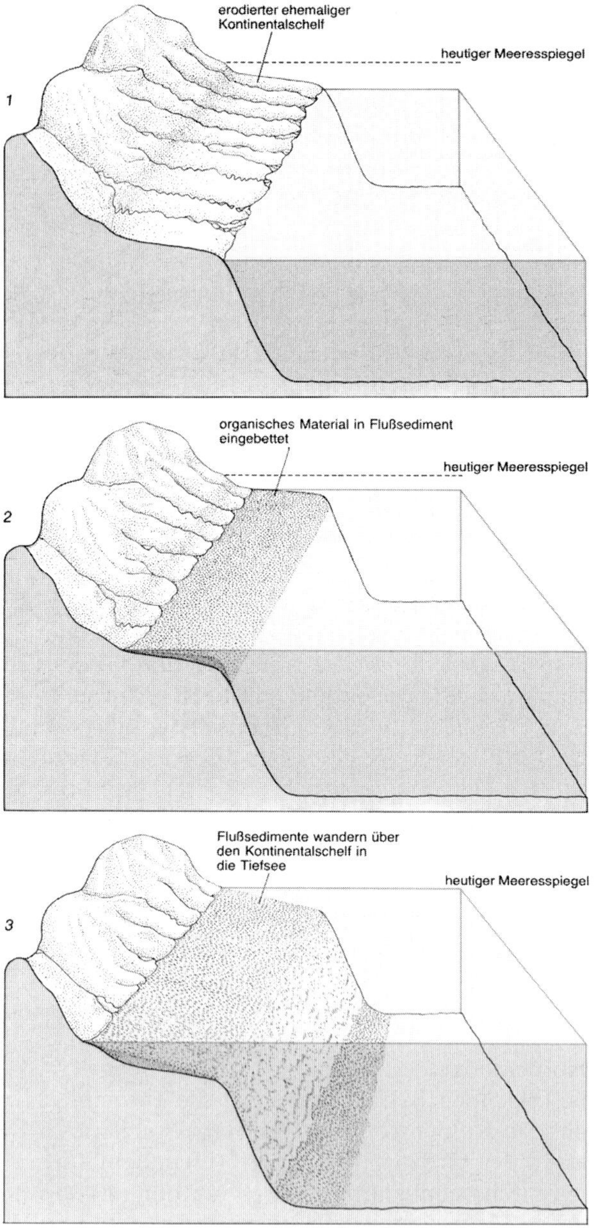
erodierter ehemaliger Kontinentalschelf
heutiger Meeresspiegel
1
organisches Material in Flußsediment eingebettet
heutiger Meeresspiegel
2
Flußsedimente wandern über den Kontinentalschelf in die Tiefsee
heutiger Meeresspiegel
3

Moleküle kommen. Bei der Sedimentation organischer Substanz geht folglich erheblich mehr Phosphat als Kohlenstoff verloren. Dadurch wird das Phosphat : Kohlenstoff-Verhältnis im Ozeanwasser rapide verringert. Die organische Produktion geht also aufgrund des Mangels von Phosphat zurück. Der durch den Zersatz organischer Substanz noch immer aufsteigende Kohlenstoff wird nun nicht mehr in organische Substanzen eingebaut, weil die organische Produktion wegen Phosphatmangels deutlich reduziert wurde. Auf diese Weise werden die oberflächennahen Wasserschichten und damit auch die Atmosphäre mit CO_2 angereichert. Diese Daten werden durch die Grönland-Eisbohrkerne bestätigt. Da bevorzugt ^{12}C in die pflanzliche Substanz eingebaut wird, wird bei deren Zersatz auch mehr ^{12}C freigesetzt. Dieses ^{12}C reichert sich ebenfalls in oberflächennahen Wasserschichten an. Dadurch wird das ursprünglich größere Verhältnis von $^{13}C : {}^{12}C$ nun verkleinert und kompensiert. Infolgedessen läßt sich in oberflächennahen Wasserschichten ein Anstieg des $^{13}C : {}^{12}C$-Verhältnisses nicht beobachten. Da auch der Cadmium-Gehalt an die organische Produktion und damit an den Phosphat-Gehalt geknüpft ist, müßte aus Sicht der Schelfdeponierungshyphothese auch der Cadmium-Gehalt zurückgehen. Dies ist tatsächlich der Fall. Die Abweichungen von den beobachteten Werten lassen sich zwanglos mit der Entstehung des Nordatlantischen Tiefenwassers erklären. Auch das Absinken der Lysokline zu Beginn der Nacheiszeit läßt sich nach BROECKER (1987) mit der Schelfdeponierungshyphothese erklären. Da der Kohlenstoff im Bereich der Schelfe deponiert ist, steht weniger Kohlenstoff für die Bildung von CO_3^{2-} und HCO_3^- zur Verfügung. Die positiven Ionen im Ozeanwasser, wie beispielsweise Ca^{2+}, zwingen den Kohlenstoff vermehrt in zweifach geladene Verbindungen. Daher entsteht mehr CO_3^{2-} als HCO_3^-. Durch die Erhöhung der CO_3^{2-}-Konzentration sinkt die Lysokline. Es kommt zur vermehrten Bildung von $CaCO_3$ in Flachwasserbereichen. Dadurch wird den Ozeanen im Laufe der Zeit das überschüssige CO_3^{2-} wieder entzogen. Die CO_3^{2-}-Konzentration sinkt, die Lysokline steigt wieder an.

◀ Abb. 59. Schelfdeponierungshypothese und chemische Veränderungen in Ozean und Atmosphäre (aus: BROECKER 1987).

4.4.4 Kieselsäure und phosphatisches Material

Zu den Organismen, die ihre Hartteile aus Kieselsäure aufbauen, zählen Diatomeen und Radiolarien sowie untergeordnet Schwämme und Silicoflagellaten. Alle scheiden die Kieselsäure in Form von Opal ab. In dieser Form ist Kieselsäure gut löslich. Dadurch kann es bereits beim Absinken der Partikel zu deutlichen Auflösungserscheinungen kommen. Wie weit die Auflösung geht, hängt von der Gehäusegröße, vom Vorhandensein organischer Überzüge und der Konzentration der Kieselsäure im Meerwasser ab. Besonders in hohen geographischen Breiten und in den Äquatorregionen des Pazifik kommen kieselige Sedimente häufig vor. Die Vorkommen im Pazifik werden durch das Aufquellen kalten nährstoffreichen Wassers verursacht. Die dadurch erhöhte organische Produktion hat auch eine Zunahme von Organismen mit kieselsäurehaltiger Schale zur Folge.

Die Knochen der meisten Wirbeltiere bestehen aus phosphatischem Material (in erster Linie aus Apatit [$Ca_5(PO_4)_3(F\ Cl\ OH)$]). Da fast alle abgestorbenen Meereslebewesen auf den Grund sinken, sollten sich dort eigentlich große Mengen phosphatischen Materials finden. Das ist jedoch nicht der Fall. Ursache dafür sind zum einen der zunehmende Wasserdruck, der die Löslichkeit der phosphatischen Verbindungen erhöht, zum anderen ist das phosphatische Material Bestandteil der Nahrungskette in oberflächennahen Wasserschichten. Daher gelangt nur relativ wenig phosphatisches Material auf den Meeresgrund. In den Meeressedimenten kann sich organisches Material nur dann in größeren Mengen anhäufen, wenn das Wasser wenig Sauerstoff enthält. Das ist nur in wenigen abgetrennten Nebenmeeren der Fall. In den großen Ozeanen der Erde wird das Wasser relativ schnell umgewälzt, so daß auch den tieferen Wasserschichten ausreichende Sauerstoffmengen zugeführt werden. Bei Sauerstoffmangel erfolgt der Zersatz der organischen Substanzen durch anaerobe Bakterien, die weit weniger effektiv sind als aerobe. Dadurch kann es in Sauerstoffmangelgebieten zur Anreicherung organischer Substanz in den Sedimenten kommen. Es gibt jedoch Ausnahmen von dieser Regel und zwar dort, wo die organische Produktion deutlich höher ist als die Menge organischen Materials, die die bodenbewohnenden Organismen verbrauchen, oder es wird Material produziert, das organische Substanzen enthält, die nicht so rasch abgebaut werden können.

Um den Gehalt von Kieselsäure im Ozeanwasser bestimmen zu können, wird der Anteil von Germanium in der Substanz von Diatomeen und Radiolarien bestimmt. Germanium verhält sich wie ein schweres Isotop von Silizium. Auf 1 Mio. Silizium-Atome kommt lediglich 1 Germanium-Atom.

Die Bestimmung des Germanium : Silizium-Verhältnisses erlaubt es, die biologische Produktivität zu einer bestimmten Zeit zu rekonstruieren. Je höher die Produktivität, um so größer ist das Verhältnis.

4.4.4.1 Häufigkeitsänderungen von Calciumkarbonat und Kieselsäure

Veränderungen in der Häufigkeit von Calciumkarbonat und Kieselsäure in Tiefseesedimenten lassen Schlüsse über die Lage von Meeresströmungen und die Temperaturveränderungen in den Ozeanen im Laufe des Quartärs zu. Zeigen sich Veränderungen im Calciumkarbonatgehalt von Sedimenten, so ist dies wohl in erster Linie auf andere Calciumkarbonatsedimentationsraten zurückzuführen. Im Bereich des heutigen Golfstroms werden in rezenten Tiefseesedimenten karbonatreiche Ablagerungen beobachtet. Ursache dieses hohen Karbonatgehaltes ist die biologische Produktivität im Bereich des heutigen Golfstroms. Tiefseebohrungen zeigen, daß tiefere Schichten einen deutlich geringeren Karbonatgehalt aufweisen (s. Abb. 60). Offenbar lag der Golfstrom während des letzten Glazials an einer anderen Stelle.

Ablagerungen aus dem Eem-Interglazial zeigen wieder deutlich erhöhte Calciumkarbonatgehalte.

Im Golf von Mexiko zeigt sich in Tiefseeablagerungen aus dem letzten

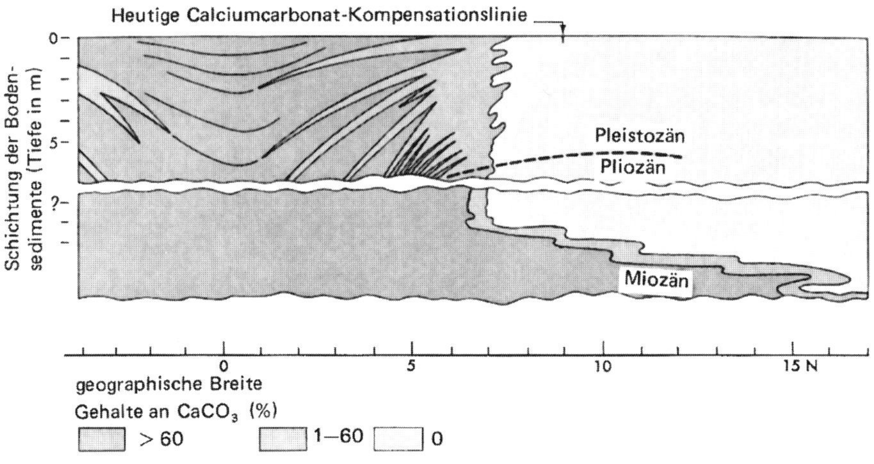

Abb. 60. Upwelling, erhöhte biologische Aktivität undCalciumkarbonat-Sedimentation in Abhängigkeit von der Stärke der Passatwind (nach TUREKIAN 1985).

Glazial ein gehäuftes Auftreten von Turbiditen. Sie entstammen dem Deltabereich des Mississippi, der zu dieser Zeit aufgrund des tieferen Meeresspiegels der Erosion ausgesetzt war. Mit dem ansteigenden Meeresspiegel der Nacheiszeit endete die Sedimentation von Turbiditen. Seitdem kam es im Golf von Mexiko ausschließlich zur Sedimentation von Karbonaten.

Ein weiteres Beispiel für die Spuren von Klimaschwankungen in Tiefseesedimenten stellt der östliche äquatoriale Pazifik dar. Dort läßt sich anhand von Tiefseebohrungen ein unmittelbarer Zusammenhang zwischen der Calciumkarbonat-Sedimentation und der Intensität der Passatwinde feststellen. Während der Glaziale wehten die Passatwinde sehr viel stärker als heute (vgl. Kap. 9.3 Biomasse – Atmosphäre – Ozean – CO_2). Dadurch kam es im Bereich des Äquators zu einem verstärkten upwelling. Die Folge war eine kräftige Erhöhung der biologischen Aktivität, die wiederum eine Erhöhung der Calciumkarbonat-Sedimenation zur Folge hatte. Je kräftiger die Passatwinde wehten, um so stärker war das upwelling, um so weiter konnte sich die Calciumkarbonat-Sedimentation in Richtung der Pole ausdehnen (vgl. Abb. 60).

Auch aus den Kieselsäuremengen in Tiefseebohrkernen lassen sich vorsichtige Schlüsse auf klimatische Verhältnisse ziehen. So deutet das Fehlen von eistransportierten Sedimentpartikeln und die Anwesenheit von Radiolarien im Sediment darauf hin, daß das Wasser während dieser Zeit wärmer gewesen sein dürfte. Möglicherweise wird ein solcher Effekt jedoch durch größere Mengen aufquellenden kalten nährstoffreichen Wassers vorgetäuscht.

4.5 Nicht-biogene Tiefseesedimente

4.5.1 Sedimentationsmechanismen

Auch die Verteilung und Zusammensetzung nicht-biogener Tiefseesedimente kann die klimatischen Verhältnisse widerspiegeln. Bei den Tiefseesedimenten handelt es sich in erster Linie um Schlamm. Unter Schlamm werden Schluffe und Tone verstanden, die sich aus Quarz und anderen Silikaten zusammensetzen. Der bei weitem größte Teil dieser Tiefseesedimente stammt von den Kontinenten. Als Transportmedien und Sedimentquellen sind Flüsse, Eis, Grundwasser, marine Erosion, Wind und extraterrestrisches Material zu nennen. Der größte Anteil wird von den Flüssen ins Meer transportiert. Die Mengenschätzungen schwanken zwischen 12,7 (FÜCHTBAUER & MÜLLER 1977: 152) und 22,5 Mrd. t. pro Jahr. Durch das Eis werden schätzungsweise 2 Mrd. t., durch das Grundwasser 0,48 Mrd. t, durch marine Erosion 0,25 Mrd. t und durch den Wind ca. 0,06 Mrd. t Sediment pro Jahr in die Ozeane transportiert. Die extraterrestrischen Quellen liefern lediglich 0,0036 Mrd. t pro Jahr (SMITH 1981: 325).

Von der Sedimentfracht der Flüsse besteht der größte Teil aus feinkörniger Schwebfracht. Beim Amazonas beläuft sich dieser Anteil beispielsweise auf etwa 95%. Der Weitertransport der Sedimente im Meer wird von Turbiditen, oberflächennahen Meeresströmungen und den Bodenströmungen der Ozeane übernommen. Hauptlieferant für die Tiefseesedimente sind die Turbidite. Es handelt sich dabei um Suspensions- oder Trübeströme, die innerhalb von submarinen Canyons den Tiefseeboden erreichen. Die Suspensionsströme sind so stark von feinstkörnigem Material erfüllt, daß ihre Dichte deutlich größer ist als die von Meerwasser (Dichte von Meerwasser = 1,02 g/cm^3). Schlammfrachten, die so hohe Dichten besitzen, werden von normalen Flüssen fast nie herantransportiert. Hinzu kommt, daß sich die Flußwässer rasch mit dem Meerwasser vermischen (SIEVER 1989: 133).

Dadurch wird die Dichte der Suspension deutlich herabgesetzt. Brandung und Gezeiten sorgen für weitere Vermischung. Daher gibt es in Flachwassergebieten kaum Suspensionsströme. Turbidite entstehen, weil sich am Rand der Schelfgebiete im Laufe der Zeit immer größere Sedimentmengen ansammeln. Die Strömungsgeschwindigkeiten sind dort bereits sehr gering. Die andauernde Sedimentation in diesen Regionen der Schelfgebiete führt schließlich dazu, daß ein instabiler Zustand entsteht. Durch ein Erdbeben kann dann eine Rutschung ausgelöst werden, die die gesamte Sedimentmasse aufwühlt und als Suspensionsstrom hangabwärts gleiten läßt. Die in Suspension befindlichen Sedimentmengen sind so groß, daß die Dichte des Ozeanwassers deutlich überschritten wird. Dies führt dazu, daß sich die Turbidite den Kontinentalhang hinabbewegen, fast ohne sich mit dem Ozeanwasser zu mischen. Dieser Sedimentstrom schneidet sich mit zunehmender Geschwindigkeit immer tiefer in den Untergrund ein. Ein submariner Canyon entsteht. Im Golf von Bengalen gibt es solche Canyons, die 2500 km lang sind. Während der Erosion wird älteres Material des Rinnenuntergrundes aufgenommen und umgelagert. So erklärt sich das Vorkommen von Schichten verschiedensten Alters in Turbiditen. Mit zunehmender Geschwindigkeit des Trübestroms entstehen im benachbarten Wasser Wellen, die zu einer Verdünnung der Suspension führen. Dadurch nimmt die Geschwindigkeit des Trübestroms deutlich ab. Erreicht der Strom die Tiefsee-Ebene, nimmt seine Geschwindigkeit sehr rasch ab. Nun wird zunächst das grobe Material sedimentiert. Mit zunehmender Entfernung vom Kontinentalhang nehmen die Geschwindigkeiten ab, die abgelagerten Korngrößen werden kleiner. Gleiches gilt für eine bestimmte Distanz vom Kontinentalhang. Dort nimmt die Geschwindigkeit im Laufe der Zeit ebenfalls ab, so daß die Korngrößen nach oben hin immer kleiner werden. Auf diese Weise entsteht die typische gradierte Schichtung von Turbiditen. Die gesamte Sedimentmasse eines Turbidits dehnt sich auf dem Tiefseeboden schwemmfächerartig aus (SIEVER 1989: 135). Auf diese Weise haben die Turbidite im Laufe der Zeit die weit ausgedehnten flachen Tiefsee-Ebenen geschaffen.

Während der Glaziale des Quartärs waren große Mengen von Ozeanwasser in den Inlandeiskappen gespeichert. Die Folge war eine deutliche Absenkung des Meeresspiegels. Dadurch fielen weite Teile der Schelfgebiete trocken. Noch heute findet man auf den Oberflächen der Schelfe Spuren von Flüssen und alten Küstenlinien. Auch Torflager an der Oberfläche von Schelfgebieten belegen, daß sie während der Glaziale nicht vom Meer bedeckt waren. Während der Glaziale lagen die Küstenlinien sehr viel näher am äußeren Rand der Schelfgebiete als heute. Die von den Flüssen herantransportierten Sedimente wurden infolgedessen in größerer Nähe zum Kontinentalhang abgesetzt. Dort konnten sich auf diese Weise sehr viel größere Sedimentmengen anhäufen, die daher auch rascher instabil wurden. So kam es während der Glaziale zu einer deutlichen Zunahme der Turbiditaktivität. Viele heutige submarine Schwemmfächer besitzen glaziales Alter. Durch die größeren Inlandeiskappen entstanden auch deutlich mehr Eisberge als während der Interglaziale. Die Eisberge sorgten für die Zufuhr großer Mengen von Moränenmaterial in die Tiefseegebiete. Da Turbidite und Eisberge die Hauptlieferanten für Tiefseesedimente sind, zeichnen sich Glazial-Zeiten in marinen Sedimenten durch eine kräftige Zunahme von nicht-biogenem Detritus aus.

An den Rändern des Atlantik, insbesondere an der Westseite des Nordatlantik, wird im unteren Teil des Kontinentalabhanges ein sanfter Anstieg beobachtet. Obwohl dort submarine Canyons münden, finden sich so gut wie keine submarinen Schwemmfächer. Bohrungen, die in die Sedimente dieses flach ansteigenden Gebietes abgeteuft wurden, zeigten schräggeschichtete, gut sortierte Sand- und Schlufflagen. Häufig treten sogar Rippelmarken auf. Diese Ablagerungen entstehen durch kräftige küstenparallele Bodenströmungen, die sogenannten „contour currents“. Die zugehörigen Sedimente werden Konturite genannt. An der Westseite des Nordatlantik ist der dortige contour current als die dem Golfstrom entgegengesetzte zugehörige Tiefenströmung aufzufassen. Auch in der Vergangenheit hat es solche Bodenströmungen gegeben. Immer wieder finden sich in Tiefseebohrungen, die man beispielsweise an den Rändern des Atlantik abgeteuft hat, ausgeprägte Schichtlücken, ein Phänomen, das aus der gesamten Erdgeschichte bekannt ist. So fand sich in Tiefseebohrungen vor der Ostküste Argentiniens ein solcher Hiatus im frühen Oligozän. Auch in der Tasman-See wurde ein Hiatus in der Schichtenfolge für das späte Eozän und frühe Oligozän nachgewiesen (HSÜ 1982: 267). Ebensolche Ergebnisse erbrachten Bohrungen vor der Küste Westafrikas. Auch an den Rändern des Indik fehlen oligozänzeitliche Sedimente. Paläotemperaturuntersuchungen aus anderen Gebieten, in denen Schichten dieses Alters erhalten waren, zeigten an der Wende Eozän/Oligozän einen plötzlichen Temperaturabfall des Wassers von 5 °C bis 10 °C (HSÜ 1982: 266). Offenbar waren zu dieser Zeit die extrem kalten Bodenströmungen der Antarktis entstanden (vgl. Kap. 4.2.1 Tiefenströmungen). Es müssen sich damals erstmals seit der Kreidezeit kalte salzhaltige Wässer entwickelt haben. Über die Zusammenhänge zwischen diesen Bodenströmungen und den klimatischen Veränderungen mehr im Kap. 8.1 Plattentektonik und Klima.

Inzwischen wird vermutet, daß es neben den oben erwähnten Strömungen noch weitere in den Ozeanen gibt. So soll es als Gegenstück zur Atmosphäre sogenannte benthonische Stürme geben, die große Sedimentmengen aufnehmen und an anderen Stellen wieder sedimentieren können. Nur auf diese Weise lassen sich zur Zeit extreme Sedimentanhäufungen an bestimmten Stellen der Ozeane erklären (SIEVER 1989: 140).

4.5.2 Verwitterung und Verteilung der Verwitterungsprodukte in den Ozeanen

Die Zusammensetzung der Tiefseesedimente wird vom Gestein im Herkunftsgebiet und vom Klima gesteuert. Eine Schlüsselstellung nimmt die Art der Verwitterung ein, die in erster Linie klimaabhängig ist. In ariden Klimaten herrscht mechanische Verwitterung vor. Feuchtere Klimazonen werden von chemischer Verwitterung dominiert. Die intensivste chemische Verwitterung ist dort anzutreffen, wo das verwitterte Material nicht abtransportiert wird. Hier sind insbesondere die Flachlandgebiete zu nennen. Aus den genannten Gründen findet die intensivste chemische Verwitterung im Bereich kratonischer Schilde statt, die meistens in den Tropen liegen. Die Entstehung verschiedener Tonminerale läuft dann besonders effektiv ab, wenn die Verwitterung über lange Zeit hinweg ungestört einwirken kann. In

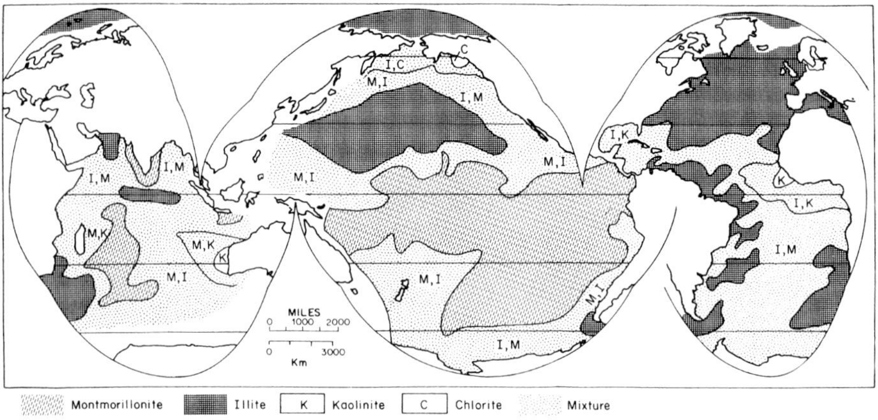

Abb. 61. Tonmineralverteilung auf den Ozeanböden (aus: GRIFFINet al. 1968).

den Tropen kann so im Laufe der Zeit an der Bodenoberfläche eine eisenreiche Tonschicht, der Laterit, entstehen. Unter extremen Klimabedingungen kann das Eisen durch die Verwitterung wieder entfernt werden, so daß aluminiumreiche Ablagerungen (Bauxit) zurückbleiben.

Kaolinit entsteht in extrem verwitterten Böden. Er kommt daher in den Tropen, in äquatorialen Flüssen und den angrenzenden Ozeanen besonders häufig vor (s. Abb. 61). Auch das Endprodukt intensiver tropischer Verwitterung, der **Gibbsit**, ein hydratisiertes Aluminiumoxid, das Hauptmineral des Bauxits, zeigt dieses Verteilungsmuster (s. Abb. 62). Das häufigste Tonmineral, der **Illit**, ist besonders im Nordatlantik und im Nordpazifik verbreitet. Er repräsentiert dort 60-80% aller an den Tiefseesedimenten beteiligten Tonminerale. Auch der Illit entstammt dem Festland und zeigt in den Ozeanen eine entsprechende Verteilung. Der **Montmorillonit** dagegen ist ein durch Halmrolyse entstandenes Umwandlungsprodukt von hydratisierten basaltischen Gläsern. Daher ist der Montmorillonit vielfach eng an die mittelozeanischen Rücken gebunden. Ebenso wie der Montmorillonit zeigen auch andere pyroklastische Komponenten eine solche Verteilung, die sich auf vulkanisch aktive Zonen konzentriert. Der zirkumpazifische Raum, in dem sich 2/3 aller tätigen Vulkane der Erde befinden und der Pazifik selbst, in welchem es intensiven submarinen Vulkanismus gibt, enthalten besonders große Mengen pyroklastischen Materials. Auch der Phillipsit zeigt ein solches Verteilungsmuster. Der **Chlorit** repräsentiert in den meisten

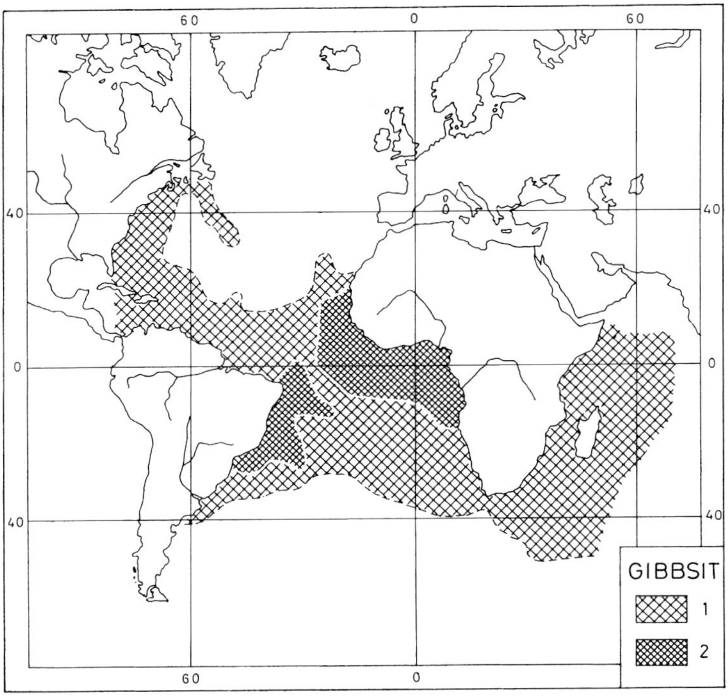

Abb. 62. Gibbsit in rezenten Sedimenten des Atlantischen und Teilen des Indischen Ozeans (aus: RATEJEW et al. 1966).

Fällen weniger als 20% des Tonmineralbestandes. Nur im Nordpazifik und rund um die Antarktis kann sein Anteil auf mehr als 20% anwachsen. Chlorit ist ein sehr instabiles Tonmineral, das nur dort erhalten ist, wo es kaum zu chemischer Verwitterung kommt. Daher ist der Chlorit in den Tropen nicht stabil und kommt fast ausschließlich in hohen Breiten vor. Die Verwitterung hat eine globale Zonierung der Tonminerale zur Folge. Noch bis vor wenigen Jahren ging man davon aus, daß die Sinkgeschwindigkeit der Tonminerale von der Geschwindigkeit abhinge, mit der sie sich zu Aggregaten zusammenfänden. WHITEHOUSE et al. (1960) leiteten aus der Wassertemperatur und dem Salzgehalt bestimmte Sinkgeschwindigkeiten für Tonminerale ab, die so zu einer fest definierten Verteilung der Tonminerale in den Ozeanen führen sollte. Inzwischen konnte durch Messungen unmittelbar in den Ozeanen nachgewiesen werden, daß der weitaus größte Teil der Tonminerale durch Koprolithen-Transport auf den Boden der Ozeane gelangt war (Seibold & Berger 1996: 220). Im pelagischen Raum erreicht der größte Teil des Sediments in Form eines Partikelregens den Ozeanboden. Auch die Tonminerale gehören dazu. Studien mit Sedimentfallen zeigten, daß es sich dabei zum größten Teil um Koprolithen handelt.

Neben den Tonmineralen kommen auch die sogenannten Sandminerale Quarz und Feldspat vor. Sie sind jedoch an die Schluff-Fraktion gebunden. Ihre regionale Verteilung in den Ozeanen wird im wesentlichen auf äolischen Transport zurückgeführt.

Aus der Verteilung der Tonminerale in pleistozänzeitlichen Schichten der Ozeane lassen sich die Veränderungen der Klimazonen zu bestimmten Zeiten des Pleistozäns herleiten. Die Verteilungsmuster von Quarz und Feldspat in den Ozeanen sollten es ermöglichen, die Ausdehnung oder Schrumpfung von Wüsten zu rekonstruieren.

Die Sedimentmenge, die von den Kontinenten in die Ozeane transportiert werden kann, wird in erster Linie von der Vegetation kontrolliert. Je mehr Vegetation vorhanden ist, um so geringer fällt der Wasserabfluß aus. Außerdem schützt die Vegetation den Boden vor Niederschlägen und hält mit ihrem Wurzelwerk die Bodenpartikel fest. Veränderungen der kontinentalen Vegetation haben daher einen sehr starken Einfluß auf die Denudation der Kontinente. Die durch den Menschen verursachten Vegetationsveränderungen haben die Denudation der Festländer um den Faktor 2 erhöht (Smith 1981:326). Die intensivste Denudation der Kontinente erfolgt dort, wo zum einen wenig Vegetation vorhanden ist und zum anderen Erosions-Agentien wie Wasser und Wind kräftig einwirken können. Die höchsten Denudationswerte weisen daher junge Hochgebirge und Gebiete mit hohen Niederschlägen auf (s. Abb. 63).

Die Sedimentationsraten der Tiefseesedimente sind je nach topographischer Lage, nach Position des jeweiligen Ortes zu Tiefwasserströmungen und nach den klimatischen Verhältnissen sehr unterschiedlich. Bei der Untersuchung von Tiefseekernen, die holozänzeitliche Schichten angetroffen hatten, zeigte sich, daß in Hochlagen weniger Ton sedimentiert wurde. Der mittelatlantische Rücken ist weitgehend frei von Ton. In Beckenpositionen treten deutlich höhere Sedimentationsraten auf. Bemerkenswert für das Holozän ist die Tatsache, daß die Sedimentationsraten im Westatlantik am höchsten sind. Möglicherweise ist dieses Phänomen auf die Zufuhr detritischer Sedimente als Bodenfracht zurückzuführen. Vielleicht sind die Sedimentationsraten auch im Strömungsschatten von contour cur-

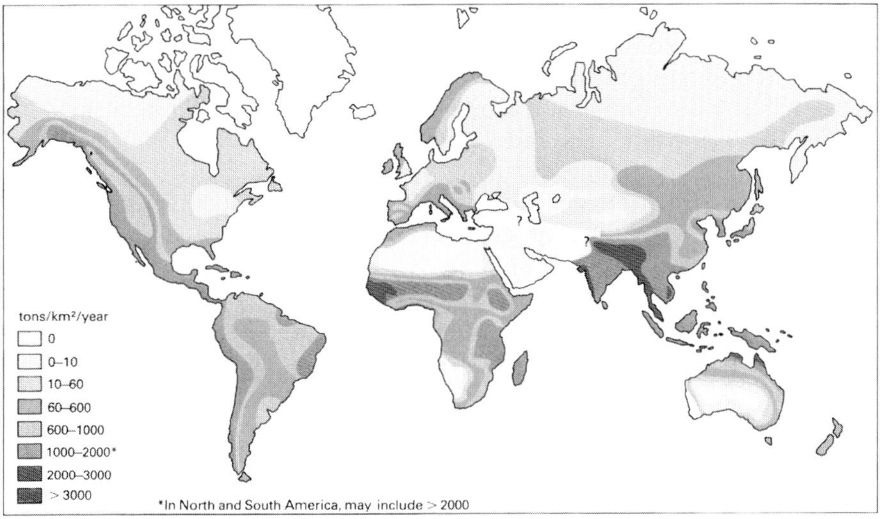

Abb. 63. Denudationsraten der kontinentalen Kruste (aus: SMITH 1981).

rents erhöht. Auch in Randbereichen benthonischer Stürme mögen die Sedimentationsraten erhöht sein. Bei der Betrachtung der Sedimentationsraten muß jedoch beachtet werden, daß viele Ablagerungen bioturbat gestört sind und daß verschiedene Sedimente nach ihrer Ablagerung unterschiedlich große Setzungen erleiden können. Wichtig ist es auch zu erwähnen, daß unmittelbar innerhalb eines contour current Schichtlücken von extremer stratigraphischer Reichweite vorkommen können, so daß stratigraphische Untersuchungen in diesen Positionen keinen Sinn machen.

Untersuchungen von Tiefseebohrkernen aus dem äquatorialen Atlantik zeigen, daß sich Glaziale und Interglaziale anhand der Sedimentationsraten unterscheiden lassen. So ist beispielsweise im Kern A 180–74 für das letzte Glazial eine Sedimentationsrate von 0,82 g/cm^2 pro 1 ka nachweisbar. Während des Holozäns sank die Sedimentationsrate auf 0,22 g/cm^2 pro 1 ka ab. Dieser deutliche Abfall der Sedimentationsraten ließ sich radiometrisch eindeutig mit dem Beginn des Holozäns verknüpfen. Als Ursache der verstärkten Sedimentation während der Glaziale ist die bereits erwähnte Absenkung des Meeresspiegels und die damit verbundene Erhöhung der Turbidit-Aktivität anzusehen.

Der Wechsel vom Glazial zum Interglazial hat auch eine Änderung in der Zusammensetzung der nicht-biogenen Tiefseesedimente zur Folge. Während der Glaziale geht in den äquatorialen Bereichen die chemische Verwitterung deutlich zurück. Dies hat zur Folge, daß Chlorit in größeren Mengen auftreten kann, während der Kaolinit-Anteil zurückgeht. Das Kaolinit/Chlorit-Verhältnis ändert sich an der Wende Glazial/Interglazial und umgekehrt signifikant.

Vulkanische Eruptionen hinterlassen Aschenlagen und führen zu einer kräftigen Erhöhung des Anteils vulkanischer Tonminerale. Solche Aschenlagen sind ein wichtiges Hilfsmittel bei der stratigraphischen Zuordnung bestimmter Schichten innerhalb des Quartärs. Auch der Beginn des Quartärs läßt sich anhand von Tiefseebohrkernen recht gut feststellen. So finden sich, besonders in Tiefseebohrkernen aus arktischen und antarktischen Gewässern, deutliche Hinweise auf den Beginn des Quartärs. Die im Laufe des Quartärs sehr häufig auftretenden Eisberge hinterließen in den Sedimenten ihr Driftmaterial. Unterhalb einer gewissen Bohrtiefe tritt kein eistransportiertes Material mehr auf. Das Einsetzen von eistransportiertem Material läßt sich in zahlreichen Kernen auf ca. 2,5 Mio. a BP vor heute datieren.

5 Stratigraphie

Die Stratigraphie ist die Lehre von der zeitlichen Aufeinanderfolge von Gesteinskörpern. Mit ihrer Hilfe soll eine Zeitskala erstellt werden, die es ermöglicht, geologische Ereignisse zu datieren. Die Gesteinskörper werden dabei in verschiedene stratigraphische Einheiten untergliedert. Chronostratigraphie und Geochronologie sind Methoden der Zeitgliederung. Chronostratigraphische und geochronologische Einheiten werden mit Hilfe verschiedener Korrelationsmethoden verknüpft. Dazu zählen insbesondere die Lithostratigraphie und die Biostratigraphie.Eine Lithostratigraphische Einheit verknüpft Gesteinsserien ausschließlich aufgrund bestimmter typischer Merkmale der Gesteinsausbildung und -zusammensetzung. Die Schichtenfolgen des gesamten Phanerozoikums werden bevorzugt nach der biostratigraphischen Methode gegliedert. In einigen Fällen (zum Beispiel Teilen des Buntsandsteins) kommt die lithostratigraphische Methode zur Anwendung. Zur Aufstellung und Abgrenzung einer Biostratigraphischen Einheit wird allein der Fossilinhalt herangezogen. Dabei geht man von einer irreversiblen, in eine Richtung verlaufenden Entwicklung von Pflanzen und Tieren aus. Eine Sonderrolle kommt dabei der Datierung mittels archäologischer Funde zu.

Für das Quartär hat sich jedoch gezeigt, daß diese Methoden nicht ausreichen. Die Ursache hierfür liegt darin, daß sowohl der Beginn des Quartärs als auch die Untergliederung innerhalb des Quartärs anhand von Klimaveränderungen definiert werden. Es wird unmittelbar deutlich, daß beispielsweise das erste Auftreten kälteliebender mariner Faunen in verschiedenen geographischen Breiten zu verschiedenen Zeiten erfolgen muß. Auch die Trennung von Interglazial und Interstadial ist von der geographischen Breite abhängig. Wird in Nordeuropa ein Interstadial nachgewiesen, so sind zeitgleich in Südeuropa entstandene Schichten einem Interglazial zuzuordnen. Für das Quartär hat man versucht, dieses Problem mit anderen stratigraphischen Methoden zu lösen. In der Pedostratigraphie werden fossile Bodenbildungen zur Gliederung herangezogen. Die Morphostratigraphie versucht Korrelierungen mittels bestimmter Geländeformen. So werden beispielsweise bestimmte Endmoränenbögen miteinander verknüpft. Die Magnetostratigraphie macht sich die Tatsache zunutze, daß das Erdmagnetfeld im Laufe der Erdgeschichte immer wieder seine Polarität umgekehrt hat. Der heutige magnetische Nordpol wurde zum Südpol und umgekehrt. Die Umkehrereignisse lassen sich radiometrisch datieren. Die Klimastratigraphie hat durch die Auswertung von Tiefseebohrungen eine Renaissance erfahren. Mit Hilfe von Sauerstoffisotopenkurven wird versucht, eine möglichst lückenlose stratigraphische Abfolge des gesamten Quartärs zu rekonstruieren.

Trotz all dieser zum Teil sehr weit entwickelten stratigraphischen Methoden ist es zur Zeit noch immer nicht möglich, die quartärzeitlichen Schichtenfolgen weltweit miteinander zu verknüpfen. Insbesondere der Korrelation der recht vollständigen marinen Quartär-Abfolgen mit den terrestrischen kommt dabei eine bedeutende Rolle zu. Das Kapitel 5.4 „Quartärstratigraphie“ kann daher nur ein Versuch sein. Es soll eine Diskussionsgrundlage darstellen und erhebt keinen Anspruch auf Vollständigkeit und Richtigkeit in allen Punkten.

5.1 Chronostratigraphie und Geochronologie

Die Chronostratigraphie versucht Gesteinskörper in ihrer relativen zeitlichen Abfolge zu ordnen. Ein entsprechender Gesteinskörper wird als **chronostratigraphische Einheit** bezeichnet. Die zugehörige Zeitspanne wird **geochronologische Einheit** genannt (s. Tab. 1). Gesteinskörper, die während einer geochronologischen Einheit gebildet wurden, nennt man isochron. Eine chronostratigraphische Einheit wird oben und unten durch isochrone Flächen begrenzt. Stratigraphische Einheiten, die nach anderen Methoden aufgestellt werden, können, müssen aber nicht isochron sein. Sind sie isochron, bezeichnet man sie als chronotaxial, sind sie diachron, nennt man sie homotaxial. Die Abgrenzung einer chronostratigraphischen Einheit erfolgt durch verschiedene Korrelationsmethoden. Soll eine chronostratigraphische Einheit geographisch ausgedehnt werden, muß eine Korrelation erfolgen. Diese kann unter anderem mit sogenannten absoluten Datierungsmethoden durchgeführt werden. Dazu zählen die Lumineszenzmethoden, die Elektro-

Tab. 1. Beispiel für die Hierarchie von chronostratigraphischen Einheiten (nach STEININGER & PILLER 1999).

chronostratigraphische Einheit (Gesteinskörper)	Beispiel	geochronologische Einheit (Zeitspanne)
Äonothem	Phanerozoikum	Äon
Ärathem	Mesozoikum	Ära
System	Jura	Periode
Serie	Malm	Epoche
Stufe (Stadium)	Tithonium	Alter

Tab. 2. Chronostratigraphische und Geochronologische Einheiten im Quartär.

chronostratigraphische Einheit (Gesteinskörper)			geochronologische Einheit (Zeitspanne)
Ärathem	Känozoikum		Ära
System	Quartär		Periode
Serie	Pleistozän	Holozän	Epoche
Stufe (Stadium)	z.B. Eem oder Holstein	Flandrian (Holozän)	Alter
Zone			Chron

nenspinresonanzmethode, die Paläomagnetik, die Tephrachronologie, die Warven- und die Dendrochronologie sowie Datierungen mit Hilfe von Sauerstoffisotopenkurven und archäologischen Datierungen. Chronostratigraphische Einheiten werden weiter in Unter-, Mittel- und Ober- untergliedert. Die Bezeichnungen „ Frühes “, „ Mittleres “ und „ Spätes “ dienen der Unterteilung geochronologischer Einheiten. Sowohl die hierarchische Stellung des Quartärs als auch seine chronostratigraphischen und geochronologischen Einheiten sind zur Zeit außerordentlich umstritten. In Tabelle 2 wird ein Gliederungsvorschlag wiedergegeben, der so von der Subkommission für Quartärstratigraphie am 12.06. 1998 beschlossen wurde.

5.1.1 Lithostratigraphische und andere stratigraphische Methoden

Die Lithostratigraphie basiert ausschließlich auf den lithologischen Eigenschaften von Gesteinen und Sedimentkörpern. Zu den wichtigsten lithologischen Eigenschaften in quartärzeitlichen Sedimenten zählen Korngröße, Sortierung, Rundung, Orientierung, mineralogische und chemische Zusammensetzung, Farbe, Sedimentstrukturen etc. Nach STEININGER & PILLER (1999) lassen sich lithostratigraphische Einheiten wie folgt untergliedern:

Supergruppe (supergroup)
Gruppe (group)
Subgruppe (subgroup)
Formation (formation)
Subformation (member)
Bank, Lage (bed, layer)

Die wichtigste lithostratigraphische Einheit ist die Formation. Eine Formation soll in sich möglichst homogen entwickelt sein. Sie soll sich möglichst deutlich von anderen Formationen unterscheiden. Der größte Teil der lithostratigraphischen Einheiten und damit auch der Formationen verläuft diachron. Formationen können auch Schichtlücken einschließen. Formationen sollen für eine möglichst große Region zutreffend und kartierbar sein. Die Grenzen zwischen verschiedenen Formationen werden an einer Typlokalität festgelegt, an der sich der lithologische Wechsel besonders deutlich abzeichnet. Der Name einer lithostratigraphischen Einheit soll binär sein. Bei der Namengebung wird der geographische Name der Lokalität vorangestellt. An zweiter Stelle steht der entsprechende hierarchische Begriff (Beispiel: Vorselaer-Formation). Im Quartär ist es oft sehr schwierig, den Anforderungen des Formationsbegriffes gerecht zu werden, da nur in wenigen Fällen die beschriebenen Ablagerungen den Kriterien genügen. Meist erstrecken sie sich lateral nicht weit, sind zu dünn oder kommen nur sporadisch vor. Sehr viel häufiger taucht daher in der Quartär-Stratigraphie der Begriff Schichtenfolge beziehungsweise Schicht auf. Häufig bestehen quartärgeologisch kartierbare Einheiten aus Sedimentkörpern, die allseitig von Diskontinuitäten umgeben sind. In der amerikanischen Nomenklatur wird für diese Schichten die Bezeichnung allostratigraphische Einheit verwandt (CATT 1992). Der größte Teil aller quartärzeitlichen Sedimente gehört solchen allostratigraphischen Einheiten an.

Insbesondere in Deutschland wurde die **Morphostratigraphie** häufig angewendet. Als Beispiele seien die Endmoränenstratigraphie von LÜTTIG (1958 a,b) oder die Grundmoränenstratigraphie (WOLDSTEDT & DUPHORN 1974) erwähnt. Eine morphostratigraphische Einheit beschreibt eine Oberflächenform, die das Ergebnis der Landschaftsentwicklung während eines bestimmten Zeitabschnittes darstellt. Die Morphostratigraphie geht davon aus, daß ein unmittelbarer Zusammenhang zwischen Sediment und Oberflächenform besteht. Daher umfassen morphostratigraphische Einheiten ausschließlich Akkumulationsformen wie Moränen, Flußterrassen oder Dünen. Die Benennung erfolgt nach der Lokalität, an der die Einheit besonders gut entwickelt ist. Flußterrassen werden vielfach numeriert (Beispiel Mittelrhein: tR 1-tR 11 nach Bibus 1980). Meistens umfassen morphostratigraphische Einheiten mehrere lithostratigraphische Einheiten. So können beispielsweise Terrassenkörper mehrere Sedimentschüttungen, ja sogar warmzeitliche Schichten enthalten. Aus den genannten Gründen erweist sich die Morphostratigraphie als ein meist unzureichendes stratigraphisches Hilfsmittel.

Die **Pedostratigraphie** macht sich zum einen die unterschiedliche Entwicklungsdauer von Böden, zum anderen die Aufeinanderfolge fossiler Bodenhorizonte zu Nutze. Fossile Böden entwickeln sich auf dem Substrat einer lithostratigraphischen Einheit. Sie sind erkennbar an ihrem Gefüge, ihrer Farbe, dem Humusgehalt, der Struktur, dem Auftreten von Konkretionen oder Fleckungen sowie Toneinschwemmungen. Fossile Böden brauchen eine bestimmte Zeit für ihre Entstehung, die mit der pedostratigraphischen Einheit identisch ist. Auch rezente beziehungsweise subrezente Böden durchlaufen bestimmte Entwicklungsphasen, mit deren Hilfe zumindest grobe stratigraphische Zuordnungen möglich sind. Als Beispiel seien Auenablagerungen genannt. Auenablagerungen, die seit Beginn des Holozäns der Verwitterung ausgesetzt waren, sind inzwischen zu Parabraunerden geworden. Jüngere Auenböden haben nur das Braunerde-Stadium erreicht. Bei den rezenten Auenablagerungen handelt es sich um Rendzinen. Voraussetzung für die Entstehung einer solchen Abfolge ist jedoch unter anderem, daß die betroffenen Böden später nicht mehr überflutet wurden (Schröder 1983). Die Bodenbildung wird von einer Vielzahl unterschiedlichster Faktoren beeinflußt, die zu massiven Veränderungen der Böden führen können. Daher sind pedostratigraphische Datierungen mit äußerster Vorsicht durchzuführen und kritisch zu bewerten.

Ein stratigraphisches Verfahren hat in jüngerer Zeit besondere Bedeutung erlangt, die **Magnetostratigraphie**. Die Magnetostratigraphie macht sich die zeitliche Änderung des Erdmagnetfeldes zunutze. Davon sind sowohl Richtung als auch Stärke des Erdmagnetfeldes betroffen. Grundlage der Magnetostratigraphie ist der Paläomagnetismus. Dies ist die Fähigkeit von Mineralen und Gesteinen, Richtung und Stärke des Erdmagnetfeldes in Form des remanenten Magnetismus zu speichern. Man unterscheidet paläomagnetische Ereignisse verschiedener Intensität und Wirkung. Die komplette Umpolung des Erdmagnetfeldes wird als Polaritätswechsel bezeichnet und betrifft die gesamte Erde. Zu den Änderungen kleinster Dimension zählen die Säkularvariationen, die nur regionalen Charakter besitzen und im Normalfall nur in Regionen von ca. 1000 km Erstreckung korrelierbar sind. Zwischen Polaritätswechsel und Säkularvariationen, sind die sogenannten Exkursionen anzusiedeln. Darunter werden Abweichungen verstanden, die deutlich intensiver sind als Säkularvariationen aber keine Polaritätswechsel darstellen. Sie können jedoch Polaritätswechsel vortäuschen. Richtung und Intensität des Erdmagnetfeldes werden dabei intensiv verändert (Wagner 1995). Besonders geeignet für paläomagnetische Untersuchungen sind marine Sedimente und Lößabfolgen. Hier eröffnet sich die einmalige Möglichkeit, marine und terrestrische Stratigraphie miteinander zu verknüpfen. Messungen der Säkularvariation lassen sich besonders gut an lakustrinen und flachmarinen Sedimenten durchführen. Die Polaritätswechsel des Erdmagnetfeldes liefen in weniger als 5000 Jahren ab, so daß man mit Recht von synchronen Ereignissen sprechen kann.

Die geomagnetische Polaritätsskala wird in Chronen oder Polaritäts-Chronozonen untergliedert. Das Quartär umfaßt die Matuyama- und die Brunhes-Epoche. Während einer Epoche war das Erdmagnetfeld überwiegend in einer Richtung orientiert. Diese relativ langen paläomagnetischen Epochen werden von kürzeren Magnetfeldumkehrungen unterbrochen, die 1 ka bis 10 ka gedauert haben. Diese Zeitabschnitte werden Events, Subchronen oder Polaritäts-Sub-Chronozonen genannt. Die Events werden nach Typlokalitäten benannt. Die Polaritätsexkursionen dauerten in der Regel nur zwischen 0,1 ka und 1 ka. Die meisten dieser Exkursionen sind jedoch nicht weltweit nachweisbar. Ihr stratigraphischer Nutzen ist daher zumindest zweifelhaft. In vielen Fällen wird sogar die Existenz bestimmter Exkursionen bezweifelt. Die Messung der Säkularvariation erlaubt zumindest regional die Verknüpfung bestimmter Schichtenfolgen. Um brauchbare Messungen zu erhalten, werden etwa 5 Daten pro Jahrhundert benötigt. Dabei werden Inklination, Deklination und Feldstärke gemessen und mit einer Standardkurve abgeglichen.

Der **Klimastratigraphie** kommt im Quartär eine herausragende Rolle zu. Der größte Teil der Quartärstratigraphie beruht auf klimastratigraphischen Definitionen. Schon die Grenzziehung zwischen Tertiär und Quartär beruht auf klimastratigraphischen Indikatoren. Der Beginn des Quartärs wurde an den Typlokalitäten Charles Lyell's (1832, 1833) mit dem ersten Auftreten kälteliebender mariner Organismen definiert. Bereits bei dieser bedeutenden Grenze wird die Problematik der Klimastratigraphie deutlich. Zu dem Zeitpunkt; an dem in Italien die ersten kälteliebenden marinen Organismen auftauchten, waren sie in Mittel- oder gar Nordeuropa mit Sicherheit bereits vorhanden. Eine solche klimastratigraphische Definition ist abhängig von der jeweiligen geographischen Position des Untersuchungsgebietes. Schon die Grenze zwischen Tertiär und Quartär verläuft daher nach dieser Definition völlig diachron. Auch die weiteren grundlegenden Einheiten des Quartärs sind klimastratigraphisch definiert. Es sind Glaziale und Interglaziale sowie Stadiale und Interstadiale. Die Abgrenzung dieser Einheiten ist an die Ausdehnung und das Abschmelzen der Inlandeiskappen geknüpft. Die Übertragung dieser Einheiten auf außerhalb der Vereisungsgebiete gelegene Bereiche ist daher außerordentlich problematisch. Wie von Catt (1992) vorgeschlagen, wäre eine klimastratigraphische Untergliederung des Quartärs anhand von Temperaturkurven vorzuziehen. Vielfach werden quartärzeitliche Klimaschwankungen mit Stadien gleichgesetzt. Dies entspricht jedoch nicht der Definition, da diese Einheiten nicht von synchronen Flächen begrenzt werden. Außerdem sind die Auswirkungen von Temperaturschwankungen auf verschiedene Klimaanzeiger wie Flora, Fauna, Böden, ozeanische und terrestrische Sedimente zur Zeit noch viel zuwenig bekannt, um exakte Grenzen ziehen zu können. Zudem gewinnen bei derartigen Untersuchungen regionale Aspekte einen nicht zu unterschätzenden Einfluß. Weltweite Korrelationen mittels Klimastratigraphie sind derzeit nicht möglich. Regional aber lassen sich durchaus klimastratigraphische Systeme entwickeln, die sich im Laufe der Zeit möglicherweise in das weltweite stratigraphische System eingabeln lassen.

5.1.2 Biostratigraphie

Biostratigraphische Einheiten sind durch das Vorkommen bestimmter Fossilien oder Fossilgruppen charakterisiert. Wichtig für die Abgrenzung einer solchen Einheit ist, daß die Fossilien nicht umgelagert, sondern gleichzeitig mit den Gesteinen abgelagert wurden. Die Sedimente und ihr Fossilinhalt müssen autochthon sein. Die grundlegende Gliederungseinheit der Biostratigraphie ist die Biozone. Sie kann weiter in Sub-Zonen untergliedert werden. Es werden verschiedene Arten von Biozonen definiert, die jeweils bestimmten Kriterien genügen müssen. Folgende Typen von Biozonen werden unterschieden:

1) Die ***Phylo-Zone (Lineage-Zone)*** umfaßt die gesamte Lebensspanne eines Taxons, vom ersten Auftreten bis zum Aussterben.

2) Die ***Reichweiten-Zone (Range-Zone)*** beinhaltet die gesamte vertikale (stratigraphische) und laterale (geographische) Reichweite einer oder mehrerer Taxa.
3) Die ***Taxon-Reichweiten-Zone (Taxon-Range-Zone)*** ist durch die gesamte, empirisch festgestellte stratigraphische und geographische Reichweite des Auftretens eines bestimmten Taxons definiert.
4) Zur Definition einer ***Überlappungs-Zone (Concurrent-Range-Zone)*** werden aus sämtlichen vorhandenen Taxa zwei ausgewählt. Der Bereich, in dem sich die stratigraphischen Reichweiten dieser beiden Taxa überdecken, wird Überlappungszone genannt.
5) Die Basis einer ***Intervall-Zone (Interval-Zone)*** wird durch das Letztauftreten eines Taxons oder einer Fossilgruppe definiert, die Hangendgrenze durch das Erstauftreten eines Taxons oder einer Fossilgruppe.
6) Die ***Vergesellschaftungs-Zone (Assemblage-Zone)*** ist durch eine bestimmte natürliche Vergesellschaftung von Fossilen charakterisiert.
7) In der ***Häufigkeits-Zone (Abundance-Zone)*** treten bestimmte Fossilien außergewöhnlich häufig auf.

5.1.2.1 Flora

Wie bereits erwähnt, beruht die stratigraphische Untergliederung des Quartärs auf den klimatischen Schwankungen während dieser Periode. Flora und Vegetation reagieren auf Klimaänderungen besonders sensibel. Daher lassen sich die Klimaverhältnisse der Vergangenheit mit Makroresten von Pflanzen, Pollen und Sporen rekonstruieren. Das Quartär wird in Glaziale und Interglaziale, in Stadiale und Interstadiale sowie in schwächere Klimaschwankungen untergliedert. Als sehr problematisch erweist sich die Tatsache, daß die genannten Klimaschwankungen je nach geographischer Breite mit unterschiedlicher Intensität und unterschiedlicher Länge auftreten. Die Klimawechsel lassen sich in allen Klimazonen der Erde nachweisen. Kaltzeitliches Klima führte auch zu einer Absenkung des Meeresspiegels und damit zu einem deutlich kontinentaleren Klima in den angrenzenden Regionen. Auch die Faunengemeinschaften und die Verwitterungsprozesse wurden durch Klimaschwankungen drastisch verändert mit der Folge, daß sich auch die Zusammensetzung der Vegetation veränderte. Während eines Glazials schoben sich die Klimazonen äquatorwärts und veränderten sich dabei, im Interglazial stellten sich aber den heutigen Bedingungen ähnliche Klimate ein und dehnten sich polwärts aus. Dadurch wurden auch die Florengemeinschaften während der Glaziale weit nach Süden zurückgedrängt. Während der Interglaziale konnten sie dann von diesen kaltzeitlichen Refugien aus wieder nach Norden wandern. Welche Florengemeinschaften dort überdauern konnten und in welcher Zusammensetzung sie sich nach Norden ausdehnen konnten, hing von den verschiedenen Einwanderungswegen, den dort lebenden Konkurrenten und den unterschiedlichen Einwanderungszeiten ab. Es sind nie konstante Waldgesellschaften gewandert, sondern die Florengemeinschaften entwickelten sich immer wieder neu. Dies ist der Grund, warum in jedem Interglazial oder Interstadial verschiedene Pflanzenvergesellschaftungen zu verschiedenen Zeiten auftreten. Dennoch sind alle Glaziale, Interglaziale, Stadiale und Interstadiale durch das Vorkommen bestimmter Pflanzengemeinschaften charakterisiert (FRENZEL 1990 b). Mit dem Beginn von Glazialen wurden viele empfindliche Pflanzen schlagartig ausgelöscht. Die Erwärmung zu Beginn von Interglazialen führte dagegen zu einer allmählichen Wiederbewaldung. In Abhängigkeit von der Geschwindigkeit der Erwärmung und der regionalen Temperaturverteilung wanderten die Pflanzengesellschaften in einer bestimmten Abfolge ein. Daher sind unterschiedliche Interglaziale jeweils durch bestimmte Abfolgen von Pflanzengesellschaften charakterisiert.

Die **Glaziale** Europas wurden in den mittleren nördlichen Breiten nicht, wie man bisher annahm, durch Tundren charakterisiert, sondern durch eine Mischung von Tundren, **Steppen** und Wiesen. Im nördlichen Nordeurasien gab es Steppen, in denen lediglich Inseln mit Tundra-Vegetation vorkamen. Bei den Steppen zeigte sich, wie auch heute, eine Zonierung von Gras- zu Wüstensteppen. Diese Zonierung ist während der Glaziale auch als zeitliche Abfolge zu beobachten. **Tundra** entsteht auf Dauerfrostboden, dessen oberste Dezimeter lediglich im Sommerhalbjahr auftauen. Dadurch kommt es zur Wasserübersättigung und in der Folge zu Moorbildungen. Typische Tundrenfloren gibt es erst seit der Mitte des Pleistozäns (FRENZEL 1990 b). Tundra ist nicht etwa ein kaltzeitlicher Vegetationstyp, sondern vielmehr eine warmzeitliche Florengemeinschaft, die in hohen Breiten vorkommt. Die erwähnten Tundren-Steppengemeinschaften sind aber typisch für den Übergang von Interglazialen zu Glazialen. Während der Kältemaxima der Glaziale entwickelten sich in den mittleren nördlichen Breiten Kältewüsten mit nur wenigen Bäumen, die im wesentlichen aus *Betula*, *Pinus* und *Salix* bestanden.

Während der **Interglaziale** dominierte in Nordeurasien **borealer Nadelwald**. Der boreale Nadelwald, die Taiga, war von Mooren und Thermokarstsenken durchsetzt. In Sibirien dominierten Fichten-Lärchen-Kiefern-Wälder. In Europa stockten zu Beginn der Interglaziale Kiefern-Birken- oder Birken-Kiefern-Wälder mit einem hohen Anteil von Lärche, seltener

Fichte. Schon nach kurzer Zeit wurden in Europa die borealen von **nemoralen Wäldern** abgelöst. Diese aus thermo- und hygrophilen Arten bestehenden Laubwälder waren an klimatisch günstige, gemäßigte Breiten gebunden. Sie waren charakteristisch für die Klimaoptima der Interglaziale. Obwohl die Laubwälder der Interglaziale unterschiedlich aufgebaut waren, zeigten sie doch eine charakteristische, für bestimmte Interglaziale typische Vegetationsabfolge, die für das Holozän als mitteleuropäische Grundfolge der Waldentwicklung bezeichnet wird. Die Tatsache, daß gleichartige Schritte der Vegetationsentwicklung nicht überall gleichzeitig erfolgten, zeigt, daß diese Entwicklungen nicht klimatisch, sondern einwanderungsgeschichtlich bedingt sind (FRENZEL 1990 b). Am Ende der Interglaziale drang die dunkle Taiga von Osten her über den Ural nach Europa vor. So entstanden taigaartige Fichten-Kiefer-Birken-Wälder mit einem hohen Anteil von Tanne. Mit dem beginnenden Übergang zum darauffolgenden Glazial breiteten sich erneut Tundren- und Steppengemeinschaften aus. Für die exakte Definition eines Interglazials ist es erforderlich, ein vollständiges Profil pollenanalytisch zu untersuchen. Im Idealfall sollte der komplette floristische Zyklus Glazial-Interglazial untersucht werden. Die Schwierigkeit liegt darin, daß sich in fast allen Interglazialen des Quartärs die gleichen Pflanzen wiederfinden. Sie kommen jedoch in unterschiedlichen Häufigkeiten vor und treten in verschiedenen Vergesellschaftungen und zu verschiedenen Zeiten auf. Daher besitzt jedes Interglazial eine ihm eigene Vegetationsabfolge. Dadurch lassen sich die einzelnen Interglaziale stratigraphisch zuordnen. In der Abbildung 64 sind die Florengemeinschaften des Holstein- und des Eem-Interglazials aus polnischen, dänischen und deutschen Profilen nebeneinandergestellt worden. Es wird deutlich, daß während beider Interglaziale die gleichen Floren vorkommen. Die Interglaziale unterscheiden sich jedoch durch die unterschiedlichen Zeiten, zu denen bestimmte Floren auftreten und durch deren Häufigkeit. Besonders charakteristisch für das Eem-Interglazial ist der hohe Anteil von *Corylus* und *Carpinus.* Die Interglaziale und Interstadiale werden in Pollenzonen untergliedert. Bei diesen Pollenzonen handelt es sich in der Regel um Assemblage-Zonen. Manchmal wird jedoch auch die Häufigkeit bestimmter Pollen für die stratigraphische Zuordnung benutzt. Die Häufigkeiten bestimmter Pollen können jedoch durch Fernflug und standortbedingte Besonderheiten verändert sein. Als Beispiel sei das gehäufte Vorkommen von *Alnus* in Flußnähe erwähnt. In diesem Falle müßte von Abundance-Zonen gesprochen werden. Im Quartär werden für die Definition einer stratigraphischen Einheit oft mehrere Zonenkriterien herangezogen.

Problematisch bleibt nach wie vor der Einfluß der geographischen

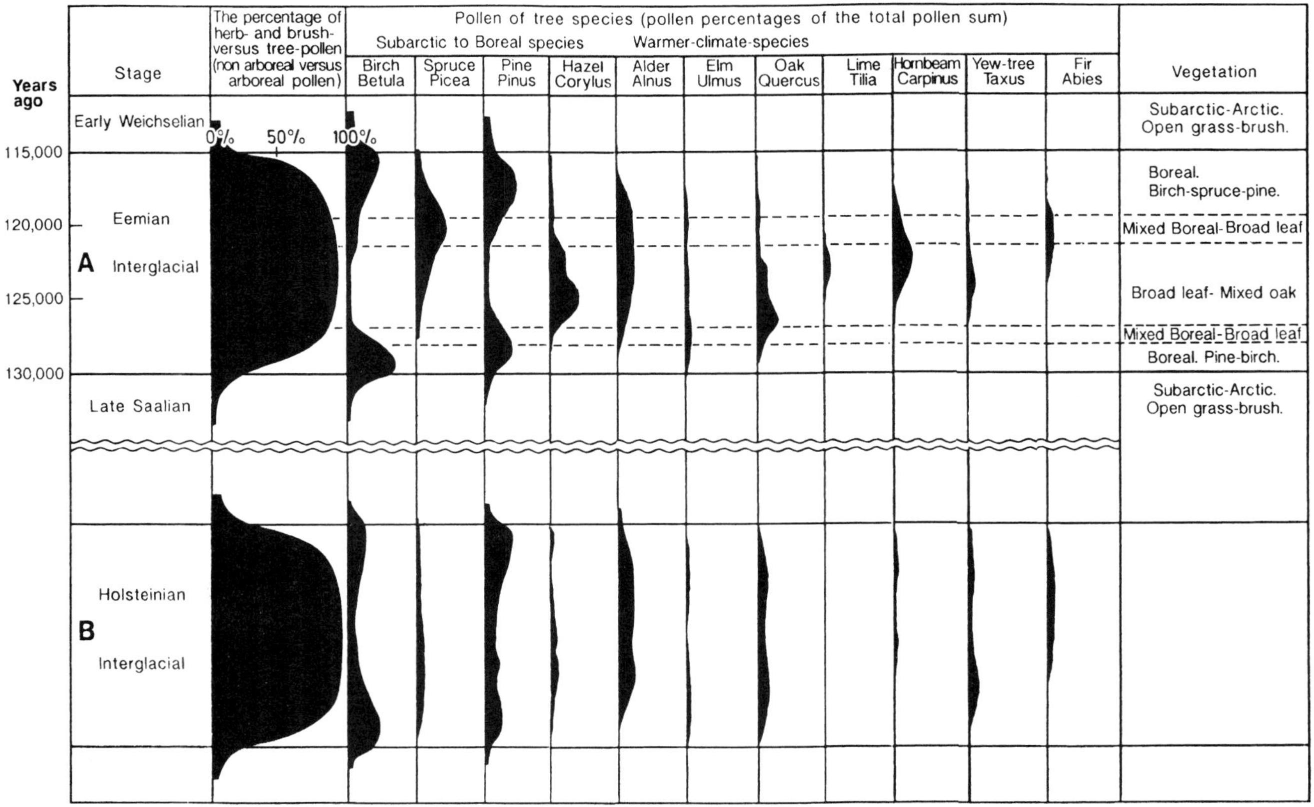

Abb. 64. Generalisiertes Pollendiagramm vom Holstein-Interglazial bis ins frühe Weichsel-Glazial aus Norddeutschland, Nord-Polen und Süd-Dänemark (aus: ANDERSEN & BORNS 1994).

Breite auf die Zusammensetzung der Vegetationsgemeinschaft. Aus diesem Grunde werden Interglaziale zur Zeit regional definiert. Die Klimaverhältnisse während eines Interglazials sollten etwa dem heutigen Klima entsprochen haben. Während eines Interstadials war die Erwärmung deutlich schwächer als heute oder diese Warmzeit war nur von relativ kurzer Dauer. Die Interglaziale des Quartärs waren meist typische Laubwaldperioden, die während des Klimaoptimums von Mischwaldbeständen dominiert wurden. Die Florengemeinschaften dieser Zeiten waren ebenso anspruchsvoll wie die heutigen. Generell lassen sich Interglaziale von oben nach unten in 4 Pollenzonen untergliedern (TURNER & WEST 1968):

Zone IV (Nachwärmezeit): dominiert durch boreale Baumarten: *Betula, Pinus, Picea,* z. T. noch *Abies*
Zone III (späte Wärmezeit): Thermo- und hygrophiler Laub- oder Laub-Nadel-Mischwald mit wärmeliebenden Baumarten, die allmählich aus wärmeren Gebieten eingewandert sind (z. B. *Carpinus, Fagus,* z.T. *Pterocarya,* etc.)
Zone II (frühe Wärmezeit): Eichenmischwald mit *Quercus*, *Ulmus*, *Tilia*, *Corylus*, *Alnus* und wenig *Pinus* und *Betula*
Zone I (Vorwärmezeit): vor allem boreale Baumarten (*Pinus*, *Betula*)

In den Zonen I und IV ist der Anteil des Nichtbaumpollens gegenüber den anderen beiden Zonen deutlich erhöht. In den **Stadialen** Nordeurasiens gab es fast ausschließlich baumlose Steppen und Wüstensteppen, allenfalls inselförmige Areale mit Tundrenvegetation können vorgekommen sein.

Bei den **Interstadialen** kann zwischen warmen und kälteren unterschieden werden. Während der wärmeren Interstadiale herrschten in Europa lichte boreale Nadelwälder vor, zeitweise mit anspruchsvollen Laubholzarten.

Kältere Interstadiale waren durch Waldsteppen charakterisiert. Es gab lediglich einige Flecken mit Wäldern aus *Betula*, *Pinus* und *Picea*. Die während dieser sogenannten „kälteren Interstadiale" lebende Käferfauna reagierte schneller auf Temperaturschwankungen. Die Käferfauna dieser Interstadiale zeigte, daß die Temperaturen zeitweise so hoch gewesen sein müssen wie während eines Interglazials (vgl. Kap. 5.1.2.2 Fauna). Das bedeutet, daß die kälteren Interstadiale zu kurz waren, als daß sich wärmeliebende Wälder hätten ausdehnen können. Diese Interstadiale dürften lediglich 1 ka bis 2 ka gedauert haben (COOPE 1977).

Die **Vegetationsgeschichte Mitteleuropas** zeigt bestimmte charakteristische Züge. Stellvertretend sind die Pollenspektren der Niederrheinischen Bucht für das Unter- und Mittelpleistozän in der Tabelle 3 aufgeführt.

Tab. 3. Pollenspektren aus dem Unter- und Mittel-Pleistozän der Niederrheinischen Bucht (aus: KLOSTERMANN 1992).

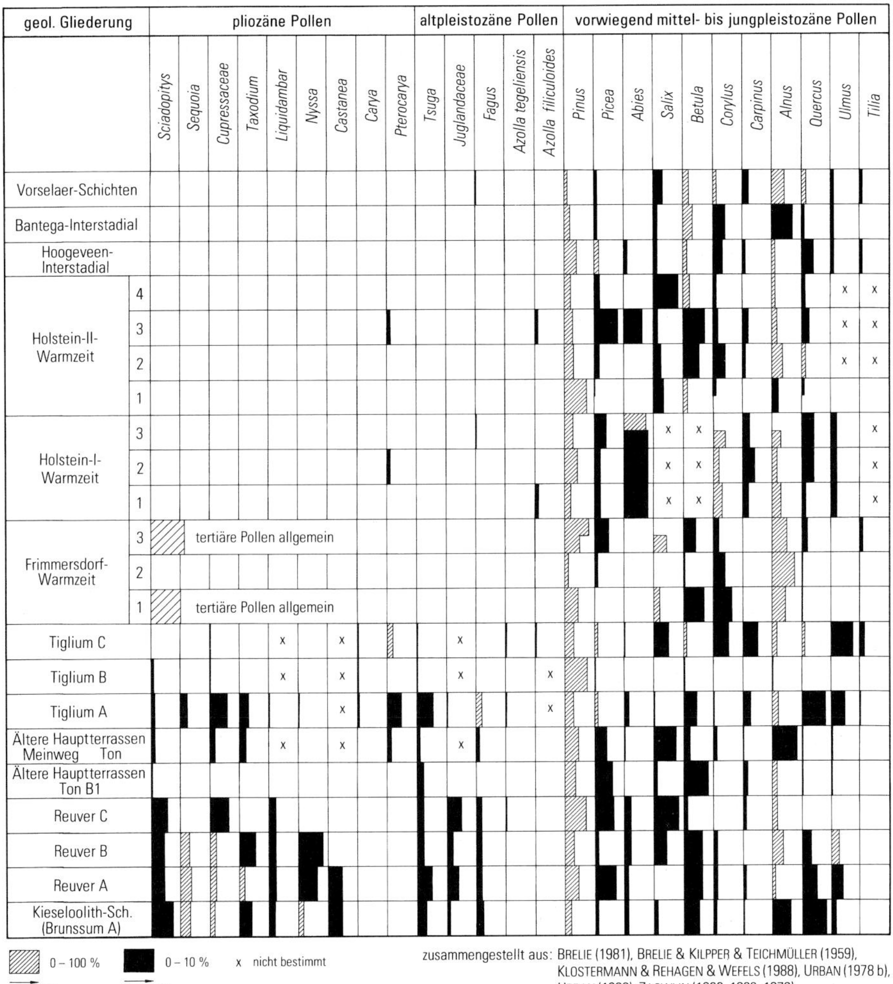

zusammengestellt aus: BRELIE (1981), BRELIE & KILPPER & TEICHMÜLLER (1959), KLOSTERMANN & REHAGEN & WEFELS (1988), URBAN (1978 b), URBAN (1980), ZAGWIJN (1960, 1963, 1973)

Noch am **Ende des Tertiärs** beherrschten einheitliche Wälder aus Cupressaceen (Zypressen-Verwandten), *Liriodendron* (Tulpenbaum) und Sequoien (Mammutbäume) das Landschaftsbild. Mit dem Beginn des Quartärs werden diese Arten verdrängt. Während des Prätegelen wurde die Vegetation mehr und mehr aufgelichtet. Unter subarktischen Klimaverhältnissen konnten sich Ericaceen-Heiden entwickeln (URBAN 1982). Die älteste Warmzeit, das **Tegelen-Interglazial**, ähnelte mit seinen Vegetationsgemeinschaften noch weitgehend dem Tertiär. Deutlich erhöhte Anteile von *Fagus* (Buche) und *Tsuga* (Hemlocktanne) sind charakteristisch. *Azolla tegeliensis* (FLORSCHÜTZ) kommt sehr häufig vor. Ihm, dem Schwimmfarn, kommt gewissermaßen die Rolle der leitenden Pflanzenart dieses Zeitabschnittes zu. Das Tegelen-Interglazial wird pollenanalytisch in das Tiglium A, B und C untergliedert. Tiglium A und C repräsentieren Warmphasen, das Tiglium B steht für eine Kaltphase. Es dürfte während des Tigliums B jedoch nicht so kalt geworden sein wie in den darauffolgenden Glazialen. Auch die übrigen **Interglaziale des Unter-Pleistozäns** zeigen bereits die typischen borealen Nadelwälder und die nemoralen artenreichen Laubwälder. In den Flußtälern wuchsen Auenwälder mit *Alnus* (Erle), *Carya* (Hickory) und *Pterocarya* (Flügelnuß). Auch *Eucommia ulmoides* (Gehölz aus der Familie der Ulmengewächse) kam häufig vor (URBAN 1982). Während der **Glaziale des Unter-Pleistozäns** beherrschten boreale Vegetationsgemeinschaften und tundrenartige Wälder, insbesondere zu Beginn der Glaziale, das Landschaftsbild. *Pinus* (Kiefer), *Betula* (Birke) und Ericaceen (Erikagewächse) dominierten.

Im **Mittel-Pleistozän** nahm die Intensität der Klimaschwankungen deutlich zu. Vielen Vegetationsgemeinschaften, die im Laufe der Glaziale weit nach Süden zurückgedrängt worden waren, gelang es während der nachfolgenden Interglaziale nicht mehr, erneut nach Norden zurückzuwandern. Insbesondere das **Holstein-Interglazial** weicht mit seinen Vegetationsgemeinschaften von allen anderen Interglazialen ab. Das gesamte Holstein-Interglazial wurde durch eine Dominanz von Nadelwäldern geprägt. Dabei war der Anteil von *Picea* (Fichte) besonders hoch. Der hohe Fichtenanteil wurde im Laufe der Zeit durch hohe Anteile von *Abies* (Tanne) bereichert. Es kamen aber auch anspruchsvolle Baumarten wie *Buxus* (Buchsbaum), *Vitis* (Wein) und *Pterocarya* (Flügelnuß) vor. Die Einwanderungsgeschichte der Vegetationsgemeinschaften muß zu Beginn des Holstein-Interglazials völlig anders verlaufen sein als während der anderen Interglaziale. Am Ende des Elster-Glazials waren in Europa *Picea* (Fichte), *Quercus* (Eiche) und *Ulmus* (Ulme) gleichzeitig vorhanden. Sie konnten sich nach dem Abschmelzen des Inlandeises ungestört ausbreiten. Anschließend drang aus dem Gebiet östlich der Elbe *Picea* vor und gewann die Oberhand. Erst im zweiten Teil des Holstein erreichten *Carpinus* (Hainbuche) und *Abies* (Tanne) vom Karpatenraum her mitteleuropäisches Gebiet. Durch seine Nadelwald-Dominanz ähnelte das Holstein-Interglazial den Interglazialen Sibiriens. Aus diesem Grunde wurde vermutet, daß das Holstein-Interglazial kühl und kontinental geprägt gewesen sei. Heute geht man davon aus, daß die Besonderheiten des Holsteins auf die unterschiedliche Einwanderungsgeschichte der Vegetationsgemeinschaften zurückzuführen sind (FRENZEL 1967). So zeigen die weite Verbreitung von *Pterocarya* (Flügelnuß) und *Vitis* (Wein), daß das Klima nicht ungünstig gewesen sein kann. Im Gegenteil, die Niederschlagsmengen und die Temperaturen dürften über den heutigen Werten gelegen haben. Dies läßt sich aus dem Vorkommen von *Pterocarya* (Flügelnuß), *Tsuga* (Hemlocktanne), *Carpinus* (Hainbuche) sowie *Abies* (Tanne) schließen (FRENZEL 1967). Danach sollten die Jahresniederschlagsmengen um mindestens 200 mm über den heutigen gelegen haben. Das holsteinzeitliche Klima war also wärmer und deutlich ozeanischer geprägt als das heutige.

Das **Eem-Interglazial** ist meistens durch deutlich voneinander abgesetzte Waldzeiten gekennzeichnet. Im Laufe des Saale-Glazials wurde die Artenvielfalt der Flora in Europa deutlich verringert. Viele für das Holstein-Interglazial typische Pflanzenarten waren nicht mehr vorhanden. Im späten Saale-Glazial existierte neben *Betula* (Birke) und *Pinus* (Kiefer) nur noch *Picea* (Fichte) und *Larix* (Lärche). Bei der Fichte handelte es sich jedoch nicht um die europäische Fichte (*Picea abies*), sondern um die sibirische Fichte (*Picea obovata*). Sie drang gemeinsam mit der sibirischen Lärche (*Larix sibirica*) aus russischem Gebiet nach Mitteleuropa vor (FRENZEL 1967). Wenig später wurden diese sibirischen Hölzer jedoch nach Osten abgedrängt. Der Beginn des Eem-Interglazials wird mit dem Ende des Stadiums 5e der Sauerstoffisotopenkurve auf 125–130 ka BP datiert.

Birken- und Kiefernwälder breiteten sich aus (s. Tab. 4). Danach drangen Eichen (*Quercus*) und Ulmen (*Ulmus*) von den Karpaten her vor.

Kiefernwälder mit Eiche (*Quercus*), Ulme (*Ulmus*), Esche (*Fraxinus*) und Erle (*Alnus*) beherrschten das Landschaftsbild. Allmählich begannen die **Eichenwälder** zu dominieren (vgl. Tab. 4). Die Julitemperaturen dürften über den heutigen Werten gelegen haben. Schließlich waren optimale Feuchte- und Temperaturverhältnisse erreicht. Da das Klima relativ lange Zeit konstant gut war, konnte sich im Laufe der Zeit *Corylus* (Haselnuß), eine Schattenholzart, rasch ausbreiten. Der Anteil von *Tilia* (Linde) nahm ebenfalls deutlich zu. So breiteten sich zunächst **Wälder mit Eiche und Haselnuß** aus. Danach gewann *Tilia* (Linde) größeren Einfluß. Eine Verän-

Tab. 4. Pollenzonen des Eem-Interglazials und des Weichsel-Glazials für das nördliche Mitteleuropa (aus: KLOSTERMANN 1992).

Stufe	Periode		Pollenzone	Vegetation
Weichsel-Kaltzeit	Spätglazial	Jüngere *Dryas*-Zeit	LW III	Parktundra mit Baumbirken, z. T. Kiefern
		Alleröd-Interstadial	LW II	zunächst Birken-, später Kiefern-Birkenwälder
		Ältere *Dryas*-Zeit	LW Ic	lichte Birkenwälder
		Bölling-Interstadial	LW Ib	baumarme Tundra, wenige Birken
		Älteste *Dryas*-Zeit	LW Ia	baumlose Tundra, Zwergbirken, Strauchweiden, Sanddorn, Wacholder
	Pleniglazial		PW	Polarwüste Tundra
		Denekamp-Interstadial	PW d	Strauchtundra (Zwergbirke)
			PW	Tundra
		Hengelo-Interstadial	PW h	Strauch- und Steppentundra (Zwergbirke)
		Moershoofd-Interstadial	PW	Polarwüste Tundra Polarwüste
	Frühglazial	Odderade-Interstadial	EW VI	Kiefern- und Birkenwälder mit Eiche und Haselnuß
			EW V	subarktische offene Landschaft
		Brörup-Interstadial	EW IV	Kiefernwälder, Fichte, *Picea omorika*, Birke, Erle
			EW III	subarktische offene Landschaft, Birke, Kiefer
		Amersfoort-Interstadial	EW II	Kiefernwälder mit Birke, Eiche und Erle
			EW Ib	offene Landschaft mit Weide
			EW Ia	subarktische Parklandschaft mit Heide, Kiefer, Birke
Eem-Warmzeit			E 6b	Kiefernwälder mit Birke und Fichte
			E 6a	Fichten- und Kiefernwälder mit Erle, Buche und Eiche
			E 5	Buchenwälder mit Erle, Eiche und Haselnuß
			E 4b	Eichenwälder mit Haselnuß, Eibe, Ulme, Esche, Buche, Kiefer
			E 4a	Wälder mit Eiche und Haselnuß, keine Eibe und Buche
			E 3	Eichenwälder mit Ulme, Esche, Erle
			E 2	Kiefernwälder mit Eiche, Ulme, Esche, Erle
			E 1	Birken- und Kiefernwälder
Saale-Kaltzeit				

derung des Klimas war für die Ausbreitung von *Corylus* und *Tilia* nicht erforderlich. Es handelte sich vielmehr um die normale Einwanderungsabfolge (Frenzel 1967). Die allmählich fortschreitende Verarmung der Böden hatte schließlich die Ausbreitung von *Carpinus* (Hainbuche) zur Folge. **Hainbuchenwälder** mit Erle (*Alnus*), Eiche (*Quercus*) und Haselnuß (*Corylus*) dominierten (vgl. Tab. 3). Das Vorkommen von *Ilex* (Stechpalme) und *Buxus* (Buchsbaum) belegt ozeanische Klimaverhältnisse während dieser Zeit. Anschließend breiteten sich **Fichten- und Kiefernwälder** mit Tanne (*Abies*), Erle (*Alnus*), Buche (*Carpinus*) und Eiche (*Quercus*) aus. Die Transgression des Eem-Meeres ging während dieser Zeit dem Ende entgegen. Die ersten Klimaverschlechterungen machten sich bemerkbar. Am Ende des Eem-Interglazials dominierten **Kiefernwälder** mit Birke (*Betula*) und Fichte (*Picea*). Der Übergang zum Weichsel-Glazial wird mit dem Ende einer geschlossenen Walddecke festgelegt. Das Ende des Eem-Interglazials wird auf etwa 115 ka BP (Anfang des Stadiums 5e) datiert.

Während der **Interstadiale des Weichsel-Glazials** breiteten sich Wälder längs der Flüsse nach Norden aus. Feuchtes Klima bei gleichbleibender Kälte kann nicht die Ursache für die Ausbreitung der Wälder gewesen sein. In diesem Falle müßten sich in den Interstadialen Spuren von Frost oder gar Dauerfrost finden. Beide fehlen jedoch vollständig während der Interstadiale. Die Ursache für die Ausbreitung der Wälder müssen folglich höhere Temperaturen gewesen sein. Probleme werfen die Datierungen der Interstadiale und ihre Zeitdauer auf. Ältere Datierungen weisen beispielsweise dem Brörup-Interstadial eine Zeitdauer von 6 ka zu. In dieser Zeit hätten sich die Vegetationsgemeinschaften wie während eines Interglazials entwickeln müssen (Frenzel 1967). Die Interstadiale des Weichsel-Glazials bestanden jedoch vielfach aus mehreren Phasen verschiedener Klimate. Die Klimaschwankungen haben die Vegetation offenbar daran gehindert, sich auf die günstigen Klimaverhältnisse endgültig und optimal einzustellen. Vielfach war die Dauer der Interstadiale auch zu kurz für eine vollständige Anpassung.

Das Frühglazial ist durch zwei besonders warme, bewaldete Interstadiale, das Brörup und das Odderade gekennzeichnet (s. Abb. 65). Während der Interstadiale des Pleniglazials (Orel, Glinde, Moershoofd, Hengelo, Denekamp) konnten sich im nördlichen Mitteleuropa keine Wälder ausbreiten. Die Interstadiale des Spätglazials Bölling und Alleröd zeigen wieder eine spärliche Bewaldung, insbesondere mit Birke und Kiefer.

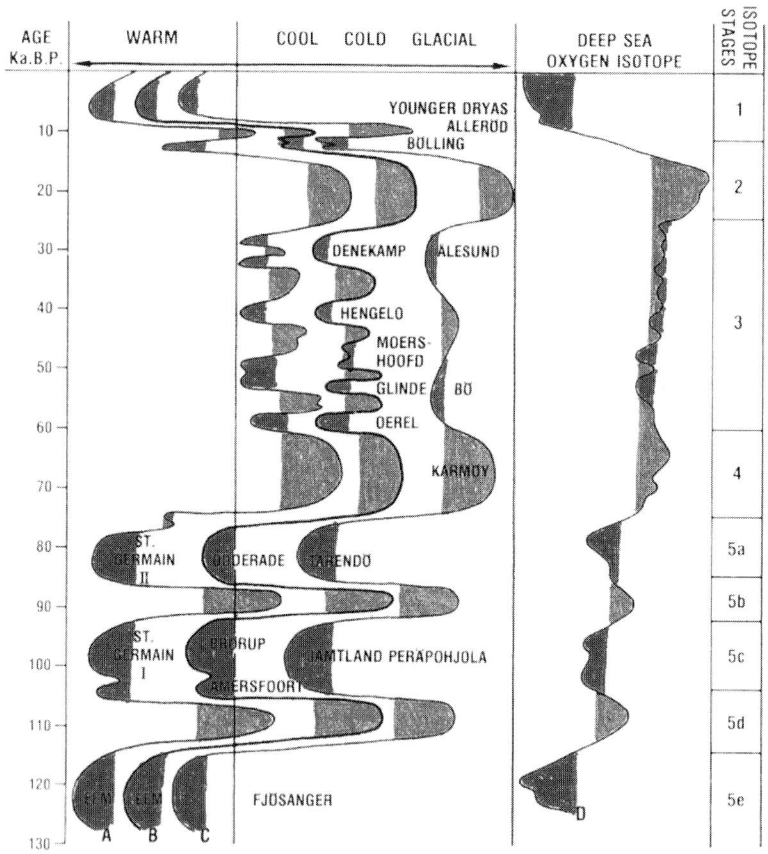

Abb. 65. Rekonstruktion von Klimaschwankungen aufgrund der Vegetation im Vergleich zu den Sauerstoffisotopenkurven aus Tiefseebohrungen (aus: ANDERSEN & BORNS 1994).

Frühglazial

Die Grenze vom Eem-Interglazial zum Weichsel-Glazial wird dort gezogen, wo nach der Kiefernzeit die Vegetation rasch offener wird. Thermophile Hölzer sind verschwunden, die Gräserpollen nehmen rasch zu (vgl. Tab. 4). Zu Beginn des **Brörup-Interstadials** (ehemals Amersfoort-Interstadial, ZAGWIJN 1961) lagen im nördlichen Mitteleuropa die Kräuteranteile nur noch bei 35%. Zu Beginn dominierte die Kiefer (*Pinus*). Im Laufe des Interstadials erreichten *Pinus* und *Betula* etwa gleich große Anteile. Der Beginn des Brörup-Interstadials (sensu stricto) wird auf etwa 105 ka BP datiert. Im Brörup-Interstadial waren die Kräuterwerte sehr niedrig. Ericaceen herrschten vor. Im unteren Teil dominierte *Betula* (Birke), im oberen *Pinus* (Kiefer). Die *Picea*-Werte nahmen im Laufe des Interstadials zu. Das Brörup wird heute etwa auf den Zeitraum zwischen 95 und 105 ka BP datiert (Andersen & Borns 1994). Im **Odderade-Interstadial** (etwa 80 ka BP) dominierten Kiefern- und Birkenwälder mit Eiche und Haselnuß (Averdieck 1967). Das Brörup-Interstadial wird mit dem St. Germain I, das Odderade-Interstadial mit dem St. Germain II korreliert. Die von Woillard (1975) beschriebenen St. Germain-Schichten des Grande Piles in den Südvogesen zeigen bereits interglazialen Charakter. Derzeit werden Brörup und St. Germain I mit der Sauerstoffisotopenstufe 5c, Odderade und St. Germain II mit der Stufe 5a verknüpft. Nach dem Odderade-Interstadial kam es zu einer raschen starken Abkühlung, die zu einer Kaltphase zwischen 75 und 60 ka BP (Sauerstoffisotopenstufe 4) überleitete.

Pleniglazial

Während der **Interstadiale des Pleniglazials** Orel und Glinde (Behre & Lade 1986) sowie Moershoofd, Hengelo und Denekamp konnten sich keine Wälder mehr ausbreiten. Sie weisen lediglich Steppen- und Tundrenvegetation auf. Die pleniglazialzeitlichen Interstadiale werden grob wie folgt datiert:

Orel	= 60 ka BP
Glinde	= 52 ka BP
Moershoofd	= 48 ka BP
Hengelo	= 40 ka BP
Denekamp	= 30 ka BP

Zwischen 25 und 13 ka BP (Sauerstoffisotopenstufe 2) schließt sich das Hochglazial des Weichsel-Glazials an.

Spätglazial

Die spätglaziale Wärmeoszillation des **Bölling-Interstadials** (12,7–12,1 ka BP) zeigt eine Abnahme des Gräseranteils bei weiter hohen *Artemisia*-Werten (Van der Hammen 1953). *Salix* (Weide) erreicht 50% des Gesamtspektrums. Da die Baumgrenze nur langsam nordwärts wandert, beginnt das Bölling-Interstadial im Norden später. *Betula pubescens* (Flaumbirke) kommt in allen Abschnitten vor. Das **Alleröd-Interstadial** (11,8–11,0 ka BP) ist an der Einwanderung von *Pinus* (Kiefer) erkennbar. Der untere Teil enthält mehr Birke (*Betula*), der obere mehr Kiefer (*Pinus*). Die nördlicheren Profile sind deutlich birkenreicher, die südlicheren kiefernreicher.

Holozän

Auch die Untergliederung des Holozäns beruhte auf der Vegetationsentwicklung. Inzwischen wird das Holozän jedoch nach einem Vorschlag von MANGERUD et al. (1974) unter Verzicht einer geologischen Definition mittels der ^{14}C-Alter untergliedert. Die Grenze zwischen Pleistozän und Holozän wurde zuletzt von der INQUA-Subcommission for Study of Holocene auf 10 ka BP (^{14}C-Jahre), also an das Ende der Jüngeren *Dryas*-Zeit, festgelegt.

Mit dem **Präboreal** (10–9 ka BP; Vorwärmezeit) begann eine Klimaverbesserung, die eine rasche Wiederbewaldung zur Folge hatte. Zunächst breiteten sich *Betula* (Birke) und *Pinus* (Kiefer) aus. Am Ende des Präboreals erschien *Corylus* (Haselnuß) (s. Abb. 66). Im **Boreal** (9-8 ka BP; Frühe Wärmezeit) setzte sich die Erwärmung weiter fort. Zunächst dominierte noch *Pinus* (Kiefer). Dann aber breitete sich *Corylus* (Haselnuß) aus. Infolgedessen ist am Ende des Boreals ein *Corylus*-Gipfel zu beobachten. Das Vorkommen von *Viscum* (Mistel), *Hedera* (Efeu) und *Ilex* (Stechpalme) zeigt, daß die Sommertemperaturen in Mitteleuropa höher gewesen sein müssen als heutzutage und das die Winter sehr milde waren. Gleichzeitig gab es in Skandinavien noch Reste des Inlandeises. Dort dominierten *Betula* (Birke) und *Pinus* (Kiefer). Das **Atlantikum** (8-5 ka BP; Mittlere Wärmezeit) repräsentiert das Klimaoptimum des Holozäns. Die durchschnittlichen Sommertemperaturen dürften um mindestens 2 bis 2,5 ° C über den heutigen Werten gelegen haben. Temperatur- und Meeresspiegelanstieg hatten wärmeres und atlantischeres Klima zur Folge. Außerdem führte die Erhöhung des Meeresspiegels zu einem kräftigen Anstieg des Grundwasserspiegels in den angrenzenden Kontinenten. In den Tieflandgebieten wuchsen daher bald ausgedehnte Erlenbruchwälder. Auf höher gelegenen Standorten dominierten Eichenmischwälder. *Corylus* (Haselnuß) wurde im Laufe des Atlantikums durch Laubwälder verdrängt. Auf ärmeren Böden ozeanischer Klimate stockte ein Eichen-Birken-Wald. An günstigeren Stellen dominierten *Quercus* (Eiche), *Ulmus* (Ulme) und *Tilia* (Linde). In den Mittelgebirgen tauchte erstmals wieder *Fagus* (Rotbuche) auf. Während des **Subboreals** (5-2,5 ka BP; Späte Wärmezeit) begannen die Temperaturen ganz allmählich wieder abzusinken. Am Ende des Subboreals dürften sie 2-2,5 °C unter den Werten des Atlantikums gelegen haben. Die Laubwaldareale wurden zu dieser Zeit kleiner. In den Gebirgen breiteten sich boreale

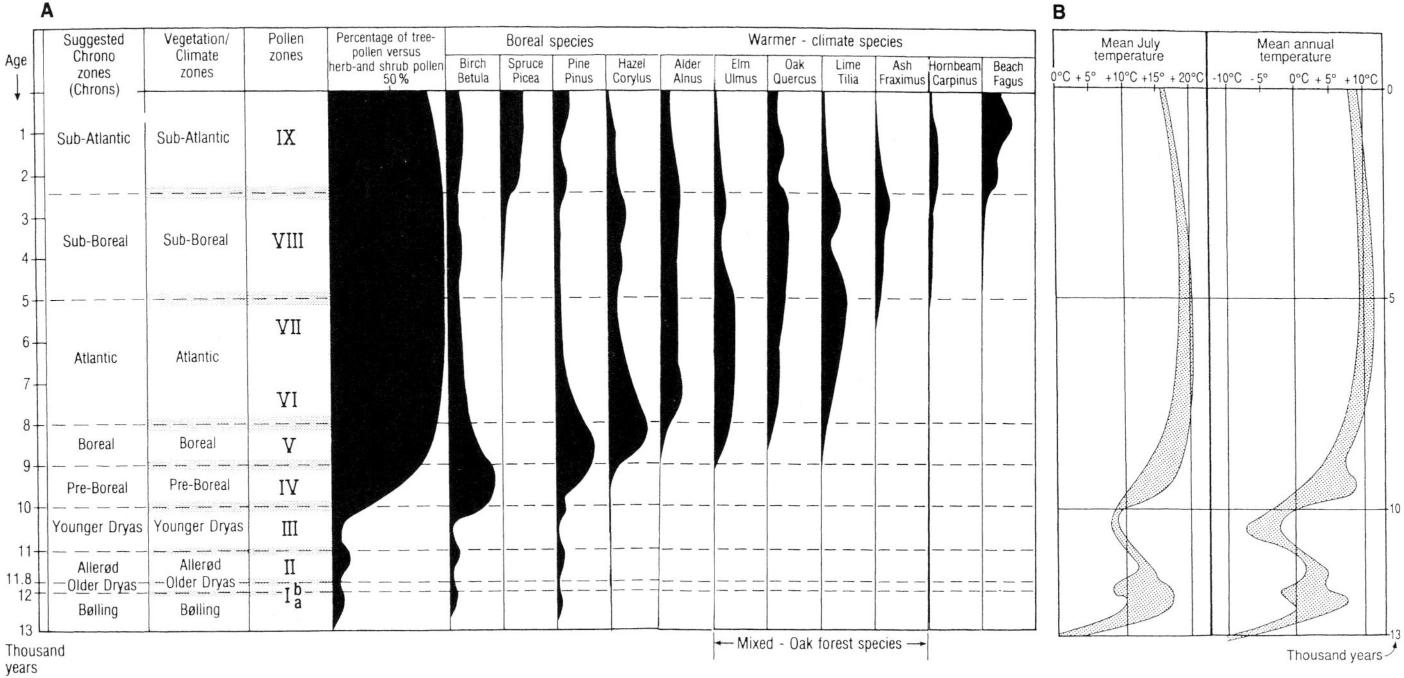

Abb. 66. Generalisiertes Pollendiagramm für das späte Weichsel-Glazial und das Holozän Süd-Skandinaviens (aus: ANDERSEN & BORNS 1994).

Wälder und Mischwälder aus. Zu dieser Zeit begann sich erstmals der Einfluß des Menschen bemerkbar zu machen. Im Neolithikum wurde der Mensch seßhaft und begann, Ackerbau zu treiben. Das Vieh wurde im Winter mit Blättern und Zweigen von *Ulmus* (Ulme) und *Tilia* (Linde) gefüttert. Dadurch waren die Bäume nicht mehr blühfähig und wurden so immer stärker reduziert. Aus den Mittelgebirgsregionen wanderten nun auch *Fagus* (Rotbuche) und viel später *Carpinus* (Hainbuche) ein. Erste Kulturanzeiger wie *Plantago lanceolata* LINNÉ (Wegerich) traten auf. Zu Beginn des **Subatlantikums** (2,5-0 ka BP; Nachwärmezeit) gingen die Temperaturen zunächst weiter zurück. Das Klima war instabiler als in der vorangegangenen Zeit. Die zeitweise zunehmende Feuchtigkeit beeinflußte das Waldbild. *Fagus* (Rotbuche) breitete sich mehr und mehr aus, z. T. gefördert durch den Menschen und auch *Carpinus* (Hainbuche) nahm zu. *Corylus* (Haselnuß) dagegen nahm kräftig ab, ebenso wie *Ulmus* (Ulme) und *Tilia* (Linde). Da der Mensch für die Beweidung die Talauen rodete, ging auch *Alnus* (Erle) kräftig zurück. Seit dem Ende der Bronzezeit nahmen die Siedlungsanzeiger kräftig zu. Um 1850 vor heute* hatte sich das Klima so weit abgekühlt, daß es etwa dem heutigen entsprach.

5.1.2.2 Fauna

5.1.2.2.1 Klimawechsel und Artenspektrum

Die starken Klimawechsel während der Quartär-Zeit führten mehrfach zu einem intensiven Faunenaustausch. Dadurch wurde das Artenspektrum einzelner Abschnitte so stark verändert, daß sich größere stratigraphische Abschnitte charakterisieren lassen (KOENIGSWALD VON & HEINRICH 1996: 437). Dies gilt sowohl für die Faunengemeinschaften der Kontinente als auch jene der Ozeane. Meeresspiegelschwankungen legten Landbrücken frei, über die hinweg unterschiedliche Faunen der Kontinente in Kontakt treten und auch weite Wanderungen durchführen konnten. Marine Faunen wurden dagegen durch solche Landbrücken voneinander getrennt. So wurden deren Austausch und Wanderungen während der Glaziale behindert. Es bleibt jedoch festzuhalten, daß sich im Unter- und Mittelpleistozän mittels der Säugetierfauna Kalt- und Warmzeiten nur in den seltensten Fällen voneinander unterscheiden lassen.

Erst im Ober-Pleistozän läßt sich eine relativ gute Charakterisierung

* bezogen auf das Jahr 1950

Abb. 67. Jungpleistozäne Großsäugerfauna aus der nördlichen Oberrheinebene, nach den klimatischen Ansprüchen aufgeteilt (aus: VON KOENIGSWALD 1991).

bestimmter Zeitabschnitte mit Hilfe der Säugetierfauna durchführen. Es sind dies das Eem, das Unter-, Mittel- und Ober-Weichsel sowie das Holozän (KOENIGSWALD VON & HEINRICH 1996: 437). Der Zeitabschnitt des Oberpleistozäns ist zu kurz, um deutliche phylogenetische Veränderungen zuzulassen. Dennoch verändert sich die Zusammensetzung der Fauna in bestimmten Abschnitten. Ursache dafür sind die Klimaänderungen dieser Zeiten. Aber nicht etwa die Temperaturänderungen sind Auslöser dieser Veränderungen, sondern die Art der Klimaverhältnisse. Der Wechsel zwischen atlantischem und kontinentalem Klima war vermutlich die Hauptursache für das sich ändernde Artenspektrum der Säugetierfauna. Während der Glaziale war der Meeresspiegel tief abgesenkt. Das Klima wurde infolgedessen kontinentaler. Der im Laufe der Interglaziale stark angestiegene Meeresspiegel hatte maritimeres Klima zur Folge. Dieser Klimawechsel hatte Wanderungsbewegungen der Säugetiere zur Folge, die die veränderten Artenspektren zu verschiedenen Zeiten verursachten. Dort, wo der Wechsel zwischen maritimem und kontinentalem Klima deutlich ausgeprägt war, lassen sich Glaziale und Interglaziale relativ gut trennen, wie beispielsweise in Mitteleuropa (s. Abb. 67). Je weiter ein Gebiet von der Küste entfernt liegt, um so weniger zeichnen sich die beschriebenen Klimaschwankungen ab. Die Artenspektren der Säugetierfaunen ändern sich kaum.

5.1.2.2.2 Quartärzeitliche Säugetiere

Der Beschreibung der quartärzeitlichen Faunen seien zunächst einige grundlegende Anmerkungen vorangeschickt. Die Nomenklatur (Namensgebung) der Faunen unterliegt bestimmten festgelegten Regeln, die hier noch einmal kurz dargelegt werden. Bei der Beschreibung der jeweiligen Faunen in diesem Buch wird so verfahren, daß dem jeweiligen Kapitel eine verkürzte Systematik der beschriebenen Faunen, insbesondere der Säugetiere, vorangestellt wird. Die Beschreibungen der Säugetiere lehnen sich im wesentlichen an Müller (1970 und 1989) und Nilsson (1983) an.

Mit Hilfe der Taxonomie (Merkmalsgefüge) werden Verwandtschaftsbeziehungen zwischen den Tieren hergestellt. Dieses System wurde von C. von Linné (1707–1778) erarbeitet. Die Evolution der Faunen dient der Systematik als Grundlage. Die einzelne systematische Einheit wird als Taxon bezeichnet. Der Beschreibung der Faunen liegt folgende Hierarchie zugrunde:

Reich
Stamm (phylum)
Klasse
Ordnung
Familie
Gattung (genus)
Art (spezies)

Auch die Nomenklatur folgt bestimmten Regeln (Ziegler 1972). Bei der Namensgebung ist dem Prioritätsprinzip zu folgen. In der Zoologie gilt als Beginn des Prioritätsprinzips das Jahr 1758, dem Jahr des Erscheinens von Linnés „systematica naturae“, in der diese Handhabung begründet wurde.

Die Bezeichnungen verschiedener Taxa besitzen in der Regel bestimmte Endungen, eine Oberfamilie endet auf -oidea, die einer Familie auf -idae, die einer Unterfamilie auf -inae. Eine Gattung kann eine beliebige Endung besitzen. Der Name einer Gattung darf nur einmal verwendet werden. Der Name einer Art muß binär sein. Er besteht aus Gattungs- und Artnamen. Der Name des Erstautors einer systematischen Einheit wird ohne Klammer beispielsweise an den Artnamen angefügt. Hat sich die Kombination mit dem Gattungsnamen verändert, wird der Autor in Klammern angefügt.

Der größte Teil der Untersuchungen an quartärzeitlichen Faunen widmet sich naturgemäß den Großsäugern (u.a. THENIUS 1962, 1972). Im folgenden werden aus der Fülle der Großsäuger nur die bedeutendsten Formen beschrieben. Die den Einzelkapiteln vorangestellte Systematik beinhaltet lediglich die im Text beschriebenen Einheiten. Sie ist daher nicht vollständig.

Rüsseltiere / Elefanten

Ordnung:	Proboscidea ILLIGER 1811 (Rüsseltiere)
Unterordnung:	Mastodontoidea OSBORN 1921 Zitzenzähner
Familie:	Mastodontidae GIRARD 1852
Gattung:	*Mastodon* CUVIER 1817
Gattung:	*Anancus* AYMARD 1855
Art:	*Anancus avernensis* CROIZET & JOBERT 1828
Unterordnung:	Elephantoidea OSBORN 1921 Elefantenartige
Familie:	Elephantidae GRAY 1821
Gattung:	*Mammuthus* BURNETT 1830
Art:	*Mammuthus (Archidiskodon) meridionalis* (NESTI)
Art:	*Mammuthus (Mammuthus) trogontherii* (POHLIG 1888)
Art:	*Mammuthus (Mammuthus) primigenius* (BLUMENBACH 1799)
Gattung:	*Elephas* MATSUMOTO 1924
Art:	*Elephas (Palaeoloxodon) antiquus* (FALCONER & CAUTLEY 1845)
Art:	*Elephas (Archidiskodon) planifrons* (FALCONER & CAUTLEY 1846)

Die Gattung *Mastodon* starb in Europa im frühen Unter-Pleistozän aus. In Nordamerika reichte sie jedoch bis ins Früh-Holozän! Aus dem Südmammut (*Mammuthus meridionalis*), das bis zum Ende des Cromer-Komplexes nachweisbar ist, entwickelte sich der Waldelefant (*Elephas antiquus*), dessen Vertreter vom Cromer-Komplex bis zum Ende des Eem-Interglazials lebten.

Ebenfalls vom Südmammut leitet sich der Steppenelefant beziehungsweise das Altmammut (*Mammuthus trogontherii*) ab. Das Altmammut war bereits an Kaltsteppen und Tundrengebiete angepaßt. Es kam vom Cromer-Komplex bis zum Ende desEem-Interglazials vor. Aus dem Altmammut entstand der wohl bekannteste Großsäuger des Pleistozäns, das wollhaarige oder echte Mammut (*Mammuthus primigenius*). Charakteristikum der ausgewachsenen Tiere dieser Spezies mit einer Schulterhöhe von ca. 3 m war ein kleiner Buckel, der den etwas vertieften Nacken vom hohen Schädel absetzte. Die kleinen Ohren des Mammuts zeigen die Anpassung an die kalten Klimaverhältnisse (KOENIGSWALD VON & HAHN 1981). Am häufigsten trat das Mammut wahrscheinlich vor dem Hochglazial des Weichsel-Glazials auf (vgl. Kap. 5.1.2.2.3 Faunenwechsel im Oberpleistozän am Beispiel des Oberrheingrabens).

Nashörner

Ordnung:	Perissodactyla OWEN 1848 (Unpaarhufer)
Unterordnung:	Ceratomorpha WOOD 1937
Oberfamilie:	Rhinocerotoidea GILL 1872
Familie:	Rhinocerotidae OWEN 1845
Unterfamilie:	Rhinocerotinae DOLLO 1885
Gattung:	*Rhinoceros* LINNÉ 1758
Unterfamilie:	Stephanorhininae (Dicerorhininae) (SIMPSON 1954)
Gattung:	*Stephanorhinus* (GLOGER 1841)
Art:	*Stephanorhinus hundsheimensis* (FALCONER)
Art:	*Stephanorhinus kirchbergensis* (JAEGER 1839)
Art:	*Stephanorhinus hemitoechus* (FALCONER 1868)
Gattung:	*Coelodonta* BRONN 1831
Art:	*Coelodonta antiquitatis* (BLUMENBACH 1807)

Die Familie der Rhinocerotidae ist die einzige bis in die Gegenwart reichende Gruppe der Rhinocerotoidea. Charakteristisch ist ein eckig abgesetzter Schädel mit weit vorragenden Teilen der Nasalia. Das Vordergebiß wird mehr und mehr reduziert. Es kann auch vollständig verlorengehen. Die Familie der Rhinocerotidae besitzt zahlreiche Unterfamilien. Besondere Bedeutung für das Quartär besitzen die Unterfamilien Rhinocerotinae und Stephanorhininae. Die der Unterfamilie der Rhinocerotinae angehörende Gattung *Rhinoceros* (früher *Dicerorhinus*) tritt erstmals im Unter-Pleistozän auf und kommt auch noch in der Gegenwart vor. Ihr heutiges Verbreitungsgebiet ist auf das südliche Asien begrenzt.

Die der Gattung *Stephanorhinus* angehörende Art *Stephanorhinus hundsheimensis* (Etruskisches Nashorn) hat sich dem Klimaumschwung vom Tertiär zum Quartär gut anpassen können. Dennoch ist das Vorkommen von *Stephanorhinus hundsheimensis* vor allem auf die Interglaziale des Quartärs begrenzt. *Stephanorhinus hundsheimensis* starb zu Beginn des Holstein-Interglazials aus. *Stephanorhinus kirchbergensis* (*Rhinoceros merckii*; Waldnashorn) entwickelte sich aus *Stephanorhinus hundsheimensis*. Breite und niedrige Backenzähne zeigen, daß *Stephanorhinus kirchbergensis* warmzeitliche Buschwälder bevorzugte. Besonders häufig wurden Knochen von *Stephanorhinus kirchbergensis* an paläolithischen Lagerplätzen des Menschen, insbesondere aus der Zeit des Eem-Interglazials, gefunden. *Stephanorhinus kirchbergensis* starb am Ende des Eem-Interglazials, etwa zur gleichen Zeit wie *Mammuthus trogontherii*, aus. *Stephanorhinus hemitoechus* besaß kleinere höherkronige Backenzähne. Es war also wohl ein Grasäser. Dafür spricht auch der stärker abgesenkte Schädel. *Stephanorhinus hemitoechus* kam bevorzugt in der buschbestandenen Grassteppe vor. Es lebte zwischen dem Cromer-Komplex und dem Eem-Interglazial. Besonders bekannt ist aus der Pleistozän-Zeit das Wollhaar- oder Fellnashorn (*Coelodonta antiquitatis*). Breite, flach abgekaute Backenzähne zeigen, daß die Nahrung des Wollhaarnashorns vorwiegend aus Gräsern bestand. Der Schädel war tief nach unten geneigt. Das Fellnashorn war an Kältesteppen und Tundren angepaßt. Im Dauerfrostboden Sibiriens wurden auch vom Wollhaarnashorn Kadaver mit Fleisch und daran haftenden Haaren sowie die kennzeichnenden Nashörner, lange seitlich komprimierte Hautderivate gefunden. Das Wollhaarnashorn wanderte während des Saale-Glazials aus Asien ein. Am Ende des Weichsel-Glazials starb *Coelodonta antiquitatis* aus.

Pferde

Ordnung:	Perissodactyla OWEN 1848 (Unpaarhufer)
Unterordnung:	Hippomorpha WOOD 1937
Oberfamilie:	Equoidea HAY 1902 (Einhufer und Verwandte)
Familie:	Equidae GRAY 1821 (echte Pferde)
Unterfamilie:	Equinae STEINMANN & DÖDERLEIN 1890
Gattung:	*Hipparion* CHRISTOL 1832
Gattung:	*Nannippus* MATTHEW 1926
Gattung:	*Hippidion* OWEN 1869
Gattung:	*Equus* LINNÉ 1758
Art:	*Equus (Equus) germanicus* NEHRING 1884 (großes Wildpferd)
Art:	*Equus (Equus) przewalskii* POLJAROFF 1881 (Przewalski-Pferd bzw. Tarpan)

Art: *Equus (Equus) caballus* LINNÉ 1758 (domestiziertes Pferd)
Art: *Equus (Asinus) hydruntinus* REGALIA 1907 (Wildesel)

Die Oberfamilie der Equoidea (Einhufer und Verwandte) zählt zu den am höchsten differenzierten Säugetieren. Eine ausgeprägte phylogenetische Größenzunahme führte von fünfzehigen Waldbewohnern von der Größe eines Terriers bis zu den heutigen einzehigen Pferden.

Die schrittweisen Veränderungen von Gebiß, Schädel, Gehirnvolumen und Gliedmaßen lassen sich sehr gut nachvollziehen. Die größte Formenfülle erreichten die Einhufer während des Eozäns. Die Familie der Equidae (echte Pferde) besaß noch im Oligozän mit *Meso-* und *Miohippus* Pferde mit primitiven Gehirnen. Infolge des trockener werdenden Klimas entwickelten sich Steppengräser. Dadurch entstand ein evolutiver Druck auf die Pferde, der dazu führte, daß sie ihre Nahrungsaufnahme auf Steppengräser umstellten (Gebißveränderungen). Die Anpassung an den raschen Lauf auf hartem Untergrund hatte massive Umgestaltungen des Fußes zur Folge.

Die zur Unterfamilie der Equinae gehörende Gattung *Hipparion* trat erstmals im Ober-Miozän auf und reichte bis ins Unter-Pleistozän Europas und Afrikas. Hand und Fuß waren noch dreistrahlig. *Nannippus* trat in Nordamerika vom Unter-Pliozän bis ins Unter-Pleistozän auf. Charakteristisch für das Pleistozän Südamerikas war dagegen *Hippidion*. Die Gattung *Equus* kam in Amerika nur vom Unter-Pleistozän bis zum Ende des Weichsel-Glazials vor. Erst im 16. Jahrhundert brachten die Spanier auf ihren Schiffen wieder Pferde nach Amerika. In Europa, Asien und Afrika trat *Equus* im Unter-Pleistozän auf und reicht bis in die Gegenwart. Wildpferde (*Equus remagensis*) waren an Steppe und Tundra angepaßt. Backenzähne mit feinen Kanten belegen die Anpassung an die Grasnahrung der Steppen. Pferde waren weitgehend klimaunabhängig. Für den Menschen stellten sie eine begehrte Jagdbeute dar. Insbesondere während des Weichsel-Glazials wurden sie intensiv bejagt. Zur Zeit des Magdalénien war das Pferd neben dem Ren das bedeutendste Jagdtier des Menschen (KOENIGSWALD VON & HAHN 1981). Gerade während dieser Zeit, im Magdalénien, wurde *Equus remagensis* von *Equus przewalskii* abgelöst. Das Przewalski-Pferd wurde gegen 1879 in Rußland durch Jagd ausgerottet. Inzwischen gibt es jedoch Nachzüchtungen dieses Pferdes. Vor ca. 4000 Jahren wurde das Pferd domestiziert. Vermutlich geschah dies in den Weiten der südrussischen Steppen. Das domestizierte Pferd (*Equus caballus*) wird heute in eine Fülle von Rassen untergliedert.

Equus hydruntinus war während des Ober-Pleistozäns in ganz Europa verbreitet.

Bison und Auerochse

Ordnung:	Artiodactyla OWEN 1848 (Paarhufer)
Unterordnung:	Ruminantia SCOPOLI 1777
Infraordnung:	Pecora LINNÉ 1785
Oberfamilie:	Bovoidea SIMPSON 1931 (Hohlhörnler)
Familie:	Bovidae GRAY 1821 (Rinderartige)
Unterfamilie:	Bovinae GILL 1872
Gattung:	*Leptobos* RÜTIMEYER 1878
Gattung:	*Bos* LINNÉ 1758
Art:	*Bos primigenius* Bojanus 1827 (Ur oder Auerochse)
Art:	*Bos taurus* LINNÉ 1758 (Hausrind)
Gattung:	*Bison* H. SMITH 1827
Art:	*Bison bonasus* LINNÉ 1758 (Waldwisent)
Art:	*Bison priscus* BOJANUS 1827 (Steppenwisent)
Gattung:	*Bubalus* FRISCH 1775 (Büffel)
Art:	*Bubalus murrensis* BERCHHEMER 1927

Die Infraordnung Pecora zeichnet sich durch einen vierteiligen Wiederkäuermagen und die weitergehende Anpassung der Gliedmaßen an den Lauf aus. Die Bovoidea sind die formenreichste Oberfamilie der Paarhufer. *Leptobos* kam im Villafranchium Europas und im Postvillafranchium Asiens vor. Die Gattung *Bos* kommt in Europa vom Pleistozän bis in die Gegenwart vor. *Bos primigenius* ist vermutlich aus Asien eingewandert. Den europäischen Raum dürfte es im Laufe des Holstein-Interglazials erreicht haben. Es war insbesondere in den warmzeitlichen Auenwäldern und in lichten Wäldern trockener Standorte verbreitet. Auch im Holozän kam der Auerochse noch vielerorts vor. Im Jahre 1627 ist das letzte Exemplar in Polen verendet. Schon früh, vermutlich 8 ka BP, wurde der Auerochse domestiziert. Er ist die Ahnform des Hausrindes (*Bos taurus*). Die Knochen beider Arten unterscheiden sich lediglich dadurch, daß jene des Hausrindes etwas kleiner sind als die des Auerochsen. Auch die Knochen von *Bos* und *Bison* unterscheiden sich kaum. Das sicherste Unterscheidungsmerkmal bietet die Stellung der Hornzapfen zum hinteren Rand des Schädels. Der Ansatzpunkt der Hörner befindet sich beim Bison weit vorn. Beim Auerochsen sitzen die Hörner hinten und überragen die Fläche des Hinterhauptes. Außerdem sind die Hörner des Auerochsen ausladender und stärker gekrümmt als jene des Bisons (KOENIGSWALD VON & HAHN 1981). Der Wisent war während des gesamten Pleistozäns weit verbreitet. *Bison bonasus*, der Waldwisent, hat sich bis in die Gegenwart in den Wäldern Polens erhalten. Er war besonders gut an die warmzeitlichen Wälder angepaßt.

Der Steppenwisent (*Bison priscus*) war in den kaltzeitlichen Steppen- und Tundrenregionen zu Hause. Er ist inzwischen ausgestorben. Höhlenmalereien belegen, daß die Gattung *Bison* ein begehrtes Jagdtier des Menschen war.

Moschusochse und Saiga-Antilope

Ordnung:	Artiodactyla OWEN 1848 (Paarhufer)
Unterordnung:	Ruminantia SCOPOLI 1777
Familie:	Bovidae GRAY 1821 (Rinderartige)
Unterfamilie:	Caprinae GILL 1872
Gattung:	*Ovibos* DE BLAINVILLE 1816
Art:	*Ovibos moschatus* (ZIMMERMANN 1780) (Moschusochse)
Gattung:	*Saiga* GRAY 1843
Art:	*Saiga tatarica* LINNÉ 1766 (Saiga-Antilope)

Der Moschusochse (*Ovibos moschatus*) kommt in Eurasien und Nordamerika vom Mittel-Pleistozän bis in die Gegenwart vor. Mit Beginn des Elster-Glazials tauchten Moschusochsen als arktische und asiatische Einwanderer in Europa auf. Heute leben sie in Grönland und im arktischen Nordamerika. Die vollständige Kälteanpassung von *Ovibos moschatus* läßt sich an den heute lebenden Tieren sehr gut studieren. Besonders charakteristisch sind die Hörner der Moschusochsen. Unmittelbar hinter den Augen sind sie zunächst nach unten gebogen; dann aber schwenken ihre Spitzen nach außen.

Die Saiga-Antilope (*Saiga tatarica*) erreichte Zentraleuropa am Ende des Saale-Glazials. Danach, besonders während des Weichsel-Glazials, breitete sie sich nach Großbritannien, Frankreich und Belgien aus. Vermutlich wanderte sie aus den asiatischen Steppengebieten der unteren Wolga ein, wo sie auch heute noch vorkommt.

Wildschweine und Flußpferde

Ordnung:	Artiodactyla OWEN 1848 (Paarhufer)
Unterordnung:	Suiformes JAECKEL 1911
Oberfamilie:	Entelodontoidea COLBERT 1938
Familie:	Suidae GRAY 1821 (echte Schweine)
Gattung:	*Sus* LINNÉ 1758
Art:	*Sus scrofa* LINNÉ (Wildschwein 1758)
Familie:	Hippopotamidae GRAY 1821 (Flußpferde)
Gattung:	*Hippopotamus* LINNÉ 1758
Art:	*Hippopotamus amphibius* LINNÉ 1758

Insbesondere *Hippopotamus amphibius* kommt bei der Rekonstruktion der Klimaveränderungen des Ober-Pleistozäns besondere Bedeutung zu (vgl. Kap. 5.1.2.2.3 Faunenwechsel im Ober-Pleistozän am Beispiel des Oberrheingrabens).

Hirsche und Hirschartige

Infraordnung:	Pecora LINNÉ 1785
Oberfamilie:	Cervoidea SIMPSON 1931
Familie:	Cervidae GRAY 1821 (Hirsche und Hirschartige)
Unterfamilie:	Cervinae BAIRD 1857
Gattung:	*Cervus* LINNÉ 1758
Art:	*Cervus (Cervus) elaphus* (LINNÉ 1758) (Rothirsch)
Art:	*Cervus (Dama) dama* (FRISCH 1775)
Gattung:	*Rangifer* FRISCH 1775
Art:	*Rangifer tarandus* (LINNÉ 1758) (Rentier)
Gattung:	*Megaloceros* OWEN 1844
Art:	*Megaloceros giganteus* (BLUMENBACH 1803) (Riesenhirsch)
Gattung:	*Capreolus* FRISCH 1775
Art:	*Capreolus capreolus* (LINNÉ 1758) (Reh)
Art:	*Capreolus süssenbornensis* KAHLKE
Gattung:	*Alces* GRAY 1821
Art:	*Alces alces* (LINNÉ 1758) (Elch)
Art:	*Alces latifrons*

Auffälligstes Merkmal der quartärzeitlichen Cervoidea sind deren Geweih oder andere knöcherne Vorragungen des Schädels. Die Gattung *Cervus* kam erstmals im Pliozän Asiens vor. Sie breitete sich im Pleistozän nach Europa aus und lebt noch heute in beiden Regionen. Vermutlich erreichte *Cervus elaphus* (Hirsch) Europa im frühen Mittel-Pleistozän. Hirsche sind an Laub- und Grasnahrung aus Waldgebieten angepaßt. In den Alpen steigen sie heutzutage bis an die obere Waldgrenze auf.

Rangifer tarandus (Rentier) kam während der mittelpleistozänzeitlichen Glaziale in Europa nur selten vor. In zirkumpolaren Gebieten war es dagegen recht häufig vertreten. Weit verbreitet war das Rentier in Europa während des Weichsel-Glazials. Besonders große Mengen von Rentier-Knochen finden sich an den Lagerplätzen des späten Weichsel-Glazials. Die Rentiere wurden vom Menschen dieser Zeit offenbar intensiv bejagt. Rentiere sind gut an die arktische Tundra angepaßt. Als Nahrung dienen ihnen Flechten, Gräser und die Blätter der Zwergbirke.

Megaloceros giganteus (Riesenhirsch) besaß ein Geweih von riesigen

Ausmaßen. Es konnte eine Ausdehnung von bis zu 3,7 m erreichen. Das Tier selbst war jedoch kaum größer als ein Rothirsch. Riesenhirsche mit den größten Geweihen traten während des Weichsel-Glazials auf. Kleinere Formen gab es bereits während der Tegelen-Zeit. Der Lebensraum war auf die krautreichen Steppen des Hochglazials begrenzt. Der Aufenthalt im Wald war diesem Tier nicht möglich, so daß es mit der beginnenden Wiederbewaldung im Holozän ausstarb.

Capreolus capreolus (Reh) kommt vom Mittel-Pleistozän bis in die Gegenwart vor. Sein Vorläufer *Capreolus süssenbornensis* ist schon im Unter-Pleistozän Europas nachweisbar.

Alces alces (Elch) kam häufig in den oberpleistozänzeitlichen Waldlandschaften Eurasiens und Nordamerikas vor. Sein Urahn, *Alces latifrons*, konnte bereits im Unter-Pleistozän nachgewiesen werden. Elche traten und treten besonders häufig in feuchten Wald- und Sumpfregionen auf. Auch vor tiefen Temperaturen scheuen sie nicht zurück.

Bären

Ordnung:	Carnivora BOWDICH 1821
Unterordnung:	Fissipedia BURMEISTER 1791 (Landraubtiere i. e. S.)
Oberfamilie:	Canoidea SIMPSON 1931
Familie:	Ursidae GRAY 1825 (Bären)
Unterfamilie:	Ursinae VIRET 1955
Gattung:	*Ursus* LINNÉ 1758 (Bären i. e. S.)
Art:	*Ursus spelaeus* ROSENMÜLLER 1784 (Höhlenbär)
Art:	*Ursus arctos* LINNÉ 1758 (Braunbär)

Ursus kam bereits im Pliozän vor. Aus dem unterpliozänzeitlichen *Ursus etruscus* spalteten sich vermutlich am Ende des Cromer zwei Linien ab. Eine Linie führte zu *Ursus spelaeus*, die andere zu *Ursus arctos*. *Ursus spelaeus* war besonders im Ober-Pleistozän verbreitet. Sein Existenzmaximum erreichte er während des Eem-Interglazials. Vor dem Ende des Weichsel-Glazials starb er aus. Vom Braunbären (*Ursus arctos*) unterscheidet sich der Höhlenbär insbesondere durch seine Größe. Er ist um etwa ein Drittel größer als der Braunbär. Große Mengen von Knochen des *Ursus spelaeus* fanden sich in Höhlen. Die enormen Knochenansammlungen erklären sich wohl dadurch, daß die Bären die Höhlen für ihren Winterschlaf aufsuchten. Ältere und kranke Tiere erlebten das Frühjahr nicht mehr und verendeten dort (KOENIGSWALD VON & HAHN 1981). Die Knochen zeigen außerdem, daß *Ursus spelaeus* und *Ursus arctos*, wenn auch selten, zusammen vorkamen. Bären sind Allesfresser. Der eiszeitliche Höhlenbär hat vor allem, wie Kotreste zeigen, Kräuter, Beeren und Früchte gefressen. Aber auch kleine Nagetiere und Fische gehörten zu seiner Nahrung.

Löwen und Hyänen

Unterordnung:	Fissipedia BURMEISTER 1791 (Landraubtiere i. e. S.)
Oberfamilie:	Aeluroidea FLOWER 1869
Familie:	Felidae GRAY 1821 (Katzen)
Gattung:	*Panthera* OKEN 1816
Art:	*Panthera leo spelaea* (GOLDFUSS 1810) (Höhlenlöwe)
Familie:	Hyaenidae GRAY 1869
Gattung:	*Crocuta spelaea* (GOLDFUSS 1823) (Höhlenhyäne)

Unter der Gattungsbezeichnung *Panthera* werden der Leopard (*Panthera pardus*), der Tiger (*Panthera tigris*) und der Löwe (*Panthera leo*) der Alten Welt subsummiert. In der Neuen Welt kommt der Jaguar (*Panthera onca*) vor. In Europa treten verschiedene Arten der Gattung *Panthera* seit dem Villafranchium auf. *Panthera leo spelaea* ist im Ober-Pleistozän verbreitet. Der Höhlenlöwe war etwa um ein Drittel größer als der heutige Löwe. Es ist ein bis heute ungelöstes Problem, ob der Höhlenlöwe tatsächlich am Ende des Weichsel-Glazials ausstarb oder in Form des indischen Löwen (*Panthera leo persica*) überlebte, der in Südosteuropa noch in historischer Zeit vorkam. Ebenso ist bis heute umstritten, ob der Höhlenlöwe tatsächlich ein Löwe war oder ein Tiger oder eine eigene Spezies bildete (*Panthera spelaea*).

Kleinsäuger

Unter den Kleinsäugern haben insbesondere die Gattungen *Mimomys* (Wühlmäuse) und *Arvicola* (Schermäuse) besondere Bedeutung erlangt. Gegenüber den Großsäugern ist die Fundmenge erheblich größer, so daß stratigraphische und klimatische Aussagen eher möglich werden. So beherrschen beispielsweise die zur Gattung *Mimomys* gehörenden *Mimomys-savini*-Faunen den Cromer-Komplex und den unteren Teil des Elster-Glazials (KOENIGSWALD VON 1973). Während des frühen Elster-Glazials wurde *Mimomys* von Schermäusen (*Arvicola*) und Lemmingen (*Lemmus*) abgelöst. Die Wühlmäuse waren nicht mehr in der Lage, ihren Zahnverschleiß zu kompensieren. Schermäuse und Lemminge besitzen wurzellose, hochkronige Backenzähne und sind damit gut an die Pflanzennahrung der Steppen und Tundren angepaßt. Insbesondere die Schmelzbandverhältnisse der Molaren von *Arvicola* machten eine rasche Entwicklung durch. Dadurch werden stratigraphische Zuordnungen möglich.

Arvicola cantiana kam gemeinsam mit *Pliomys* und *Sorex savini* (Spitzmaus-Art) überwiegend im Elster-Glazial vor. *Arvicola-cantiana*-Formen ohne *Pliomys* charakterisieren das Holstein-Interglazial und das Saale-Glazial. Das Ende des Saale-Glazials ist durch Übergangsformen von *Arvicola cantiana* zu *Arvicola terrestris* gekennzeichnet. Insbesondere *Arvicola terrestris* ist typisch für das Eem-Interglazial. Sie reicht bis ins Holozän. Die Kleinsäugerfaunengemeinschaften, die gemeinsam mit *Arvicola terrestris* auftreten, sprechen für warmzeitliche Klimaverhältnisse. Eine besondere Eigenschaft der Kleinsäugerfaunen ist die Verarmung des Artenbestandes. Diese Verarmung wurde vermutlich durch den Wechsel vom Glazial zum Interglazial ausgelöst. Klimatisch anspruchsvolle Arten wanderten während des Glazials ab. Im Zuge der folgenden Wiedererwärmung kamen jedoch nicht alle Arten zurück. Es handelt sich also um klimabedingte Artenverschiebungen, die unterschiedliche Faunengemeinschaften entstehen lassen. Diese Gemeinschaften werden durch das Fehlen bestimmter Arten charakterisierbar (KOENIGSWALD VON 1973). Den Versuch einer stratigraphischen Korrelation hat KOLFSCHOTEN (1990) unternommen (s. Abb. 68).

5.1.2.2.3 Faunenwechsel im Ober-Pleistozän am Beispiel des Oberrheingrabens

Aufgrund der sich ändernden Klimaverhältnisse (atlantisch – kontinental) lassen sich die Faunenveränderungen in Mitteleuropa besonders gut im Ober-Pleistozän studieren (vgl. Kap. 5.1.2.2.1 Klimawechsel und Artenspektren). Für das Eem-Interglazial ist in Mitteleuropa folgende warmzeitliche Säugetierfauna nachgewiesen (KOENIGSWALD VON & HEINRICH 1996):

Sus scrofa LINNÉ 1758
Capreolus capreolus (LINNÉ 1758)
Elephas antiquus (FALCONER & CAUTLEY 1845)
Stephanorhinus kirchbergensis (JAEGER 1839)
Cervus (Dama) dama (FRISCH 1775)
Hippopotamus amphibius LINNÉ 1758
Bubalus murrensis BERCHHEMER 1927

Besonders bemerkenswert sind in dieser warmzeitlichen Säugetierfauna (vgl. Abb. 67) *Hippopotamus amphibius* (Flußpferd) und *Bubalus murrensis* (Wasserbüffel). Ihr Vorkommen setzt milde Winter voraus und kennzeichnet so Klimaabschnitte mit starkem atlantischen Einfluß. Beide – *Bubalus und Hippopotamus* – besitzen enge Bindungen zum Wasser. Rezent kommen beide in tropischen und subtropischen Regionen vor. Die Florenfunde des

Oberrheins widersprechen jedoch einer solchen ökologischen Gleichstellung (KOENIGSWALD VON 1991: 80). Die Pollenspektren lassen lediglich eine Erhöhung der Julitemperaturen von 2 bis 3 °C erwarten (FRENZEL 1989). Wichtig für das Vorkommen beider Arten sind nicht die Jahresdurchschnittstemperaturen, sondern der Klimagang eines Jahres. Der Winter ist die kritische Zeit. Solange die Gewässer in den Flußlandschaften offen sind, bieten sie den Tieren Schutz vor der Kälte. Eine Besiedlung von Flußlandschaften, die regelmäßig zugefroren sind, ist dagegen unmöglich (KOENIGSWALD VON 1991: 80). Mildere Winter können auch durch atlantischere Klimaverhältnisse ausgelöst werden. Auf diese Weise erklärt sich der scheinbare Widerspruch zwischen Pollenspektren und Säugetierfaunen.

Der Übergang vom Eem-Interglazial zum Weichsel-Glazial ist nur sehr unzureichend belegt. Daher ist bisher nicht bekannt, ob *Elephas antiquus* und *Mammuthus primigenius* nebeneinander vorkamen.

Mit dem beginnenden Weichsel-Glazial wanderte eine kaltzeitliche Säugetierfauna ein (vgl. Abb. 68). Charakteristisch sind:

Mammuthus primigenius
Coelodonta antiquitatis
Rangifer tarandus
Ovibus moschatus

Eine sichere Abgrenzung dieses Faunenspektrums zu jenem des Saale-Glazials ist bisher nicht möglich, da die Faunenspektren des Saale-Glazials noch zu wenig bekannt sind. Die vorgefundenen Faunengesellschaften erlauben jedoch eine grobe stratigraphische Untergliederung in Unter- Mittel- und Ober-Weichsel (KOENIGSWALD VON & HEINRICH 1996: 440 ff). Im **Unter-Weichsel** wanderten ausschließlich Steppenfaunen von Südosten her ein. Es sind *Equus (Asinus) hydruntinus* (Wildesel), *Hystrix* sp. (Stachelschwein) und *Lagurus lagurus* (Steppenlemming). Der *Lagurus*-Horizont gehört wohl einem frühen Stadial des Weichsel-Glazials an. Im **Mittel-Weichsel** tritt eine artenreiche Großsäugerfauna auf. Sie setzt sich zum einen aus eingewanderten arktischen Faunen, zum anderen aus Faunen zusammen, die das Eem überdauert haben. Die eingewanderten arktischen Faunen bestehen im wesentlichen aus:

Mammuthus primigenius
Coelodonta antiquitatis
Rangifer tarandus
Ovibos moschatus

Zu den aus dem Eem stammenden Faunen zählen:

Megaloceros giganteus
Cervus elaphus
Alces alces

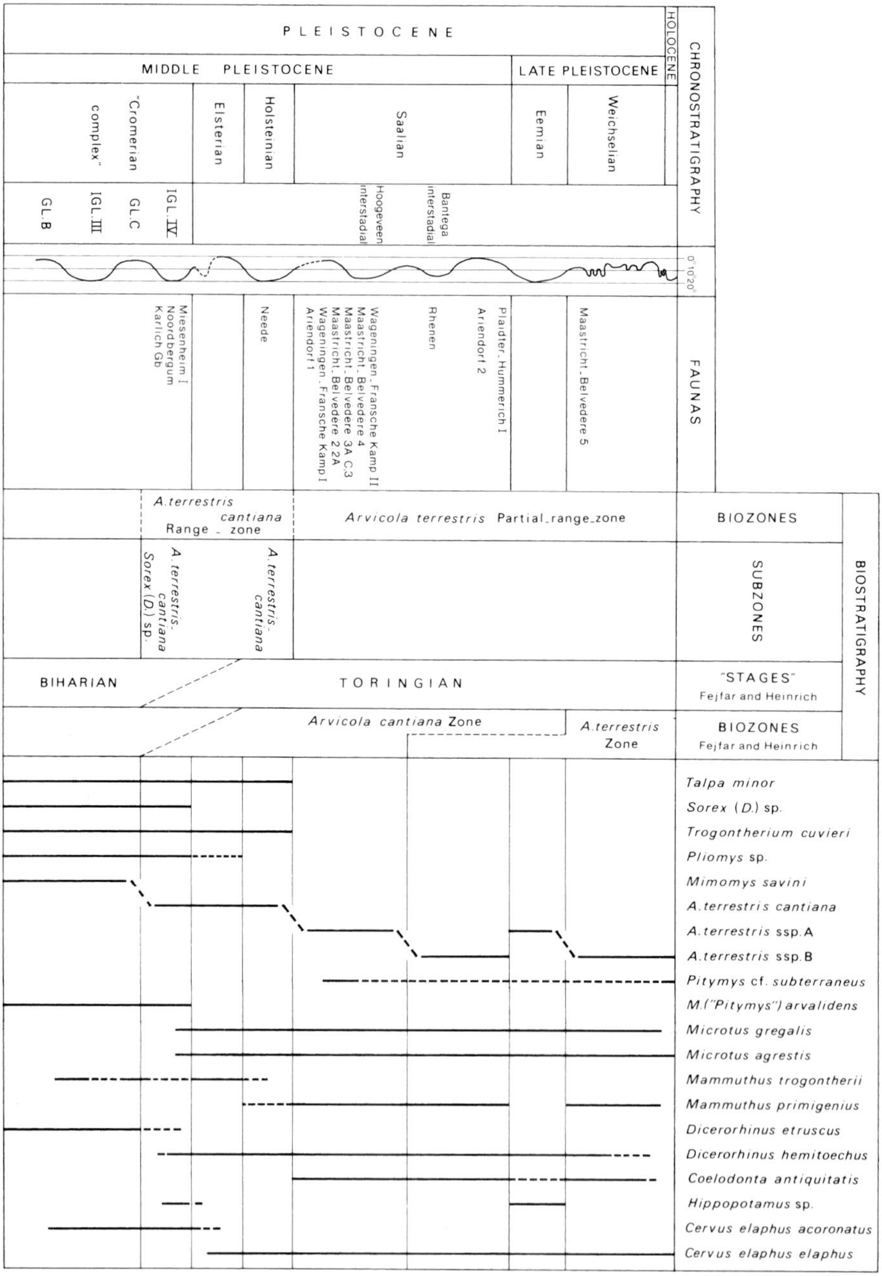
PLEISTOCENE
HOLOCENE
CHRONOSTRATIGRAPHY
MIDDLE PLEISTOCENE
LATE PLEISTOCENE
"Cromerian complex"
Elsterian
Holsteinian
Saalian
Eemian
Weichselian
GL.B
IGL.III
GL.C
IGL.IV
Hoogeveen interstadial
Bantega interstadial
0° 10° 20°
Miesenheim I
Noordbergum
Karlich Gb
Neede
Wageningen_Fransche Kamp II
Maastricht_Belvedere 4
Maastricht_Belvedere 3A C.3
Maastricht_Belvedere 2 2A
Wageningen_Fransche Kamp I
Ariendorf 1
Rhenen
Plaidter_Hummerich I
Ariendorf 2
Maastricht_Belvedere 5
FAUNAS
A. terrestris cantiana Range_zone
Arvicola terrestris Partial_range_zone
BIOZONES
A. terrestris_cantiana Sorex (D.) sp.
A. terrestris_cantiana
SUBZONES
BIOSTRATIGRAPHY
BIHARIAN
TORINGIAN
"STAGES" Fejfar and Heinrich
Arvicola cantiana Zone
A. terrestris Zone
BIOZONES Fejfar and Heinrich
Talpa minor
Sorex (D.) sp.
Trogontherium cuvieri
Pliomys sp.
Mimomys savini
A. terrestris cantiana
A. terrestris ssp. A
A. terrestris ssp. B
Pitymys cf. subterraneus
M. ("Pitymys") arvalidens
Microtus gregalis
Microtus agrestis
Mammuthus trogontherii
Mammuthus primigenius
Dicerorhinus etruscus
Dicerorhinus hemitoechus
Coelodonta antiquitatis
Hippopotamus sp.
Cervus elaphus acoronatus
Cervus elaphus elaphus

Aus der Zeit des maximalen Eisstandes sind keine Faunen nachweisbar. Auch der Mensch scheint das Gebiet zwischen skandinavischem Eisschild und Alpen gemieden zu haben (KOENIGSWALD VON & HEINRICH 1996: 442). Kurz nach dem Eishöchststand taucht eine verarmte Fauna auf. *Megaloceros giganteus* fehlt jedoch völlig. Auch *Mammuthus primigenius* und *Coelodonta antiquitatis* kommen nur äußerst selten vor, ebenso wie *Ursus spelaeus*. Dagegen dominieren zu dieser Zeit *Rangifer tarandus* und *Equus* sp. Beide Spezies bevorzugen kontinental-trockenes Klima. *Ovibos moschatus* und *Saiga tatarica* wandern im **Ober-Weichsel** ein.

Bereits im Alleröd beginnt der Faunen-Umschwung zum Holozän. Die beginnende Erwärmung und Bewaldung führt zur Einwanderung von *Capreolus capreolus*, *Sus scrofa* und *Castor fiber*. Der Kälterückschlag der Jüngeren *Dryas*-Zeit hat zur Folge, daß dieser Umschwung in Norddeutschland später einsetzt als in Süd- und Westdeutschland (KOENIGSWALD VON & HEINRICH 1996: 442). Für lange Zeit wird die norddeutsche Fauna daher noch durch *Rangifer* charakterisiert.

5.1.2.2.4 Andere quartärzeitliche Faunen

Käfer

Die Coleoptera (Käfer) besitzen eine Vielzahl terrestrischer Arten, die Hinweise auf das Paläoklima geben können. Käfer sind taxonomisch gut bekannt, sie kommen in einer Vielzahl von Lebensräumen vor und sind relativ gut erhaltungsfähig. Die große Bedeutung der Käfer liegt in ihrer Mobilität (WILLIAMS et al. 1993). Käfer können sehr schnell auf Klimaveränderungen reagieren, und sie können sich über große Strecken fortbewegen. Ihre Reaktionszeit ist sehr viel kürzer als die von Pflanzen. Richtungweisende Untersuchungen der Käferfaunen in Bezug zum Klima wurden von COOPE (1975/1977) durchgeführt. So fand sich beispielsweise in Großbritannien in 43 ka alten Sedimenten eine thermophile Käferfauna, die im Liegenden und Hangenden von Käferfaunen eingeschlossen war, die charakteristisch für feuchtes, arktisches Klima sind. Die thermophilen Käferfaunen kommen heute nur noch im südlichen Eurasien vor. Sie lassen den Schluß zu, daß die Temperaturen vor 43 ka so hoch gewesen sein müssen wie heute, wenn sie nicht noch höhere Werte erreichten. In den Pollendiagrammen aus diesen Schichtenfolgen fanden sich keinerlei Hinweise auf eine

◀ Abb. 68. Stratigraphische Verbreitung bestimmter Säugetierfaunen im Mittel- und Ober-Pleistozän (aus: KOLFSCHOTEN 1990).

derartige Erwärmung. Die Wärmeschwankung war möglicherweise zu kurz, um sich auf die Pflanzenwelt auswirken zu können. Es muß jedoch berücksichtigt werden, daß Käferfaunen in der Regel die Julitemperaturen widerspiegeln. So herrschen beispielsweise im heutigen Ost-Sibirien hohe Julitemperaturen. Die Winter sind dort jedoch extrem kalt. Die thermophilen Käferfaunen zeigen somit unter Umständen nur extreme Temperaturschwankungen zwischen Sommer und Winter an, wie sie für kontinentale Klimate typisch sind.

Mollusken des Lösses

Die Mollusken des Lösses bilden sogenannte Lößgesellschaften. Dies sind Faunengemeinschaften, die an bestimmte ökologische Bedingungen, an spezifische Klima-, Sedimentations- und Bodenverhältnisse geknüpft sind. Es sind autochthone, monotone, kälteharte Gesellschaften. Die Faunen sind durch einige besondere Arten gekennzeichnet, die fast ausschließlich im Löß auftreten. Grundsätzlich lassen sich diese Gesellschaften in drei Gruppen unterteilen. Die *Pupilla*-Faunen repräsentieren den Grundtypus. Sie bestehen in erster Linie aus *Pupilla loessica* LOŽEK und *Pupilla muscorum* (LINNÉ). Neben diesen beiden Arten dominiert *Succinea oblonga* DRAPARNAUD. Daneben können noch weitere Arten wie *Trichia hispida* (LINNÉ), *Vallonia tenuilabris* (A. BRAUN) und *Heliocopsis striata* (MÜLLER) auftreten (LOŽEK 1965). Diese Faunenvergesellschaftung ist am weitesten verbreitet (s. Abb. 69). Sie deutet auf offene Standorte, in der Regel feuchte Wiesen und Steppen, hin. *Succinea oblonga* ist als Feuchteindikator zu werten.

Die zweite Faunenvergesellschaftung in Lössen setzt sich aus *Columella*- und *Striata*- Faunen zusammen. *Columella columella columella* (MARTENS) kommt an kalten und relativ feuchten Standorten vor. Eine eher trockenere Fazies weist höhere *Pupilla*-Anteile auf, die feuchtere enthält weniger *Pupilla*. Die *Striata*-Fauna hat sehr große Ähnlichkeit mit rezenten Faunen beziehungsweise mit Nicht-Lößfaunen. Es gibt so gut wie keine Arten, die im Löß vertreten sind. *Heliocopsis striata* (MÜLLER) war an Steppen und Felsensteppen gebunden. Durch ihren anderen Standort und ihre große Ähnlichkeit mit rezenten Faunen unterscheiden sich die *Striata*- von den *Columella*-Faunen. Dadurch bekommen beide auch stratigraphische Bedeutung. Die *Striata*-Fauna geht allmählich in die *Chondrula-tridens*-Fauna über, die typisch für die frühglazialen Steppengebiete war (LOŽEK 1965).

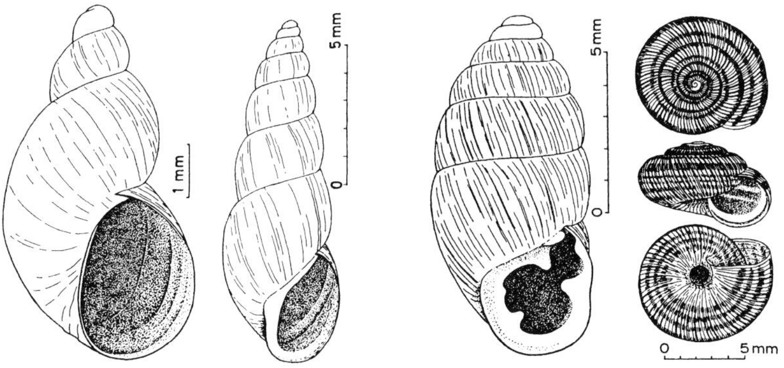

Abb. 69. a) Typische Lößschnecken (aus: LOŽEK 1965). Rechts: *Succinea oblonga* DRAPARNAUD –allgemein verbreitet im europäischen Löß; heute merkwürdigerweise feuchte bis mittelfeuchte Biotope bevorzugend. Links: *Lymnaea glabra* (MÜLLER) – bezeichnende Sumpflößschnecke des Donau-Tieflandes; heute nur in Nordeuropa lebend. b) Steppenarten im Löß. Links: *Chondrula tridens* (MÜLLER) nur stellenweise in „wärmsten" Lössen auftretend; bezeichnende Art der gegenwärtigen Steppen Europas. Rechts: *Helicopsis striata* (MÜLLER) – eurytherme Steppenart, die für trockene Lößfaunen bezeichnend ist.

Foraminiferen

Foraminiferen sind die am weitesten verbreiteten marinen Organismen. Sie sind wesentlicher Bestandteil des Globigerinenschlammes. Proben dieses Schlammes wurden erstmals auf der Expedition der H.M.S. Challenger zwischen 1872 und 1876 gewonnen und von MURRAY und RENARD beschrieben. Hauptbestandteile des karbonatischen Globigerinenschlammes sind Foraminiferen und Coccolithophoriden. Bei den Foraminiferen wird zwischen planktonisch und benthonisch lebenden Arten unterschieden. Die Planktoner leben oberflächennah. Sie können sich innerhalb der Wassersäule einige 100 m auf- und abbewegen. Meistens besitzen sie ein zartes, zerbrechliches, stacheliges Gehäuse aus Calcit. Benthoner leben am Boden der Ozeane oder in den obersten Zentimetern desselben. Sie sind häufig agglutinierend entwickelt. Im Sediment lebende Benthoner besitzen in der Regel schmale, lange oder kegelförmige Gehäuse. Die auf der Oberfläche lebenden sind flach und breit ausgebildet. Morphologie und unterschiedliche Wachstumsgeschwindigkeit der Benthoner sind unter anderem von der organischen Aktivität in den Ozeanen anhängig. Auch die jeweilige geographische Breite spielt eine entscheidende Rolle bei der Zusammensetzung der verschiedenen Foraminiferengesellschaften. Bé & Tolderlund (1971) haben die biogeographische Verbreitung von 40 rezenten planktonischen Foraminiferenarten untersucht. Diese Untersuchung stellt eine wichtige Grundlage für paläoökologische Arbeiten dar. Auch die stratigraphische Untergliederung mariner quartärzeitlicher Sedimente ist mit Hilfe verschiedener Foraminiferenspezies möglich. So wird der Beginn des Quartärs in Italien, in der Karibik und in Kalifornien mit dem ersten Auftreten von *Globorotalia truncatulinoides* definiert. Wenig vorher trat dort als nordischer Einwanderer *Hyalinea baltica* auf. Auch Beginn und Ende von Transgressionsphasen können durch die Analyse der Foraminiferengesellschaften exakt bestimmt werden. So konnte Knudsen (1993) nachweisen, daß die Transgression des Holstein-Interglazials bereits am Ende des Elster-Glazials einsetzte. Die ökologischen Bedingungen des Saale-Glazials, des Eem-Interglazials und des Weichsel-Glazials ließen sich für Nordjütland rekonstruieren (Knudsen & Feyling-Hanssen 1976).

Auch die Temperaturschwankungen der Ozeane und die Größenordnungen der Inlandeiskappen lassen sich mit Hilfe der Foraminiferen rekonstruieren. Ericson et al. (1961) untersuchten Proben von Tiefseebohrungen aus dem Atlantik und der Karibik. Die oberste Schicht enthielt Foraminiferen, die den heutigen auf dem Meeresboden lebenden entsprachen. Darunter traten vorwiegend kälteliebende, darunter wiederum wärmeliebende Formen auf. Ericson et al. (1961) benutzten *Globorotalia menardii* als Indikator für warmes Klima (s. Abb. 70). Je höher der Anteil von *Globorotalia menardii* am Gesamt-Foraminifereninhalt war, um so höher sollten die Wassertemperaturen gewesen sein. Neben dieser Spezies wurden noch andere in die Untersuchungen einbezogen. Folgende Spezies bevorzugen Wasser einer bestimmten Temperatur:

Warmes Wasser

Globorotalia menardii
Globigerinoides ruber

Kaltes Wasser

Globorotalia truncatulinoides
Globigerina inflata
Globigerina balloides

Imbrie & Kipp (1971), Imbrie et al. (1973) und Kipp (1976) konnten jedoch nachweisen, daß noch andere Faktoren wie Salzgehalt des Wassers und verfügbare Nahrungsmenge die Zusammensetzung und Verteilung der Foraminiferengesellschaften beeinflussen. Die Auswertung der Tiefseebohrkerne nach der Vielfaktormethode ergab, daß insbesondere Salzgehalt und

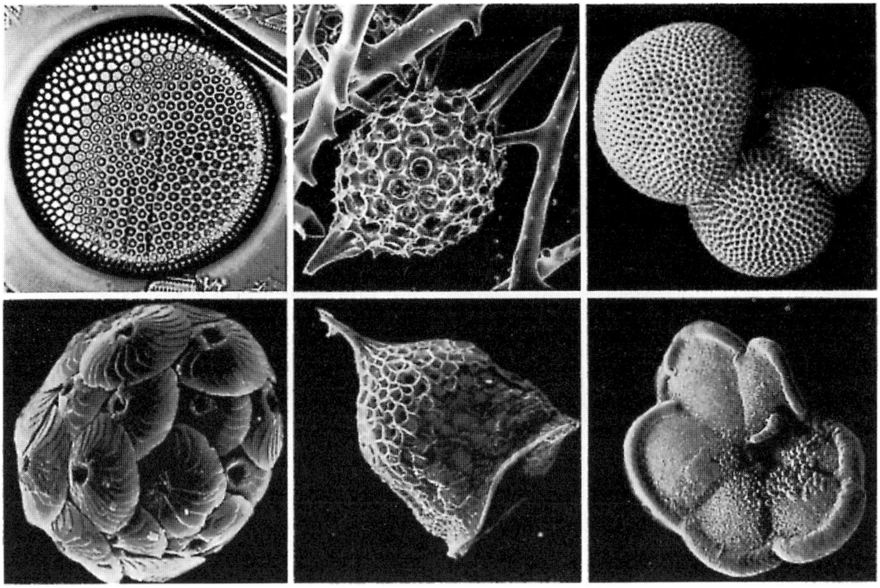

Abb. 70. Charakteristische Foraminiferenspezies (aus: Seibold & Berger 1996) Oben links: Diatomee (silikatisch), Oben Mitte: Radiolarie (silikatisch), Oben rechts: *Globigeninoides sacculifer* (kalkige Warmwasser-Foraminifere), Unten rechts: *Globorotalia menardii* (Foraminifere tropischer Gewässer), Unten Mitte: Tintinnine, Unten links: Coccolithophoride (kalkig).

Wassertemperatur die Zusammensetzung der Foraminiferengesellschaften steuern. Eine Herleitung der Paläowassertemperaturen aufgrund des Vorkommens bestimmter Spezies ist daher nicht möglich. Verändertes upwelling und dadurch variierende Nährstoffzufuhr sowie eine andere Geschwindigkeit der oberflächennahen Meeresströmungen, die die Salinitätsverhältnisse verändern, spielen eine bedeutende Rolle. Von diesen Faktoren werden auch die Windungsrichtungen der Foraminiferen beeinflußt. Es gibt bestimmte Foraminiferen-Spezies, deren Windungsrichtung von der Wassertemperatur abhängig ist. So kommt *Globorotalia pachyderma* in kaltem Wasser nur linksgewunden vor. Übersteigen die Jahresdurchschnittstemperaturen +9 °C, entwickelt diese Spezies rechtsgewundene Formen. Vorkommen und Zusammensetzung bestimmter Foraminiferengesellschaften werden neben der Temperatur von einer Vielzahl anderer Faktoren gesteuert. Diese Tatsache erklärt die Diskrepanzen, die sich zwischen der von Ericson et al. (1961) entwickelten Temperaturkurve des Quartärs und jener von Emiliani (1955) zeigten. Emiliani untersuchte die Foraminiferen aus Tiefseebohrkernen, die während der schwedischen Albatross-Expedition im äquatorialen Atlantik und im Nordatlantik gewonnen wurden. Emiliani (1955) maß die Sauerstoffisotopenverhältnisse der Foraminiferenschalen aus diesen Tiefseebohrkernen (vgl. Kap. 7.3 Tiefseebohrkerne und Sauerstoffisotopen). Im jüngsten Glazial und Interglazial stimmten die Kurven von Emiliani (1955) und Ericson et al. (1961) noch gut überein. Die unteren Abschnitte zeigten jedoch völlig abweichende Ergebnisse. Die Arbeiten von Imbrie & Kipp (1971) beweisen, daß die von Emiliani entwickelte Kurve nicht in erster Linie die Temperatur-Schwankungen des Wassers wiedergab, sondern die veränderte Gesamt-Sauerstoffisotopenzusammensetzung des Meerwassers. Diese Variationen werden durch die sich ändernde Größe der Inlandeiskappen gesteuert. Außerdem zeigte sich, daß die Abkühlung der subtropischen Ozeane ganz allmählich erfolgte. Erst mit Beginn des Saale-Glazials zeichnen sich dort die Klimaschwankungen deutlich in den Tiefseekernen ab.

5.2 Quartärstratigraphie

Die klassische Gliederung des Quartärs wurde im festländischen Bereich entwickelt. Grundlage waren die Inlandvereisungen auf der Nord-Halbkugel. Schon die Grenzziehung zwischen Tertiär und Quartär bereitet außerordentliche Probleme. Auf dem Internationalen Geologenkongreß 1948 in London wurde beschlossen, diese Grenze an den italienischen Typlokalitäten Charles Lyell's (1832, 1833) zu definieren. Mit dem ersten Auftreten kälteliebender mariner Organismen an diesen Lokalitäten sollte das Quartär beginnen. Es ist sofort verständlich, daß diese Grenze nicht global anwendbar ist. Sie tritt in verschiedenen Regionen zu verschiedenen Zeiten auf. Seit die Ergebnisse der Tiefseebohrkerne vorliegen, geht man dazu über, die dort gewonnenen Erkenntnisse für die Grenzziehung zwischen Tertiär und Quartär zu nutzen. So läßt sich aus den meisten Tiefseebohrkernen ableiten, daß sich seit etwa 2,4 Mio. Jahren Inlandeiskappen gebildet haben müssen (s. Abb. 71). Da diese Vorgänge nahe an der Gauss/Matuyama-Grenze stattgefunden haben, gehen die meisten Geowissenschaftler inzwischen dazu über, die Grenze zwischen Tertiär/

Quartär mit der paläomagnetischen Grenze Gauss/Matuyama zu definieren.

Die weitere Untergliederung des Quartärs wurde ebenfalls in den Vereisungsgebieten der Nord-Halbkugel entwickelt. So wurden im Alpenvorland von PENCK & BRÜCKNER (1909) vier große Vereisungen (Günz, Mindel, Riß, Würm) nachgewiesen (s. Tab. 5). Auch in Nordeuropa fand sich eine Viergliederung (Menap, Elster, Saale, Weichsel); ebenso in den Vereinigten Staaten von Amerika (Nebraskan, Kansan, Illinoian, Wisconsin). Diese Gliederungen wurden mit Hilfe der Morphostratigraphie aufgestellt. Grundlage ist die sogenannte Glaziale Serie. Für eine Eiszeit muß die Abfolge von Grund- und Endmoränen bis hin zu den glazifluviatilen Sedimenten im Vorland nachweisbar sein. Zwischen diesen so nachgewiesenen Eiszeiten liegen die Warmzeiten. Das Hauptproblem dieser Untergliederungen lag und liegt in deren Datierung. Die terrestrischen Schichtenfolgen sind in den meisten Fällen extrem lückenhaft entwickelt. „Absolute“ Datierungsmethoden für die Zeit vor mehr als 40 ka (^{14}C-Methode) sind zur Zeit noch zu ungenau oder für die fraglichen Schichten nicht anwendbar. Auch vollständigere terrestrische Sequenzen wie Lößabfolgen oder limnische Schichtenfolgen lassen sich meist nur dann chronostratigraphisch eingabeln, wenn sie vulkanische Lagen enthalten. Man ging lange Zeit davon aus, daß die vier Hauptvereisungen während der letzten 1 Mio. a stattgefunden hätten. Die Tiefseebohrkerne aber zeigten, daß es erheblich mehr und ältere Vereisungen gegeben haben muß. Die Tiefseekerne deuten auf Vereisungen unmittelbar nach dem Beginn des Quartärs vor ca. 2,4 Mio. a. Neuere radiometrische Datierungen an terrestrischen Sedimenten bestätigen sehr alte Vereisungen bis in gemäßigte Breiten. So führte die Datierung vulkanischer Aschen in den Prä-Illinois-Schichten Nordamerikas zu der Erkenntnis, daß die stratigraphischen Begriffe Kansan- und Nebraskan-Eiszeit obsolet sind. Die Kansan-Eiszeit wurde mit dem Elster gleichgesetzt. Die Datierungen der Pearlette-Tephra aber zeigten, daß sie zum einen wesentlich älter sein muß und daß es sich zum anderen um mehrere Vereisungen gehandelt haben muß. Inzwischen konnten drei Pearlette-Tephren mit Altern von 600 ka, 1200 ka und 2000 ka nachgewiesen werden. Vor der Illinois-Eiszeit (Saale-Glazial in Europa) muß es somit in Nordamerika mindestens 11 Vereisungen gegeben haben, deren älteste mit dem Prätegelen Europas verknüpft werden muß. Das quartärstratigraphische System Nordamerikas der Prä-Illinois-Zeit im klassischen Sinne existiert nicht mehr. Wenn diese Erkenntnisse in Nordamerika zutreffen, wie steht es mit dem präsaalezeitlichen stratigraphischen System Europas? Gibt es nicht wesentlich mehr und ältere Vereisungen als bisher angenommen? Viel diskutiert

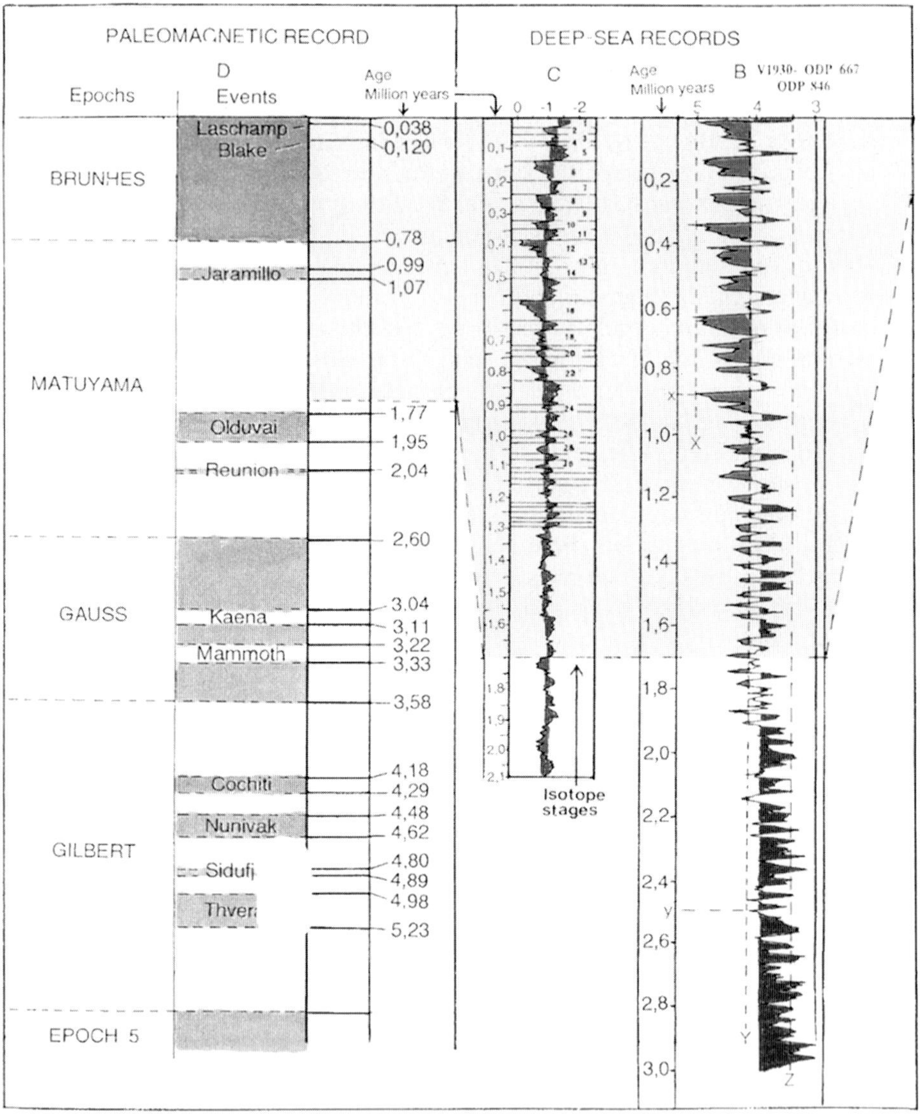

Abb. 71. Klimaschwankungen im Tertiär und Quartär (nach ANDERSEN & BORNS 1994).

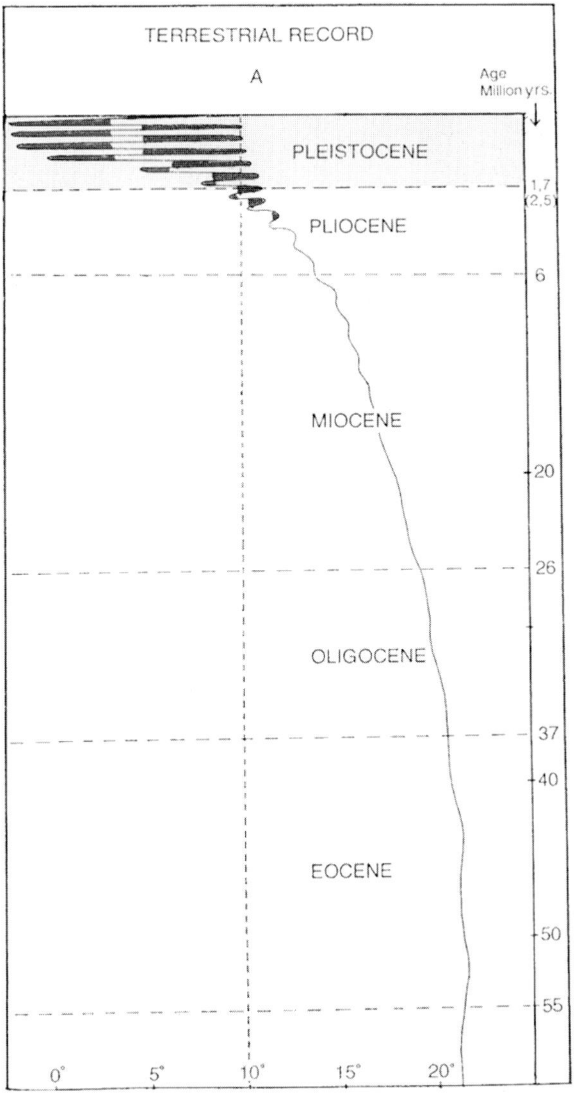
TERRESTRIAL RECORD
A
Age
Million yrs.
PLEISTOCENE
1,7
(2,5)
PLIOCENE
6
MIOCENE
20
26
OLIGOCENE
37
40
EOCENE
50
55
0°
5°
10°
15°
20°

Tab. 5. Stratigraphische Tabelle des Quartärs der Nordhalbkugel).

Stratigraphische Tabelle

NW-Deutschland	Alpenvorland	Großbritannien	Rußland	Sibirien	USA
Weichsel	Würm	Devensian	Valdaian	Zyrjanka	Wisconsin
Eem	Riß-Würm-Interglazial	Ipswichian	Mikolinoian	Kazantsevo	Sangamon
Saale	Riß	Wolstonian	Dnjeperian	Bachta	Illinois
Holstein	Mindel-/ Riß-Interglazial	Hoxnian	Likhvinian	Tobol	Prä-Illionois/Yarmouth
Elster	Mindel	Anglian	Okaian	Shaitan	Prä-Illionois/Kansan
Cromer	Haslach	Cromerian	Berezinaian	Talagaika	Prä-Illionois/Aftonian
Menap	Günz	Beestonian			Prä-Illionois/Nebraskan
Waal	Donau				
Eburon					
Tegelen		Pastonian - W. Baventian - K. Bramstonian Thurmian - K. Ludhamian			
Prätegelen	Biber	Pre-Ludhamian-K.			

J.Klostermann

werden beispielsweise intra-saalezeitliche Warmzeiten oder präelsterzeitliche Vereisungen. Spuren solcher älterer Vereisungen konnten in Europa bisher nicht nachgewiesen werden. Hier besteht großer Forschungsbedarf. Vielleicht verbergen sich in saale- oder elsterzeitlichen Moränen eine Vielzahl von älteren Vereisungen. Möglicherweise waren es nicht nur Oszillationen des Eisrandes, die verschiedene Moränen entstehen ließen, sondern es waren ältere Vereisungen. In Europa könnte hier insbesondere die Datierung älterer Warmzeiten weiterhelfen.

In der Tabelle 5 sind lediglich die wichtigsten zur Zeit oder vor einigen Jahren gebräuchlichen stratigraphischen Bezeichnungen aufgelistet. Wie bereits erwähnt ist ein Teil der Bezeichnungen in den Vereinigten Staaten von Amerika inzwischen obsolet. Die Tabelle soll lediglich helfen, auch die ältere Literatur einordnen zu können. Auf eine Darstellung ausführlicher stratigraphischer Tabellen oder regionaler Gliederungen wird bewußt verzichtet, da das System der Quartär-Stratigraphie zur Zeit sehr starken Änderungen unterworfen ist. Bezüglich regionaler Gliederungen wird auf die entsprechende Literatur verwiesen. Ziel quartärstratigraphischer Arbeiten im festländischen Bereich muß es sein, die terrestrische Gliederung an die marine anzubinden. Es muß jedoch darauf hingewiesen werden, daß Korrelationen zur Zeit rein hypothetischen Charakter haben.

6 Entwicklungsgeschichte des Menschen

Archäologische Forschungen erweisen sich vielfach als wichtiges stratigraphisches Hilfsmittel bei der Einstufung quartärzeitlicher Schichtenfolgen. Ein besonders interessanter Aspekt eröffnet sich, wenn man die Einflüsse von Geologie und Klima auf die Evolution des Menschen betrachtet. Inzwischen haben auch neueste Forschungsmethoden, wie beispielsweise die Genforschung, in die Archäologie Einzug gehalten. Nicht nur die Abstammung des Menschen und seine Verwandtschaft mit anderen Spezies läßt sich mit Hilfe der Genforschung genauer fassen. Auch das Problem der Herkunft des Menschen wird aufgrund der Ergebnisse der Genforschung erneut diskutiert. Stammt die Menschheit aus Afrika oder ist sie multilateralen Ursprungs? Das wichtigste Hilfsmittel aus stratigraphischer Sicht sind jedoch die verschiedenen Werkzeugtechnologien, die sich während verschiedener Zeiten entwickelt haben.

Zunächst zur systematischen Stellung des Menschen, die sich wie folgt darstellt:

Ordnung:	Primates (Menschenaffen, Affen, Halbaffen)
Unterordnung:	Catarrhini (Affen der Alten Welt, Schmalnasen)
Oberfamilie:	Hominoidea (Mensch, Menschenaffe)
Familie:	Hominidae (Afrikanische Menschenaffen, Mensch und ausgestorbene Vorfahren)
Gattung:	*Homo*
Art / Unterart:	*Homo sapiens sapiens*

(s. auch Tab. 6)

Zu den Vorfahren des Menschen dürften *Aegyptopithecus* und *Propliopithecus* zählen, die vor ca. 35 Mio. a lebten und den Catarrhini angehörten, kurz bevor diese sich in die Hominoidea und die Cercopithecoiden aufspalteten. Diese Abspaltung fand zwischen 35 und 30 Mio. a vor heute statt

Tab. 6. Taxonomische Stellung des Menschen.

Unterordnung	***C a t a r r h i n i***	
Oberfamilie	***Cercopithecoiden***	***Hominoidea***
Familie	***Pongidae***	***Hominidae***
Gattung	***Pongo***	***Homo***

(s. Abb. 72). Vor rund 25 Mio. a trennten sich die Dryopithecidae mit *Proconsul* ab. Wenig später (ca. 20 Mio. a vor heute) spalteten sich die Pongidae ab. Neuerdings werden auch *Sivapithecus* und *Ramapithecus* zu dieser Familie gerechnet und nicht mehr zu den Hominiden.

Vor etwa 10 Mio. a begann die Entwicklung des Gorillas. Vor 8 Mio. a trennten sich die Schimpansen ab. Seit 4–5 Mio. a tritt die Gattung der *Australopithecinen* auf. Sie starb vor ca. 1,5 Mio. a aus. Seit etwa 2,5 Mio. a ist die Gattung *Homo* mit der Spezies *Homo habilis* ausgliederbar, läßt sich jedoch noch nicht klar von den *Australopithecinen* trennen (s. Abb. 73). *Australopithecus* und *Homo habilis* haben folglich zu Beginn nebeneinander gelebt. *Homo habilis* starb ebenfalls vor etwa 1,5 Mio. a aus. Kurz bevor *Australopithecus* und *Homo habilis* ausstarben, tauchte vor ca. 1,8 Mio. a *Homo erectus* auf, der vor 100 ka BP ausgestorben ist. Der erste *Homo sapiens* ist vor ca. 300 ka BP nachweisbar. Lange Zeit lebten Übergangsformen neben *Homo erectus*, ebenso wie *Homo sapiens neanderthalensis*, der vor etwa 30 ka BP verschwand. Kurz vor dem Aussterben des *Homo sapiens neanderthalensis* traten der *Cro-Magnon*-Mensch (eine Variante von *Homo*

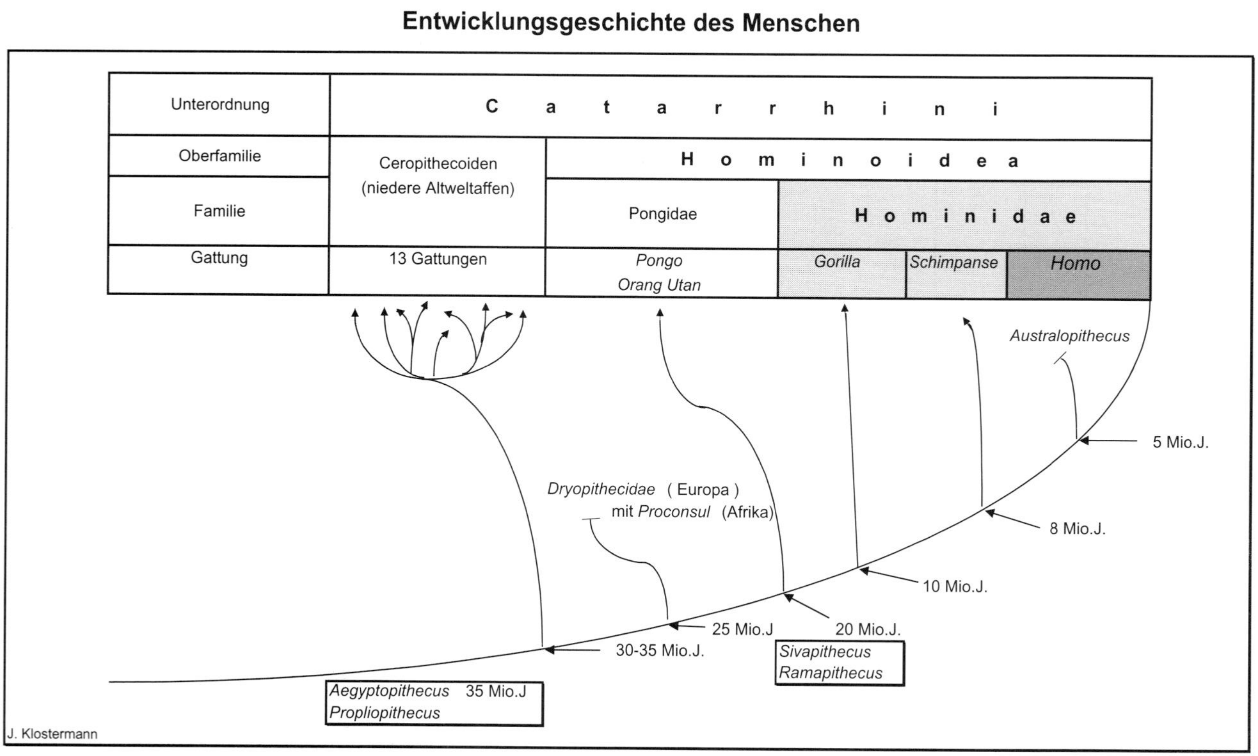

Abb. 72. Entwicklungsgeschichte des Menschen.

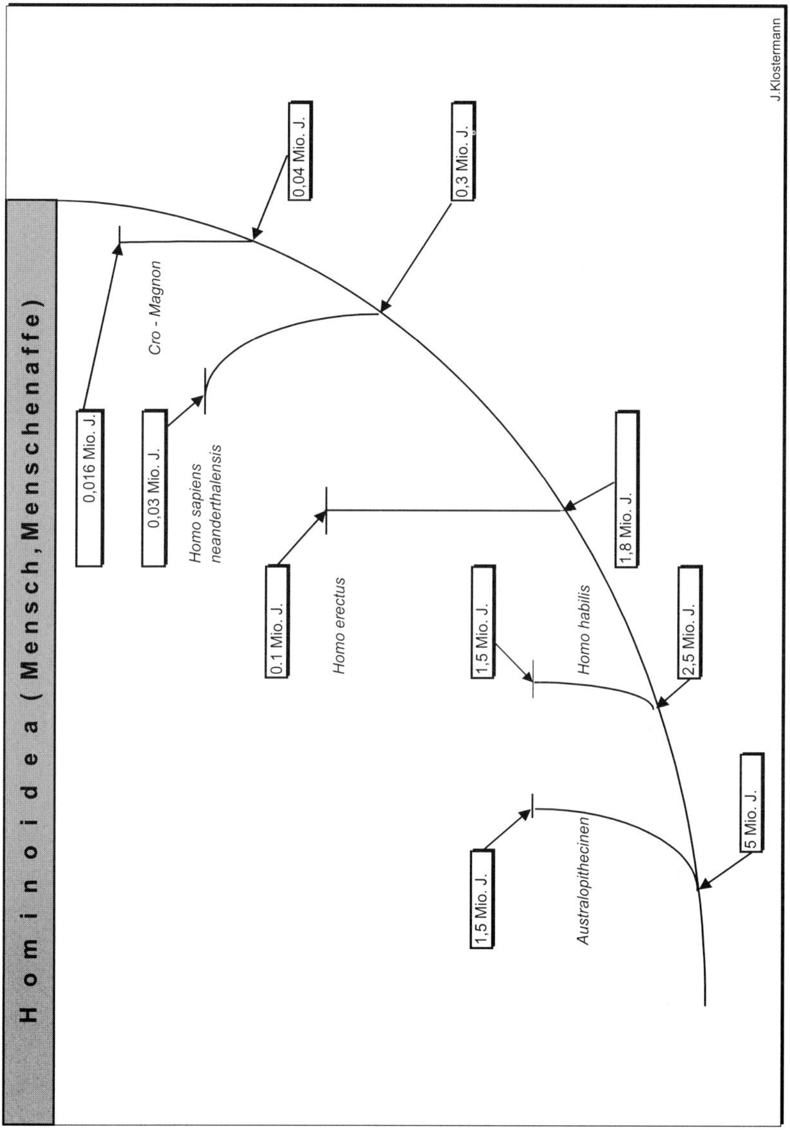

Abb. 73. Entwicklung der Hominoidea.

sapiens sapiens)und der *Homo sapiens sapiens* auf. Beide sind seit etwa 40 ka BP vor heute nachweisbar. Der *Cro-Magnon*-Mensch starb jedoch bereits 16 ka BP vor heute aus.

6.1 Einflüsse von Geologie und Klima auf die Evolution des Menschen

Geologie und Klima können die Evolution des Menschen sehr intensiv beeinflussen. Zu den bedeutendsten geologischen Einflußfaktoren zählt die Plattentektonik. Driften Kontinente auseinander, werden viele Spezies isoliert. Es entwickeln sich völlig eigenständige (endemische) Formen, die heute nur in bestimmten Regionen der Erde vorkommen. Aber plattentektonische Vorgänge können auch wichtige Brücken für die Ausbreitung von Lebewesen schaffen. Noch vor 20–25 Mio. a, im Miozän, waren Afrika und Eurasien durch das Tethys-Meer voneinander getrennt (PILBEAM 1995). Durch die Kollision Afrikas und Europas, die vor mehr als 20 Mio. a begann, verschwanden Teile des Tethys-Meeres (s. Abb. 74). Es entstanden

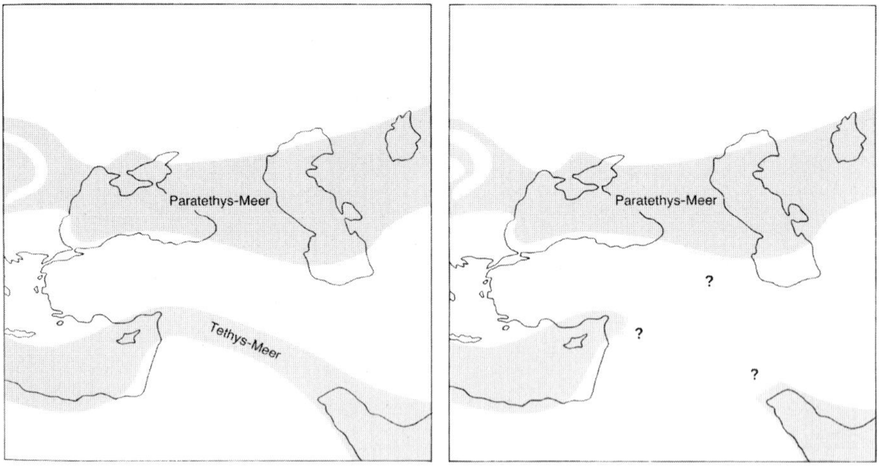

Abb. 74. Veränderungen der Land-Meer-Verteilung durch die Kollision Afrikas mit Europa (aus: PILBEAM 1995).

Landbrücken, über die hinweg sich die großen Menschenaffen nach Eurasien ausbreiten konnten. Zunächst gelang dies den Verwandten des *Proconsul*, den *Dryopithecinen*, die vor ca. 20 Mio. a in Eurasien auftauchten. Wenig später folgten vor ca. 18 Mio. a die *Sivapithecinen* und die *Ramapithecinen*, die den asiatischen Raum eroberten. Der beginnende Zusammenprall Afrikas, Indiens und Eurasiens löste auch bedeutende Gebirgsbildungen aus. Der Himalaya, die Alpen und das Taurus-Gebirge entstanden. Die Luftströmungen und auch verschiedene Meeresströmungen wurden durch diese tektonischen Vorgänge massiv verändert. Deutliche Veränderungen des Klimas waren die Folge. Die Winter Eurasiens wurden milder. Heutige Wüsten und Steppen waren damals Savanne. Es gab viel mehr Wälder als heute. Diese veränderten Umweltbedingungen erleichterten die Wanderungen von *Dryopithecus* nach Europa sowie *Sivapithecus* und *Ramapithecus* nach Asien. Die *Ramapithecinen* besitzen bereits Merkmale, die an spätere Hominiden, wie *Australopithecus*, erinnern.

Plattentektonische Vorgänge können auch unmittelbar das Klima in bestimmten Regionen der Erde verändern. Ein Gebiet der Erde, in dem vermutlich die Evolution der frühen Hominiden stattfand, war ebenfalls von bedeutenden tektonischen Ereignissen betroffen. Vor etwa 15 Mio. a begann sich das Gebiet des heutigen Ostafrikanischen Grabens zunächst durch aufsteigendes Magma um bis zu 1000 m zu heben. Mit dem fortschreitenden Auseinanderdriften der Erdkruste brach schließlich der Ostafrikanische Graben ein. Durch diese Vorgänge gerieten die östlich des Grabensystems gelegenen Gebiete in den Regenschatten. Gravierende Vegetationsveränderungen in diesem Raum waren die Folge. Die gleichzeitig zunehmende Abkühlung der Erde führte dort schließlich dazu, daß dichte Wälder zu einem Mosaik offener Landschaften und Savannen wurden. Diese auf engem Raum vielfältigeren Umweltbedingungen haben sicher zur Evolution des frühen Hominiden maßgebend beigetragen (Pilbeam 1995). Die Evolution des Menschen wurde aber nicht nur durch Veränderungen der unbelebten Natur forciert, sondern auch durch den Konkurrenzkampf der Menschen untereinander. Die wichtigsten Vorgänge der unbelebten Natur sind für den Menschen Klimaveränderungen. Sie beeinflussen Menge und Qualität der Nahrungsquellen. Insbesondere bei drastisch absinkenden Temperaturen in gemäßigten Breiten versuchte der Mensch, der unwirtlicher werdenden Umwelt auszuweichen. Es kam zu Arealausdehnungen, die jedoch vielfach durch Hindernisse, beispielsweise Hochgebirge wie Himalaya oder Alpen, behindert wurden. Konnte der Mensch aus den genannten Gründen der sich verändernden Umwelt nicht ausweichen, war er gezwungen, sich den neuen Verhältnissen anzupassen. Es kam zu einem Evolutionsschub.

Im Laufe der gesamten Erdgeschichte hat sich immer wieder gezeigt, daß drastische Klimaveränderungen immer mit dem Aussterben von Arten und nachfolgend mit der Neubildung anderer Arten einhergingen. Bei der Betrachtung der Evolutionsgeschichte des Menschen fällt auf, daß bedeutende Evolutionsschritte scheinbar an drastische klimatische Veränderungen gekoppelt sind. So fällt beispielsweise die Abspaltung der Schimpansen von der zu *Homo* führenden Linie mit dem endgültigen Aufbau des Antarktischen Eisschildes zusammen. In gemäßigten Breiten entstanden offenere Landschaften. Der Beginn des Quartärs vor 2,4 Mio. a ging mit der Entstehung großer Eisflächen in der Arktis einher. In dieser Zeit soll die Gattung *Homo* nach Ansicht einiger Forscher erstmals auftreten. Seit etwa 900 ka kommt es zu ausgeprägten Klimaschwankungen und ersten richtigen Eiszeiten. Mit Beginn dieser ersten echten Eiszeiten verließen aus bisher unbekannten Gründen die ersten Hominiden Afrika. Die hier beschriebenen Zusammenhänge sind jedoch bisher rein hypothetischer Natur.

6.2 Genforschung in der Abstammungslehre

Die neuesten Ergebnisse der Molekularbiologie, insbesondere der Genforschung, haben das Thema der Verwandtschaftsbeziehungen des Menschen zu den großen Menschenaffen wieder in die Diskussion gebracht. Auch die Frage, ob der Mensch aus Afrika stammt (Monogenese- oder Eva-Modell) oder ob er multiregionaler Herkunft ist, wird erneut diskutiert.

Auslöser des Streits zwischen Molekularbiologen und Anthropologen war lange Zeit die Zuordnung von *Ramapithecus*. Die Anthropologen gingen in den 40er und 50er Jahren davon aus, daß sich Orang Utan, Gorilla und Schimpanse früh von der menschlichen Linie getrennt und sich inzwischen relativ weit von ihr entfernt hätten. *Ramapithecus* wurde in die menschliche Linie **nach** Abspaltung der Menschenaffen gestellt. Der Vergleich von Proteinen der Menschenaffen mit denen des Menschen zeigte, daß der Mensch enger mit den afrikanischen Menschenaffen verwandt ist. Der Orang Utan dagegen hat sich bereits deutlich entfernt (vgl. Abb. 72). Durch den Vergleich der Proteine von Mensch und Schimpanse gelang es, die Abspaltung des Schimpansen von der menschlichen Linie auf 5 bis 7 Mio. a BP zu schätzen. Die Unterschiede in den Proteinen von Menschen und Schimpansen entstehen durch Mutationen. Die Größe des Unterschiedes ergibt sich aus der Anzahl der Mutationen, die sich im Laufe der

Zeit in **beiden** Linien angehäuft haben. Setzt man voraus, daß die Mutationsrate bei Schimpanse und Mensch gleich groß ist, kann man bei bekannter Mutationsgeschwindigkeit den Zeitpunkt der Trennung beider Gattungen berechnen. Die Mutationsgeschwindigkeit wurde mit Hilfe von Arten berechnet, deren evolutionärer Abstand bekannt und deren Trennungsgeschwindigkeit mittels Fossilien gut datierbar war. Bei Ansatz dieser Mutationsgeschwindigkeit ergab sich für die Trennung des Schimpansen von der menschlichen Linie ein Alter von 5 bis 7 Mio. a. Diese Datierungen wurden durch den Vergleich der Genome (Gesamtheit aller Gene eines Organismus) verschiedener Gattungen bestätigt. Lange Zeit wurde die Datierung auf etwa 7 Mio. a nicht akzeptiert, da *Ramapithecus* nach der Trennung der Menschenaffen die menschliche Linie weitergeführt haben sollte. *Ramapithecus* wird auf etwa 14 Mio. a datiert. Erst die Funde von *Sivapithecinen* lösten das Problem. Sie sind mit *Ramapithecus* nahe verwandt. *Sivapithecus* gehört in die Seitenlinie der Pongiden, wird aber heute nur noch als Subfamilie aufgefaßt. Damit muß auch *Ramapithecus* dieser Seitenlinie angehören. *Ramapithecus* gehört damit nicht mehr der Hominiden-Linie an. Dadurch konnte die spätere Abtrennung der Schimpansen problemlos akzeptiert werden.

Der Vergleich der Gene von Menschenaffen und Menschen hat gezeigt, daß Mensch und Schimpanse sehr nahe verwandt sind, der Orang Utan aber bereits relativ weit entfernt ist (Stringer 1995). Inzwischen konzentriert man sich in der Mikrobiologie auf die Untersuchung einer bestimmten DNA (desoxyribonuclein acid). Die Forschungen auf diesem Gebiet scheinen Hinweise darauf zu geben, daß möglicherweise die gesamte Menschheit aus Afrika stammt. Zellkerne enthalten die Hauptmenge der DNA. Der größte Teil liegt in Form einer Doppelhelix vor. Sie wird als n-DNA (n = nucleus) bezeichnet. Von ihr wird die Struktur des Organismus kontrolliert. Die gesamte Zelle enthält außerdem Mitochondrien. Das sind Zellorganellen, die Glucose in leichter verwertbare Energie umwandeln. Sie dienen der Energieversorgung und besitzen eine eigene, ringförmig angeordnete Erbsubstanz, die sogenannte mt-DNA. Die Mitochondrien-DNA wird nur in weiblicher Linie vererbt. Mutationen sind in der mt-DNA sehr häufig. Als vorteilhaft erweist sich außerdem, daß der größte Teil der Mutationen die Funktion der Mitochondrien nicht beeinflußt. Sie werden daher nicht eliminiert. Die Mutationen können sich so im Laufe der Zeit gleichmäßig und schnell anhäufen. Die Matrilineare Vererbung führt dazu, daß Geschwister den geringsten Abstand haben, weil für Mutationen nur wenig Zeit zur Verfügung stand. Je weniger verwandt die Individuen sind, umso geringer ist ihre Ähnlichkeit. Irgendwann ist jeder Lebende in diesen

Kreis eingeschlossen. Im Umkehrschluß bedeutet dies, daß jede Mitochondrien-DNA auf eine Stamm-Mutter zurückgeht. Daher wird diese Hypothese auch „Eva-Hypothese" genannt. Um die Zeit bestimmen zu können, zu der die Stamm-Mutter gelebt haben könnte, ist es notwendig, das Evolutionstempo zu kennen. Vergleichende Untersuchungen an 14 Menschen und 4 Schimpansen zeigten, daß der Mutationsabstand von Mensch zu Mensch zwar verschieden ist, daß aber die DNA-Sequenzen der Menschen alle etwa den gleichen Abstand von denen der Schimpansen haben (WILSON & CANN 1995). Die Mutationsraten innerhalb der Menschheit dürften also etwa gleich groß sein. Die Berechnungen ergaben, daß jene Stamm-Mutter zwischen 150 und 200 ka BP gelebt haben sollte. Älteste Fundstücke eines anatomisch modernen Menschen entstammen dieser Zeit aus Ost-Afrika. Entsprechende Funde aus Asien und Europa sind nach bisheriger Kenntnis jünger. Nach dieser „Eva-Hypothese" hat die Aufspaltung des Menschen in verschiedene Linien erst begonnen, nachdem er von Afrika aus in andere Kontinente eingewandert war. Unterstützt wird diese These durch die Untersuchung der mt-DNA des heutigen Menschen. Die verschiedenen afrikanischen Völker unterscheiden sich untereinander am stärksten. Sie hatten offenbar von allen Völkern der Erde die längste Zeit zur Verfügung, um Mutationen anzuhäufen. Sie repräsentieren daher wahrscheinlich die ältesten Linien. Die monocausale „Eva-Hypothese" ist jedoch nach wie vor umstritten. Es bleiben Fragen offen, die bisher auch von der Eva-Hypothese nicht plausibel beantwortet werden können. Einer der Kritikpunkte ist die Mitochondrien-Uhr. Sollte sie falsch gehen, könnte sich die Zeit, zu der Eva lebte, weit in die Vergangenheit verschieben. Ein Verschiebungsfaktor von 10 wird für möglich gehalten. Eva könnte zu einer Zeit gelebt haben, als es in Eurasien noch keine Hominiden gab. Diese Schlußfolgerung ist jedoch umstritten, da sich die heutigen Menschen genetisch außerordentlich stark ähneln. Nach der strikten „Eva-Hypothese" müßten alle anderen Bevölkerungen ausgestorben sein. Wären sie nicht ausgestorben, müßten sich auch andere mt-DNA-Linien finden. Die Linien der einheimischen Bevölkerung, die sich mit dem modernen Menschen gekreuzt haben, müßten sämtlich ausgestorben sein (THORNE & WOLPOFF 1995). Die Anatomie von früheren einheimischen Populationen müßte einen deutlichen Bruch hin zu modernen Populationen zeigen. Einheimische Bevölkerungen müßten vollständig verdrängt worden sein, obwohl sie sicher besser an die jeweilige Umwelt angepaßt waren als die modernen Einwanderer. Es bleibt unerklärlich, warum es in Ostasien weder vor noch nach Eva Faustkeile gab. Hätte der moderne Mensch die ostasiatischen Einheimischen tatsächlich verdrängt, hätte er sicher seine Werkzeugtechnologie mitgebracht. Warum läßt sich in Indonesien, Australien und Neuguinea seit 1 Mio. a eine kontinuierliche Entwicklung menschlicher Fossilien nachweisen? Ein Einschnitt, der nach der „Eva-Hypothese" auftreten müßte, wird nicht beobachtet. Viele Fragen sind noch offen.

6.3 Werkzeugtechnologien und Kulturen

Wichtigster Maßstab für die Weiterentwicklung des Menschen während seiner frühen Geschichte war die Verbesserung der Werkzeugtechnologien. Die vom Menschen der Frühzeit benutzten Werkzeuge werden sich wohl nie vollständig oder auch nur annähernd vollständig rekonstruieren lassen. Der Grund hierfür liegt darin, daß in der Regel nur Steine die Zeit überdauern, nicht aber Holz, Sehnen, Häute, Rinden etc. So ist bis heute noch vielfach umstritten, welchem Zweck bestimmte Steinartefakte gedient haben mögen. Die Größe unserer Unkenntnis hat der Fund des jungsteinzeitlichen Menschen aus den Ötztaler Alpen klar zutage treten lassen. Die Nutzungsmöglichkeiten der Werkzeuge lassen sich aber abschätzen. Dennoch läßt sich im Laufe der Menschheitsgeschichte eine Fortentwicklung der Steinwerkzeuge nachweisen, die eine grobe stratigraphische Zuordnung ermöglicht.

6.3.1 Paläolithikum

Altpaläolithikum

Aufgrund der Werkzeugtechnologien lassen sich im Altpaläolithikum die Oldowan-Kultur, das Developed Oldowan und das Acheuléen unterscheiden. Insgesamt ist die Entwicklungs- und Verbesserungsrate innerhalb dieser Kulturen ausgesprochen gering. Das Altpaläolithikum umfaßt den größten Teil des Quartärs. Es dauerte vom Beginn des Quartärs bis zum Beginn des Eem-Interglazials. Da die Levalloistechnik bereits vor 250 ka nachweisbar ist, reichen mittelpaläolithische Werkzeugtechniken in das Altpaläolithikum hinein. Alt- und Mittelpaläolithikum überlappen sich also. Das Altpaläolithikum umfaßt etwa 2,3 Mio. a des 2,4 Mio. a dauernden Quartärs.

Die ältesten Steinartefakte stammen vermutlich aus Äthiopien und dürften ca. 2,5 Mio. Jahre alt sein. Sie gehören der **Oldowan-Stufe** (benannt nach dem Fundort Olduvai) an. Es ist eine Geröll-Kultur, in der besonders

Geröllchopper (Chopper = Hausteine) dominieren. Auch grobe Schaber, die mit nur wenigen Schlägen angefertigt wurden, kommen vor. Das **Developed Oldowan** stellt wohl den Übergang zum Acheuléen dar, wenngleich Oldowan-Inventare und Acheuléen lange Zeit nebeneinander vorkamen. Während des Developed Oldowan werden die vorkommenden Artefakttypen etwas vielfältiger. Verschiedene Chopper, Kratzer und Schaber kommen vor. Die Oldowan-Stufe endet etwa 1 Mio. a BP. Ob die gefundenen Geröllartefakte tatsächlich die eigentlichen Werkzeuge sind oder ob es sich lediglich um Reste handelt, die bei der Werkzeugherstellung anfielen, ist bis heute nicht geklärt. Bei einem Teil von ihnen dürfte es sich wohl um Geräte gehandelt haben.

Vor 1,5 bis 1,4 Mio. a begann das **Acheuléen**. Diese Kultur ist durch eine deutliche Weiterentwicklung der Werkzeuge gekennzeichnet. Erste, meist tropfenförmige Faustkeile kommen vor. In Afrika werden die ältesten Faustkeile auf 1,4 Mio. a BP datiert. Sie werden dort dem Developed Oldowan zugerechnet. In Experimenten konnte nachgewiesen werden, daß aus Kenia stammende Abschläge aus dieser Zeit Spuren von Holzbearbeitung zeigten. Damit ist der älteste Nachweis erbracht, daß Steinwerkzeuge zur Herstellung eines anderes Werkzeugs benutzt wurden. Die Holzstöcke oder -werkzeuge wurden möglicherweise zum Ausgraben von Wurzeln oder Knollen verwandt. Mikroabnutzungsanalysen zeigten außerdem, daß der größte Teil der Werkzeuge zum Zerlegen von Fleisch und zur Bearbeitung von Häuten benutzt worden sein muß. Der Kultursprung hin zur Acheuléen-Technik steht also offenbar in einem engen Zusammenhang mit dem systematischen Zerlegen von größeren Säugetieren. Vermutlich haben *Australopithecus* und *Homo erectus* während dieser Zeit ihre Ernährung verstärkt auf Fleisch umgestellt. Die ältesten Faustkeile Europas werden auf etwa 470 ka BP datiert. Sie wurden dem sogenannten Abbevilléen zugeordnet, das heute in das Acheul einbezogen wird. In Ostasien sind dagegen keine Faustkeile nachweisbar. Dort reicht das Oldowan bis etwa 200 ka BP. In Afrika traten Oldowan und Acheuléen zwischen 1,5 und 1,0 Mio. a BP parallel nebeneinander auf. Nachdem die Werkzeugtechnologien fast 2 Mio. a kaum eine Verbesserung erfahren hatten, kam es vor etwa 250 ka, noch im ausgehenden Altpaläolithikum, zu einem regelrechten Innovationsschub (s. Abb. 75). Die Entwicklungsgeschwindigkeit zur Verbesserung der Werkzeugtechnologien steigerte sich dramatisch. Seit 250 ka lösten sich die verschiedenen Werkzeugtechnologien immer rascher ab (Lewin 1992). Die Geräte wurden feiner, variabler und waren funktionaler einsetzbar. Diese Entwicklung setzte etwa zu jener Zeit ein, als *Homo sapiens Homo erectus* abzulösen begann.

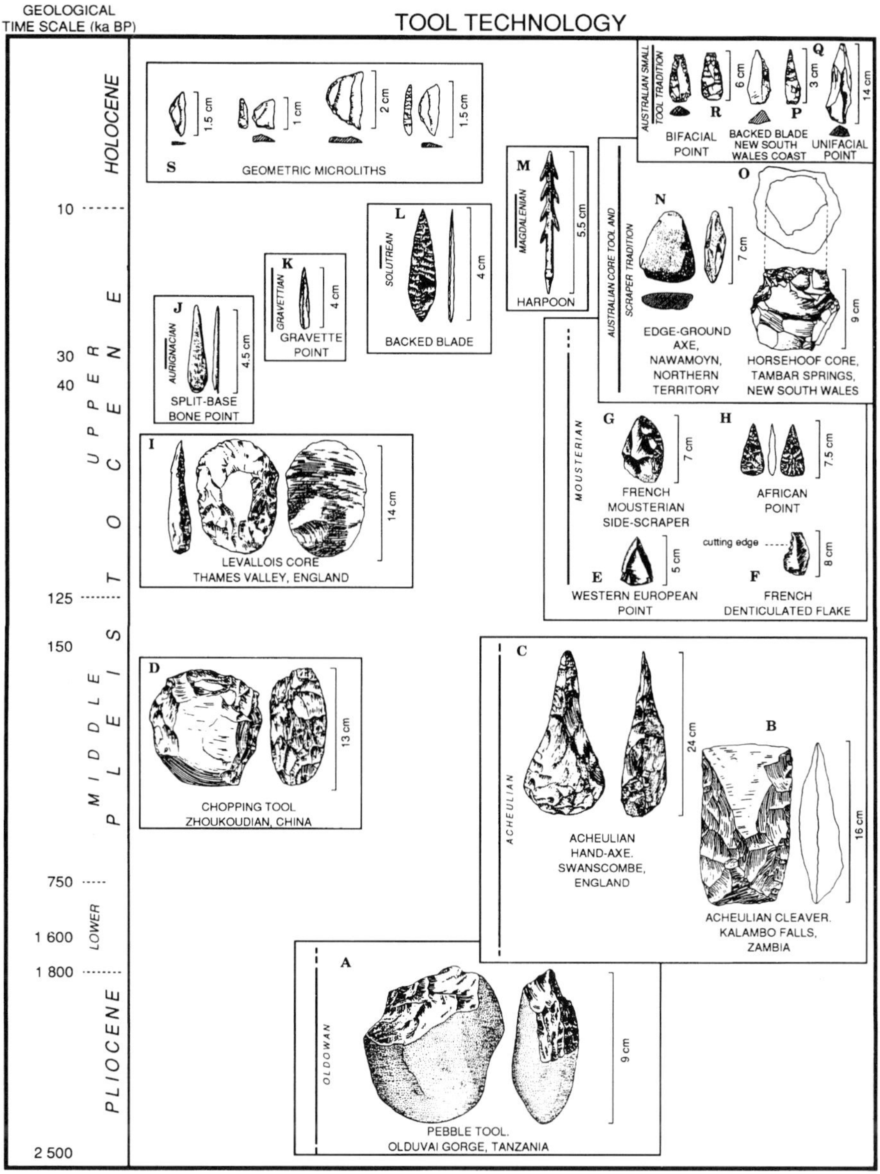

Abb. 75. Ursprung und Entwicklung paläolithischer Werkzeugtechnologien (aus: Williams et al. 1993).

Tab. 7. Stratigraphie des Ober-Pleistozäns.

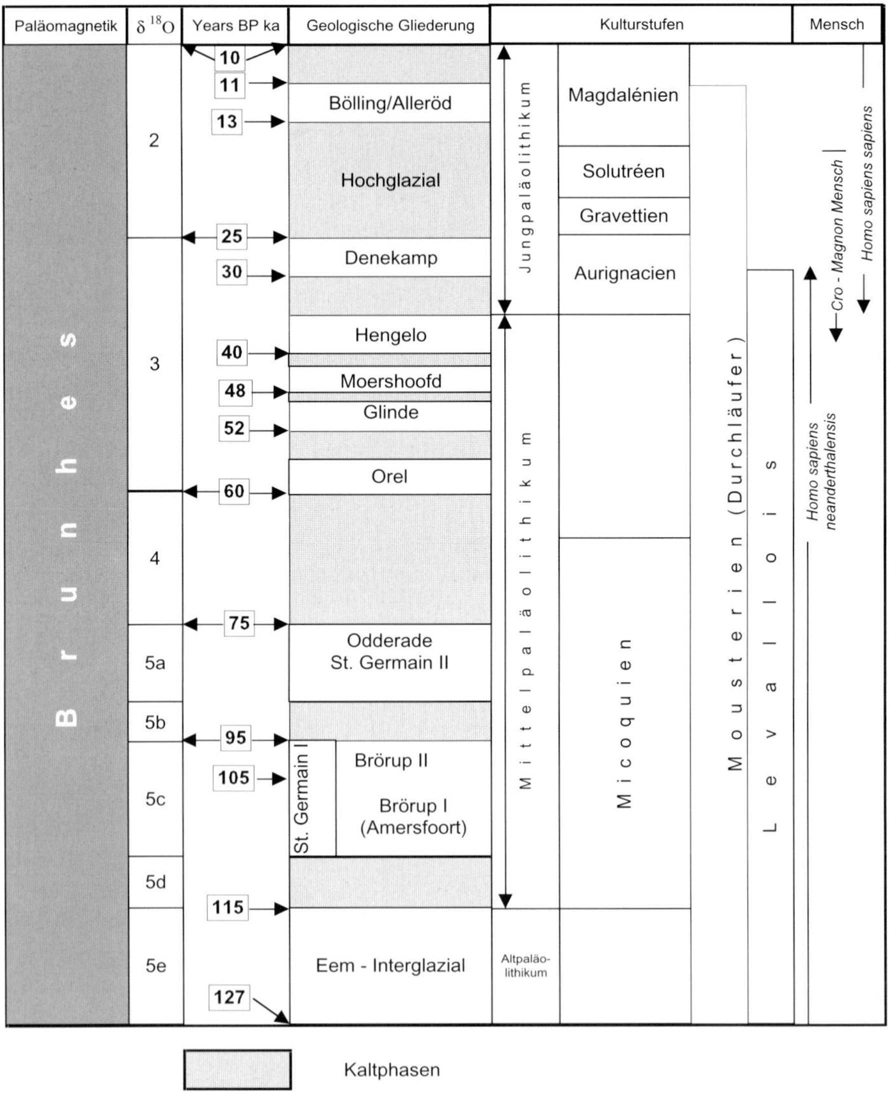

Mittelpaläolithikum

Das **Moustérien** ist eine der Nachfolgerinnen des Acheuléen. Es gibt zahlreiche lokale Sondergruppen des Mittelpaläolithikums (Middle Stone Age). Das Moustérien begann vor ca. 250 ka noch im Altpaläolithikum und endete vor etwa 35 ka (s. Tab. 7). Es ist eine sogenannte Durchläufer-Kultur, die noch Teile des späten Altpaläolithikums umfaßt, im wesentlichen aber das Mittelpaläolithikum repräsentiert. Gleichzeitig mit dem Beginn des Mittelpaläolithikums wurde in Südafrika erstmals die Levallois-Technik angewandt. Diese verbesserte Technik steht für einen deutlichen Sprung in der Werkzeugtechnologie. Erstmals wird der Stein, aus dem das spätere Werkzeug hergestellt werden soll, sorgfältiger vorbereitet. Nach Abschluß der Vorarbeiten war man in der Lage, mit einem gezielten Schlag fertige gerichtete Klingen aus dem vorbereiteten Kern zu lösen (s. Abb. 76). Oft wurden die so gewonnenen Klingen anschließend weiter bearbeitet. Die Weiterentwicklung der Levallois-Technik erfolgte durch die Moustérien-Kultur. Das Artefakt-Spektrum des Moustérien reicht von dreieckigen und herzförmigen Faustkeilen über rückengestumpfte Messer, Schaber, Kratzer, Doppelschaber, Spitzen und Doppelspitzen. Auch Nadeln, Ahlen und Bohrer konnten nachgewiesen werden. Am Ende des Eem-Interglazials und im Weichsel-Frühglazial treten in Europa kleine asymmetrische Faustkeile und Faustkeilblätter sowie Keilmesser auf. Sie werden dem **Micoquien** (Bocksteinkultur) zugerechnet. Die Moustérien-Kultur wurde insbesondere vom *Homo sapiens neanderthalensis* getragen. Die Vielfalt der unterschiedlichen Formenguppen des Moustérien geht sicherlich zum großen Teil auf die unterschiedliche Funktion der Werkzeuge zurück. Aber verschiedene Gruppen von Neandertalern werden sicherlich unterschiedliche Werkzeugtypen produziert haben, möglicherweise, um sich von den anderen zu unterscheiden.

Jungpaläolithikum

Die Forschungen im Jungpaläolithikum konzentrierten sich ursprünglich besonders auf Europa. So konnte dort aufgrund der verschiedenen Werkzeugtechnologien eine differenzierte Untergliederung des Jungpaläolithikums in Aurignacien, Gravettien, Solutréen und Magdalénien durchgeführt werden. In anderen Kontinenten, beispielsweise Australien, haben Jägerkulturen des Mittelpaläolithikums bis auf den heutigen Tag überdauert. Den europäischen Kulturen des Jungpaläolithikums ist die Herstellung langer schmaler Späne aus Feuerstein, sogenannter Klingen, gemeinsam. Sorgfältig bearbeitete Schmalklingen und Blattspitzen dominieren. Daher spricht man auch von Blattspitzen-Kulturen. Die zweite bedeutende Errun-

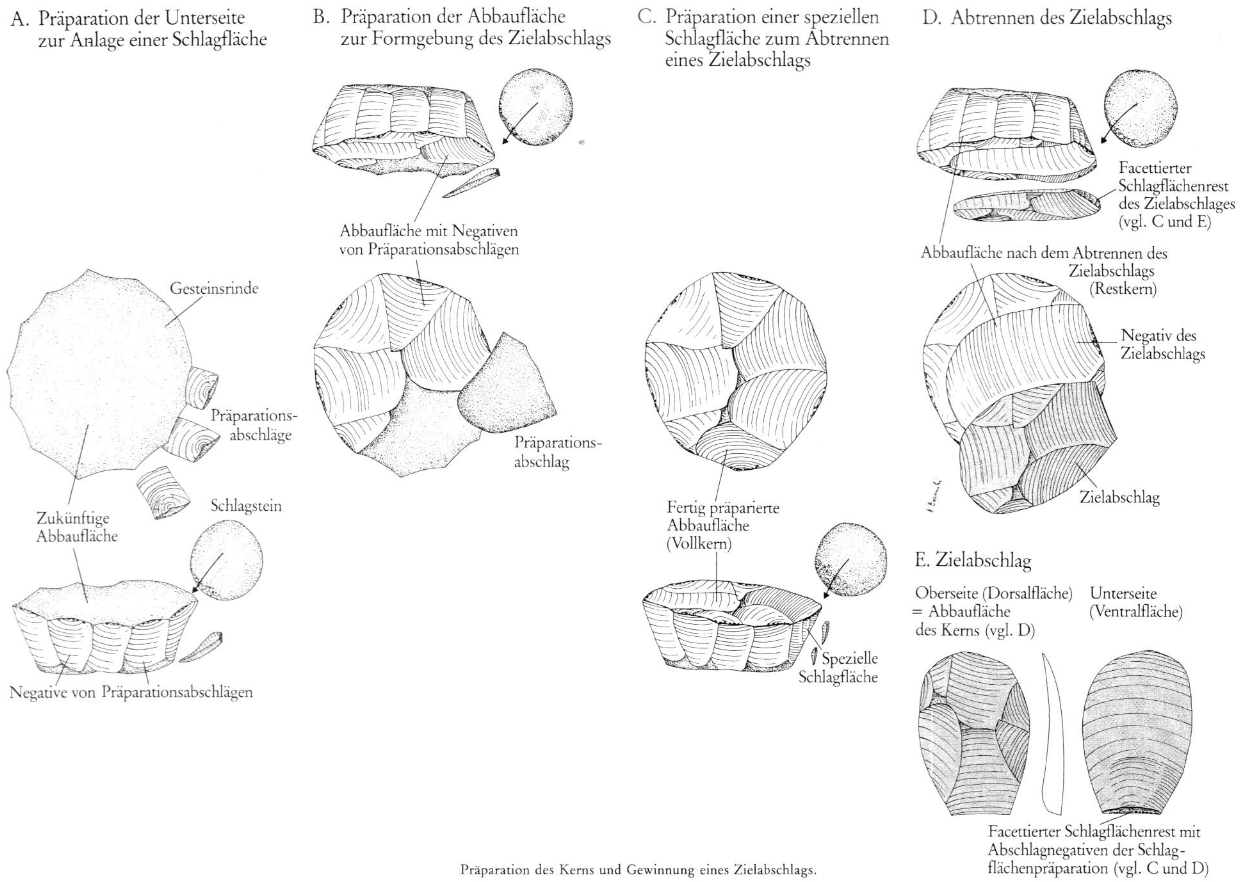

Abb. 76. Levallois-Technik, Präparation des Kerns und Gewinnung eines Zielabschlags (aus: BOSINSKI 1985).

genschaft des Jungpaläolithikums ist die Nutzung von Knochen und Elfenbein für die Geräteherstellung. Die Feuersteinklingen veränderten ihre Form im Laufe des Jungpaläolithikums kaum. Mikroskopische Untersuchungen der Abnutzungsspuren zeigen, daß sie in erster Linie genutzt wurden, um Fleisch zu zerteilen. Auch Kratzer, die zum Schaben von Fellen verwendet wurden, haben ihre Form nicht verändert.

Noch im **Aurignacien** wurden die Klingen in unveränderter Form, also mit zwei scharfen Kanten, benutzt. Erstmals finden sich zu dieser Zeit Geschoßspitzen mit gespaltener Basis. Auch Lochstäbe aus Geweih oder Elfenbein kommen vor. Die Funktion der Lochstäbe ist noch unbekannt. Bei der Deutung der Lochstäbe muß bedacht werden, daß die Löcher einseitig abgenutzt sind. Kennzeichnend für das Aurignacien sind außerdem erste figürliche Darstellungen und Ritzzeichnungen. Auch die ältesten bekannten Darstellungen von Menschen stammen aus dieser Zeit. Sie werden auf etwa 40–35 ka BP datiert. So wurde im Lonetal eine 28 cm hohe Statuette in menschlicher Haltung mit Löwenkopf gefunden (s. Abb. 77). Aus der Geißenklösterle-Höhle im Achtal bei Blaubeuren konnte die Figur eines kleinen Menschen geborgen werden (JERZ 1993). Sie stammt ebenfalls aus dem Aurignacien.

Im **Gravettien** wurden die Klingen bearbeitet. Eine der scharfen Kanten wurde durch Retusche abgestumpft. Auch Lochstäbe kommen im Gravettien vor. Bei den figürlichen Darstellungen dominieren Frauenfiguren, deren Gesäß und Brüste überbetont sind. Die ältesten Höhlenmalereien Frankreichs stammen aus dieser Zeit.

Das **Solutréen** ist durch relativ flüchtig überarbeitete Spitzen, sogenannte Blattspitzen, charakterisiert. Am Ende ist die Bearbeitung von Knochen nachweisbar. Die älteste Nadel mit Öhr stammt aus dieser Zeit.

Im **Magdalénien** nimmt die Differenzierung der kulturellen Entwicklung weiter zu. Die Speerspitzen sind nun ein- oder beidseitig abgeschrägt und aufgerauht, um eine bessere Haftung im Schaft zu gewährleisten. Eine Technik, die noch im vorigen Jahrhundert bei den Eskimos üblich war. Außerdem bekamen die Speerspitzen Widerhaken. Besonders typisch für das Magdalénien sind extrem kleine Abschläge, die Mikrolithe. Die Verarbeitung von Geweih und Knochen nahm mehr und mehr zu. Harpunen, Pfrieme, Nadeln und Speerschleudern sind nachgewiesen. Schmuck, insbesondere Ketten und Armbänder, wurde aus Perlen, Holz, Knochen, Elfenbein-Fossilien, Bernsteinen, Fischwirbeln, Steinen etc. hergestellt. Statuetten und Höhlenmalereien sind vielfach nachgewiesen. Bei den Darstellungen dominieren Tiere und zwar besonders jene von Pferden und Rentieren.

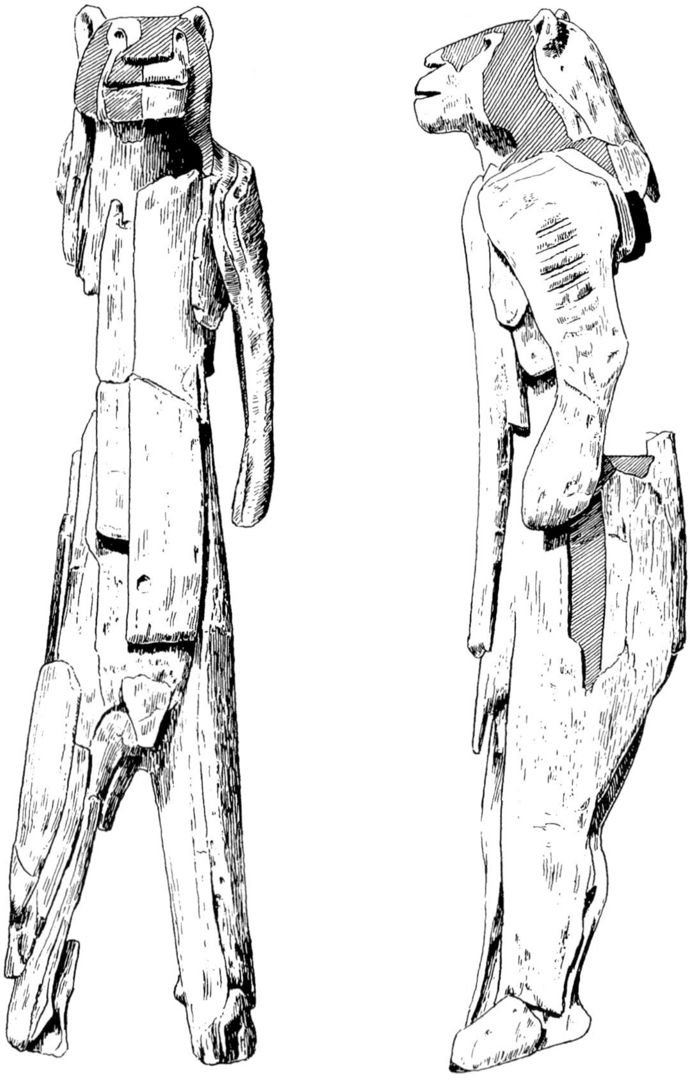

Abb. 77. Statuette mit Löwenkopf aus dem Lonetal (aus: MÜLLER-BECK 1995).

6.3.2 Mesolithikum und Neolithikum

Mit dem Ende des Weichsel-Glazials endete in Eurasien das Paläolithikum. Der Beginn des Mesolithikums wird mit dem Beginn des Holozäns gleichgesetzt. Das Mesolithikum umfaßt den Zeitraum zwischen 10 ka BP und etwa 6 ka BP · Die Grenze zum Neolithikum schwankt je nach Region zwischen 6 und 7 ka BP. Die Mikrolithisierung der Steinwerkzeuge nahm während dieser Zeit deutlich zu. Flintbeile, Klingen, Messer, Spitzen, Mikrostichel und geschliffene Beile kommen häufig vor. Am Ende des Mesolithikums erschienen die ersten Tongefäße. Die Bandkeramiker stehen nach dem Umbruch vom Jäger und Sammler zum Pflanzer und Viehzüchter. Der älteste Nachweis von Ackerbau gelang im Vorderen Orient. Er wird dort auf ca. 10 ka BP datiert. Ob die Bauern allmählich von Südosten her eingewandert sind oder ob die einheimischen Jäger in Europa diese Kultur im Laufe der Zeit übernommen haben, ist umstritten. Vieles spricht jedoch inzwischen dafür, daß sich die bandkeramische Kultur in Mitteleuropa selbständig entwickelt hat, da sie ausschließlich nördlich der Alpen vorkommt. Die Verzierungen der bandkeramischen Gefäße sind im Laufe der Zeit immer komplizierter geworden. Zunächst finden sich nur Bänder aus eingetieften Rillen. Im Laufe der Zeit werden die Zwischenräume der Rillen mit Stichen aufgefüllt. Schließlich entfallen die einrahmenden Rillen. Nur die Stiche bleiben übrig (s. Abb. 78).

Durch Rodungen nimmt der Mensch nun mehr und mehr Einfluß auf die Gestaltung der Landschaft.

Das Neolithikum dauerte in Mitteleuropa von etwa 6 ka BP bis 4 ka BP · Es wird unter anderem in die Rössner-Kultur, die Michelsberger Kultur und die Schnurkeramik untergliedert. Die Kultur der Schnurkeramiker reicht noch in die Bronzezeit hinein.

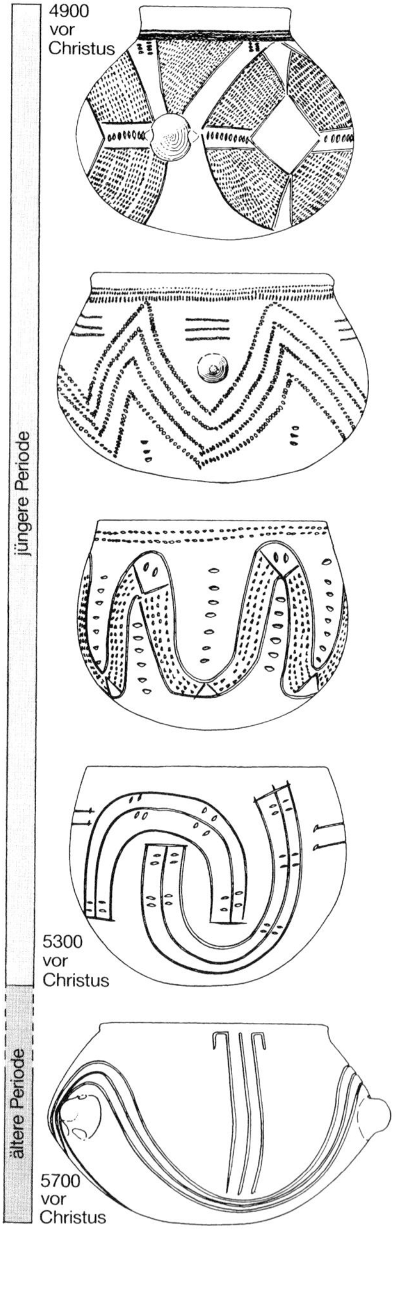

Abb. 78. Entwicklung der Verzierungen auf bandkeramischen Gefäßen (aus: LÜNING & STEHLI 1989).

7 Klima – Archive

7.1 Historische Beobachtungen

Neben den naturwissenschaftlichen Untersuchungen bilden historische Beobachtungen eine wichtige Grundlage für Klimadaten aus der jüngsten Geschichte. Historische Beobachtungen sind in der Regel bewußt oder unbewußt schriftlich fixiert. Schon PLINIUS der Ältere, gestorben im Jahre 76 beim damaligen Ausbruch des Vesuvs, hat sich in seiner „Naturgeschichte" II. Buch § 102–153 mit Witterungsphänomenen auseinandergesetzt. Es werden jedoch, wie bei den meisten übrigen frühen Autoren, nur Wetterphänomene wie Blitz, Hagel oder andere Extremereignisse beschrieben. Klimatabellen sind nicht überliefert. Meistens lassen sich nur indirekt Schlüsse auf das Wetter ziehen. Hinweise finden sich unter anderem in Hausinschriften, Chroniken, Briefen, Tagebüchern und Archiven. Auch Preisschwankungen für Getreide und die Zeiten der Weinlese lassen Rückschlüsse auf die Witterungsverhältnisse zu, ebenso wie die Zeiten der Obstbaumblüte. Besonders instruktiv sind auch die Beobachtungen von Gletscherschwankungen in historischer Zeit (PFISTER 1990). Meteorologische Geräte gibt es erst seit etwa 300 Jahren. Seitdem nimmt die Datenfülle von Messungen rasant zu.

Bei der Rekonstruktion historischer Klimaschwankungen ist, wie PFISTER (1990) anmerkt, größte Vorsicht geboten. So wurden beispielsweise früher Kalender benutzt, die sich nur an den Heiligentagen orientierten. Als Winter wurde meist nur die Zeit der Schneebedeckung bezeichnet. Vielfach stellt sich auch die Frage, ob mit Winter der Dezember des vorangegangenen Jahres oder Januar und Februar des folgenden Jahres gemeint waren. Nach 1852 wurden Julianischer und Gregorianischer Kalender nebeneinander benutzt, wodurch weitere Verunsicherung hervorgerufen werden kann.

Die Witterungsbeschreibungen vor Beginn instrumenteller Messungen stammen von einzelnen Interessierten und sind mit modernen Messungen nicht vergleichbar. Sie beschreiben mit wenigen Ausnahmen nur extreme Witterungsereignisse. Witterungsbeschreibungen wurden sogar für politische Zwecke mißbraucht. So war das Ziel römischer Autoren keinesfalls die Beschreibung realer Wetterverhältnisse oder klimatischer Erscheinungen in den besetzten Gebieten. Die Wetterberichte dieser antiken Geschichtsschreiber wurden in das gerade zu behandelnde Kriegsgeschehen mit einbezogen. Katastrophen, und nur von solchen ist die Rede, treten gerade dann auf, wenn das römische Heer in Bedrängnis geraten war. Haben die Römer Verluste erlitten, wird durch plötzlich auftretende Unwetter, die Menschenleben fordern, von den eigenen Verlusten abgelenkt, z. B. TACITUS, Historien V 22,1 oder TACITUS, Annalen II 7,2. Bei mittelalterlichen Chronisten finden sich Wetternachrichten häufiger. Auffällige Wettererscheinungen, die lange Zeit im Gedächtnis der Menschen haften bleiben, werden beschrieben. Beispielsweise extrem starke Regenfälle, Stürme, Überschwemmungen und Sturmfluten. Fast alle mittelalterlichen Chroniken entstanden aber in Klöstern, Abteien und Stiften. Die Schreiber dieser Chroniken hatten daher eine christliche und keine naturwissenschaftliche Intention. Es galt nicht unbedingt naturwissenschaftlich exakt zu berichten. Wichtiger war es, dem Gläubigen klarzumachen, wie schnell, unvorhergesehen und hart ein gerechter Gott die Sünder strafen kann. Dieser Aspekt macht deutlich, daß auch Klosterchroniken nur mit äußerster Vorsicht zu interpretieren sind.

Besonders aufschlußreich für die Klimabedingungen einer Zeit sind die Beschreibungen zugefrorener Flüsse und Seen. Auch Nebenmeere, wie die Ostsee und das Adriatische Meer, waren vielfach zugefroren.

Die Messungen atmosphärischer Parameter mit Instrumenten begann im 17. Jahrhundert. Die ersten Messungen mit Barometer und Thermometer führten RENE DESCARTES, JOHN LOCKE und BLAISE PASCAL durch. Niederschlagsmessungen mit primitiven Mitteln gab es schon 1535 in Chile (SCHÖNWIESE 1995). Erste gut fundierte Niederschlagsmessungen wurden von BENEDETTO CASTELLI im Jahre 1639 vorgenommen. Die ältesten Temperaturmessungen stammen aus den Jahren 1654 bis 1670 und wurden in Florenz und Pisa angestellt. Aus diesen Messungen Rückschlüsse auf das globale Klima und seine Veränderungen ziehen zu wollen, ist äußerst problematisch. Die Messungen bezogen sich nur auf Europa. Seit 1780 unterhielt die Socetas Meteorologica Palatina (SCP) ein internationales Meßnetz, das von Nordamerika bis zum Ural reichte. Problematisch bleibt auch die Tatsache, daß es während der Frühzeit der Messungen keine Daten von den Ozeanen gab, die schließlich 71% der Erdoberfläche einnehmen. Die Ozeane mit ihrer großen Wärmekapazität dominieren das Klima der Erde. Die Kontinente folgen lediglich dem Trend, den die Ozeane vorgeben. Neben diesen Unsicherheiten muß berücksichtigt werden, daß sich die Qualität der Meßinstrumente im Laufe der Zeit erheblich verbessert hat. Auch andere Faktoren spielen eine Rolle. Auf See wurde das Wasser für Temperaturmessungen zunächst mit Holz- oder Segeltucheimern, später mit Zink- und schließlich mit Kunststoffeimern an Bord geholt. Unterschiedliche Wärmeleitfähigkeiten dieser Materialien sorgten für unterschiedliche Temperaturwerte. Wichtig bei der Bewertung von Temperaturmessungen sind auch Veränderungen der Meßstation oder von deren Umfeld. Lag eine Meßstation früher auf dem Land, kann sie heute durch die zunehmende Besiedlung in der Stadt liegen. Städte sind Wärmeinseln und täuschen an einer solchen Station einen Temperaturanstieg vor. Möglich ist auch eine Verlagerung der gesamten Station. So kann eine Station aus rein praktischen Erwägungen von einem Berg ins Tal verlegt werden. Die Folge sind abweichende, kaum noch zu vergleichende Meßergebnisse.

Dennoch läßt sich der größte Teil dieser Unsicherheitsfaktoren durch lange Beobachtungsreihen und Korrekturfaktoren eliminieren (Jones & Wigley 1990). Auf diese Weise korrigierte Daten zeigen, daß es im Laufe der letzten 100 Jahre wärmer geworden ist. Ein Erwärmungstrend, der lediglich zwischen 1940 und 1970 unterbrochen wurde. Die acht wärmsten Jahre, seit es instrumentelle Wetterbeobachtung gibt, wurden in den achtziger Jahren des zwanzigsten Jahrhunderts gemessen. 1995 war das wärmste bisher beobachtete Jahr, 1996 war wieder etwas kälter. Parallel zum Temperaturanstieg erfolgt ein Anstieg des CO_2-Gehaltes der Erdatmosphäre. 1765 lagen die CO_2-Gehalte noch bei 280 ppmv*, heute (1997) haben sie bereits den Wert von 360 ppmv erreicht. Dieser Zusammenhang wird auch durch die Untersuchung von Eisbohrkernen belegt. Ein höherer CO_2-Gehalt geht dort mit einem höheren Deuterium-Gehalt einher. Ein höherer Deuterium-Gehalt wird durch höhere Temperaturen in der Atmosphäre hervorgerufen (vgl. Kap. 7.2. Eisbohrkerne – Deuterium δ D).

* ppmv = parts per million by volume (10^{-6})

7.2 Eisbohrkerne

Klima- und Temperaturschwankungen haben ihre Spuren auch in den Eisschilden der Antarktis und Grönlands hinterlassen. Eisbohrkerne wurden bisher in Grönland, in der Kanadischen Arktis und in der Antarktis gewonnen. Bei der Station Vostok in der Antarktis wurde eine 2546 m tiefe Bohrung abgeteuft, die etwa 220 ka in die Vergangenheit zurückreicht. Der sogenannte Summit-Eisbohrkern (oder GRIP) reicht bei einer Teufe von ca. 3029 m etwa 250 ka in die Vergangenheit zurück (PATERSON 1994). Anhand von Eisbohrkernen läßt sich mit Hilfe der verschiedensten Parameter auch die Klimageschichte der Erde rekonstruieren. Der große Vorteil der Analyse von Eisbohrkernen liegt darin, daß Klimaschwankungen in ihnen sehr viel sensibler gespeichert sind als beispielsweise in Tiefseebohrkernen. Zu den wichtigsten Klimaindikatoren in Eisbohrkernen zählen: $\delta\ ^{18}O$-Gehalt und Deuterium (δ D)-Gehalt. Informationen über Faktoren, die das Klima beeinflussen, liefern Beryllium-10, Acidität, Staubgehalt, Methan und Kohlendioxid.

$\delta\ ^{18}O$-Gehalt

Der $\delta\ ^{18}O$-Gehalt der Eisbohrkerne kann unmittelbar die Temperaturen der Erdatmosphäre widerspiegeln. Durch die Verdunstung kommt es zu einer Fraktionierung der häufigsten Sauerstoffisotope. Je höher die Temperaturen, umso mehr ^{18}O findet sich in der Dampfphase. Warme Jahre zeichnen sich daher durch eine Zunahme von ^{18}O im Eis aus. In Kaltzeiten wird dagegen ^{16}O im Eis angereichert. In Tiefseebohrkernen findet sich die umgekehrte Verknüpfung (vgl. Kap. 7.3 Tiefseebohrkerne und Sauerstoffisotopen). Während der Kaltzeiten wird dem Wasser ^{16}O entzogen. ^{18}O ist daher relativ häufiger im Wasser vorhanden. Kaltzeiten sind in Tiefseebohrkernen durch einen Überschuß von ^{18}O dokumentiert. Die aus Eisbohrkernen und Tiefseebohrkernen gewonnenen Daten sind dennoch gut miteinander verknüpfbar. Der durchschnittliche $\delta\ ^{18}O$-Wert ist infolge der Verdunstung im Eis um 30‰ niedriger als im Meerwasser. Quantitativ wird der Meßwert als Abweichung von einem Standard angegeben und als $\delta\ ^{18}O$ bezeichnet. Je negativer der $\delta\ ^{18}O$-Wert, umso geringer ist der Anteil von ^{18}O. Im Eis werden Werte von –40 ‰ $\delta\ ^{18}O$ gemessen. Wie erwähnt, gibt der $\delta\ ^{18}O$-Wert im Prinzip die Schwankungen der Lufttemperatur wieder. Es gibt jedoch Einflüsse, die diesen Wert verfälschen können. Bestimmte $\delta\ ^{18}O$-Variationen können nicht vorhandene Temperaturschwankungen vortäuschen. Je weiter landeinwärts eine Probe gewonnen wird, umso mehr ^{16}O

findet sich im Eis. Das schwerere ^{18}O-Isotop ist bereits in Küstennähe mit dem Niederschlag auf die Eisoberfläche gelangt. Werden Proben aus einem im Laufe der Zeit immer höher aufgewachsenen Eiskörper gewonnen, so zeigt der δ ^{18}O-Wert Abkühlung an. Es handelt sich dabei jedoch nicht um eine globale Abkühlung. Ursache dieses vermeintlichen Abkühlungseffektes ist die ständig zunehmende Höhe des Eisschildes. Je höher der Eisschild wird, umso kälter wird die Luft, umso geringer wird der ^{18}O-Anteil im Eis. Der δ ^{18}O-Wert zeigt daher Abkühlung an. Unterschiedliche Niederschlagsmengen, andere Temperaturen der Ozeanwässer und veränderte atmosphärische Strömungen können ebenfalls deutliche Veränderungen der δ ^{18}O-Werte herbeiführen. Bei Vergleichen der δ ^{18}O-Kurven aus Grönland und der Antarktis zeigt sich dennoch eine gute Übereinstimmung. Man kann daher davon ausgehen, daß die δ ^{18}O-Variationen im wesentlichen durch klimatische Vorgänge gesteuert werden.

Deuterium (δ D)

Auch mit Hilfe des Deuterium-Gehaltes lassen sich die Paläotemperaturen der Luft rekonstruieren. Das schwere Deuterium verdunstet langsamer als ein normales Wasserstoffatom. Erst höhere Temperaturen führen daher zu einem Anstieg von Deuterium in der Dampfphase und damit im Eis. Der δ D-Wert steigt an, je mehr Deuterium sich im Eis befindet. Für das Weichsel-Glazial wurden δ D-Werte von –480 ‰ gemessen, für das Eem-Interglazial solche von –440 bis –420 ‰.

Beryllium-10 (^{10}Be)

Das radioaktive Beryllium-10 ist ein kosmogenes Nuklid mit einer Halbwertszeit von 1,5 Mio. Jahren. Es kommt überwiegend in der Atmosphäre vor, lagert sich an Aerosole und gelangt mit dem Niederschlag auf die Erdoberfläche. Geht man von einem konstanten Beryllium-10-Gehalt der Atmosphäre aus, so wird der Beryllium-10-Gehalt von Eis durch die Niederschläge gesteuert. Fällt nur wenig Niederschlag in Form von Schnee, hat man es mit dem trockenen kalten Klima kaltzeitlicher Abschnitte zu tun. Der Beryllium-10-Anteil der Atmosphäre findet sich in diesem Fall in einer dünnen Schneeschicht. Eine Verdünnung ist kaum erfolgt. Hohe Beryllium-10-Werte für Kaltzeiten sind die Folge. Während feuchter Warmzeiten fällt relativ viel Schnee. Der Beryllium-10-Gehalt verteilt sich nun auf eine mächtige Schneeschicht, ist also relativ stark verdünnt. Die Folge sind niedrige Beryllium-10-Gehalte von Eis für Warmzeiten. Die ^{10}Be-Konzentration wird aber auch durch die Aktivität der Sonne beeinflußt. Verminderte Sonnenaktivität dokumentiert sich in einer Abnahme der Sonnenfleckenzahl. Die Magnetfelder der Sonne sind zu diesen Zeiten schwächer und lassen so mehr kosmische Strahlung ins Weltall und damit zur Erde. Daher wird in der Erdatmosphäre zu Zeiten geringerer Sonnenaktivität mehr ^{10}Be gebildet. So wurde für die Zeit des Maunder-Minimums eine Zunahme der ^{10}Be-Konzentration um 50% beobachtet (Beer et al. 1985).

Acidität

Die Acidität des Eises macht Rückschlüsse auf vulkanische Ereignisse möglich, bei denen viel Schwefel und große Aerosolmengen freigesetzt werden. Anhand von Säuregehaltsspitzen in Eisbohrkernen lassen sich große Vulkanausbrüche recht genau datieren. So ist es beispielsweise gelungen, den spätminoischen Thera-Ausbruch auf 3595±7 a BP zu datieren.

Staubgehalt

Kalt- und Warmzeiten lassen sich auch mit Hilfe des Staubgehaltes der Eisbohrkerne rekonstruieren. Während der Kaltzeiten war die Vegetation weit zurückgedrängt. Tundren und Kältesteppen nahmen große Regionen ein. Dort konnte der Wind angreifen und ungeheure Staubmengen in die Atmosphäre transportieren. Wüsten und trockenliegende Kontinentalschelfe sowie stärkere atmosphärische Strömungen trugen ihren Teil zur Aufwirbelung des Staubes bei. Infolgedessen war der Staubgehalt der Atmosphäre während der Kaltzeiten 30 bis 70mal höher als während der Warmzeiten. Dies ist natürlich auch in den Eisbohrkernen dokumentiert.

Methan

Methan (CH_4) ist ebenfalls ein wichtiges Treibhausgas. Seine Konzentration ist jedoch deutlich geringer als die von CO_2. Heutzutage beläuft sich die Konzentration auf 1700 ppbv*. Für die Glaziale wurden beispielsweise im Vostok-Eisbohrkern nur 350 ppbv gemessen. Während der Interglaziale erreichte Methan Werte von 650 ppbv.

Kohlendioxid

Besonders bedeutsam für das Klima ist der CO_2-Gehalt der Atmosphäre. Er läßt sich, ebenso wie der Methan-Anteil, an Luftblasen bestimmen, die im Eis vorhanden sind. Die Luftblasen wurden während der Eisbildung eingeschlossen. Sie sind also geringfügig jünger als die zugehörige Eisschicht. In Grönland sind sie etwa 100–400 a jünger, in der Antarktis bis zu

* parts per billion by volume ($=10^{-9}$).

4 ka. Während der Glazialzeiten erreichten die CO_2-Anteile 190 bis 210 ppm, während der Interglaziale 250 bis 300 ppm. Im frühen Holozän wurden Werte von 260 ppm gemessen. Heutzutage (1997) hat der CO_2-Anteil der Erdatmosphäre 360 ppm erreicht. Der im Eis dokumentierte CO_2-Gehalt zeigt ebenfalls Besonderheiten. Beim Übergang vom Glazial zum Interglazial steigt zuerst der Kohlendioxid-Gehalt und dann die Temperatur. Beim Übergang vom Interglazial zum Glazial geht zuerst die Temperatur zurück, und erst 10 ka später fällt auch der CO_2-Gehalt. Vermutlich liegt die Ursache dieser Verzögerung darin, daß der CO_2-Anteil der Atmosphäre durch die ozeanische Zirkulation gesteuert wird. Auffallend sind auch die extremen Fluktuationen, denen der CO_2-Gehalt beispielsweise während des Weichsel-Glazials unterliegt. Schwankungen von 60 ppmv in nur 100 Jahren sind keine Seltenheit. Davon dürfte jedoch ein nicht unbedeutender Teil durch Eisschmelze freigesetzt worden sein.

Datierung der Eisschichten

Die Datierung der Eisbohrkerne für die letzten 14,5 ka wurde mit Hilfe von Jahreszählungen durchgeführt. Als Hilfsmittel dienen die Variationen von $\delta\ ^{18}O$, Ca^{2+}, NH_4^+, Mikropartikel und Nitrat. Durch die Eisauflast werden die Jahresschichten zur Tiefe hin immer dünner. Eis, das älter als 14,5 ka ist, befindet sich bei den grönländischen Eisbohrkernen durch den Eisdruck in Bewegung. Zur Datierung der älteren Eisschichten müssen daher ausgesprochen komplizierte Fließmodelle herangezogen werden. Im Grundsatz wird dabei von stetig fließendem Eis ausgegangen. Die Datierungsgenauigkeit älterer Eisschichten ist daher umstritten. Als weiteres Datierungshilfsmittel werden die bei Vulkanausbrüchen entstandenen säurehaltigen Eisschichten herangezogen. Wurden die Vulkanausbrüche an einem Kern exakt datiert, lassen sich mit ihrer Hilfe auch andere Kerne zeitlich zuordnen.

Die Verknüpfung verschiedener $\delta\ ^{18}O$-Kurven macht ebenso eine Altersbestimmung der Eisschichten möglich. Auch hier muß mindestens ein Kern exakt datiert sein. Besonders markant zeichnet sich das Kältemaximum der Sauerstoffisotopenstufe 5d ab (Dansgaard et al. 1993), das auf 110 ka BP datiert wird.

Bis etwa 40 ka BP findet die Radiokarbonmethode an Luftbläschen des Eises als Datierungsmethode Anwendung.

Zwei Maxima in der Konzentrationskurve von ^{10}Be, die weltweit nachweisbar sind, dienen ebenfalls als wichtige Zeitmarken. Sie werden auf 35 und 60 ka BP datiert.

Klimarekonstruktion aus Eisbohrkernen

Besonders beeindruckende Ergebnisse brachten die Eisbohrkerne hinsichtlich der Geschwindigkeit von Klimaschwankungen und Klimaumbrüchen. Bei der Betrachtung der aus Eisbohrkernen gewonnenen Temperaturkurven fällt auf, daß es sowohl während der Glaziale als auch während der Interglaziale zu extremen Klimaschwankungen gekommen ist (s. Abb. 79). Das Holozän ist dagegen außerordentlich stabil (DANSGAARD et al. 1993). Es scheint unter den Interglazialen eher die Ausnahme als die Regel zu sein. Außerdem zeigen die Eisbohrkerne, daß es zumindest im Nordatlantik innerhalb weniger Dekaden zu abrupten Klimaänderungen gekommen ist.

Im Camp-Century-Eisbohrkern zeigen die $\delta\ ^{18}O$-Werte in 1150 m Tiefe den Übergang vom Weichsel-Glazial zum Holozän. Die $\delta\ ^{18}O$-Werte steigen dort von –40‰ auf –29‰ an. Die Datierung der entsprechenden Schichten ergibt ein Alter von 10,75 ka ± 150 a BP. Die Schichten entstanden somit kurz nach der Jüngeren *Dryas*-Zeit. Die Jüngere Dryas-Zeit wird nach verschiedenen Methoden auf 11.500 ± 200 a BP datiert (ALLEY et al. 1992). Am Ende der Jüngeren *Dryas*-Zeit ist die Temperatur innerhalb von 50 bis 100 Jahren um 11 °C angestiegen. Im Dye-3-Kern (Süd-Grönland) erreichen die $\delta\ ^{18}O$-Werte sogar hochglaziales Niveau. Die nachfolgende Erwärmung dürfte folglich noch ausgeprägter gewesen sein. Der Beginn des Bölling-Interstadials wird nach Eisbohrkernen auf 14,5 ka BP datiert.

Das erste Kältemaximum des Weichsel-Glazials, die Sauerstoffisotopenstufe 5d wird als „Leitminimum" auf 110 ka BP datiert. Die Abkühlungsphase des Weichsel-Früh-Glazials wurde von zwei großen Interstadial-Gruppen unterbrochen. Die ältere wird auf etwa 106 bis 73 ka BP datiert. Die Temperaturen lagen 6 °C höher als während des glazialen Maximums. Die jüngere wird auf etwa 58–30 ka BP datiert. Zu dieser Zeit lagen die Temperaturen noch um 4° C über jenen des glazialen Maximums. Während des Hochglazials waren die Temperaturen um 9 bis 11 °C gegenüber dem Holozän erniedrigt. Insbesondere der GRIP-Eisbohrkern zeigt in seinem glazialen Abschnitt plötzliche $\delta\ ^{18}O$-Variationen. Auch die Temperaturen zeigen diese Veränderungen. Die Temperaturschwankungen entsprechen mit 5 K der halben Differenz der Temperaturen zwischen Glazial und Interglazial. Diese raschen Oszillationen innerhalb des Weichsel-Glazials werden Dansgaard-Oeschger-Events genannt. Auffallend ist die Asymmetrie dieser Oszillationen. Der Wechsel von einer Kalt- zu einer Warmphase dauerte nur 100 a oder weniger. Der Wechsel von einer Warm- zu einer Kaltphase nahm dagegen erheblich mehr Zeit in Anspruch. Die Oszillationen treten in Abständen zwischen 500 und 2000 a auf. Als Ursache wird eine Änderung der nordatlantischen Tiefenwasserströme ver-

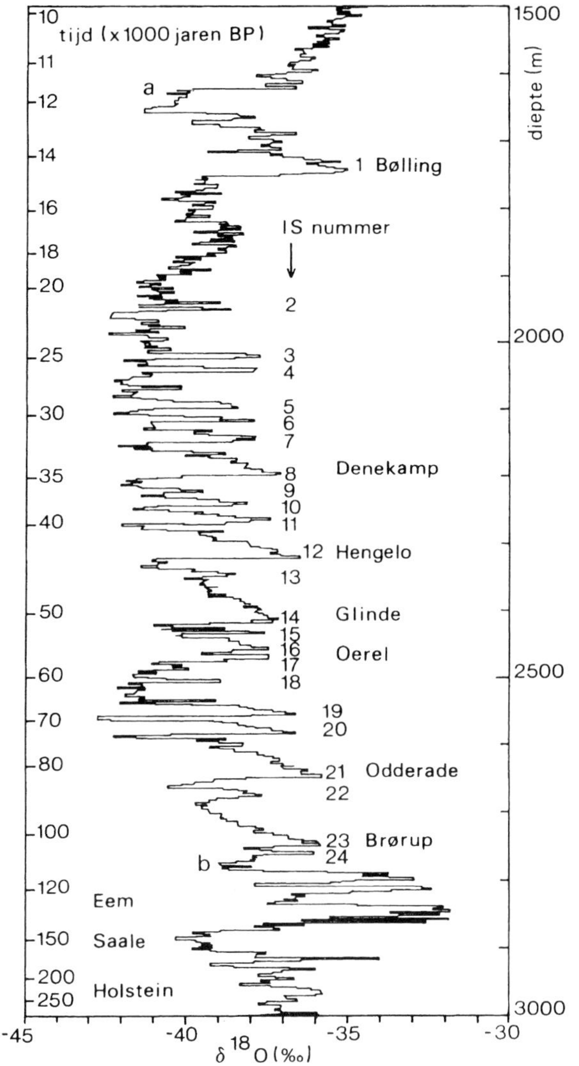

Abb. 79. Sauerstoffisotopenkurve des Summit-Kernes (nach DANSGAARD et al. 1993).

mutet. Im Gegensatz zum Weichsel-Glazial finden sich während des Saale-Glazials kaum Hinweise auf Dansgaard-Oeschger-Events. Möglicherweise sind diese Events ein ausschließlich Nordatlantisches Phänomen.

Der Temperaturanstieg zum Holozän begann vor 15 ka, wurde jedoch zwischen 12 und 11 ka von einem Temperaturrückschlag (Jüngere *Dryas*-Zeit) unterbrochen, bei welchem die Temperaturen fast hochglaziales Niveau erreichten. Die Niederschlagsmengen lassen sich mit Hilfe des Beryllium-10 rekonstruieren. Eisschichten des Weichsel-Glazials auf Grönland zeigen gegenüber heute eine Reduktion der Niederschläge um 30%. Gleichzeitig kam es zu einer Ausdünnung der Jahresschichten. Bereits vor 13 ka erreichten die Niederschläge holozänzeitliches Niveau. Auffallend sind drei Zeitabschnitte besonders hoher Niederschlagsmengen. Nach Auswertung der Tiefseebohrkerne handelt es sich dabei um die Zeiten, während der die Inlandeiskappen ein extremes Größenwachstum zeigten. Diese niederschlagsreichen Zeiten wurden auf 125–115, 80–60 und 40–30 ka datiert.

Auch bezüglich der Dauer und des Beginns des Eem-Interglazials brachte die Auswertung der Eisbohrkerne neue Erkenntnisse. Danach dürfte das Eem-Interglazial etwa 5 ka früher begonnen und länger gedauert haben als nach den Tiefseebohrkernen zu erwarten gewesen wäre. Da dieses Phänomen im Vostok-Kern (Antarktis) beobachtet wurde, liegt die Vermutung nahe, daß die Temperatur der Antarktis etwa 5 ka vor dem Abschmelzen des Eises der Nordhalbkugel anzusteigen begann. Die Ursache dieser Unstimmigkeiten zwischen Eis- und Tiefseebohrkernen liegt wohl darin, daß in den Eisbohrkernen auch die klimatischen Instabilitäten dokumentiert sind, die das Abschmelzen des Saale-Eises ausgelöst haben.

Die mittels des Deuteriums durchgeführten Temperaturbestimmungen zeigen für das Eem-Interglazial einen gegenüber dem Holozän um 2 °C erhöhten Wert.

7.3 Tiefseebohrkerne und Sauerstoffisotopen

Die Untersuchung der Sauerstoffisotopenverhältnisse in Foraminiferenschalen aus Tiefseebohrkernen hat sich inzwischen zu einer der wichtigsten Methoden hinsichtlich paläoklimatologischer und stratigraphischer Fragen entwickelt. Die Temperaturveränderungen der Ozeane und die Größenschwankungen der Inlandeiskappen lassen sich mit ihrer Hilfe rekonstruieren.

Da die Sedimentation quartärzeitlicher Schichten am Boden der Ozeane in vielen Fällen ohne Unterbrechung stattfand, ergibt sich hier die Möglichkeit, eine lückenlose stratigraphische Abfolge des Quartärs zu untersuchen. Das Verhältnis der Sauerstoffisotopen ^{18}O zu ^{16}O wurde erstmals von UREY et al. (1951) als Thermometer für fossile Wassertemperaturen genutzt. UREY et al. (1951) stellten fest, daß das Verhältnis von $^{18}O : ^{16}O$ in Calciumkarbonat von dessen Bildungstemperatur abhängt. Die ersten Untersuchungen wurden an Jura-Belemniten durchgeführt. Die Messungen der Isotopenverhältnisse werden mit Massenspektrometern durchgeführt. Die Ergebnisse werden auf einen Standard bezogen. Abweichungen werden als ‰ $\delta\,^{18}O$ angegeben. Die Formel lautet:

$$\delta\,^{18}O = 1000 \cdot \frac{\left\{\frac{^{18}O}{^{16}O}\right\}_{\text{Probe}} - \left\{\frac{^{18}O}{^{16}O}\right\}_{\text{Standard}}}{\left\{\frac{^{18}O}{^{16}O}\right\}_{\text{Standard}}}$$

Der natürliche Sauerstoff besteht aus drei Isotopen. ^{16}O repräsentiert 99,76%, ^{17}O 0,04% und ^{18}O 0,20% des Gesamtsauerstoffs. Da leichter Sauerstoff schneller verdunstet, ist in tropischen Gewässern der schwere Sauerstoff angereichert. Um die Sauerstoffisotopenverhältnisse gewissermaßen als Thermometer benutzen zu können, muß das Ausgangsverhältnis von $^{18}O : ^{16}O$ bekannt sein. Zwischen 1951 und 1955 führte EMILIANI (1955) Untersuchungen an acht Tiefseebohrkernen durch. Er fand an Kernen aus der Karibik und dem äquatorialen Atlantik sieben Glazial-Interglazial-Zyklen während der letzen 300.000 Jahre. Interessanterweise zeigten diese Zyklen auffallende Übereinstimmungen mit den Strahlungskurven von MILANKOVITCH (1930). Damals tauchte die Frage auf, ob die Schwankungen der Isotopenverhältnisse in den von EMILIANI untersuchten Tiefseekernen tatsächlich von Temperaturschwankungen verursacht wurden. Untersuchungen von ERICSON et al. (1961) hatten nämlich gezeigt, daß in kaltzeitlichen Ablagerungen der Ozeane nie die Foraminiferenspezies *Globorotalia menardii* vorkam. Kerne aus niederen Breitengraden des Atlantik bestätigten die Schlüsselrolle von *Globorotalia menardii*. In höheren Breiten kommt diese Spezies auch heute nicht vor. Die Datierung des jüngsten Umschwunges in den Tiefseebohrkernen zu *Globorotalia menardii* ergab ein Alter von 11 ka. Dies stimmte ausgezeichnet mit den auf dem Festland ermittelten Daten überein. Als die Methoden von EMILIANI und ERICSON an gleichen Bohrkernen durchgeführt wurden, stimmten die Ergebnisse zwar bei den jüngsten Schichten überein, nicht aber bei den älteren.

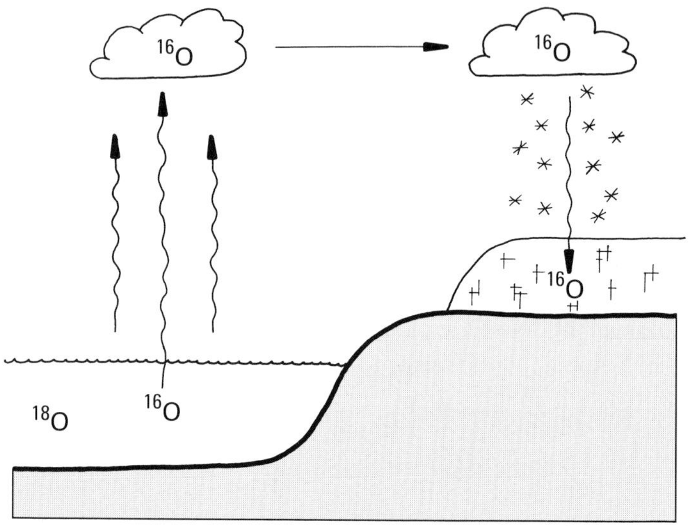

Abb. 80. Anreicherung leichten Sauerstoffs (^{16} O) in den Inlandeiskappen während der Glazial-Zeiten.

1965 vermutete ERICSON erstmals, daß die sich ändernden Isotopenverhältnisse in den Tiefseebohrkernen möglicherweise Schwankungen in der Gesamtisotopenzusammensetzung der Ozeane wiedergäben. Während der Eiszeiten war nämlich das leichte ^{16}O in den Inlandeiskappen angereichert (s. Abb. 80). Den Ozeanen wurde also leichter Sauerstoff entzogen, der schwere Sauerstoff mithin dort angereichert. Die Quintessenz wäre, daß die Isotopenschwankungen in den Tiefseebohrkernen die Änderungen der Inlandeisvolumina wiedergäben.

Die Untersuchung einer Vielzahl von Foraminiferenspezies zeigte Häufigkeitsschwankungen, die mit den Isotopenstufen EMILIANIS übereinstimmten. Aber auch Veränderungen des Salzgehaltes im Wasser und der verfügbaren Nahrungsmengen beeinflussen die Foraminiferen-Population. Nun wurden sämtliche Einflußfaktoren auf Foraminiferen-Populationen untersucht. Es zeigte sich, daß die Temperaturerniedrigung während der Eiszeiten in den Ozeanen mit 2 °C viel geringer war als die von EMILIANI (1955) angenommenen Werte von 6 °C. Das bedeutet, daß ein großer Teil der Schwankungen in den Isotopenverhältnissen der Tiefseekerne auf Größenänderungen der Inlandeisdecken und damit auf Isotopenveränderungen des gesamten Ozeanwassers zurückgehen und nicht etwa auf Temperaturschwankungen. Inzwischen hat sich diese Annahme bestätigt, da entsprechende Variationen des δ^{18}O-Gehaltes auch bei benthonischen Foraminiferen auftreten. Dort, in der Nähe des Ozeanbodens, herrschen ständig Temperaturen von ca. 4 °C unabhängig von der Temperatur des Oberflächenwassers. Die δ^{18}O-Schwankungen gehen also auf Variationen des globalen Eisvolumens zurück.

Die δ ^{18}O-Variationen in Tiefseebohrkernen schwanken zwischen 1 und 2 ‰. Die δ ^{18}O-Stufen werden nach EMILIANI (1955) von oben beginnend durchnumeriert. Dabei stehen gerade Zahlen für Kaltzeiten, ungerade für Warmzeiten. Die Stufe 1 steht für das Holozän, die Stufe 5 beziehungsweise die Stufe 5 e für das Eem. Die Veränderungen des δ ^{18}O-Gehaltes erfolgen unterschiedlich schnell. Der Übergang vom Interglazial zum Glazial geht allmählich vonstatten. Der Übergang vom Glazial zum Interglazial dagegen erfolgt abrupt. Der schnelle δ ^{18}O-Abfall an der Grenze Glazial/Interglazial wird daher als Termination bezeichnet. Die Sauerstoffisotopenkurven des gesamten Quartärs besitzen sägezahnartigen Charakter (BROECKER & VAN DONK 1970). Der größte Teil der Tiefseekerne wird paläomagnetisch datiert. Fixpunkte sind die Brunhes/Matuyama-Grenze und die Matuyama/Gauss-Grenze. In jüngster Zeit wurde die Grenze Brunhes/Matuyama zunächst astronomisch und wenig später anhand kontinentaler Vulkanite auf ca. 790 ka BP neu datiert (BASSINOT et al. 1994). Dadurch ergab sich eine neue zeitliche Einstufung der Sauerstoffisotopenstufen. Die zwischen den paläomagnetischen Ereignissen liegenden Abschnitte der Tiefseekerne werden unter Annahme konstanter Sedimentationsgeschwindigkeiten datiert. Hier schlummert ein erhebliches Potential an Unsicherheit. Auch Bioturbationen und unterschiedliche Setzungsraten verschiedener Sedimente bleiben unberücksichtigt. Eine Verfeinerung der stratigraphischen Zuordnung wird mit Hilfe von Uranreihen versucht. Die jüngsten Abschnitte der Tiefseebohrkerne sind dagegen relativ gut mit Hilfe der ^{14}C-Methode datierbar. Trotz dieser Unsicherheitsfaktoren verlaufen die δ ^{18}O-Variationen in allen Ozeanen der Erde etwa synchron, so daß man davon ausgehen kann, daß sie von globalen Veränderungen gesteuert werden. Daher hat sich die Tiefseestratigraphie inzwischen zum wichtigsten Standbein der Quartärstratigraphie entwickelt. Für eine Verknüpfung der Tiefseestratigraphie mit der terrestrischen eignen sich besonders vollständige terrestrische Abfolgen wie Lößprofile oder limnische Absätze. Unmittelbare Vergleiche wurden durch die Untersuchungen der δ ^{18}O-Variationen an Kalksintern der Devils-Hole-Kluft in Nevada möglich (WINOGRAD et al. 1992). Das Erscheinungsbild der dort gefundenen δ ^{18}O-Variationen läßt sich sehr gut mit dem der Tiefseebohrkerne vergleichen. Mit höherer Temperatur steigt der δ ^{18}O-Gehalt in den Kalksintern. In den marinen Kurven sinkt er ab. Die Ursache hierfür liegt darin, daß in den Kalksintern der δ ^{18}O-Gehalt der Atmosphäre gespeichert ist, der mit zunehmender Temperatur ansteigt. In den Tiefseekernen zeichnen sich dagegen – wie erwähnt – die Schwankungen der Inlandeisvolumina ab. Mit zunehmenden Temperaturen schmelzen die Eiskappen. Das in ihnen gebundene ^{16}O-Isotop wird freigesetzt, so daß in den Ozeanen der Anteil des ^{18}O-Isotops relativ zurückgeht.

Sauerstoffisotopen-Variationen aus Eisbohrkernen sind direkt von den Temperaturschwankungen in der Atmosphäre abhängig und lassen sich daher nicht unmittelbar mit den aus Tiefseebohrkernen gewonnenen Daten verknüpfen (vgl. Kap. 7.2 Eisbohrkerne).

Untersuchungen an Tiefseebohrkernen aus dem Gebiet des Otong-Java-Plateaus im Pazifik brachten einige Besonderheiten der Sauerstoffisotopenkurven zutage (BERGER et al.1994). Die tieferen Kerne reichen dort bis fast 2 Mio. Jahre vor heute zurück. Die Kurven lassen sich in drei Teile untergliedern. Der älteste Abschnitt reicht von 1900 ka bis 1200 ka. Dieser Zeitabschnitt wird als Laplace-System bezeichnet (s. Abb. 81). Die Zyklen der Sauerstoffisotopenkurven sind darin regelmäßiger, liegen näher beieinander, und ihre Amplituden sind deutlich schwächer als in der darauffolgenden Zeit. Das sogenannte Croll-System umfaßt die Zeit zwischen 1200 ka und 600 ka B P. Die Kurven werden während dieser Zeit unruhiger, die Amplituden nehmen zu. Der jüngste Abschnitt, das Milankovitch-System, begann vor 600 ka und dauert bis heute an. Die Sauerstoffisotopenkurven werden sehr unregelmäßig, die Amplituden sind die höchsten des gesamten Quartärs. Die Spektralanalyse der Kurven ergab, daß das älteste Drittel von einem 40 ka-Zyklus dominiert wird, während der jüngste Teil von zwei Perioden, einer 40 ka- und einer 100 ka-Periode beherrscht wird. Die 100 ka-Periode kommt erst seit 900 ka zum Tragen. Dieser Zeitpunkt wird von BERGER et al. (1994) als Mittelpleistozäne Revolution bezeichnet. Vergleiche mit den Variationen der Sonneneinstrahlung auf 65° nördlicher Breite im Juli ergaben für die letzten 500 ka eine sehr gute Übereinstimmung mit den aus Tiefseebohrungen gewonnenen Kurven. Modellrechnungen der Schwankungen der Inlandeisvolumina zeigten, daß nach der Mittelpleistozänen Revolution ca. 15% mehr Eis abgelagert wurde als vorher. Dies führte dazu, daß sich die Glazialbedingungen stabilisierten. Der Meeresspiegel war durch die vermehrte Eisbildung stärker abgesenkt, so daß sich auf den Schelfgebieten große Mengen von Eis absetzen konnten. Bei erhöhter Sonneneinstrahlung und ansteigendem Meeresspiegel konnte

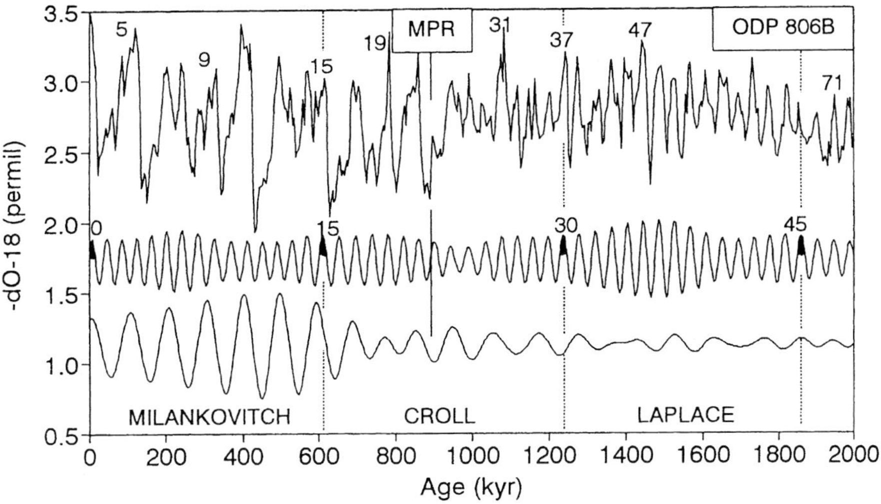

Abb. 81. Mittelpleistozäne Revolution (aus: BERGER et al. 1994).

dieses marine Schelfeis auch schneller schmelzen, so daß die Klimaschwankungen nun abrupter ablaufen konnten. Die Ursachen der vermehrten Eisbildung sind bis heute ungeklärt. Kurzfristige Klimaschwankungen sind für die letzten 250 ka aus den Eisbohrkernen überliefert. Die Temperaturen des gesamten Holozäns sind verblüffend stabil, während im Laufe des Eem-Interglazials extreme und kurzfristige Temperaturschwankungen nachweisbar zu sein scheinen. Die Eisbohrkerne zeigen im Gegensatz zu den Tiefseebohrkernen mindestens zwei extreme Kälteeinbrüche. Die Ursache für diese Differenzen dürfte darin liegen, daß die Eisbohrkerne die Temperatur der Atmosphäre wiedergeben, während in den Tiefseekernen die Größe der Inlandeiskappen dokumentiert ist. Im Weichsel-Glazial (Sauerstoffisotopenstufen 2 bis 4) sind jeweils 10 ka dauernde Abkühlungsphasen nachweisbar, die sogenannten **Dansgaard-Oeschger**-Zyklen. Die Kalt- und Warmphasen werden im Laufe dieser Zyklen immer kälter, um schließlich in einer plötzlichen Änderung in ein Interstadial überzugehen. Die Dauer der Interstadiale war auf 55 bis 2000 a begrenzt. Die Klimaschwankungen während des Quartärs liefen aufgrund dieser Erkenntnisse wesentlich rascher und katastrophaler ab als bisher angenommen.

8 Ursachen für Eiszeiten und Klimaschwankungen

Das Quartär ist nicht das erste Eiszeitalter der Erdgeschichte. Die bekanntesten älteren Eiszeitalter sind die eokambrischen (vor ca. 600 Mio. a) und die permokarbonen (vor ca. 300 Mio. a) Vereisungen der Erde. Auch für diese älteren Vereisungsphasen wurde versucht deren Ursache und die Auslöser der Klimaschwankungen zu ergründen. Nur bei genauer Kenntnis der natürlichen Ursachen von Klimaschwankungen lassen sich Klimaprognosen erstellen, die den Einfluß des Menschen berücksichtigen.

Plattentektonische Bewegungen und deren Folgen beeinflussen das Klima langfristig und können es grundlegend verändern. Möglicherweise sind plattentektonische Vorgänge sogar der Auslöser für Eiszeitalter. Auch der chemischen Zusammensetzung der Erdatmosphäre kommt eine besondere Bedeutung für Klimaveränderungen zu. Hier seien die Treibhausgase (u.a. Kohlendioxid und Wasserdampf) genannt. Grundlegende Änderungen der Atmosphärenchemie könnten ebenfalls der Auslöser für die großen Eiszeitalter der Erdgeschichte gewesen sein. Besondere klimatische Bedeutung kommt den Ozeanen zu. Nicht nur die Chemie der Ozeane (insbesondere ihr Salzgehalt), sondern auch die ozeanischen Strömungen (sowohl oberflächennahe als auch Tiefenströmungen) sind ein bedeutender Steuerungsfaktor des irdischen Klimas. Die Biomassen der Kontinente und Ozeane beeinflussen das Klima ebenfalls massiv. Sie fungieren als Regulativ und lösen eine Vielzahl von feed-back-Prozessen aus. Die übergeordnete Steuerung des Klimas während der letzten 2,5 Mio. a erfolgte vermutlich durch sich ändernde astronomische Parameter. Die ausgezeichnete Übereinstimmung der Strahlungsmengenschwankungen während der Sommer auf der Nord-Halbkugel mit den aus Tiefseebohrkernen gewonnenen Erkenntnissen belegt dies. Abschließend werden Klimamodelle für den am besten erforschten Abschnitt der Erdgeschichte, die letzten 18 ka, vorgestellt. Anhand dieser Klimamodelle sollten sich die Computermodelle eichen lassen, mit deren Hilfe Prognosen für die künftige Klimaentwicklung der Erde vorausberechnet werden.

8.1 Plattentektonik und Klima

Als eine der Hauptursachen für den Beginn von Eiszeitaltern werden plattentektonische Bewegungen und deren Folgen angesehen. Die Untersuchung der älteren Eiszeitalter der Erdgeschichte zeigt, daß sie jeweils zwischen 70 und 100 Mio. a angedauert haben dürften. Die Datierungen eokambrischer Tillite schwanken zwischen 650 und 750 Mio. a, die entsprechenden permokarbonen Ablagerungen besitzen Alter von 250 bis 350 Mio. a. Während dieser Zeit bewegten sich die Kontinente langsam über die Erde hinweg. Der Teil eines Kontinents beziehungsweise einer Kontinentmasse, der sich in Polnähe oder am Pol befand, konnte vereisen. Diese Tatsache ist unmittelbar einsichtig, da in Polnähe die geringste Strahlungsmenge von der Sonne auftrifft. Grundvoraussetzung für ein Eiszeitalter ist also, daß sich die Kontinente am Pol oder zumindest in Polnähe befinden. Beim Studium der letzten drei großen Eiszeitalter der Erdgeschichte fällt auf, daß die Kontinente während dieser Vereisungsphasen fast immer zu sogenannten Superkontinenten vereint waren. Dies trifft für die eokambrische und die permokarbone Vereisung unbedingt; für das Eiszeitalter des Quartärs bedingt zu. Dennoch massieren sich die Kontinente auch heutzutage um den Nordpol. Die Tatsache, daß Eiszeitalter offenbar mit einer Massierung von Kontinenten einhergingen, hat die Hypothese der Superkontinentzyklen entstehen lassen (NANCE et al.1988). Diese Hypothese geht davon aus, daß sich unter einem solchen Superkontinent die aus dem Erdmantel stammende Wärme staut. Dadurch kommt es zur Aufwölbung der Erdkruste und schließlich zum Bruch. An den Bruchstellen fließt Wärme ab. Dort entstehen allmählich neue Ozeane. Mit zunehmender Entfernung von der Spreizungsachse wird die ozeanische Kruste älter und dichter. Nach etwa 200 Mio. a ist sie so dicht geworden, daß sie nun beginnt, unter die angrenzenden Kontinente abzutauchen. Nach dieser Zeit driften auch die Kontinente erneut aufeinander zu. Es kommt zur Gebirgsbildung (Beispiele: Alpen, Himalaya). Durch die Drift der Kontinente wird deren Höhenlage deutlich verändert. Die Volumenänderungen der Ozeane beeinflussen die Höhe des Meeresspiegels. Durch Kontinent-Kontinent-Kollisionen nimmt die Höhe der Erdkruste an diesen Stellen erheblich zu.

Während seiner Entstehung ist ein Superkontinent allseits von Ozeanen umgeben. Darin entsteht ständig neuer Meeresboden, der jedoch während dieses Stadiums mit gleicher Geschwindigkeit unter den Kontinent abtaucht. Der Meeresspiegel sollte eigentlich ein konstantes Niveau besitzen. Durch die Kontinent-Kontinent-Kollision wird die Erdkruste jedoch komprimiert. Die Landoberfläche wird kleiner und die Ozeane größer. Das bedeutet, daß der Meeresspiegel während der Bildung und der Existenz der Superkontinente tiefer lag. Beim Zerfall eines solchen Superkontinentes entstehen Spreizungsachsen. Dort bilden sich im Laufe der Zeit Mittelozeanische Rücken, die das Volumen der Ozeane verkleinern. Jüngere ozeanische Kruste ist außerdem weniger dicht. Sie taucht daher weniger tief ein, wodurch das Ozeanvolumen weiter verringert wird. Die Kontinente beginnen im Laufe des Zerfalls allmählich abzusinken, da die Wärme nun abfließen kann und der Wärmestau unter den Kontinenten nicht mehr existiert. All diese Faktoren führen dazu, daß der Meeresspiegel während des Zerfalls eines Superkontinentes höher liegt als zuvor. Erreichen die Kontinente ihre größte Distanz, existieren große Mengen alter dichter Kruste, die tief abgesunken ist. Das Ozeanvolumen ist vergrößert, der Meeresspiegel lag tiefer. Bei der folgenden Kontinent-Kontinent-Kollision werden die Bereiche mit alter Kruste immer kleiner, große Mengen junger weniger dichter ozeanischer Kruste entstehen. Der Meeresspiegel steigt erneut an.

So wird der Meeresspiegel über mehrere 100 Mio. a hinweg massiv durch die Drift der Kontinente beeinflußt. Diese ist sicherlich als übergeordnetes Regulativ des Meeresspiegels anzusehen. Die Höhe des Meeresspiegels aber wirkt sich unter anderem auf die Chemie der Ozeane, auf Meeresströmungen und andere bedeutende Steuerungsfaktoren des Klimas aus.

Durch die Drift des Superkontinentes gelangten zu verschiedenen Zeiten verschiedene Regionen in Polnähe. Auf diese Weise erklären sich die unterschiedlichen permokarbonen Vereisungszentren und deren Wanderung im Laufe der Zeit. Mittels verschieden alter Tillite ließ sich die Wanderung der Vereisungszentren exakt rekonstruieren. Die ersten Vereisungen sind in Brasilien vor mehr als 350 Mio. a nachweisbar. Danach wanderten sie über Argentinien, Paraguay und Südafrika in die Antarktis. Anschließend dehnte sich das Eis bis nach Indien und auf die Arabische Halbinsel aus. Die gesamte Wanderung ist offenbar auf die Drift der Kontinente während der etwa 90 Mio. a dauernden Vereisung zurückzuführen. Kürzere Verlagerungen von Vereisungszentren, wie sie beispielsweise für das Quartär zwischen Elster und Saale nachweisbar sind, haben völlig andere Ursachen.

Andere plattentektonische Ereignisse können sich wesentlich rascher auf das Klima auswirken. Die Untersuchung von Tiefseebohrkernen aus dem Atlantik zeigte, daß während des Oligozäns plötzlich kräftige Bodenströmungen auftraten, die an den Rändern des Atlantik zu intensiver Erosion führten. Im Laufe von etwa 15 Mio. a wurde dort etwa 1000 m Sediment abgetragen (Hsü 1982). Ursache war die beginnende Vereisung der Antarktis und die damit einhergehende Entstehung der antarktischen Bodenwasserströmung. Im frühen Miozän kam diese Strömung fast zum Erliegen. Ursache dafür war die endgültige Abtrennung Australiens von der Antarktis. Seit diese beiden Kontinente voneinander getrennt waren, konnte sich die Zirkum-Antarktis-Strömung entwickeln. Das kalte Bodenwasser war nun in der zirkumpolaren Bodenströmung gefangen. Die globale Abkühlung des Klimas war damit vorerst gestoppt.

Vor ca. 5 Mio. a prallte Afrika auf Eurasien. Dadurch wurden die äquatorialen Strömungen unterbrochen. Die Abkühlung begann erneut. Außerdem war das Mittelmeer, eines der bedeutendsten Nebenmeere der Erde, entstanden. Es spielt eine wichtige Rolle bei der Steuerung des Klimas im Laufe des gesamten Quartärs. Das nächste große plattentektonische Ereignis war die Entstehung der Mittelamerikanischen Landbrücke vor ca. 3,5 Mio. Jahren. Seit dieser Zeit erst existiert der Golfstrom, der die für die Eiskappenbildung erforderlichen warmen Wassermengen in Richtung Pol befördert.

Schließlich beeinflußt die Auffaltung von Gebirgen im Zuge von Plattenkollisionen unmittelbar die atmosphärischen Strömungen und damit das Weltklima. Wichtigste Beispiele der klimatischen Wirkung von Hochgebirgen bieten der Himalaya und die Alpen.

Auch der bei plattentektonischen Vorgängen auftretende Vulkanismus beeinflußt das Klima. Zwei völlig konträre Wirkungen sind möglich. Der bei Vulkanausbrüchen freigesetzte Staub schattet das Sonnenlicht ab und führt zu einer Abkühlung der Atmosphäre. Nach einigen Wochen oder Monaten ist der Staub jedoch durch Niederschläge aus der Atmosphäre ausgewaschen worden, so daß sich der Abkühlungseffekt vollständig verliert. Andere Wirkungen zeigt Schwefel, der ebenfalls bei vielen Vulkanausbrüchen freigesetzt wird. Durch photochemische Prozesse entstehen in der Stratosphäre Partikel mit einem Durchmesser von 0,1 bis 1,0 µm (Flohn 1985). Diese sulfatischen Partikel reichern sich in der in ca. 20 km Höhe liegenden sogenannten Junge-Schicht an. Diese Partikelschicht absorbiert einen Teil der einfallenden Strahlung und erwärmt sich. Dadurch wird die Temperaturdifferenz zwischen Stratosphäre und Erdoberfläche verringert. Die atmosphärische Zirkulation wird verändert. Es gibt die Vermutung, daß diese Vorgänge einen El Niño auslösen können. Die gesamte atmosphärische Zirkulation wird beeinflußt.

8.2 Astronomische Ursachen

Schon früh wurde klar, daß der Insolation eine bedeutende Rolle bei der Steuerung des Klimas zukommen muß. Milankovitch (1930) war der Erste, der die Strahlungsmenge berechnete, die die Erde von der Sonne aus erreicht. Schwankungen der Erdbahnparameter verändern die Strahlungsmenge, die die Erde erreicht. Die Schwankungen der Erdbahnparameter werden durch die gravitativen Wechselwirkungen zwischen Erde, Mond, Sonne und Planeten verursacht. Infolgedessen lassen sich diese Schwankungen exakt vorausberechnen. Insbesondere variieren die Exzentrizität, die Ekliptikschiefe und das Perihel.

Die **Exzentrizität** der Erdbahn ist variabel (s. Abb. 82). Die Erdbahn ist eine Ellipse, deren Form sich im Laufe der Jahrtausende ändert. Die

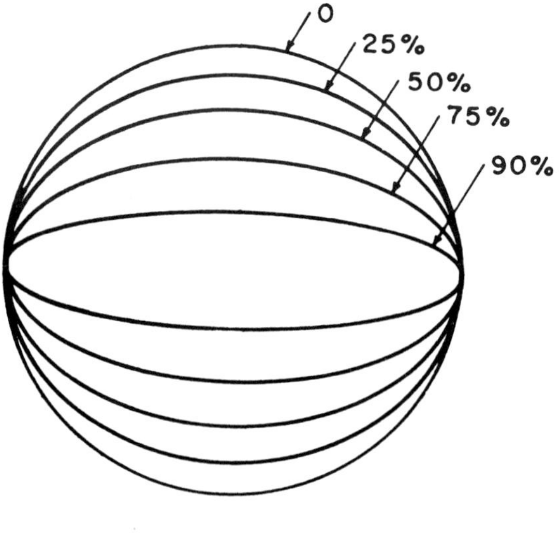

Abb. 82. Exzentrizitätsschwankungen der Erdbahn (aus: Imbrie & Palmer Imbrie 1981).

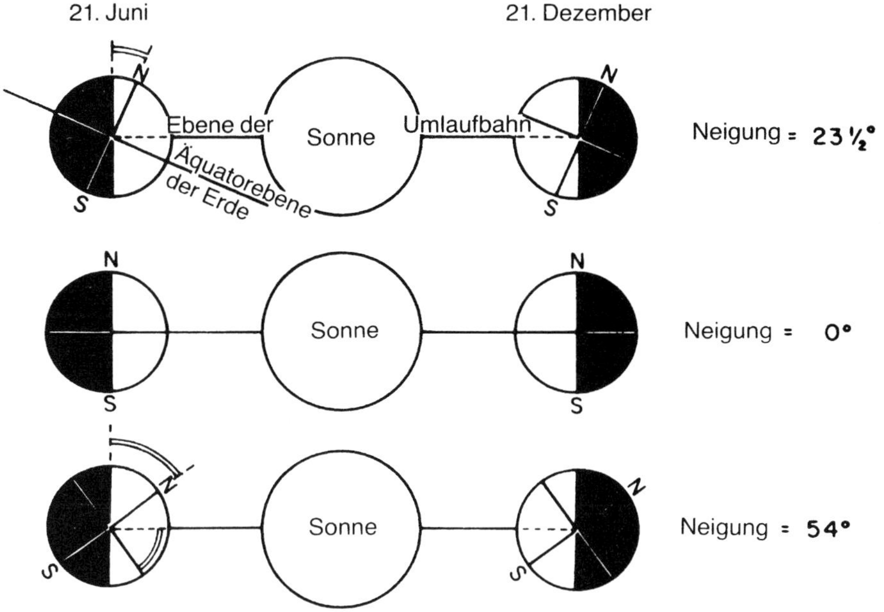

Abb. 83. Veränderung der Ekliptikschiefe der Erdbahn (aus: IMBRIE & PALMER IMBRIE 1981).

Abweichung einer Ellipse von der Kreisbahn bezeichnet man als Exzentrizität. Zur Zeit besitzt die Erdbahn eine Exzentrizität von 1,7%. Die Exzentrizität der Erdbahn schwankt im 100 ka-Zyklus zwischen 0,5 und 6%. Die Erdbahn ist manchmal ein fast idealer Kreis (Exzentrizität etwa = 0%), manchmal eine deutliche Ellipse (6%). Ist die Erdbahn elliptisch, ändert sich der Abstand Erde-Sonne im Laufe eines Jahres.

Auch die **Ekliptikschiefe** der Erdbahn zeigt Zyklen. Als Ekliptikschiefe wird die Neigung der Erdachse gegen die Umlaufebene um die Sonne bezeichnet. Heute besitzt die Erdachse eine Ekliptikschiefe von 23,5°. Sie variiert zwischen den Extremwerten 22,1° und 24,4°. Die Zyklusdauer der sich ändernden Ekliptikschiefe beträgt 40 ka (s. Abb. 83). Nimmt die Ekliptikschiefe größere Werte an, ist die Erdachse also stärker geneigt, werden die klimatischen Verhältnisse extremer. Die Sommer werden wärmer, die Winter kälter. Geringere Achsenneigung hat dagegen eine Abschwächung der Jahreszeiten zur Folge.

Der dritte Zyklus betrifft die **Perihelwanderung** (s. Abb. 84). Die Präzession der Erdachse erfolgt vom Nordpol aus betrachtet rechts herum. Ein Präzessionszyklus dauert 26 ka. Dieser Bewegung überlagert sich eine Präzessionsbewegung der gesamten Erdbahn, die vom Nordpol her betrachtet links herum abläuft. Beide Bewegungen überlagern sich zu einem Zyklus von 22 ka Dauer. Die Folge ist eine Wanderung des Perihels. So befindet sich die Erde heute etwa zur Zeit der Wintersonnenwende im Perihel. Vor 11 ka befand sie sich im Aphel, nach 22 ka erneut im Perihel. Der Zyklus ist vollendet. Befindet sich die Erde während des Nordsommers im Perihel (vor 11 ka), so erhält die Nordhalbkugel 7% mehr Strahlung als die Südhalbkugel.

Die Summe der Sonneneinstrahlung auf die Erdoberfläche bleibt zwar gleich, aber ihre regionale und zeitliche Verteilung verändert sich. Nach MILANKOVITCH (1930) kommt der Nordhalbkugel der Erde eine Schlüsselrolle für die Klimasteuerung der Erde zu. Die großen Kontinente wie Nordamerika und Eurasien gruppieren sich um den Nord-Pol. Unabhängig von der jeweiligen Strahlungsmenge entstehen im Winter in nördlichen Breiten Schneefelder und Eiskappen. Die Strahlungsmenge während der Sommer ist dafür verantwortlich, ob diese Eiskappen abschmelzen können oder nicht. Bei hoher Strahlungsmenge schmelzen die Eiskappen. Ist die Strahlungsmenge gering, bleiben die Eiskappen erhalten. Im nächsten Winter können sich noch größere Eismassen ansammeln. Die Albedo wird dadurch erhöht. Das Klima wird noch kühler. Ein sich selbst verstärkender feed-back-Prozeß hat eingesetzt. Aufgrund dieser Erkenntnisse berechnete MILANKOVITCH die Schwankungen der Strahlungsmenge für den Nordsommer auf Höhe des 65sten Breitengrades (s. Abb. 85). Es traten drei dominierende Strahlungszyklen mit Zeitdauern von 100 ka, 40 ka und 22 ka zutage. Lange Zeit war die Theorie MILANKOVITCH's außerordentlich umstritten, weil es an exakten Datierungsmöglichkeiten im festländischen Bereich mangelte. Erst die Datierungen von Korallenterrassen in der 60er Jahren führte zur erneuten Diskussion der MILANKOVITCH-Theorie. Die Aufstellung der Sauerstoffisotopenkurven aus Tiefseebohrkernen brachte schließlich den Durchbruch. Die Spektralanalyse dieser Kurven zeigte ebenfalls drei Zyklen, die mit den MILANKOVITCH-Zyklen übereinstimmten. Der dominierende Zyklus dauerte 100 ka, zwei untergeordnete 40 und 22 ka.

Neuere Untersuchungen an Tiefseebohrkernen (BERGER et al. 1994) zeigten jedoch, daß die Ergebnisse der Tiefseebohrkerne nur während der letzten 900 ka gut mit der Strahlungskurve übereinstimmen. In den tieferen Kernen sind die Zyklen regelmäßiger und liegen dichter beieinander. Dort

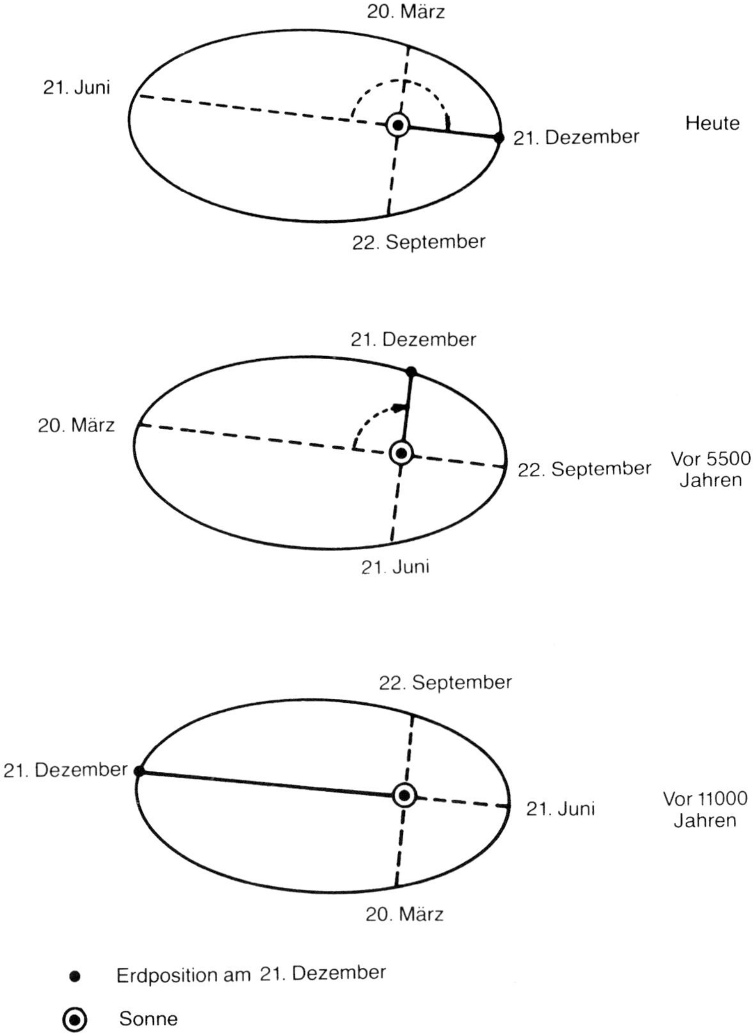

Abb. 84. Perihelwanderung (aus: IMBRIE & PALMER IMBRIE 1981).

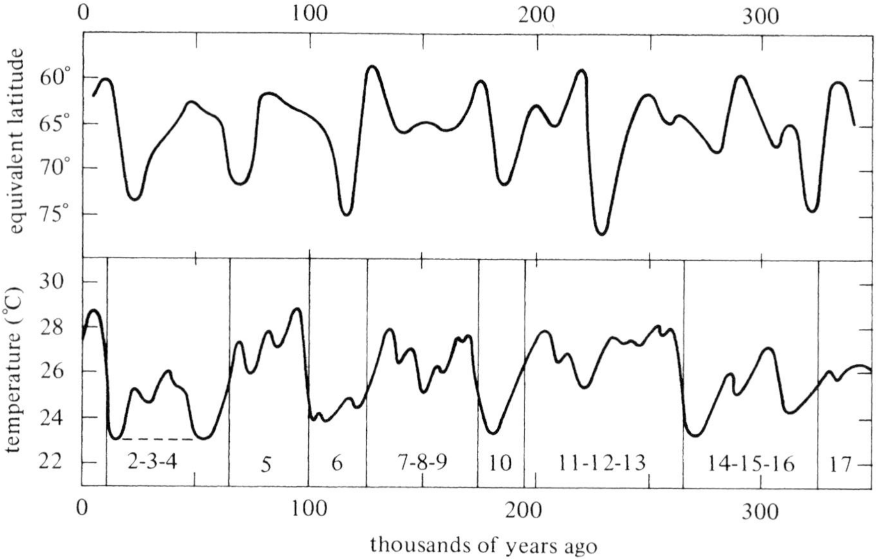

Abb. 85. Strahlungskurve auf 65° nördlicher Breite und Klimaschwankungen (aus: SEYFERT & SIRKIN 1979).

dominiert der 40 ka-Zyklus. In der Zeit nach 900 ka dominiert der 100 ka-Zyklus. Die Zyklen treten unregelmäßiger auf, und die Amplituden werden erheblich größer. Dieser deutliche Einschnitt in der $\delta\ ^{18}O$-Kurve wird als MPR (Middle Pleistocene Revolution) bezeichnet (BERGER et al. 1994, s. auch Kap. 7.3 Tiefseebohrkerne und Sauerstoffisotopen). Nach der MPR nahm zum einen das Volumen der Eismassen zu, zum anderen aber schmolzen die Eiskappen während der Warmzeiten sehr viel rascher und weiter zurück. Möglicherweise sind ozeanische Strömungen für dieses Phänomen verantwortlich. Vielleicht wurden während der Warmzeiten größere Mengen warmen Wassers in Richtung Pol transportiert. Möglicherweise spielen auch die Tiefenwasserströme und die damit verbundene Temperaturveränderung in der nördlichen Hemisphäre eine Rolle. Isostatische Ausgleichsbewegungen, trockengelegte Schelfgebiete und durch verschieden große Biomassen veränderte CO_2-Anteile könnten ebenfalls beteiligt gewesen sein.

Es ist bis heute jedoch noch nicht geklärt, ob allein die Schwankungen der Strahlungsmenge das Klima der Erde verändern. Wahrscheinlich ist es eher so, daß die Änderungen der Strahlungsmenge andere Rückkopplungs- und positive feed-back-Prozesse auslösen, die dann tatsächlich das Klima verändern. Möglicherweise kommt dem Ausstrom warmen salzhaltigen Mittelmeerwassers bei diesen Vorgängen eine Schlüsselrolle zu (BROECKER et al. 1989). Nimmt die Insolation auf der Nordhalbkugel aufgrund der sich ändernden Erdbahnparameter zu, so kommt es in Nebenmeeren, wie beispielsweise dem Mittelmeer, zur stärkeren Verdunstung. Das Wasser wird wärmer und salzhaltiger. Dieses warme salzhaltige Wasser strömt durch die Straße von Gibraltar in den Atlantik (s. Abb. 86). Es schichtet sich entsprechend seines Salzgehaltes und seiner Temperatur ein. Von Gibraltar aus strömt das warme salzhaltige Wasser unter anderem nach Norden auf Island und Grönland zu. Dort kommt es an die Meeresoberfläche und wird an der Luft von 10° auf 2° C abgekühlt. Dadurch wird der Erdatmosphäre eine Wärmemenge zugeführt, die 30% der jährlichen Sonneneinstrahlung im gesamten Nordatlantik entspricht (BROECKER & DENTON 1990). Diese Wärmezufuhr ist vermutlich unter anderem für den Beginn des Holozäns verantwortlich. Nachdem das warme salzhaltige Mittelmeerwasser nun so stark abgekühlt wurde, ist es zu kaltem salzhaltigem Wasser geworden. Solches Wasser ist erheblich schwerer als normales Meerwasser. Es sinkt ab. Ein salzhaltiger kalter Tiefenwasserstrom ist entstanden. Er strömt vom Nord- in den Südatlantik in den Pazifik und kommt erst südlich der Aleuten wieder an die Meeresoberfläche (s. Abb. 87). Dieser im Nordatlantik entstehende Tiefenwasserstrom saugt das warme salzhaltige Mittelmeerwasser gewissermaßen an. Die stark vereinfachte Vorstellung eines Fließbandes liegt nahe. Dieses Fließband läuft jedoch nur mit einem bestimmten Salzgehalt. Verringert sich der Salzgehalt – aus welchen Gründen auch immer –, kommt das Fließband zum Stehen. Es wird kein warmes salzhaltiges Wasser mehr Richtung Pol transportiert. Die Atmosphäre wird dort nicht mehr aufgeheizt. Es kommt zur Abkühlung. Der Tiefenwasserstrom existierte daher auch nur während der Interglazial-Zeiten. Zusammenfassend bleibt festzustellen, daß das Klima der Erde zumindest während der letzten 900 ka von den sich ändernden Erdbahnparametern gesteuert wird.

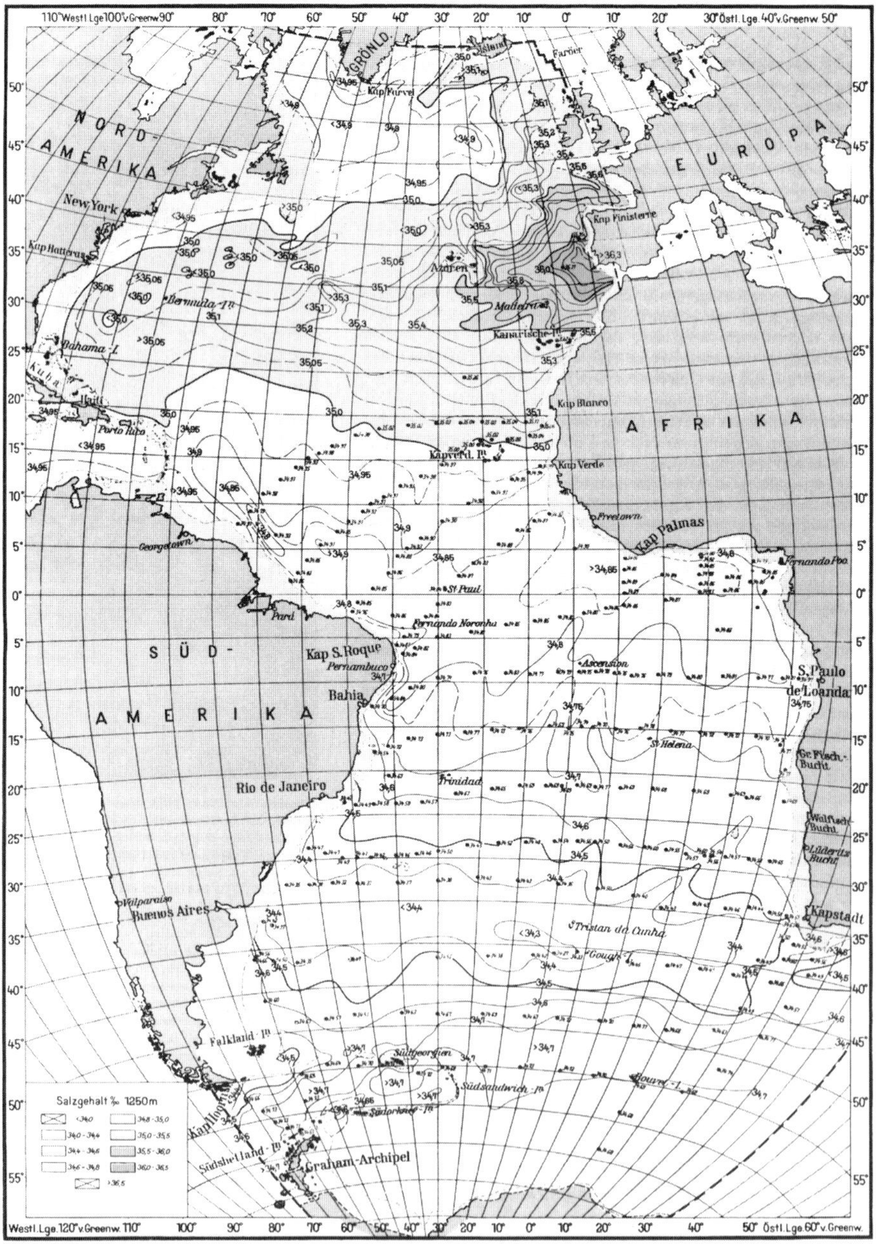
NORD-AMERIKA
EUROPA
AFRIKA
SÜD-AMERIKA
New York
Kap Hatteras
Bermuda-I.
Bahama-I.
Kuba
Haiti
Porto Rico
Kap Farvel
Azoren
Madeira
Kanarische I.
Kap Finisterre
Kap Blanco
Kap Verde
Kapverd. I.
Freetown
Kap Palmas
Fernando Poo
St. Paul
Fernando Noronha
Kap S. Roque
Pernambuco
Bahia
Ascension
S. Paulo de Loanda
St. Helena
Trinidad
Rio de Janeiro
Walfisch-Bucht
Lüderitz-Bucht
Kapstadt
Buenos Aires
Valparaiso
Tristan da Cunha
Gough-I.
Falkland-I.
Südgeorgien
Südsandwich-I.
Bouvet-I.
Südorkney-I.
Südshetland-I.
Graham-Archipel
Salzgehalt ‰ 1250 m

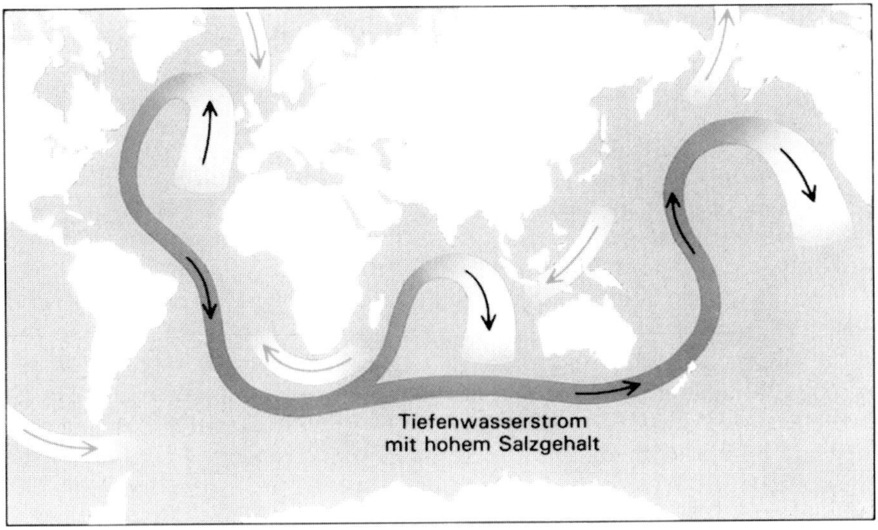

Abb. 87. Tiefenwasserströme (vereinfacht nach BROECKER 1987).

8.3 Erdatmosphäre und Treibhausgase

Schon kurz nach ihrer Entstehung war die Erde in der Lage, eine erste Atmosphäre zu halten. Im Laufe der Erdgeschichte hat sich deren Zusammensetzung mehrfach massiv verändert. Die derzeitige Atmosphärenchemie führt dazu, daß bestimmte Spurengase zum Reglerelement unseres Klimas werden können. Die vermeintlich bedeutendste Rolle kommt dabei dem Kohlendioxid zu. Unter den weiteren Treibhausgasen sind besonders der Wasserdampf und das Methan zu nennen. Dabei ist der Wasserdampf als sog. „Treibhausgas" wesentlich effektiver als das Kohlendioxid. Für natürliche Veränderungen ist der Wasserdampf dominant; für anthropogene das Kohlendioxid. Selbstverständlich kommt auch den atmosphärischen Strömungen eine bedeutende klimarelevante Rolle zu.

◀ Abb. 86. Salzgehalt des Nordatlantiks (aus: DEACON 1975).

8.3.1 Entstehung und Entwicklung der Atmosphäre

Die Erde entstand durch den Zusammenprall von Meteoriten. Ihre Masse wuchs immer weiter an, bis die Schwerkraft der Erde groß genug war, um Gase zu halten. Diese **erste** Uratmosphäre ging verloren, als die Erde immer heißer wurde. Schließlich befand sich die gesamte Erde im glutflüssigen Zustand, so daß die erste Atmosphäre verlorenging. Die **zweite** Atmosphäre entwickelte sich aus vulkanischen Entgasungen. Die Zusammensetzung der vulkanischen Gase entspricht etwa der Elementhäufigkeit im Weltall. In der Reihenfolge ihrer Häufigkeit sind dies: Wasserstoff, Helium, Kohlenstoff, Stickstoff und Sauerstoff. Helium ist ausgesprochen reaktionsträge und leicht. Infolgedessen entweicht es rasch ins All. Wasserstoff dagegen ist sehr reaktiv und bildet mit anderen Elementen die einfachsten Verbindungen. So entstehen Methan (CH_4), Ammoniak (NH_3) und Wasser (H_2O). Nachdem die Erde genügend abgekühlt war, konnte Wasser kondensieren. Die Ozeane entstanden. Die Wassermenge der Ozeane hat sich im Laufe der Zeit durch vulkanische Exhalationen allmählich erhöht. Da Ammoniak und Methan gut wasserlöslich sind, befinden sich große Mengen davon in den Ozeanen.

Die Entstehung der **dritten** Atmosphäre ist möglicherweise der Wirkung des von der Sonne stammenden UV-Lichts zu verdanken. Durch das UV-Licht werden Ammoniak und Methan unter Mitwirkung von Wasser in Stickstoff (N_2) und Kohlendioxid (CO_2) zerlegt. Der freigesetzte Wasserstoff entweicht ins All.

Die **vierte** Atmosphäre verdankt ihre Bildung der Entstehung des Lebens. Als das Leben in den Ozeanen entstand, befanden sich darin und in der Atmosphäre CH_4, NH_3, CO_2 und N_2. Zunächst entstanden zahlreiche organische Moleküle. Darunter war auch das DNA-Molekül, das sich selbst reproduzieren kann. Binnen kurzer Zeit verbrauchte die DNA alles organische Material. Neues mußte produziert werden. Diese Aufgabe wurde vom Chlorophyll wahrgenommen. Das Chlorophyll spaltet Wasser und Kohlendioxid mit der Energie des Sonnenlichts in Kohlenstoff, Wasserstoff und Sauerstoff. Es stellt daraus Zucker, Stärke und Fett her. Mit Hilfe von Stickstoff und Phosphor werden Amino- und Nukleinsäuren produziert. Bei diesem Prozeß wird Sauerstoff freigesetzt. Das Chlorophyll produziert organische Moleküle, die DNA sichert deren Vermehrung. Im Laufe der letzten 1 Mrd. Jahre änderte sich der Mengenanteil des Kohlendioxids noch zweimal sehr deutlich. BECKMANN & KLOPRIES (1989) postulieren, daß in beiden Fällen die Biomasse der Erde verantwortlich war. Am Ende des Präkambriums und zu Beginn des Kambriums breitete sich das Phytoplankton in den Ozeanen geradezu explosionsartig aus. Große Mengen CO_2

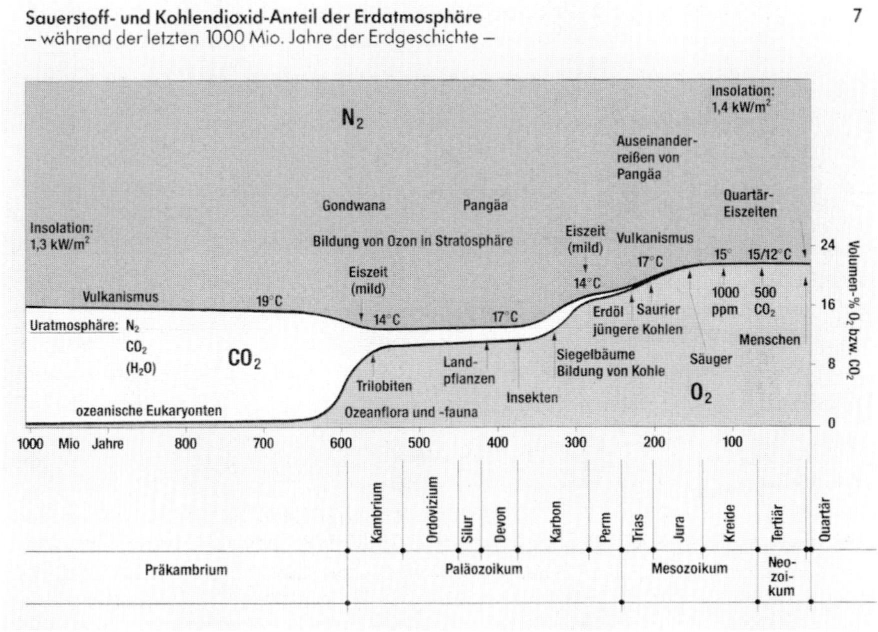

Abb. 88. Die Veränderung der Athmosphärenchemie im Laufe der letzten 1 Milliarde Jahre (nach BECKMANN & KLOPRIES 1989).

wurden verbraucht und so dem Wasser und der Atmosphäre entzogen (s. Abb. 88). Der Treibhauseffekt, der in der vorangegangenen Zeit noch zu sehr hohen Temperaturen geführt hatte, ging zurück. Im Zusammenhang mit anderen Faktoren konnte es nun zu Vereisungen der Festländer kommen. Ein zweiter ähnlicher Vorgang fand vor rund 300 Mio. a statt. Die Landpflanzen eroberten zu dieser Zeit die Kontinente mit einer bisher nicht gekannten Geschwindigkeit. Die Bäume entzogen der Erdatmosphäre CO_2, der Treibhauseffekt wurde erneut drastisch vermindert. Wieder konnte es zu einem Eiszeitalter kommen. Die zunehmende Begrünung der Erdoberfläche am Ende der Tertiär-Zeit soll einen weiteren CO_2-Rückgang in der Atmosphäre auf ca. 200 ppm ausgelöst haben, der schließlich das Eiszeitalter des Quartärs verursachte. Es sei an dieser Stelle angemerkt, daß mit Sicherheit noch eine Vielzahl anderer Faktoren bei der Auslösung der großen Eiszeitalter der Erdgeschichte eine Rolle gespielt haben.

Unbestritten ist, daß der Atmosphärenchemie und hier insbesondere den „Treibhausgasen“ eine wichtige Stellung für das Klima zukommt.

8.3.2 Atmosphärenchemie

Die Erde besitzt inzwischen ihre vierte Atmosphäre. Sie enthält heute 78% Stickstoff, etwa 20% Sauerstoff, 1% Argon sowie ca. 360 ppm Kohlendioxid. In großen Zügen existiert diese Atmosphäre seit ca. 600 Mio. a. Die grundlegenden Veränderungen seit dieser Zeit beziehen sich auf den Sauerstoff-, den Kohlendioxid- und möglicherweise den Methangehalt. Die Mengenanteile der anderen sogenannten Treibhausgase haben sich während dieser Zeit kaum verändert. Etwa seit 1960 sind anthropogen erzeugte Treibhausgase wie Fluorchlorkohlenwasserstoffe und Lachgas in meßbaren Anteilen hinzugetreten.

8.3.2.1 Kohlendioxid

Das Kohlendioxid zählt zu den bedeutendsten sogenannten Treibhausgasen. Die auf der Erdoberfläche auftreffende kurzwellige Sonnenstrahlung wird dort in langwellige Wärmestrahlung umgewandelt. Kohlendioxid hat die Eigenschaft, langwellige Wärmestrahlung zu absorbieren, also in der Atmosphäre zurückzuhalten. Eine Zunahme der CO_2-Konzentration in der Erdatmosphäre hat daher zwangsläufig deren Erwärmung zur Folge. Daß ein unmittelbarer Zusammenhang zwischen CO_2-Gehalt und Atmosphärentemperatur besteht, wurde unter anderem anhand der Grönland-Eisbohrkerne eindeutig nachgewiesen (vgl. Kap. 7.2 Eisbohrkerne).

Das Kohlendioxid ist Bestandteil eines Kreislaufs. Die Verweilzeit des Kohlendioxids in der Atmosphäre beträgt etwa 6 Jahre. Der natürliche CO_2-Kreislauf besteht aus CO_2-Quellen und CO_2-Senken. Er befindet sich im Gleichgewicht. Zu den bedeutendsten CO_2-Quellen zählen: Vulkane, die Atmung von Mensch und Tier, die Verwitterung von Gesteinen, der Zersatz organischen Materials und in jüngster Zeit die Verbrennung fossiler Brennstoffe. Zu den CO_2-Senken zählen insbesondere die Photosynthese und die Karbonatbildung in den Ozeanen.

Im natürlichen CO_2-Kreislauf pendelt sich auch nach größeren CO_2-produzierenden Ereignissen (wie beispielsweise Vulkanausbrüchen) nach einer gewissen Zeit das Gleichgewicht wieder ein. Lediglich langfristige Vorgänge wie plattentektonische Umwälzungen oder grundlegende Änderungen der Biomasse können den CO_2-Gehalt längerfristig massiv verändern. Während des Quartärs jedoch pendelte sich der CO_2-Gehalt der

Atmosphäre nach einer bestimmten Zeit auf ein Gleichgewicht ein. So konnte in den Eisbohrkernen nachgewiesen werden, daß der CO_2-Gehalt während der Kaltzeiten bei 180 bis 200 ppm lag und in den Warmzeiten auf bis zu 350 ppm anstieg.

Seit Mitte des 19. Jahrhunderts greift der Mensch durch die Industrieabgase, den forcierten Einsatz fossiler Brennstoffe und das industrielle Abholzen großer Urwaldgebiete in den CO_2-Kreislauf der Erdatmosphäre ein. Messungen des CO_2-Gehaltes wurden an Eisbohrkernen und seit 1958 (Internationales Geophysikalisches Jahr) unmittelbar in der Atmosphäre durchgeführt. Der CO_2-Gehalt ist danach von 280 ppm im Jahr 1800 auf 357 ppm im Jahr 1993 angestiegen. Der Anstieg der Kurve ist nicht gleichmäßig, sondern wird von Maxima und Minima überlagert. Ursache dieser Schwankungen ist die Biomasse. Im Frühjahr beginnt das Pflanzenwachstum. Die Chlorophyll-Produktion entzieht der Atmosphäre CO_2. Umgekehrtes ergibt sich im Herbst und Winter. Das Laub wird abgeworfen. Die Blätter können der Atmosphäre kein CO_2 mehr entziehen. Die CO_2-Konzentration steigt an. Auch der El Niño beeinflußt den CO_2-Gehalt der Atmosphäre. In El Niño-Jahren setzt der Ozean deutlich mehr CO_2 frei. Problematisch an dem generellen CO_2-Anstieg ist nicht die Tatsache an sich, sondern der Umstand, daß der Erdatmosphäre innerhalb kürzester Zeit große CO_2-Mengen zugeführt werden. Folgt man den Prognosen, so ist davon auszugehen, daß der CO_2-Gehalt der Atmosphäre im Jahre 2050 bei rund 700 ppm liegen dürfte. Dies entspricht einer Menge von $1{,}5 \cdot 10^{12}$ Tonnen Kohlenstoff in Form von CO_2. Dieser Wert liegt um 100% über jenem der wärmsten Warmzeit der letzten 250 ka, wie die Eisbohrkerne belegen. Aus der Klimageschichte des Quartärs läßt sich schließen, daß sich die Erdatmosphäre aufheizen wird, wenn der CO_2-Gehalt in der Atmosphäre ansteigt. Die Prognosen des weltweiten Temperaturanstiegs bei einer Verdoppelung des CO_2-Gehaltes schwanken zwischen 1,5 und 5,5 °C. Umstritten ist lediglich die Auswirkung einer solchen Aufheizung. Prognosen sind zur Zeit nur als bedingte Wahrscheinlichkeitsprognosen möglich, da sich eine Vielzahl von Klimafaktoren überlagern und in außerordentlich komplizierten Wechselwirkungs- und Rückkopplungsmechanismen miteinander stehen. Modellrechnungen mit Computern zeigen, daß die Erwärmung in höheren Breiten stärker ausfallen wird als am Äquator. Gleichzeitig wird sich die Stratosphäre abkühlen. Dadurch werden sich auch die atmosphärischen Strömungen massiv verändern. Weitere Unsicherheitsfaktoren sind die Kohlenstoffmengen, die Ozeane, Biosphäre und Atmosphäre aufnehmen können. Heute nehmen Ozean und Atmosphäre zwischen 40 und 50% des fossilen Kohlenstoffs auf. Zwar wäre der tiefe Ozean fähig, beinahe unbegrenzt CO_2 aufzunehmen, aber dem steht die Thermokline entgegen. Es gibt nur zwei Stellen auf der Erde, an der CO_2 in den tiefen Ozean gelangen kann. Sie liegen vor Grönland und am Rand der Antarktis (vgl. Kap. 4.2.1.1 Bodenwässer).

8.3.2.2 Weitere Treibhausgase

Wasserdampf ist der stärkste Absorber für Wärmestrahlung in der Erdatmosphäre. Während CO_2 nur 12% der gesamten Wärmestrahlung absorbiert, werden von Wasserdampf bis zu 35% absorbiert. Wichtig für die Auswirkung auf das Klima ist die Höhenlage des Wasserdampfes innerhalb der Atmosphäre. Tiefliegende Wolken stellen im Infraroten schwarze Körper dar. Sie reflektieren das Sonnenlicht. Die Folge ist eine Abkühlung der Erdatmosphäre. Hohe Wolken dagegen absorbieren die langwellige Wärmestrahlung. Aufheizung ist die Folge. Auch die geographische Position der Bewölkung ist von Bedeutung. Tiefliegende Wolken am Äquator reflektieren das Licht und führen zur Abkühlung. Die gleichen tiefliegenden Wolken am Pol verhindern dagegen die Wärmeabstrahlung ins All und führen somit zur Erwärmung. Das gesamte System reagiert extrem sensibel auf Höhenlage und Untergrenze der Bewölkung sowie auf deren Flüssigwassergehalt. Die Bewölkung der Erde ist in der Regel unmittelbar an die Temperatur gekoppelt. Dadurch kann es zu einer Fülle von Rückkopplungsprozessen kommen. Zunehmende Erwärmung durch CO_2 führt zu stärkerer Verdunstung, die die Bewölkung verändert und so das Klimasystem beeinflußt. Auch upwelling-Gebiete beeinflussen die Bewölkung. In upwelling-Gebieten gibt die Luft Wärme an das Wasser ab. Dadurch wird die Luft abgekühlt. Sie sinkt ab. Wolkenauflösung und ausbleibende Niederschläge sind die Folge. Bleibt das upwelling aus (Beispiel: El Niño), kommt es in diesem Gebiet zur tropischen Konvergenz. Hohe Verdunstung und hohe Niederschläge sind die Folge.

Ein weiteres bedeutendes Treibhausgas ist das Methan (CH_4). Seine atmosphärische Konzentration steigt doppelt so rasch an wie jene von Kohlendioxid. Als weitere Treibhausgase sind die Fluorchlorkohlenwasserstoffe (FCKW) zu nennen. Dazu gehören Trichlorfluormethan oder FCKW-11 ($CFCl_3$) und Difluordichlormethan oder FCKW-12 (CF_2Cl_2). Beide Stoffe sind außerdem für den massiven Abbau des stratosphärischen Ozons verantwortlich. Auch das Lachgas (Distickstoffoxid, N_2O) zählt zu den Treibhausgasen. Es wird als Endprodukt beim Abbau von Stickstoffdünger im Boden frei. Die Wirkung der hier aufgelisteten Treibhausgase muß der durch die CO_2-Zunahme bewirkten Erwärmung hinzugerechnet werden. Um jedoch Klimaprognosen abgeben zu können, müssen sämtliche Wechselwirkungen und Rückkopplungsprozesse berücksichtigt werden.

8.3.3 Atmosphärische Strömungen

Das Wettergeschehen und damit auch das Klima spielen sich in den untersten beiden Schichten der Erdatmosphäre, der Troposphäre und der Stratosphäre ab (s. Abb. 89). Vorwiegend innerhalb der Troposphäre erfolgt die Umwälzung der Luftmassen. Ursache dieser Umwälzungen sind die Temperaturunterschiede zwischen Äquator und Pol. Dadurch entstehen die atmosphärischen Strömungen. Am Äquator ist die Luft wärmer. Die Troposphärenobergrenze liegt daher dort in ca. 17 km Höhe. An den kalten Polen liegt sie in nur 8 bis 10 km Höhe. Grundsätzlich befindet sich daher in Äquatornähe in großer Höhe ein Bereich hohen Luftdrucks, in Polnähe ein solcher tiefen Druckes (s. Abb. 90). Die Luftdruckgegensätze zwischen Hoch- und Tiefdruck werden auf wenigen 100 km Erstreckung überwunden. Dieser Bereich wird planetarische Frontalzone genannt. Südlich der Frontalzone ist der Druck auf gleicher Höhe geringer als nördlich davon. Südlich nehmen die Luftmassen, da sie wärmer sind, einen größeren Raum ein als nördlich. Daher liegen die Linien gleichen Luftdrucks im Süden weiter auseinander. Die Luft strömt vom höheren zum tieferen Druck, also in Richtung Pol. Infolge der Erdrotation werden die Luftmassen auf der Nord-Halbkugel nach rechts abgelenkt, so daß kräftige Westwinde in der Höhe entstehen, die als Strahlstrom oder jet stream bezeichnet werden. Im Sommer befindet sich der Strahlstrom zwischen dem 40sten und 45sten Breitengrad. Im Winter wird er durch kalte Polarluft auf 30 bis 35° nördlicher Breite zurückgedrängt. Die Windgeschwindigkeiten innerhalb des Strahlstroms können bis zu 500 km/h erreichen. Der Strahlstrom zieht mäandrierend um die Erde. Die Wellen des Strahlstroms werden Rossby-Wellen genannt. Diese schematische Darstellung des Luftmassenaustausches muß jedoch verifiziert werden. Am Äquator wird die Luft stärker erwärmt. Sie steigt auf. Dadurch entstehen am Boden konvergierende Winde (ITC = Innertropische Konvergenzzone). Die aufgestiegene Warmluft strömt in der Höhe polwärts. Dabei kühlt sie ab und sinkt auf den Boden. Von den so entstehenden Hochdruckkernen aus strömt die Luft am Boden aus östlicher Richtung wieder zum Äquator (Passatwinde). Diese Passatzirkulation wird auch Hadley-Zirkulation genannt. Es handelt sich dabei um thermisch erzeugte Bewegungen und thermisch erzeugte Hoch- und Tiefdruckgebiete. Polwärts schließt sich die bereits erwähnte Westwind-

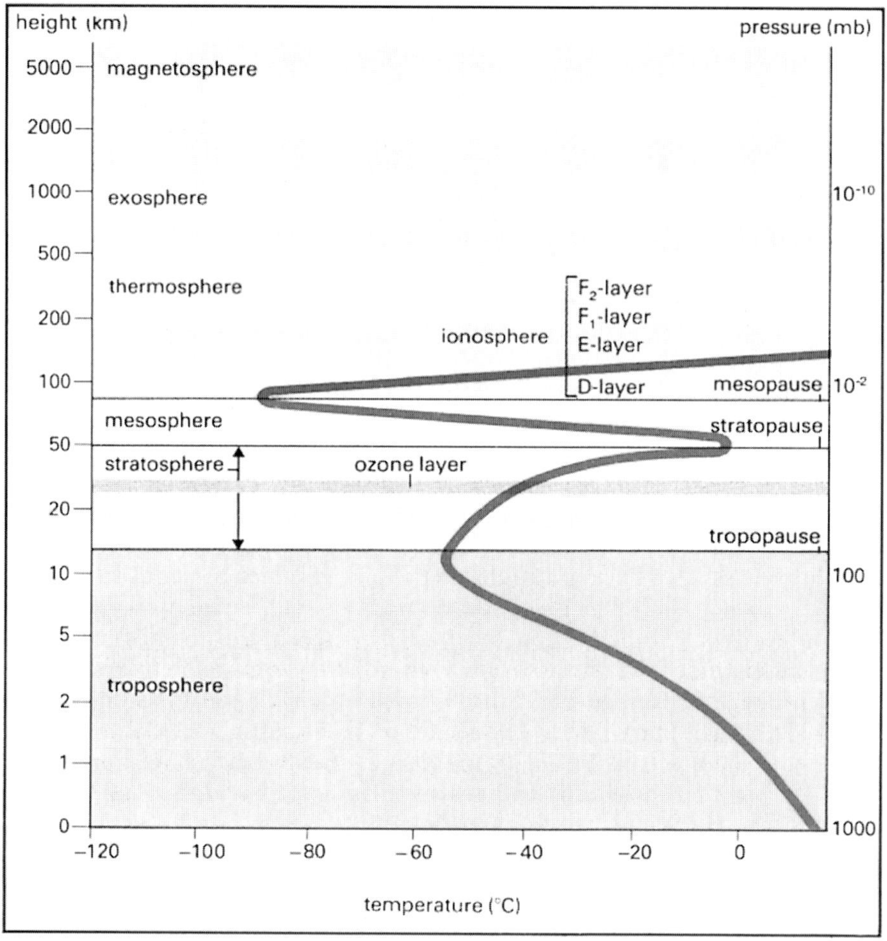

Abb. 89. Aufbau der Erdatmosphäre (nach: SMITH 1981).

zone an. Verursacht durch Unregelmäßigkeiten der Erdoberfläche (Verteilung der Kontinente und Ozeane) kommt es innerhalb des Strahlstroms zu Wirbelbildungen. An der Äquatorialfront scheren Hochdruck-, an der Polarfront Tiefdruck-Zellen ab. Dort entstehen die unser Wetter bestimmenden Zyklone. Die Entstehung dieser Hoch- und Tiefdruckgebiete ist nicht

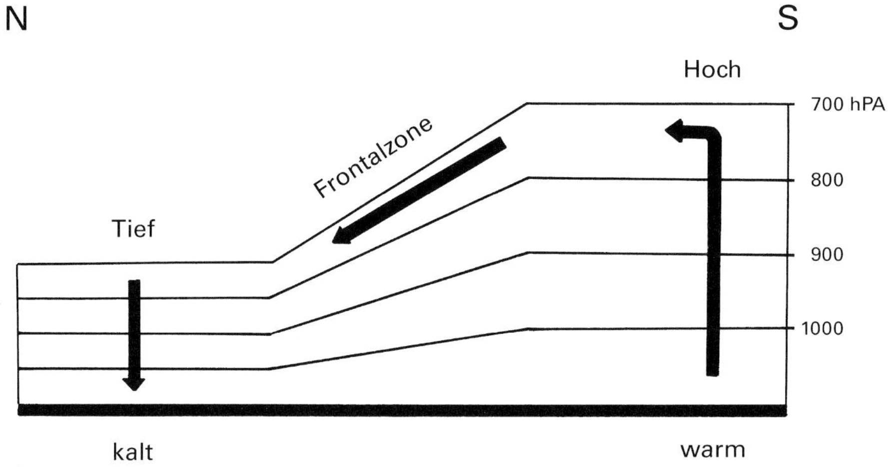

Abb. 90. Atmosphärische Frontalzone.

auf thermische Unterschiede, sondern auf dynamische Vorgänge zurückzuführen. Diese Zirkulation wird Ferrel-Zirkulation genannt. Über den Polargebieten bilden sich kleinere Kaltluft-Hochdruckzellen. Dort herrschen in 2 bis 3 km Höhe östliche Winde vor. Diese atmosphärischen Strömungen können jedoch nicht die Dimension der Westwinde erreichen, weil die kalten Polargebiete wesentlich kleiner sind als die breite warme Äquatorialzone. Von großer Bedeutung für die geographische Position der planetarischen Frontalzone oder Polarfront ist die südliche Treibeisgrenze. Dehnt sich diese Grenze in südlicher Richtung aus, verläuft auch die Polarfront weiter südlich und mithin die wetterbestimmenden Tiefdruckgebiete der FERREL-Zirkulation.

Große Bedeutung kommt heute dem Monsun in Süd- und Ostasien zu. Die Ursache des sommerlichen SW-Monsuns liegt in einem weiten Ausschwingen des planetarischen Westwindgürtels nach Norden. Über den stark erwärmten Festländern dieser Region schwingt der Westwindgürtel bis 30° N aus. Die Folge ist eine Aufspaltung der Innertropischen Konvergenzzone. In die aufgespaltene Konvergenzzone ist eine Westwindzone eingelagert. Infolge Bodenreibung wird der West- zum Südwest-Wind und damit zum sommerlichen Südwest-Monsun, der vom Meer kommend enorme Regenmassen zum Festland bringt. Jahresniederschlagsmengen von

2000 bis 3000 mm sind kein Seltenheit. Im Winter hat sich die Innertropische Konvergenzzone wieder weit nach Süden verlagert. Nun herrscht wieder der normale Nordost-Passat oder Nordost-Monsun, der trockene Luft vom Festland bringt. Es ist unmittelbar verständlich, daß plattentektonische Vorgänge die Monsunströmungen deutlich verändern können mit tiefgreifenden Folgen für das Klima der Erde.

8.4 Der Einfluß der Ozeane

Die Chemie der Ozeane und ihre Strömungen sowie Sedimentation und Meeresspiegelschwankungen werden ausführlich im Kapitel 4 „Ozeane" dargestellt. In diesem Abschnitt sollen zwei ausgewählte Beispiele ozeanischer Strömungsvorgänge beschrieben werden, die sich besonders deutlich auf das Klima auswirken, nämlich das El Niño-Phänomen und die Tiefenwasserzirkulation.

El Niño

El Niño entsteht aus dem Wechselspiel ozeanischer und atmosphärischer Strömungsvorgänge. Unter El Niño versteht man eine Erwärmung der Deckschicht des gesamten tropischen Pazifik, die im Durchschnitt alle 3–7 Jahre auftritt (vgl. auch Kap. 4.2.5 Aufquellendes Kaltwasser und El Niño). Wie oben beschrieben, wird die atmosphärische Zirkulation der Tropen von Hadley-Zellen dominiert. Die Richtung der dabei entstehenden Winde wird durch die Corioliskraft gesteuert. Die Corioliskraft ist am Pol am größten und geht am Äquator auf Null zurück. Am Äquator kann daher eine besondere Bewegung in der Atmosphäre ablaufen, die als Walker-Zirkulation bezeichnet wird. Normalerweise ist die Luft über dem östlichen tropischen Pazifik kalt, weil sie durch aufquellendes kaltes Wasser abgekühlt wird. Infolge der Kälte sinkt die Luft ab und wird trockener. Die abgesunkene Luft strömt unmittelbar über der Meeresoberfläche nach Westen in Richtung Indonesien. Sie wird dabei wärmer und nimmt Feuchtigkeit auf. Schließlich steigt sie auf. Ein Teil der Luft strömt in der Höhe polwärts und läßt so die Hadley-Zellen entstehen. Ein anderer Teil aber strömt in der Höhe äquatorparallel (die Corioliskraft ist gleich Null) nach Osten zurück und sinkt dort wieder ab. Die hier beschriebenen Luftmassenbewegungen werden als Walker-Zirkulationen bezeichnet. Voraussetzung für eine starke Walker-Zirkulation ist ein kräftiges Subtropenhoch. Dieses führt zu starken

Passatwinden, die ein kräftiges upwelling und dadurch eine starke Abkühlung der Atmosphäre über dem östlichen tropischen Pazifik zur Folge haben. Die Folge ist hoher Luftdruck im Ostpazifik. Die aufsteigende Luft über Indonesien verursacht dort tiefen Luftdruck und Regenfälle. Eine kräftige Walker-Zirkulation hat eine Abschwächung der Hadley-Zellen zur Folge, weil sich der größere Teil der Luftmassen in der Walker-Zirkulation bewegt. Schwächere Hadley-Zellen haben eine Schwächung der subtropischen Hochdruckgebiete zur Folge. Dadurch werden die Passatwinde geschwächt. Das upwelling vor der Westküste Südamerikas geht zurück. Die Temperatur des Ozeans erhöht sich. Es kommt zum El Niño. Infolge der Wechselwirkungen von Ozean und Atmosphäre tritt der El Niño in Zyklen auf. Diese zyklischen Veränderungen bewirken auch, daß sich die Luftdruckverhältnisse zwischen Südamerika und Indo-Australien gegenläufig verhalten. Dieses Phänomen wird als Südliche Oszillation bezeichnet. Herrscht im Ostpazifik hoher Druck, liegt in Indonesien ein Tiefdruckgebiet und umgekehrt. Der El Niño zeitigt nicht nur massive Veränderungen der tropischen Ökosysteme und der dortigen Volkswirtschaften, sondern er wirkt sich auch auf das Weltklima aus. So wird die Lage des Strahlstroms und seiner Mäander beeinflußt. Damit gewinnt El Niño Einfluß auf die Bahnen der Zyklone, die das Wetter in gemäßigten Breiten bestimmen. Aber auch der CO_2-Gehalt der Atmosphäre wird offenbar durch El Niño verändert. Die jährliche Zunahme des atmosphärischen CO_2-Gehaltes belief sich in den sechziger und siebziger Jahren dieses Jahrhunderts in den Kaltwasserjahren auf 0,57 ppm/a, in El Niño-Jahren auf 1,04 ppm/a (FLOHN 1985). Es gibt offenbar eine positive Korrelation zwischen Wassertemperatur und CO_2-Zunahme. Ursache ist vermutlich der hohe Nährstoffgehalt des kalten Auftriebswassers. Stärker wachsendes Phytoplankton entzieht der Atmosphäre während der Kaltwasserjahre offenbar deutlich mehr CO_2.

Tiefenwasserströme

Einen sehr viel gravierenderen Einfluß als El Niño üben Tiefenwasserströme auf das Klima unserer Erde aus (vgl. Kap. 4.2 Ozeanische Strömungen). Die Entstehung von Tiefenwasserströmen erfolgt in hohen Breiten. Temperatur, Salzgehalt, Dichte etc. spielen dabei ausschlaggebende Rollen. Der wohl bedeutendste Tiefenwasserstrom der Erde entsteht im Nordatlantik (vgl. Kap. 4.2.1 Tiefenströmungen). Dieser thermohaline Tiefenwasserstrom transportiert etwa 30% des gesamten Ozeanwassers mit einer durchschnittlichen Geschwindigkeit von 1 bis 3 km pro Tag. Aufgrund seiner hohen Wärmespeicherkapazität und seines hohen Lösungsvermögens ist er ein exzellenter Speicher im Klimasystem der Erde. Ca. 50% des an die Atmosphäre abgegebenen Kohlendioxids werden zur Zeit von ihm aufgenommen. Leider ist bis heute noch nicht geklärt, wieviel CO_2 das Tiefenwasser aufnehmen kann. Der größte Unsicherheitsfaktor sind dabei die biochemischen Prozesse. Es ist daher noch offen, wie lange die durch den CO_2-Anstieg ausgelöste Erwärmung vom Ozean abgepuffert werden kann. Das in den Tiefen des Atlantik nach Süden strömende kalte Wasser wird an der Oberfläche durch nach Norden strömendes warmes Wasser ersetzt. Diese Konvektionsbewegung steuert das gegenwärtige Klima der Erde. Wird diese Konvektion verändert, ändert sich auch das Klima. Eine Störung der Konvektion läßt sich insbesondere durch veränderte Temperaturen und Salzgehalte hervorrufen. Größere Veränderungen des Salzgehaltes gehen mit dem Aufbau oder dem Abschmelzen polarer Eiskappen Hand in Hand. Auch eine veränderte Süßwasserzufuhr kann die Konvektion in den Ozeanen grundlegend verändern und völlig andere klimatische Verhältnisse hervorrufen. Die Umstellung von einem Konvektionstyp zu einem völlig anderen läuft innerhalb weniger Jahrzehnte ab. Als Beispiel sei der Kälterückschlag der Jüngeren *Dryas*-Zeit (ca. 11 ka BP) erwähnt. Durch Zufuhr großer Süßwassermengen kam die Konvektion zum Erliegen. Damit brach auch die Zufuhr warmen Oberflächenwassers ab. Es kam zu einem Kälterückschlag und plötzlich erneut auftretenden periglazialen Klimaverhältnissen innerhalb gemäßigter Breiten (vgl. Kap. 10 Klimamodelle – Rekonstruktion der letzten 18.000 Jahre).

Es wird ebenso deutlich, daß auch oberflächennahe Meeresströmungen unser Klima beeinflussen. Sie werden unter anderem von plattentektonischen Vorgängen beeinflußt. Der Golfstrom existiert erst seit der Entstehung Mittelamerikas vor etwa 3,5 Mio. Jahren. Allein aus diesem Grunde wären Vereisungen der Nordhalbkugel mangels entsprechender Wasserzufuhr (Schneefall) äußerst unwahrscheinlich gewesen.

8.5 Biomasse als Reglerelement

Sowohl die Biomasse der Kontinente als auch jene der Ozeane nimmt unmittelbar Einfluß auf den CO_2-Gehalt der Atmosphäre. Mittelbar wird der CO_2-Gehalt durch die Bildung von Karbonaten oder deren Auflösung beeinflußt. Auch im sibirischen Dauerfrostboden eingelagerte organische

Substanz wird bei ihrer Freisetzung den Kohlendioxid-Gehalt der Atmosphäre verändern.

Verstärktes Aufquellen kalten Wassers (upwelling) führt in den oberflächennahen Wasserschichten zu vermehrtem Wachstum von Biomasse, insbesondere von Algen und Phytoplankton. Die Pflanzen entziehen dem Wasser CO_2. Da das Wasser in Wechselwirkung mit der Atmosphäre steht, wird auch deren CO_2-Gehalt reduziert. Abkühlung ist die Folge. Ebenso führt die Zunahme von Biomasse auf den Kontinenten zur Abnahme des CO_2-Gehaltes und damit zur Abkühlung. Im Laufe einer Warmzeit nimmt die Biomasse auf den Kontinenten zu. Mit dieser Zunahme ist der Keim für die nächste Abkühlung gelegt. Ebenso ist das Ende einer Eiszeit durch die Veränderung der Biomasse vorgezeichnet. Je weiter sich die Eiskappen ausdehnen, umso kälter wird das Klima. Die kontinentale Biomasse wird mehr und mehr zurückgedrängt. Tundren und Steppen dehnen sich aus. Urwälder finden sich nur noch in kleinen Refugien. Die verminderte Biomasse kann der Atmosphäre nicht mehr so viel CO_2 entziehen wie zuvor. Die Folge ist, daß der CO_2-Gehalt allmählich zunimmt. Eine Erwärmung der Erdatmosphäre ist die Folge. Die Inlandeiskappen beginnen zu zerfallen.

Auch indirekt verändert die Biomasse den CO_2-Gehalt der Atmosphäre. Sämtliche marinen Organismen, die ihre Schalen aus Kalk aufbauen, sind in der Lage, dem Wasser und damit auch der Atmosphäre CO_2 zu entziehen. Sterben diese Organismen ab, sinken sie zu Boden und bilden so Kalkablagerungen. Ob die Kalkablagerungen tatsächlich größere Mengen CO_2 aus der Atmosphäre speichern können, hängt von der Sedimentationsgeschwindigkeit und der Tiefenlage der Lysokline ab (vgl. Kap. 4.4.1.1 Die Lysokline). Derzeit werden etwa 50% des globalen CO_2 im Ozean gespeichert. Ob die Aufnahmekapazität der Ozeane durch biochemische Prozesse noch steigerungsfähig ist, ist derzeit noch nicht geklärt, da zu viele Faktoren die Ausscheidung oder Auflösung der Kalke beeinflussen.

Abgestorbene und beispielsweise in Form von Torfen konservierte Biomasse stellt ebenfalls ein großes Reservoir gespeicherten Kohlendioxids dar. So können bei zunehmender Erwärmung durch das Antauen des sibirischen Dauerfrostbodens große Mengen von CO_2 aus zuvor gefrorener Biomasse freigesetzt werden. Derartige Vorgänge laufen ständig beim Zersatz organischer Materie ab. Auch die Verbrennung fossiler Energieträger ist nichts anderes als die Umwandlung von Biomasse in CO_2. Dadurch wird sich die Erdatmosphäre mittelfristig aufheizen.

9 Rückkopplungen

Fast alle Faktoren, die das Klima der Erde beeinflussen, unterliegen Rückkopplungsprozessen. Sie beeinflussen sich gegenseitig in der vielfältigsten Art und Weise. Die Wechselwirkungen sind außerordentlich komplex. Bei vielen Prozessen ist bisher nicht einmal die tatsächliche Wirkung auf das Klima bekannt. Bestimmte Faktoren können bei minimalsten Änderungen der Randbedingungen sowohl zur Erwärmung als auch zur Abkühlung führen. In den folgenden Abschnitten werden daher nur einige ausgewählte, relativ gut bekannte Rückkopplungsprozesse erläutert. Sie reichen von tektonischen Bewegungen über die Wirkungen der Inlandeiskappen, der Biomassen auf Kontinenten und in Ozeanen, der Chemie der Ozeane und Atmosphäre bis hin zu den Schwankungen der Strahlungsmenge, die unsere Erde von der Sonne aus erreicht.

9.1 Tektonik – Verwitterung – Meeresspiegelhöhe

Plattentektonische Vorgänge können unmittelbar die Höhe des Meeresspiegels beeinflussen. Während intensiver Bewegungsphasen der Kontinentalplatten kommt es zur raschen Öffnung der Ozeane (sea floor spreading). Die bei diesem Vorgang entstehenden Mittelozeanischen Rücken nehmen ein großes Volumen ein. Das Volumen der Ozeanbecken wird dadurch erheblich vermindert. Bei etwa gleichbleibender Wassermenge hat dies einen kräftigen Anstieg des Meeresspiegels zur Folge. Die Kontinente werden randlich überflutet. Es entstehen ausgedehnte Flachwassergebiete. Darin kommt es zu einer Vermehrung des Phytoplanktons. Dem Wasser und damit der Atmosphäre wird CO_2 entzogen. Abkühlung ist die Folge.

Die Wasserüberdeckung weiterer Areale der Kontinente hat außerdem zur Folge, daß große Teile der Kontinente den Verwitterungsprozessen entzogen sind. Es wird weniger CO_2 in die Atmosphäre entlassen als zu den Zeiten, während der größere Gebiete der Kontinente nicht überflutet waren. Die während der Meeresüberdeckung verminderte CO_2-Zufuhr hat ebenfalls Abkühlung zur Folge.

Intensives sea floor spreading geht jedoch auch mit intensivem Vulkanismus einher. Dabei werden große CO_2-Mengen freigesetzt, die eine Erwärmung zur Folge haben. Die durch Vulkanismus unter anderem auch freigesetzten Sulfate dagegen führen zur Abkühlung.

Die bei der Kollision großer Kontinente entstehenden Gebirge beeinflussen ebenfalls das Klima. Die atmosphärischen Strömungen werden durch sie unmittelbar beeinflußt. Indirekt nehmen die Gebirge auch Einfluß auf den CO_2-Gehalt der Atmosphäre. Durch die Gebirgsbildung wird die Hypsometrie erhöht. Ein größerer Teil der Erdkruste befindet sich in größeren Höhen. Dort kommt es zu einer Intensivierung der Verwitterungsprozesse. Die chemische Verwitterung der Gesteine nimmt zu. Die Verwitterungsprodukte gelangen in die Ozeane und werden dort unter anderem in Form von Karbonaten fixiert. Bei der Bildung der Karbonate wird CO_2 gebunden und so der Atmosphäre entzogen. Durch die unmittelbare Reaktion von CO_2 der Luft mit Wasser entsteht Kohlensäure, die ins Meer gelangt und dort ebenfalls zur Bildung von Karbonaten beiträgt. Beide Vorgänge führen zu einem Rückgang des CO_2-Gehaltes der Atmosphäre und mithin zur Abkühlung.

9.2 Inlandeis – Albedo – Biomasse

Die Inlandeismassen selbst lösen sowohl während ihres Aufbaus als auch während des Abschmelzens positive feed-back-Prozesse aus. Wachsen die Eiskappen, so wird die reflektierende Fläche immer größer. Die Albedo nimmt zu. Abkühlung ist die Folge. Die rückstrahlende Fläche verkleinert sich dagegen beim Abschmelzen. Die Albedo nimmt ab. Die Rückstrahlung ins All wird reduziert. Erwärmung ist die Folge. In beiden Fällen werden Tendenzen, die sich bereits abzeichnen, verstärkt. Dieser Vorgang wird als positive feed-back bezeichnet.

Der Staubgehalt der Erdatmosphäre löst ebenfalls Rückkopplungsvorgänge aus. Zunächst sind die Inlandeiskappen noch relativ klein. Während dieser Zeit befindet sich viel Vegetation auf der Erdoberfläche. Steppen und Tundren beanspruchen nur kleine Gebiete. Wind kann nur wenig Staub in die Atmosphäre tragen. Die Eiskappen bleiben staubfrei und können daher viel Sonnenlicht reflektieren. Die Albedo ist hoch, die Erde kühlt ab. Mit zunehmender Ausdehnung der Eiskappen wird die Vegetation zurückgedrängt. Tundren und Steppen breiten sich im Umfeld des Inlandeises aus. Nun ist der Wind in der Lage, große Staubmengen in die Atmosphäre zu heben. Eisbohrkerne belegen, daß sich während der Hochglazialzeiten 30mal, möglicherweise sogar 70mal mehr Staub in der Atmosphäre befand als während der Warmzeiten. Dieser Staub legt sich auf die Oberflächen der Eiskappen und reduziert die Albedo. Es kommt zur Erwärmung.

9.3 Biomasse – Atmosphäre – Ozean – CO_2

Bereits eine geringfügige Abkühlung der Erdatmosphäre wirkt sich intensiv auf atmosphärische und ozeanische Strömungen aus. Diese beeinflussen die Biomasse und verändern dadurch den CO_2-Gehalt der Atmosphäre. Die erwähnte geringfügige Abkühlung wird vermutlich durch Änderungen der Strahlungsmenge hervorgerufen, die die Erde erreicht (vgl. Kap. 8.2 Astronomische Ursachen). Postuliert man eine geringe Abkühlung der Erde, so hat diese zur Folge, daß sich die Treibeisgrenze, beispielsweise der Nordhalbkugel, nach Süden verlagert. Die Treibeisgrenze aber spielt eine bedeutende Rolle für die geographische Lage des Strahlstroms und damit für die Wanderwege der Tiefdruckgebiete, die das Wetter in den gemäßigten Breiten der Nordhalbkugel bestimmen. Durch die Ausdehnung der Treibeisgrenze nach Süden werden auch die Tiefdruckgebiete in südliche Richtung verschoben. In der Folge werden auch die südlich anschließenden Hochdruck-Kerne näher an den Äquator gedrängt. Dadurch wird das Druckgefälle zwischen Äquator und Hochdruck-Kern erhöht. Die Passatwinde werden dadurch verstärkt und zwar auf beiden Halbkugeln der Erde. Der Nordost-Passat der Nordhalbkugel weht über den Ozean und nimmt dessen oberste Wasserschicht mit. Infolge der Corioliskraft wird die oberste Wasserschicht auf der Nordhalbkugel geringfügig nach rechts abgelenkt (Ekman-Drift). Auf der Südhalbkugel erfolgt die Ablenkung nach links. Dort ist der Südost-Passat der Auslöser. Die tieferen Wasserschichten werden durch die Bewegung der obersten Wasserschicht mitgeschleppt. Auch sie werden durch die Corioliskraft abgelenkt; auf der Nordhalbkugel nach rechts, auf der Südhalbkugel nach links. Betrachtet man die gesamte durch die Passatwinde beeinflußte Wassersäule, so wird der größte Teil des Wassers durch die Corioliskraft im rechten Winkel zur Windrichtung abgelenkt. Da die Ablenkung auf der Nordhalbkugel im rechten Winkel nach rechts, auf der Südhalbkugel nach links erfolgt, bedeutet dies, daß die oberflächennahen Wasserschichten im Bereich des Äquators vom Äquator wegbewegt werden. Am Äquator entsteht ein Wasserdefizit, das durch aufquellendes kaltes Wasser (upwelling) ausgeglichen wird (vgl. Kap. 4.2.5 Aufquellendes Kaltwasser und El Niño). Dieses aufquellende kalte Wasser ist sehr nährstoffreich und führt in Oberflächennähe der Ozeane zu vermehrtem Algenwachstum. Die Biomasse nimmt zu. Dem Ozean und damit der Atmosphäre werden CO_2 entzogen. Der Treibhauseffekt wird reduziert. Es kommt zur Abkühlung. Der gegenteilige Effekt tritt auf, wenn sich die Treibeisgrenze infolge geringfügiger Erwärmung der Erde nach Norden verlagert. Die Tiefdruckgebiete wandern weiter in den Norden. Die Hochdruck-Kerne verlagern sich dadurch ebenfalls in nördliche Richtung. Das Druckgefälle Äquator-Hochdruck-Kern nimmt ab. Die Passatwinde werden geschwächt. Das upwelling geht zurück. Die dadurch verringerte Biomasse entzieht der Atmosphäre weniger CO_2. Dessen Konzentration in der Luft steigt dadurch an. Der Treibhauseffekt wird verstärkt. Es kommt zur Erwärmung.

Der oben beschriebene Abkühlungseffekt durch das upwelling wird jedoch von einem anderen gegenläufigen Effekt überlagert. Durch das upwelling wird nicht nur das Ozeanwasser kühler, sondern auch die darüber liegende Atmosphäre. Die Verdunstung geht zurück. Während der Eiszeiten war die Verdunstung gegenüber heutigen Verhältnissen um ca. 18% geringer. Absteigende Luftbewegung führt zur Auflösung von Wolken. Infolge dieser Vorgänge gehen die Niederschläge zurück. Die Größe der tropischen Regenwälder nimmt dadurch ebenfalls ab. Aride Zonen dehnen sich aus. Die Biomasse der Kontinente wird reduziert. Sie kann der Atmosphäre immer weniger CO_2 entziehen. Der Kohlendioxidgehalt nimmt im Laufe der Zeit zu. Erwärmung der Atmosphäre ist die Folge.

Die Biomassen der Kontinente werden auch durch die Größe der Inlandeiskappen verändert. Schmelzen die Inlandeismassen, kann sich die Vegetation wieder ausdehnen. Die Biomasse nimmt zu, kann der Atmosphäre im Laufe der Zeit mehr CO_2 entziehen und verursacht dadurch einen Abkühlungseffekt. Bei Eisausdehnung passiert das Gegenteil. Die Wälder werden auf kleine äquatornähere Refugien zurückgedrängt. Sie können der Atmosphäre nicht mehr so viel CO_2 entziehen wie zuvor. Das CO_2 reichert sich allmählich an. Die Erdatmosphäre beginnt sich zu erwärmen. Die

Biomasse der Kontinente sorgt dafür, daß sich im Laufe von Warm- und Kaltzeiten nach einer gewissen Zeit ein Gleichgewicht des CO_2-Gehaltes der Atmosphäre einstellt.

In Tundrengebieten werden große Mengen organischer Substanz produziert. Diese CO_2-haltige organische Substanz wird im Dauerfrostboden konserviert. Der Kontakt zur Atmosphäre ist unterbrochen. CO_2 wird so der Atmosphäre entzogen. Abkühlung ist die Folge. Erwärmt sich die Erde, beginnt der Dauerfrostboden aufzutauen, und die organische Substanz bekommt Kontakt zur Atmosphäre. Sie wird zersetzt. Dabei wird CO_2 frei. Die Atmosphäre heizt sich auf.

9.4 Chemie der Ozeane – ozeanische Strömungen

Von den chemischen Bestandteilen der Ozeane kommt dem Salz eine besondere Bedeutung zu. So ist der Salzgehalt unter anderem für die Entstehung der Tiefenwasserströmungen verantwortlich. Wird der Salzgehalt der Ozeane reduziert, beispielsweise durch das Abschmelzen der Eiskappen oder vermehrte Süßwasserzufuhr, kann sich vor Grönland kein Tiefenwasser mehr bilden. Das Wasser ist infolge des nun zu geringen Salzgehaltes zu leicht, um abzusinken. Das absinkende Tiefenwasser aber zog zuvor warmes Oberflächenwasser aus äquatornahen Gebieten nach Grönland. Dort wurde die Wärme dieses Wassers an die Atmosphäre abgegeben und führte zur Erwärmung. Da das Absinken von Tiefenwasser durch verminderten Salzgehalt verringert wird, fehlt diese Warmwasserzufuhr. Die Atmosphäre kühlt ab. Ist der Salzgehalt der Ozeane höher, beispielsweise durch Absenkung des Meeresspiegels als Folge des Aufbaus großer Inlandeiskappen oder verminderte Süßwasserzufuhr durch Flüsse (veränderte Niederschläge), beginnt Tiefenwasser erneut abzusinken. Warmes Wasser wird nach Grönland transportiert. Die Atmosphäre erwärmt sich.

Auch die bereits beschriebenen Veränderungen der atmosphärischen Strömungen sind über andere Rückkopplungen wichtig für das Klima. Werden infolge geringfügiger Abkühlung der Erde die Passatwinde verstärkt (vgl. Kap. 9.3 Biomasse – Atmosphäre – Ozean – CO_2), so führt beispielsweise der Nordost-Passat zu einer Verstärkung des Golfstroms. Größere Mengen warmen Wassers werden in Richtung Pol transportiert. Dort trifft das warme Wasser auf die kalten Atmosphärenschichten der Polargebiete. Große Wassermengen verdunsten und können sich als Schnee auf den umgebenden Festländern absetzen. Deren Albedo wird dadurch erhöht. Dies hat weitere Abkühlung zur Folge. Auch hier kommt es zu positivem feed-back. Schwächere Passatwinde führen dagegen zu einer Schwächung des Golfstroms. Im Norden verdunstet weniger Wasser. Der Schneefall geht zurück. Das Eis ist unterernährt. Die Albedo nimmt ab. Die Atmosphäre erwärmt sich.

9.5 Atmosphärenchemie – Treibhausgase

Unter den chemischen Bestandteilen der Erdatmosphäre kommt dem CO_2 eine besondere Rolle zu. Nimmt der CO_2-Gehalt zu, wird der Treibhauseffekt verstärkt, und die Atmosphäre heizt sich auf. Durch diese Erwärmung nimmt die Verdunstung zu. Große Mengen von Wasserdampf gelangen in die Atmosphäre. Wasserdampf ist ein noch effektiveres Treibhausgas als CO_2. Es kann eine weitere Erwärmung verursachen, die wiederum Wasserdampf freisetzt, der zu weiterer Erwärmung führt und so fort. Bei den Auswirkungen des Wasserdampfgehaltes der Atmosphäre auf das Klima kommt der Höhe, in welcher sich der Wasserdampf befindet, eine wichtige Rolle zu. Im allgemeinen verursachen tiefliegende Wolken Abkühlung, während hohe Bewölkung Erwärmung zur Folge hat. Umgekehrt führt eine CO_2-Abnahme zur Abkühlung und damit zu einer Verringerung der Verdunstung. Weniger Wasserdampf in der hohen Atmosphäre hat Abkühlung zur Folge. Aber diese Abkühlung führt auch zu einer Abnahme der Niederschläge. Die chemische Verwitterung geht zurück. Der Atmosphäre wird weniger CO_2 in Form von Karbonaten entzogen. Der CO_2-Gehalt nimmt im Laufe der Zeit zu. Die Atmosphäre erwärmt sich. Auch hier hat die Veränderung der Verdunstungsmengen zum einen Abkühlung, zum anderen Erwärmung zur Folge. Solange die beteiligten Parameter nicht quantitativ bekannt sind, läßt sich die Auswirkung solcher Verdunstungsänderungen nicht abschätzen.

9.6 Strahlungsmenge – Chemie der Ozeane und Strömungen

Das Klima der Erde wird offenbar von den veränderlichen Strahlungsmengen gesteuert, die im Sommer auf der Nordhalbkugel auftreffen (vgl. Kap. 8.2 Astronomische Ursachen). Ist die Strahlungsmenge erhöht, so führt dies, auch im Bereich des Mittelmeers, zu einer deutlichen Steigerung der Verdunstungsrate. Die Folge ist die Entstehung warmen salzigeren Wassers im Mittelmeer. Dieses warme salzige Wasser strömt durch die Straße von Gibraltar in den Atlantik. Von dort aus fließt es in Richtung Grönland. Dort kommen die warmen salzhaltigen Wässer an die Meeresoberfläche. Sie werden von der dort kalten Luft von 10 °C auf 2 °C abgekühlt. Dadurch gelangen große Wärmemengen in die Atmosphäre. Sie entsprechen 30% der jährlichen Sonneneinstrahlung im Nordatlantik (Broecker 1987). Die Atmosphäre erwärmt sich. Durch die Abkühlung des warmen salzhaltigen, vom Mittelmeer stammenden Wassers ist nun kaltes salzhaltiges Wasser entstanden. Dieses kalte, salzhaltige Wasser ist sehr schwer und beginnt abzusinken. Der weltumspannende Tiefenwasserstrom ist entstanden. Dieser Tiefenwasserstrom reagiert sehr empfindlich auf Änderungen des Salzgehaltes (vgl. Kap. 9.4 Chemie der Ozeane – ozeanische Strömungen).

10 Klimamodelle – Rekonstruktion der letzten 18000 Jahre

Das bekannteste mit Computern gerechnete Klimamodell wurde in den 70er Jahren entwickelt. Dabei wurden im Rahmen des CLIMAP- Programms (Climate, Mapping, Analysis and Prediction) die an ozeanischen Sedimenten gewonnenen Daten interpretiert. Ein zweites Modell sollte den terrestrischen Bereich einbeziehen. Die Arbeitsgruppe wurde COHMAP (Cooperative Holocene Mapping Project) genannt. Die folgenden kurzgefaßten Ergebnisse entstammen in wesentlichen Teilen einer Veröffentlichung von WRIGHT et al. (1993).

Die letzten 18 ka der Erdgeschichte bieten sich für derartige Modellierungen an, weil dieser Zeitabschnitt am besten erforscht ist und weil es während dieser Zeit massive klimatische Veränderungen gegeben hat. Der Übergang vom letzten Glazial (Weichsel) zum heutigen Interglazial (Holozän) fällt in diese Zeit.

Klimabeeinflussende Parameter

Zunächst zu den Parametern, die das Klima während dieser Zeit massiv beeinflußt haben. Die **Erdbahnparameter** lieferten vor 18 ka, dem Hochglazial, etwa die gleiche Strahlungsmenge wie heute. Das kaltzeitliche Klima dieser Zeit wurde daher offenbar in erster Linie von den Eisschilden, dem Meereis und den kälteren Oberflächentemperaturen der Ozeane gesteuert. Zwischen 15 und 9 ka schmolzen die Eiskappen und das Meereis weitgehend ab. Ihr Einfluß ging infolgedessen mehr und mehr zurück. Die Insolation gewann an Bedeutung. Die Erdbahnparameter dieser Zeit führten zu einer verstärkten Sonneneinstrahlung in der Nord-Hemisphäre. Vor 9 ka erhielt die Nord-Hemisphäre im Juli 8% mehr Strahlung als die Südhalbkugel. Vor 6 ka waren die Eisschilde der Nordhalbkugel fast vollständig abgeschmolzen. Die Insolation begann zu dominieren.

Der Laurentische **Eisschild** erreichte seine größte Ausdehnung vor 18 ka. Noch vor 15 ka war er kaum zurückgeschmolzen. Kräftiges Abschmelzen setzte vor 12 ka ein. Vor 9 ka war fast der gesamte europäische Eisschild verschwunden, vor 6 ka auch der nordamerikanische. Problematisch ist die Rekonstruktion der Eismächtigkeit. Die beste Kontrollmöglichkeit bietet der abgesunkene Meeresspiegel. Probleme werfen dabei jedoch die Datierungen von Schichten auf, die älter als 11 ka sind. Je nach angewandter Methode schwanken die Angaben über die Absenkungsbeträge zwischen 120 und 160 m. Die Eismächtigkeiten stellen einen der größten Unsicherheitsfaktoren des Modells dar.

Die **Oberflächenalbedo** ändert sich in Abhängigkeit von der Inlandeisgröße, der Meereis-Fläche und der Vegetation. Soll die Vegetation Albedo-Veränderungen auslösen, so sind massive Veränderungen der Flächengrößen erforderlich, die von Vegetation bedeckt sind.

Die **Meereis-Bedeckungen** wurden anhand des Vorkommens von *Neogloboquadrina pachyderma* (linksgewunden) rekonstruiert. Vor 18 ka war diese Spezies nördlich des 45ten Breitengrades mit mehr als 95% vertreten. Dies läßt auf Wintertemperaturen von unter 0° Celsius schließen. Dennoch muß der Ozean nicht unbedingt gefroren gewesen sein. Die Position der südlichen Meereis-Grenze ist von großer Bedeutung für das Klima, da durch sie die Lage des jet streams beeinflußt wird.

Die **Oberflächentemperaturen der Ozeane** sind ein weiterer bedeutender Klimafaktor. Sie werden von der Zirkulation in den Ozeanen und vom CO_2-Gehalt der Atmosphäre beeinflußt. Die im Modell angenommenen Temperaturen lassen sich jedoch bisher nicht anhand gesicherter Daten überprüfen.

Der **Meeresspiegel** war während des Hochglazials (18 ka) etwa um 100 bis 200 m abgesenkt. Vor 15 ka war noch kein Anstieg erfolgt. Bereits vor 12 ka war der Meeresspiegel auf –40 m NN angestiegen, auf weniger als –10 m NN vor 9 ka. Etwa vor 3 ka wurden die heutigen Werte erreicht.

Die Auswertung der Eisbohrkerne zeigt, daß der **CO_2-Gehalt der Atmosphäre** vor 18 und 15 ka bei 200 ppmv lag. Etwa 275 ppmv waren vor 9 ka erreicht. Dieser Wert blieb bis zum letzten Jahrhundert konstant. Seitdem ist er auf 360 ppmv angestiegen.

Die Aerosole spielen wohl ebenfalls eine bedeutende Rolle. Hauptliefergebiete sind Afrika und Asien. Die Eisbohrkerne zeigen, daß der Staubgehalt vor 18 ka möglicherweise bis zu 70mal höher war als heute. Dieser Faktor konnte bisher in den Computermodellen nicht berücksichtigt werden.

Klimaablauf der letzten 18 ka

Die Computersimulation zeigte, daß zwei fundamentale Größen das Klima während der letzten 18 ka gesteuert haben. Dies waren zum einen die Größe der Inlandeiskappen und zum anderen die Insolationsvariationen. Die Größenvariationen der Eiskappen verursachten langsame Reaktionen, die der Insolationsvariationen schnellere. Die Wechselwirkung beider Variationen löste außerordentlich komplexe Rückkopplungsprozesse aus. Den größten Einfluß besaßen die Eiskappen vor 18 ka. Nur weiter vom Eisrand entfernte Landgebiete reagierten spürbar auf Insolationsveränderungen. Die Inlandeiskappen Nordamerikas und Europas erreichten vor 18 ka ihre größte Ausdehnung. In Amerika führte der große Laurentische Eisschild die Aufspaltung des jet streams herbei. Dadurch verlagerte sich die Bahn der Tiefdruckgebiete weit nach Süden. Dort kam es infolgedessen zu vermehrten Niederschlägen. Die Folge war ein Anstieg der Seewasserspiegel im Süden Nordamerikas. Die Nordwestwinde brachten vom Laurentischen Schild her kalte Luftmassen in Richtung Nordatlantik. Die Oberflächentemperaturen des Atlantik sanken ab, das Meereis dehnte sich weiter nach Süden aus. Mit dem beginnenden Abschmelzen der Eisschilde vor 15–12 ka nahm dieser Einfluß der Eismassen mehr und mehr ab. Die Aufspaltung des jet streams verschwand. Die Insolation gewann größeren Einfluß. Die Eisschilde schmolzen ungleichmäßig ab, so daß es Gebiete gab, in denen die Insolation das Land aufheizte und unmittelbar daneben eisbedeckte Bereiche. Die Folge war ein starkes Druckgefälle. Die atmosphärische Zirkulation wurde verändert. Diese Abläufe spiegeln sich in einer regional unterschiedlichen Reorganisation des Vegetationsmusters wider. Wie die Vegetationsverteilung zeigt, nahmen die Temperaturen zwischen 12 und 9 ka rapide zu. Zwischen 9 und 6 ka führte die Insolation zu den höchsten Temperaturen des Holozäns in Nordamerika und Europa. Durch die Verschiebung des jet streams nach Süden beeinflußte das Inlandeis auch die Monsun-Klimate. Die Temperaturen dort waren gegenüber den heutigen Werten geringfügig abgesenkt. Zu Beginn des Holozäns führten die Erdbahnparameter zu erhöhter Insolation auf der Nordhalbkugel. Afrika und Asien heizten sich stärker auf. Über den Kontinenten stieg im Sommer die Luft kräftiger auf; ein Tiefdruckgebiet war entstanden. Über den Ozeanen entwickelten sich Hochdruckkerne. Kräftige atmosphärische Strömungen brachten große Mengen feuchter Luft von den Ozeanen aufs Land. Die Folge war ein kräftiger Anstieg der Seewasserspiegel. Dieser Seewasserspiegelanstieg hinkte jedoch ca. 3000 a hinter dem Orbitalsignal her. Diese Verzögerung ist möglicherweise auf höhere Oberflächentemperaturen des Meerwassers zurückzuführen. Die Hochdruckgebiete über den Ozeanen waren daher weniger kräftig ausgebildet. Auch die zu Beginn des Holozäns noch niedrigen CO_2-Werte können den Monsun zunächst deutlich geschwächt haben. Ebenso dürften Mengenänderungen des Nordatlantischen Tiefenwassers (NADW) einen deutlichen Einfluß auf die Temperaturen der südlichen Ozeane ausgeübt haben.

Das Klima der Erde wird, wie auch diese Untersuchungen zeigen, von einer Fülle von Faktoren gesteuert, die sich gegenseitig beeinflussen und verändern. Derzeit ist es nicht möglich, sämtliche Faktoren in Computermodellen zu berücksichtigen. Zum einen fehlt es an gut fundierten Grundlagendaten, zum anderen übersteigt eine solche Modellrechnung zur Zeit noch die Kapazitäten moderner Computer.

11 Schriftenverzeichnis und weiterführende Literatur

AGASSIZ, L. (1840): Etudes sur les Glaciers. – 346 S. u. Atlas; Neuchâtel et Soleure, (Jent & Gaßmann).

ALLEY, R.B., BLANKENSHIP, D.D., ROONEY, S.T. & BENTLEY, C.R. (1987): Continous till deformation beneath ice sheets. – In: WADDING, E.D. & WALDER, J.S. [Hrsg.]: The physical basis of ice sheet modelling. Proceedings of the vancouver Symposium, August 1987. – IAHS Publication **170**: 81n- 91.

ALLEY, R.B. & 10 Others (1992): Abrupt increase in Greenland snow accumulation at the end of the Younger Dryas event. – Nature, **362**: 527–529,

ANDERSEN, B.G. & BORNS, H.W. JR. (1994): The Ice Age World. – 208 S., zahlr. z.T.farbige Abb.; Oslo, Copenhagen, Stockholm (Scandinavian University Press).

ARENSWALD, XX VON (1775): Geschichte der pommerschen und mecklenburgischen Versteinerungen. – Der Naturforscher, Stück V u. VIII.

ARKHIPOV, S.A., BESPALY, V.G., FAUSTOVA, M.A., GLUSHKOVA, O.YU., ISAEVA, L.L. & VELICHKO, A.A. (1986): Ice-sheet Reconstructions. – Quaternary Science Reviews, **5**: 475–483, 3 Abb.; Oxford.

ARNTZ, W.E. & FAHRBACH, E. (1991): El Niño – Klimaexperiment der Natur. – 264 S.; Basel, Boston, Berlin (Birkhäuser Verlag).

ASHLEY, G.M., SHAW, J. & SMITH, N.D. [Hrsg.] (1985): Glacial Sedimentary Environments. – SEPM Short Course, **16**: 246 S.; Tulsa (Soc. Paleontologists and Mineralogists).

AVERDIECK, F.-R. (1967): Die Vegetationsentwicklung des Eem-Interglazials und der Frühwürm-Interstadiale von Odderade / Schleswig-Holstein. – Fundamenta B **2**: 101–125,

BADER, H., HAEFELI, R., BUCHER, E., NEHER, J., ECKEL, O.U. & THAMS, C. (1939): Der Schnee und seine Metamorphose. – Beitr. z. Geol. d. Schweiz, Geotechn. Serie, Hydrogeologie.

BAKSI, A.K., HSU, V., MCWILLIAMS, M.O. & FARRAR, E. (1992): $^{40}Ar/^{39}Ar$ Dating of the Brunches – Matuyama Geomagnetic Field Reversal. – Science, **256**: 356–357.

BALLANTYNE, C.K. (1987): The present-day periglaciation of upland Britain. – In:

BOARDMANN, J. [Ed.] (1987): Periglacial processes and landforms in Britain and Ireland: 113–126; Cambridge (Cambridge University Press).

BASSINOT, F.C., LABEYRIE, L.D., VINCENT, E., QUIDELLEUR, X., SHACKLETON, N.J. & LANCELOT, Y. (1994): The astronomical theory of climate and the age of the Brunches – Matuyama magnetic reversal. – Earth and Planetary Science Letters, **126**: 91–108, 9 Abb., 4 Tab.; Amsterdam.

BÉ, A.W.H. & TOLDERLUND, D.S. (1971): Distribution and ecology of living planktonic foraminifera in surface waters of the Atlantic and Indian Oceans. – In: FUNELL, B.M. & RIEDEL, W.R. [eds.] (1971): The micropaleontology of the oceans. – 105–149; Cambridge (Cambridge University Press).

BEATY, C.B. (1989): Great big boulders I have known. – Geology, **17**: 349–352.

BECKMANN, G. & KLOPRIES, B. (1989): CO_2-Anstieg in der Troposphäre – ein Kardinalproblem der Menschheit. – Der Lichtbogen (hüls), **208**: 4–13, 11 Abb.; Marl.

BEER, J. & 9 Others (1985): ^{10}Be variations in polar ice cores. – Am. Geophys. Union Geophysics. Mono, **33**: 66–70,

BEHRE, K.-E. & LADE, U. (1986): Eine Folge von vier Weichsel-Interstadialen in Orel / Niedersachsen und ihr Vegetationsablauf. – Eiszeitalter u. Gegenwart **36**: 11–36, Hannover.

BERGER, A.L. (1978): Long-Term Variations of Caloric Insolation Resulting from the Earth's Orbital Elements. – Quaternary Res., **9**: 139–167.

BERGER, A., FICHEFET, TH., GALLÉE, H., MARSIAT, I., TRICOT, CH. & YPERSELE VAN, J.P. (1990): Ice sheets and sea level change as a response to climatic change at the astronomical time scale. – In: PAEPE, R. et al. [eds.] (1990): Greenhouse effect, sea level and drought: 85–107, (Klouwer Academic Publishers).

BERGER, W.H., BICKERT, T., JANSEN, E., YASUDA, M. & WEFER, G. (1994): Das Klima im Quartär – Rekonstruktion aus Tiefseesedimenten mit Hilfe der Milankovitch-Theorie. – Geowissenschaften, **12**: 258–266.

BERNHARDI, A. (1832): Wie kamen die aus dem Norden stammenden Felsbruckstücke und Geschiebe, welche man in Norddeutschland und den benachbarten Ländern findet, an ihre gegenwärtigen Fundorte? – J. für Mineralogie, **3**: 257–267.

BIBUS, E. (1980): Zur Relief-, Boden- und Sedimentsentwicklung am unteren Mittelrhein. – Frankfurter geowiss. Arb., (D) **1**: 296 S., 50 Abb., 8 Tab.; Frankfurt/Main.

BITTMANN, F. (1992): The Kärlich Interglacial, Middle Rhine region, Germany: vegetation history and stratigraphic position. – Veget. Hist. Archaeobot. (1992) **1**: 243–258.

BLANCHON, P. & SHAW, J. (1995): Reef drowning during the last deglaciation: Evidence for catastrophic sea-level rise and ice-sheet collapse. – Geology, **23**,1: 4–8.

BOSINSKI, G. (1979): Eiszeitjäger im Neuwieder Becken. – 68 S., 59 Abb.; Koblenz (Landesamt für Denkmalpflege Rheinland-Pfalz).

– (1985): Der Neandertaler und seine Zeit. – 74 S., 33 Abb., 18 Taf.; Köln (Rheinland-Verlag).

BOULTON, G.S. (1982): Subglacial processes and the development of glacial bed-forms. – In: DAVIDSON-ARNOTT, R., NICKLING, W. & FAHEY, B.D. [Eds.]: Researach in glacial, glacio-fluvial and glacio-lacustrine systems. – Proceedings of the 6th Guelph Symposium on Geomorphology; Norwich (Geo Books).

BOULTON, G.S. & JONES, A.S. (1979): Stability of temperate ice caps and ice sheets resting on beds of deformable sediment. – J. of Glaciology **24**: 29–43.

BOULTON, G.S., SMITH, G.D., JONES, A.S. & NEWSOME, J. (1985): Glacial geology and glaciology of the last midlatidue ice-sheets. – J. of the Geological society of London, **142**: 447–474.

BOWEN, D.Q. (1978): Quaternary Geology. – A Stratigraphic Framework for Multi-disciplinary Work. – 221 S., zahlr. Abb. u. Tab.; Oxford (Pergamon Press).

BROECKER, W.S. (1987): Der Ozean. – In: Die Dynamik der Erde [Einf. SIEVER, R.] (1987): 144–155; Heidelberg (Spektrum d. Wissenschaft Verlagsges.).

BROECKER, W.S., THURBER, D.L. & GODDARD, J. (1968): Milankovitch Hypothesis Supported by Precise Dating of Coral Reefs and Deep-Sea Sediments. – Science (Report), **159**: 297–300.

BROECKER, W.S. & VAN DONK, J. (1970): Insolation changes, ice volumes, and O^{18} record in deep sea cores. – Rev. Geophys. Space Phys. **8**: 169–198

BROECKER, W.S., KENNETT, J.P., FLOWER, B.P., TELLER, J.T., TRUMBONE, S., BONANI, G. & WOLFI, W. (1989): Routing of meltwater from the Laurentide Ice Sheet during the Younger Dryas cold episode. – Nature, **341**: 318-321

BROECKER, W.S. & DENTON, G.H. (1990): What Drives Glacial Cycles? – Scientific American, **262**,1: 43–50.

BUCH, L. VON (1815): Über die Verbreitung großer Alpengeschiebe. – Abhandlungen der Physikalischen Classe der Akademie der Wissenschaften Berlin 1804–1811: 161–186,

BUCKLAND, W. (1823): Reliquiae Diluvianae. – 303 S.; London (J. Murray).

CATT, J.A. (1992): Angewandte Quartärgeologie. – 129 Abb., 14 Farb-Taf., 31 Tab.; Stuttgart (Enke).

CHAPPELL, J. (1980): Relative and average sea level changes, and endo-, epi- and exogenic processes on the Earth. – In: Sea Level, Ice, and Climatic Change (Proceedings of the Canberra Symposium, December 1979), IAHS Publ. **131**: 411–430, 4 Fig.; Washington.

CHARPENTIER, J. DE (1841): Essai sur les Glaciers et sur le terrain erratique du bassis du Rhône par Jean de Charpentier. – Lausanne.

CLARKE, G.K.C. (1987): Fast Glacier Flow: Ice Streams, Surging and Tidewater Glaciers. – J. of Geophysical Res., **92**: 8835–8841, 5 Abb.; Washington.

COOPE, G.R. (1975): Mid-Weichselian climate changes in Western Europe, reinterpreted from coleopteran assemblages. – In: SUGGATE, R.P. & CRESSWELL, M.M. [eds.]: Quaternary studies. – S. 101–108, Wellington (Royal Society of New Zealand).

– (1977): Quaternary Coleoptera as aids in the interpretation of enviromnemtal history. – In: SHOTTON, F.W. [ed.]: British Quaternary studies, recent advances: 55–68; Oxford (Claredon Press).

Cotta, B. von (1844): Fels-Schliffe an Porphyr-Hügeln bei Kollmen. – N. Jb. Min: 558–561; Stuttgart.

Croot, D. G. [Ed.] (1988): Glaciotectonics – Forms and processes. – 212 S.; Rotterdam, Brookfied (A. A. Balkema).

Cuvier, G. (1812): Recherches sur les ossements fossiles. – Paris.

Dansgaard, W., Johnsen, S. J., Clausen, H. B., Dahl-Jensen, D., Gundestrup, N. S., Hammer, C. U., Hvidberg, C. S., Steffensen, J. B., Sveinbjörnsdottir, A. E., Jouzel, J. & Bond, G. (1993): Evidence for general instability of past climate from a 250-kyr icecore record. – Nature, **364**: 218–220, 2 Abb.; London.

Davidson-Arnott, R., Nickling, W. & Fahey, B. D. [Eds.] (1982): Research in glacial, glacio-fluvial and glacio-lacustrine systems. – Proceedings of the 6th Guelph Symposium on Geomorphology; Norwich (Geo Books).

Deacon, E. R. [Hrsg.] (1975): Die Meere der Welt. – 296 S., zahlr. z. T. farbige Abb.; Stuttgart (Chr. Belser Verlag).

Dietrich, G. (1950): Über systematische Fehler in den beobachteten Wasser- und Lufttemperaturen auf dem Meere und über ihre Auswirkung auf die Bestimmung des Wärmeumsatzes zwischen Ozean und Atmosphäre. – Dt. hydrogr. Z., **3**: 314–324;

Dietrich, G., Kalle, K., Krauss, W. & Siedler, G. (1992): Allgemeine Meereskunde. – 593 S., 328 Abb., 48 Tab., 8 Taf.; Berlin, Stuttgart (Borntraeger).

Drewry, D. (1986): Glacial Geologic Process. – 276 S.; London (Edward Arnold).

Ehlers, J. (1994): Allgemeine und historische Quartärgeologie. – 358 S., 176 Abb.; Stuttgart (Enke).

Einsele, G. (1993): Marine depositional events controlled by sediment supply and sea-level changes. – Geol. Rdsch., **82**: 173–184; Berlin, Heidelberg (Springer-Verlag).

Eißmann, L. (1974): Die Begründung der Inlandeistheorie für Norddeutschland durch den Schweizer Adolph von Morlot im Jahre 1844. – Abh. U. Ber. Naturkundl. Mus. „Mauritianum" Altenburg, **8**: 289–318, 16 Abb.; Altenburg.

– (1981): Periglaziäre Prozesse und Permafroststrukturen aus sechs Kaltzeiten des Quartärs. Ein Beitrag zur Periglazialgeologie aus der Sicht des Saale-Elbe-Gebietes. – Altenburger Naturwissenschaftliche Forschungen, 1: 171,

Emiliani, C. (1955): Pleistocene temperatures. – J. Geol., **63**: 538–578.

Ericson, D. B., Ewing, M., Wollin, G. & Heezen, B. C. (1961): Atlantic deep-sea sediment cores. – Geol. Soc. Amer. Bull., **72**: 193–286.

Esmark, J. (1824): Bidrag till vor jordklodes historie. – Magazin for Naturwidenskaherne III (**1**): 29–54.

Farrand, W. R. (1965): The deglacial hemicycle. – Geol. Rdsch., **54**: 385–389, 5 Abb.; Stuttgart.

Flint, R. F. (1971): Glacial and Quaternary geology. – 892 S.; New York (Wiley).

Flohn, H. (1985): Das Problem der Klimaänderungen in Vergangenheit und Zukunft. – 228 S., 35 Abb., 12 Tab.; Darmstadt (Wiss. Buchges. Darmstadt).

Frenzel, B. (1967): Die Klimaschwankungen des Eiszeitalters. – 291 S., Braunschweig (Vieweg).

– (1989): Projektgruppe „Terrestrische Paläoklimatologie“ im Rahmen des nationalen Klimaforschungsprogramms der Bundesregierung. – S. 453–461; Akademie der Wissenschaften und der Literatur Mainz 1949–1989; Stuttgart (Steiner).

– (1990 a): Das Klima des Letzten Interglazials in Europa. – In: Frenzel, B. [Hrsg.](1990): Klimageschichtliche Probleme der letzten 130.000 Jahre: 51–78, 13 Abb.; Stuttgart, New York (Gustav Fischer).

– (1990 b): Die Vegetationsentwicklung im Eiszeitalter. – In: Liedtke, H. [Hrsg.] (1990): Eiszeitforschung: 69–90, 3 Abb.; Darmstadt (Wiss. Buchges.).

Füchtbauer, H. & Müller, G. (1977): Sedimente und Sedimentgesteine. – 784 S., 341 Abb., 70 Tab.; Stuttgart (E. Schweizerbart'sche Verlagsbuchhandlung).

Geer de, G. (1940): Geochronologia Suecica Principles. – Kurgliga Svenska Vetenskabs – Akademiens Handlingar, **3**: 18 : 6 : 367 S.,

Gibbard, P.L., West, R.G. & Zagwijn, W.H. et al. (1991): Early and Early Middle Pleistocene correlations in the southern North Sea Basin. – Quaternary Science Reviews, **10**: 23–52.

Gilbert, G.K. (1890): Lake Bonneville. – U.S. Geological Survey, Monograph **1**: 1–438; Washington.

Giovinetto, M.B. (1970): The antarctic ice sheet and ist probable bi-modal response to climate. – In: I.U.G.G., I.A.S.H., Symposium Hannover / N.H. 1968; Gentbrügge.

Goethe, J.W. von (1840): Geologische Probleme und Versuch ihrer Auflösung. – In: Cotta (1840): Sämtliche Werke, Bd. XL.

Gold, L.W. & Lachenbruch, A.H. (1973): Thermal conditions in permafrost – A review of North American literature. – North American Contribution, Permafrost Second International Conference (Yakutsk USSR, 13–28 July 1973): 3–23

Grahmann, R. (1951): Begriffe in der Quartärforschung. – Eiszeitalter u. Gegenwart, **1**: 69–73; Öhringen/Württ.

Griffin, J.J., Windom, H. & Goldberg, E.D. (1968): Deap-Sea Res., **15**: 433–459,

Gripp, K. (1964): Erdgeschichte von Schleswig-Holstein. – 411 S., zahlr. Abb. u. Tab., 57 Taf. i. Anh., 3 Kt.; Neumünster (Karl Wachholtz).

Grootes, P.M. (1978): Carbon-14 time scale extended: comparison of chronologies. – Science, **200**: 11–15; Washington.

Grube, F. (1979): Zur Morphogenese und Sedimentation im quartären Vereisungsgebiet Nordwestdeutschlands.- Verh. Naturwiss. Ver. Hamburg , (NF) **23** : 69–80 , 4 Abb., 1 Tab.; Hamburg.

Hammen, T. van der (1953): Late-Glacial Flora and Periglacial Phenomena in the Netherlands. – Leidse geol. Meded., **17**: 71–182, 86 Abb., 21 Tab.; Leiden.

Hance, J.H. (1937): The Recent advance of Black Rapids Glacier, Alaska. – J. of Geol.; Chicago.

Haq, B.U., Hardenbol, J. & Vail, P.R. (1987): Mesozoic and cenozoic chronostratigraphy and cycles of sea-level change. – In: Sea-Level changes – an integrated approach, SEPM Special Publication, **42**: 71–108, Tulsa (Soc. Econom. Paleontolog. Mineralog.).

HAQ, B. U., HARDENBOL, J. & VAIL, P. R. (1988): Mesozoic and Cenozoic chronostratigraphy and cycles of dea-level change. – Spec. Publ. Soc. Econ. Paleontol. Mineral, **42**: 71–108,

HAY, W. W. (1992): The cause of the late cenozoic northern hemisphere glaciations: a climate change enigma. – Terra Nova, **4**: 305–311,

HAYS, J. D., IMBRIE, J. & SHACKLETON, N. J. (1976): Variations in Earth's Orbit: Pacemaker of the Ice Ages. – Science, **194**: 1121–1132.

HECK, H.-L. (1961): Glaziale und glaziäre Zyklen. – Geologie, **10**: 378–395, 2 Abb.; Berlin.

HEDBERG, H. D. [Ed.](1976): International Stratigraphic Guide. – 200 S.; New York, Chichester, Brisbane, Toronto, Singapore (Wiley).

HEINE, K. (1982): The main stages of the Late Quaternary evolution of the Kalakari region, Southern Africa. – In: COETZEE, J. A. & ZINDEREN BAKKER van, E. M. [Hrsg.](1982): Palaeoecology of Africa and the surrounding islands. – 53–76; Rotterdam (A. A. Balkema).

HOINKES, H. (1970): Methoden und Möglichkeiten von Massenhaushaltsstudien auf Gletschern. Ergebnisse der Meßreihe Hintereisferner (Ötztaler Alpen) 1953–1968. – Z. für Gletscherkunde und Glazialgeologie **VI**: 37–90,

HSÜ, K. J. (1982): Ein Schiff revolutioniert die Wissenschaft. – 304 S., 90 Abb., 16 Taf.; Hamburg (Hoffmann und Campe).

HUMBOLDT, A. VON (1799): Über die Entbindung des Wärmestoffs als geognostisches Phänomen betrachtet. – Moll's J. Berg- und Hüttenkunde III.

HUTTON, J. (1795): Theory of the Earth. – 2 Bde.; London. (Facsimile Reprint Weinheim/Bergstr. u. Wheldon & Wesley, Codicote, Herst. 1959).

IMBRIE, J. & KIPP, N. G. (1971): A new micropaleontological method for quantitative paleoclimatology: an application to a Late Pleistocene Caribbean cor. – In: TUREKIAN, K. K. [ed.](1971): The Late cenozoic glacial ages. – 71–181; New Haven (Yale Univ. Press).

IMBRIE, J., DONK VAN, J., & KIPP, N. G. (1973): Paleoclimatic investigation of a Late Pleistocene Caribbean deep – sea core : comparison of isotopic and faunal methods. – Quaternary Resarch, **3**: 10–38.

IMBRIE, J. & PALMER IMBRIE, K. (1981): Die Eiszeiten. – 256 S. ; Düsseldorf-Wien [Econ].

JERZ, H. (1993): Geologie von Bayern II – Das Eiszeitalter in Bayern – 243 S., 74 Abb., 17 Tab.; Stuttgart (E. Schweizerbart'sche Verlagsbuchhandlung).

JOHNSEN, R. G. (1982): Brunhes – Matuyama Magnetic Reversal Dated at 790.000 yr B. P. by Marine – Astronomical Correlations · – Quaternary Res., **17**: 135–147

JONES, P. D. & WIGLEY, T. M. L. (1990): Die Erwärmung der Erde seit 1850. – In: Spektrum der Wissenschaft: Atmosphäre, Klima, Umwelt: 178–186, 6 Abb.; Heidelberg.

KEILHACK, K. (1883): Beobachtungen an isländischen Gletscher- und norddeutschen Diluvialablagerungen. – Jb. D. Königl. Preuß. Geol. L.-A. und Bergakademie zu Berlin: 159–176

KIPP, N. G. (1976): New transfer function for estimating past sea–surface conditions from sea-bed distribution of planktonic foraminiferal assemblages in the North Atlantic. – Geol. Soc. Amer. Mem., **145**: 3–41

Klebelsberg, R. von (1948): Handbuch der Gletscherkunde und Glazialgeologie. – Erster Band, Allg. Teil. – 403 S., 55 Abb.; Wien (Springer).

– (1949): Handbuch der Gletscherkunde und Glazialgeologie. – Zweiter Band, Historisch-Regionaler Teil. – 1028 S., 38 Abb., 1 Taf.; Wien (Springer).

Klostermann, J. (1992): Das Quartär der Niederrheinischen Bucht. – 200 S., 30 Abb., 2 Taf.; Krefeld.

Klostermann, J., Rehagen, H.-W. & Wefels, U. (1988): Hinweise auf eine saalezeitliche Warmzeit am Niederrhein. – Eiszeitalter u. Gegenwart, **38**: 115–127, 5 Abb., 1 Tab.; Hannover.

Knudsen, K.L. (1993): Late Elsterian-Holsteinian Foraminiferal Stratigraphy in Boreholes in the Lower Elbe Area, NW Germany. – Geol. Jb., A **138**: 97–119, 6 fig., 2 pl.; Hannover.

Knudsen, K.L. & Feyling-Hanssen, R.W. (1976): Ergebnisse der Foraminiferenanalyse zur Quartärstratigraphie in Skandinavien. – Eiszeitalter u. Gegenwart, **27**: 82–92, Hannover.

Koenigswald, W. von (1973): Veränderungen in der Kleinsäugerfauna von Mitteleuropa zwischen Cromer und Eem (Pleistozän). – Eiszeitalter u. Gegenwart, **23/24**: 159–167, 2 Abb.; Öhringen/Württ.

– (1991): Exoten in der Großsäuger-Fauna des letzten Interglazials von Mitteleuropa. – Eiszeitalter u. Gegenwart, **41**: 70–84, 8 Abb., 2 Tab.; Hannover.

Koenigswald, W. von & Hahn, J. (1981): Jagdtiere und Jäger der Eiszeit. – 100 S., zahlr. Abb.; Stuttgart (Konrad Theiss Verlag).

Koenigswald, W. von & Heinrich, W.-D. (1996): Kurze Charakterisierung in der Säugetierfauna des Jungquartärs in Mitteleuropa. – Tübinger Monographien zur Urgeschichte, **11**: 437–448, 1 Tab. 1 Abb.; Tübingen

Kolfschoten, T. van (1990): The evolution of the mammal fauna in the Netherlands and the Middle Rhine area (Western Germany) during the late middle pleistocene. – Meded. Rijks Geol. Dienst, **43-3**: 69 S., zahlr. Abb., Tab., Taf.; Heerlen.

Kuhn, B.F. (1787): Versuch über den Mechanismus der Gletscher. – Magazin für die Naturkunde Helvetiens, **1**: 119–136; Zürich.

Kukla, G. (1978): The classical European glacial stages: correlation with deep-sea sediments. – Transac. Nebraska Acad. Sciences, **VI**: 57–93.

Larter, R.D. & Barker, P.F. (1989): Seismic stratigraphy of the Antarctic Peninsula Pacific margin: A record of Pliocene – Pleistocene ice volume and paleoclimate. – Geology, **17**: 731–734.

Leinfelder, R. & Seyfried, H. (1993): Sea level change: a philosophical approach. – Geol. Rdsch., **82**: 159–172, 8 Fig; Berlin (Springer).

Lewin, R. (1992): Spuren der Menschwerdung: die Evolution von Homo sapiens. – 175 S., zahlr. Abb.; Heidelberg, Berlin, New York (Spektrum Akademischer Verlag).

Ložek, V. (1965): Das Problem der Lößbildung und die Lößmollusken. – Eiszeitalter u. Gegenwart, **16**: 61–75, 5 Abb., 2 Tab.; Öhringen/Württ.

LÜNING, J. & STEHLI, P. (1989): Die Bandkeramik in Mitteleuropa: von der Natur- zur Kulturlandschaft. – In: Spektrum der Wissenschaft (1989): Siedlungen der Steinzeit: 110–120, 11 Abb.; Heidelberg.

LÜTTIG, G. (1958 a): Methodische Fragen der Geschiebeforschung. – Geol. Jb., **75**: 361–418.

– (1958 b): Eiszeit – Stadium – Phase – Staffel – Eine nomenklatorische Betrachtung. – Geol. Jb., **76**: 235–260.

LUTERNAUER, J.L., CLAGUE, J.J., CONWAY, K.W., BARRIE, J.V., BLAISE, B. & MATHEWES, R.W. (1989): Late Pleistocene terrestrial deposits on the continental shelf of western Canada: Evidence for rapid sea-level change at the end of the last glaciation. – Geology, **17**: 357–360.

LYELL, C. (1830): Principles of Geology, 1. – 511 S., 32 Abb.; London (J. Murray).

– (1832): Principles of Geology, 2. – 330 S., 9 Abb., 1 Kt.; London (J. Murray).

– (1833): Principles of Geology, 3. – 398 S., 90 Abb., 2 Tab., Anh.: 85 S. mit Fossillisten; London (J. Murray).

MANGERUD, J., ANDERSEN, S.T., BERGLUND, B.E. & DONNER, J.J. (1974): Quaternary stratigraphy of Norden, a proposal for terminology and classification. – Boreas, **3**: 109–128,

MENARD, H.W. (1987): Inseln – Geologie und Geschichte von Land im Meer. – 207 S.; Heidelberg (Spektrum der Wissenschaft Verlagsgesellschaft).

MIALL, A.D. [Hrsg.] (1978): Fluvial Sedimentology. – Exploring for Energy, **5**: 859 S.; Calgary (Canadian Soc. Petroleum Geologists).

MILANKOVITCH, M. (1930): Mathematische Klimalehre und Astronomische Theorie der Klimaschwankungen. – In: Handbuch der Klimatologie 1 [KÖPPEN, GRAZ, GEIGER (Hrsg.)] 176 S.; Berlin (Borntraeger).

MORLOT, A. VON (1844): Über die Gletscher der Vorwelt und ihre Bedeutung. – Bern.

MORLOT, A. DE (1956): Notice sur le Quaternaire en Suisse. – Bull. séanc. Soc. Vaudoise sci. nat., **4** (1854): 41–45; Lausanne.

MÜLLER, A.H. (1970): Lehrbuch der Paläozoologie, Band III Vertebraten Teil 3 Mammalia. – 855 S., 820 Abb.; Jena (Gustav Fischer Verlag).

– (1989): Lehrbuch der Paläozoologie, Band III Vertebraten Teil 3 Mammalia. – 809 S., 826 Abb.; Jena (Gustav Fischer Verlag).

MÜLLER-BECK, H. (1995): Urgeschichte. – In: Geologische Dienste der Bundesrepublik Deutschland [Hrsg.]: Das Quartär Deutschlands: 327–348, 13 Abb.; 2 Tab.; Berlin, Stuttgart (Borntraeger). – [Internat. Kongr. Quart.-Vereinigung. 1995, Berlin].

MULLINS, H.T. & HINCHEY, E.J. (1989): Erosion and infill of New York Finger Lakes: Implications for Laurentide ice sheet deglaciation. – Geology, **17**: 622–625

MUSIL, R. (1933): Die Ursachen der Veränderungen der Großsäugergemeinschaften im letzten Glazial und am Anfang des Holozäns: Tatsachen und Hypothesen. – Quartär, **43/44**: 191–197.

NANCE, R.D. & WORSLEY, T.R. & MOODY, J.B. (1988): Der Superkontinent-

Zyklus. – Spektrum der Wissenschaft, September 1988: 80–87, 5 Abb.; Heidelberg.

NAUMANN, C. F. (1844): Fels-Schliffe an Porphyr-Hügeln bei Kollmen. – N. Jb. Min.: 557–558 u. 561–562; Stuttgart.

– (1848): Über die Felsanschliffe der Hohburger Berge unweit Wurzen. – Ber. Verh. Sächs. Ges. Wiss., **1** (1846/47): 392–410; Leipzig.

NILSSON, T. (1983): The Pleistocene (Geology and Life in the Quaternary Ice Age). – 651 S., Dordrecht, Holland, Boston, U. S. A. / London, England (D. Reidel Publishing Company).

NORTH, G. R. & CROWLEY, T. J. (1985): Application of a seasonal climate model to Cenozoic glaciation. – J. geol. Soc. London, **142**: 475–482,

NYE, E. F. (1965): The flow of a glacier in a channel of rectangular, elliptic or parabolic cross section. – J. Glaciol.

PAEPE, R., FAIRBRIDGE, R. W. & JELGERSMA, S. (1990): Greenhouse effect, sea level and drought. – Dordrecht, Boston, London (Kluwer Academic Publishers).

PATERSON, W. S. B. (1981): The physics of glaciers. – 380 S.; Oxford, New York, Toronto, Sydney, Paris, Frankfurt (Pergamon Press).

PATERSON, W. S. B. (1994): The physics of glaciers. – 480 S., zahlr. Abb. u. Tab.; Oxford (Pergamon/Elsevier).

PENCK, A. & BRÜCKNER, E. (1909): Die Alpen im Eiszeitalter. – 3 Bde., 1199 S., Tauchnitz, Leipzig.

PFISTER, C. (1990): Wetter-Nachhersage. – In: DITFURTH, H. VON & FISCHER, E. P. [Hrsg.] (1990): Mannheimer Forum **89/90**: 183–240, 12 Abb., 2 Tab.; Mannheim.

PILBEAM, D. (1995): Die Abstammung von Hominoiden und Hominiden. – In: STREIT, B. [Hrsg.] (1995): Evolution des Menschen, Spektrum der Wissenschaft; 38–48, 6 Abb.; Heidelberg, Berlin, Oxford.

PINTER, N. & GARDNER, T. W. (1989): Construction of a polynominal model of glacio-eustatic fluctuation: Estimating paleo-sea levels continously through time. – Geology, **17**: 295–298

PLAYFAIR, J. (1802): Illustrations of the Huttonian Theory of the Earth. – (Reprint: Dover Publ. Inc.; New York 1956).

RATEJEW, M. A., GORBUNOWA, S. N., LISITZIN, A. P. & NOSSOW, G. I. (1966): Verteilung der Tonminerale in den Becken des Weltmeeres in Bezug auf die klimatischen Zonen (russ.). – Litologija i poljesnije iskopajemije, **3**: 3–23

RICHTHOFEN, F. VON (1877): China – Ergebnisse eigener Reisen und darauf gegründeter Studien. – Bd. I: 758 S.; Berlin (Reimer).

ROMANOVSKY, N. H. (1985): Distribution of recently active ice and soil wedges in the USSR. – In: CHURCH, M. & SLAYMAKER, S. [Eds.] (1985): Field and Theory: Lectures in geocryology: 154–165, University of British Columbia.

SAUSSURE, H. B. DE (1779, 1786, 1796): Voyages dans les Alpes. Précéedés d'un Essay sur l'histoire naturelle des Environs de Genève. – 4 Bde.; Neuchâtel / Genf.

SCHEUCHZER, J. (1726): Homo diluvii testis.

SCHIMPER, K. (1837): Über die Eiszeit. Brief an Prof. Agassiz. – Actes Societé Helvetique des Sciences Naturelles 22 e Session, Neuchâtel: 38–51.

SCHIRMER, W. [Hrsg.] (1990): Rheingeschichte zwischen Mosel und Maas. – 295 S.; Hannover (Deutsche Quartärvereinigung).

SCHLÜCHTER, CH. [Ed.] (1979): Moraines and Varves. – 441 S.; Rotterdam (A.A. Balkema).

SCHNEIDER, H.J. (1962): Die außerarktischen Gletscher der Erde. – In: Geogr. Taschenbuch; Wiesbaden.

SCHÖNWIESE, C. (1994): Klimatologie. – 436 S.; Stuttgart (Ulmer, UTB für Wissenschaft).

SCHRÖDER, D. (1983): Beziehungen zwischen Stratigraphie und Bodengenese bei Hochfluten des Niederrheins. – Geol. Jb., A **71**: 73–107, 15 Abb., 2 Tab.; Hannover.

SEIBOLD, E. & BERGER, W.H. (1996): The sea floor – an introduction to marine geology. – 356 S., 209 fig., 9 tabl.; Berlin etc. (Springer).

SEYFERT, C.K. & SIRKIN, L.A. (1979): Earth History and Plate Tectonics – An Introduction to Historical Geology. – 600 S., zahlr. Abb. u. Tab.; New York, Hagertown, Philadelphia, San Francisco, London (Harper & Row, Publishers).

SHACKLETON, N.J. & OPDYKE, N.D. (1973): Oxygen Isotope and Paleomagnetic Stratigraphy of Equatorial Pacific Core V 28–238: Oxygen Isotope Temperatures and Ice volumes on a 10^5 year and 10^6 year scale. – Quaternary Res., **3**: 39–55.

– (1976): Oxygen-Isotope and Paleomagnetic Stratigraphy of Pacific Core V 28–239: Late Pliocene to Latest Pleistocene. – Geol. Soc. Am. Memoir **145**: 449–464.

– (1977): Oxygen isotope and paleomagnetic evidence for early Northern Hemisphere glaciation. – Nature, **270**: 216–219.

SHACKLETON, N., BERGER, A. & PELTIER, W.R. (1990): An alternative astronomical calibration of the lower Pleistocene timescale based on ODP Lite 677. – Transactions of the Royal society of Edinburgh: Earth Sciences, **81**: 251–261.

SHARP, M., TRANTER, M., BROWN, G.H. & SKIDMORE, M. (1995): Rates of chemical denudation and CO_2 drowdown in a glacier-covered alpine catchment. – Geology, **23**,1: 61–64.

SHAW, J. (1989): Drumlins, subglacial meltwater floods, and ocean responses. – Geology, **17**: 853–856.

SIEGFRIED, P. (1983): Fossilien Westfalens „Eiszeitliche Säugetiere". – Münster. Forsch. Geol. Paläont., **60**: 163 S., 22 Abb., 1 Tab., 40 Taf., 1 Kt.; Münster.

SIEVER, R. (1989): Sand – ein Archiv der Erdgeschichte. – 254 S., zahlr. farbige Abb.; Heidelberg (Spektrum der Wiss.).

SMITH, D.G. (1981): The Cambridge Encyclopedia of Earth Sciences. – 496 S.; Cambridge, London, New York (Cambridge University Press).

SMOLKA, G.G. (1991): Neogene Ozeane. – Geowissenschaften, **9,11**: 347–351

STEININGER, F.F. & PILLER, E. [Hrsg.] (1999): Empfehlungen (Richtlinien) zur Stratigraphischen Nomenklatur. – Senckenbergiana; Frankfurt a. M. (im Druck).

STEITZ, E. (1993): Die Evolution des Menschen. – 402 S., 198 Abb., 8 Farb-Taf.; Stuttgart (E. Schweizerbart'sche Verlagsbuchhandlung).

STREET-PERROTT, F.A. & PERROTT, R.A. (1990): Abrupt climate fluctuations in the tropics: the influence of Atlantic Ocean circulation. – Nature, **343**: 607–612, 4 Abb.; London.

STRINGER, C.B. (1995): Die Herkunft des anatomisch modernen Menschen. – In: STREIT, B. [Hrsg.] (1995): Evolution des Menschen: 77–85, 6 Abb.; Heidelberg, Berlin, Oxford.

STRÖMBERG, B. (1983): The Swedish varve chronology. – In: EHLERS, J. [Hrsg.] (1983): Glacial deposits in North-West Europe: 97–105, 13 Abb.; Rotterdam (A.A. Balkema).

TAYLOR, K.C., LAMORAY, G.W., DOYLE, G.A., ALLEY, R.B., GROOTES, P.M., MAYEWSKI, P.A., WHITE, J.W.C & BARLOW, L.K. (1993): The „flickering swith of late Pleistocene climate change. – Nature, **361**: 432–436, 4 Abb.; London.

THENIUS, E. (1962): Die Großsäugetiere des Pleistozäns von Mitteleuropa. – Z. für Säugetierkunde **27**: 65–83, Hamburg.

– (1972): Grundzüge der Verbreitungsgeschichte der Säugetiere. – 345 S., Stuttgart (Fischer).

THORNE, A.G. & WOLPOFF, M.H. (1995): Multiregionaler Ursprung der modernen Menschen. – In: STREIT, B. [Hrsg.] (1995): Evolution des Menschen: 94–101, 5 Abb.; Heidelberg, Berlin, Oxford.

TORELL, O. (1875): Über einen gemeinschaftlich mit den Herren BERENDT und ORTH nach den Rüdersdorfer Kalkbergen unternommenen Ausflug. – Z. dt. geol. Ges., **27**: 961–962; Berlin.

TUREKIAN, K. [Ed.] (1971): The Late Cenozoic Glacial Ages. – New Haven (Yale University Press).

TUREKIAN, K.K. (1985): Die Ozeane. – 202 S., 104 Abb., 18 Tab.; Stuttgart (Enke).

TURNER, C. & WEST, G. (1968): The subdivision and zonation of interglacial periods. – Eiszeitalter u. Gegenwart, **19**: 93–101,

URBAN, B. (1982): Vegetation. – In: BOSINSKI, G. [Hrsg.] (1982): Das Eiszeitalter im Ruhrland. – 75 S., 46 Abb.; Köln (Rheinland-Verlag).

URBAN, B. (1983): Biostratigraphic correlation of the Kärlich Interglacial, Northwestern Germany. – Boreas, **12**: 83–90, Oslo.

UREY, H.C., LOWENSTAM, H.A., EPSTEIN, S. & MCKINNEY, C.R. (1951): Measurement of paleotemperatures and temperatures of the Upper Cretaceous. – Geol. Soc. American Bull. 62:

VAIL, P.R., MITCHUM, R.M. JR., TODD, R.G., WIDMEIER, J.M., THOMPSON, S. III, SANGREE, J.B., BUBB, J.N. & HATLEDID, W.G. (1977): Seismic Stratigraphy and global changes of sea-level. – Amer. Assoc. Petrol. Mem, **26**: 49–212.

VENETZ, I. (1833): Mémoire sur les variations de la température dans les Alpes de la Suisse. Par M. Venetz, ingenieur enchef du Canton du Valais. Réd. en 1821. Denkschriften der allgemeinen Schweizerischen Gesellschaft für die gesamten Naturwissenschaften, 1, Abt. **2**: 1–38; Zürich.

VEUM, T., JANSEN, E., ARNOLD, M., BEYER, J. & DUPLESSY, J.C. (1992): Water mass exchange between the North Atlantic and the Norwegian Sea during the past 28000 years. – Nature, **356**: 783–785, 1 Abb., 1 Tab.; London.

WAGNER, G.A. (1995): Altersbestimmung von jungen Gesteinen und Artefakten. – 277 S., 176 Abb.; Stuttgart (Enke).

WALTER, R.C., MANEGA, P.C., HAY, R.L., DRAKE, R.E. & CURTIS, G.H. (1991): Laser-fusion ^{40}Ar / ^{39}Ar dating of Bed I, Olduvai Gorge, Tanzania. – Nature, **354**: 145–149

WASHBURN, A.L. (1979): Geochronology. A survey of periglacial processes and environments. – 303 S.; London (Edward Arnold).

WASHBURN, A.L., BURROWS, C. & REIN, R. JR. (1978): Soil deformation resulting from some Laboratory freeze – thaw experiments. – In: Third International Conference on Permafrost, Edmonton, Albertz, Proceedings, **1**: 756–762,

WEINER, J. (1987): Planet Erde. – 382 S.; München (Droemer Knaur).

WHITEHOUSE, U.G., JEFFREY, L.M. & DEBBRECHT, J.D. (1960): Differential settling tendencies of clay minerals in saline waters. – In: SWINEFORD, D.A. [Ed.]: Clays and clay minerals. – Proc. Seventh Nat. Conf.: 1–79; London (Pergamon Press).

WILHELM, F. (1976): Hydrologie, Glaziologie. – 201 S.; Braunschweig (Westermann).

WILLIAMS, M.A.J., DUNKERLEY, D.L., DE DECKKER, P., KERSHAW, A.P. & STOKES, T. (1993): Quaternary Envirinments. – 329 S.; London, New York, Melbourne Auckland (Edward Arnold).

WILSON, A.C. & CANN, R.L. (1995): Afrikanischer Ursprung des modernen Menschen. – In: STREIT, B. [Hrsg.] (1995): Evolution des Menschen: 86–93, 5 Abb.; Heidelberg, Berlin, Oxford.

WINOGRAD, I.J., COPLEN, T.B., LANDWEHR, J.M., RIGGS, A.C., LUDWIG, K.R., SZABO, B.J., KOLESAR, P.T. & REVESZ, K.M. (1992): Continous 500.000-year Climate Record from Vein Calcite in Devils Hole, Nevada. – Science, **258**: 255–260, 4 fig.

WINTERSFELD, G.A. VON (1790): Vom Waterlande des mecklenburgischen Granitgesteins. – Monatsschrift von und für Mecklenburg.

WOILLARD, G. (1975): Recherches palynologiques sur le Pleistocene dans l'est de la Belgique et dans les Vosges Lorraines. – Acta Geogr. Lovaniensia **14**: 1–115, Louvain.

WOLDSTEDT, P. (1969): Quartär. Handbuch der Stratigraphischen Geologie II. – 256 S.; Stuttgart.

WOLDSTEDT, P. & DUPHORN, K. (1974): Norddeutschland und angrenzende Gebiete im Eiszeitalter. – 500 S.; Stuttgart, 3. Aufl. (Kochler).

WRIGHT, H.E. JR., KUTZBACH, J.E., WEBB III, T., RUDDIMAN, W.F., STREET-PERROTT, F.A. & BARTLEIN, P.J. [Eds.] (1993): Global Climates since the Last Glazial Maximum. – 569 S., zahlr. z.T. farbige Abb.; Minneapolis, London (University of Minesota Press).

WÜRGES, K. (1986): Artefakte aus den ältesten Quartärsedimenten (Schichten A-C) der Tongrube Kärlich, Kreis Mayen-Koblenz / Neuwieder Becken. – Archäologisches Korrenspondenzblatt, 16: 1–6, Bonn.

ZAGWIJN, W.H. (1961): Vegetation, climate and radiocarbon datings in the Late Pleistocene of the Netherlands. – Meded. Geol. Sticht., N.S., 14: 15–45, 14 Abb., 13 Taf.; Maastricht.

ZIEGLER, B. (1972): Einführung in die Paläobiologie, Teil 1 Allgemeine Paläontologie. – 245 S., 249 Abb.; Stuttgart (Schweizerbart'sche Verlagsbuchhandlung).

ZONNEVELD, J.I.S. (1947): Het Kwartair van het Peel-Gebied en de naaste omgeving. (En sediment-petrologische Studie). – Meded. Geol. Sticht., (C) **6** (3): 223 S., 17 Abb., 6 Tab., 4 Taf., 2 Kt.; Maastricht.

ZOTIKOV, I.A. (1963): Bottom melting in the central zone of the ice shield on the Antarctic Continent. – Bull. IASH **8**,1; Gentbrügge.

Orts- und Sachregister

Abbevilléen 198
Abhe-See 84
Ablation Melt-Out Till 49
Ablationshöhe 26
Ablationsmoräne 49
Abnutzungsspuren 203
Abrasionsplattformen 106
Abrasionsterrassen 112
Abschmelzgeschwindigkeit 43, 104
Acheuléen 197, 198, 201
Achtal bei Blaubeuren 203
Acidität 212
Adriatisches Meer 102
Aerosole 211, 254
Afar-Wüste 84
Afrika 84, 168, 188, 192, 193, 194, 195, 198, 225, 254, 255
Ägäisches Meer 102
agglutinieren 179
Ahlen 201
Akkumulation, fluviatile 71, 75
Akkumulationshöhen (Gletscher) 26
Alaska 9, 23, 70, 120
Albedo 7, 80, 247, 248, 251, 254
Aletschgletscher 4, 9, 18
Aleuten 231
Alleröd 159, 177
Alluvium 1
Alpen 1, 2, 29, 171, 177, 183, 193, 205, 223, 225
Alpengletscher 21
Altersbestimmung der Eisschichten 213
Altpaläolithikum 197, 198
Altschnee 6
Amazonas 133
Amerika 4, 83, 183, 186, 255
Aminosäuren 234
Ammoniak 234
Antarktis 12, 19, 29, 87, 90, 94, 135, 137, 210, 216, 224, 225, 238
Antarktische Wasssermassen 95
Antarktische Zwischenwässer 94
Antarktischer Kontinent 95
antarktischer Zirkumpolarstrom 94
Antarktisches Bodenwasser 90, 93
Antizyklone 81
äolisch 75
Äquizesse 61
Arabische Halbinsel 224
archäologisch 188
Argentinien 135, 224
Arkosen 82
Arktisches Bodenwasser 90, 94
arktisches Inlandeis 117
Armbänder 203
Artenspektrum 162
Asien 4, 166, 167, 168, 171, 196, 254, 255
Assemblage-Zonen 150
astronomische Ursachen 222, 226
Atacama 81

Äthiopien 84
Atlantik 87, 91, 95, 102, 217, 225, 231, 252
Atlantikum 29, 160
Atmosphärenchemie 222, 233, 234, 236
Auerochse 169
Aufquellen (kaltes Wasser) 98, 100
Auftriebsgebiete der Ozeane 97
Aurignacien 203
Ausgleichsbewegungen, isostatische 230
Ausgleichsprofil (Flüsse) 74, 75
Ausschmelzmoräne 49
Aussterben von Arten 194
Australien 81, 120, 197, 201
Australopithecus 189, 193
Autoren, römische 208

Baffin-Eis 42, 63
Bakterien, anaerobe 130
Bänderung 60
Bandkeramiker 205
Bank (stratigraphisch) 144
Barbados 112
Barchan 78
Bären 172
Barriere-Riff 114, 120
Basis-Ausschmelzmoräne 47
Basismoräne 47
Bauern 205
Bauxit 136
Beile, geschliffene 205
Belastungsmarke 69
Benguelastrom 81
benthonisch 179
Benuë-Niger-System 84
Bergschrund 15
Beringia-Landbrücke 120
Beringstraße 94
Bewegungsbahnen (Eispartikel) 37
Bewölkung 238, 251
Binnendüne 78
Biomasse 237
Biomasse (Ozeane) 86, 100, 101, 103, 121, 126, 222, 249
Biomasse (Kontinente) 103, 222, 237, 244, 245, 249
Biostratigraphie 141, 147
Biozone 147
Bison 169
Blattspitzen-Kulturen 201, 203
Blaublätter 13
Blockanreicherung 65
Blockbewegungen 23
Blöcke, erratische 2, 3
Blockpackung 46
Blue Holes 120
Bodenfließen 68
Bodensee 59
Bodenströmungen 133, 135
Bodenwasser 91, 93
Bodenwasserströmung, antarktische 225
Bohrer 201
Bölling-Interstadial 159, 214
Boreal 160
Bosporus 102
Bottnischer Meerbusen 104
Brandungsterrassen 106
Brasilien 224
Breidamerkurjökull 41
Breitenerosion 74
Bronzezeit 162, 205
Brörup-Interstadial 158
Brunhes/Matuyama-Grenze 219

$CaCO_3$ 122, 129
Cadmium 120, 124, 125, 127, 129
Calciumkarbonat 120, 121, 131, 132
Calciumphosphat 120
Camp-Century-Eisbohrkern 214
Canyon, submariner 133
CCD 121
CH_4 212
Chemie der Ozeane 222, 224, 242, 250, 252
Chlorit 136, 137, 140

Chlorophyll 234, 237
Chopper 198
Chronen (paläomagnetisch) 146
Chroniken (Klöster) 208
Chronisten, mittelalterliche 208
Chronostratigraphie 141
Chronostratigraphische Einheit 142, 143
CLIMAP-Programm 253
^{13}C : ^{12}C-Verhältnis 120, 124, 125, 126, 127
^{14}C-Methode 219
CO_2-Gehalt 243, 244, 248, 254
CO_2-Kreislauf 236
CO_2-Senken 236
CO_2 122, 124, 127, 129, 209, 212, 213, 230, 235, 236, 237, 238, 244, 245, 246, 247, 249, 250, 251, 256
Coccolithophoriden 121, 179
COHMAP 253
contour current 134, 138,139
Corioliskraft 93, 96, 102, 242, 248, 249
Croll-System 220
Cro-Magnon-Mensch 189, 192
Cromer-Komplex 165, 166, 167, 172, 173

Dänemark 60
Dansgaard-Oeschger 214, 216, 221
Darstellungen, figürliche 203
Datierungsmethoden, absolute 142
Dauerfrost 67
Delta 109, 112
$\delta\,^{18}O$-Gehalt 210
Dendrochronologie 143
Denekamp 159
Denudation 138
Deuterium 209, 211, 216
Developed Oldowan 197, 198
Devils Hole 219
diachron 142
Diatomeen 130
Dichte (Ozeanwasser) 92
Dichteunterschiede, primäre (Eis) 11
Diluvium 1
distale Sandersedimente 64
distale Zungenbeckensedimente 60
DNA 195, 196, 234
Dnjepr 102
Dnjestr 102
Don 102
Donau 102
Doppelspitzen 201
Driftmaterial 140
Druckfestigkeit (Eis) 20
Druckschmelzpunkt (Eis) 18, 20, 41
Druckschmelztemperatur (Eis) 20
Druckverflüssigung (Eis) 20
Drumlin 31, 33
Düne 77, 78, 83
Durchläufer-Kultur 201

Eem-Interglazial 84, 105, 131, 150, 155, 156, 165, 166, 167, 172, 174, 175, 180, 197, 201, 216, 219, 221
Eis, interstadiales 39
Eis, luftarmes 18
Eis, luftreiches 18
Eis, Massenbilanz 43
Eis, unterernährtes 24
Eisabbrüche 12
Eisaggregate 6
Eisberg 134, 140
Eisbildung 86
Eisbohrkerne 124, 210, 212, 214, 220, 221, 237, 248, 254
Eiskeil 69, 70
Eiskeilpseudomorphose 69, 70
Eiskörper, aktiver 55
Eismächtigkeit 9, 22
Eismassen, polare 39
Eispressung 11
Eisrand (Inlandeismassen) 32
Eisscheide 35
Eisschichten (Datierung) 213
Eisschild, europäischer 254
Eisschild, nordamerikanischer 254

Eisschilde, pleistozäne 41
Eisschilde, polare 40
Eisschilde, Volumina der 41
Eisstausee 60
Eisstromnetz 9
Eistemperatur 17, 18, 20
Eisvolumen 43
Eisvolumenkurve 38
Eisvorschub 20
Eiszentrum 31
Ekliptikschiefe 227
Ekman-Drift/Spirale 97, 100, 248
El Niño 97, 101, 226, 237, 238, 242, 243, 249
Elch 172
Elefanten 165
Elektronenspinresonanzmethode 142, 143
Elfenbein 203
Elster-Glazial 154, 170, 173, 174, 180, 183, 224
Emergenzgeschwindigkeit 24
Endmoräne 33, 44, 45
englazigen 55
Eozän 135, 168
Erdatmosphäre 233
Erdbahnparameter 226, 231, 253
Erosion 71, 75
Erratika 41, 42
Erwärmung (Erdatmosphäre) 236
Erwärmungstrend 209
Eskimos 203
euphotische Zone 97, 98
Eurasien 170, 172, 192, 193, 205, 225, 228
Europa 4, 43, 62, 84, 149, 168, 169, 171, 172, 173, 183, 186, 192, 196, 198, 201, 255
Europäisches Mittelmeer 101
Europäisches Nordmeer 94
eustatische Meeresspiegelschwankungen 104, 117, 118
Eva-Hypothese 194, 196, 197
Evaporation 91
Evaporit 82
Events (paläomagnetisch) 146
Evolution 188, 193, 194
Evorsion 52
Exaration 51, 53, 59
Exkursionen, paläomagnetische 146
Exzentrizität 226

Familie 165
Faunen, quartärzeitliche 162, 164, 177
Faunengemeinschaften 162, 174
Faunenwechsel 174
Faustkeile 198
Faziesbereiche 108
feed-back 80, 81, 222, 228, 231, 247
Feldspat 138
Fellnashorn 167
Fels-Lineation 33
Felszeichnungen 83
Ferrel-Zirkulation 241
Feuersteinklingen 203
Filchner-Schelfeis 10
Firn 6
Firnlinie 8, 21
Firnturm 15
Fjord 53
Fläche, vergletscherte (Heute) 9
Flächen, synchrone 147
Flachküsten 106
Flachsander 65, 66
Flesch-Gletscher 3
Fließen, plastisches (Eis) 20
Fließerden 68
Fließmodelle (Grönlandeis) 213
Fließmoräne 14, 49
Flintbeile 205
Florengemeinschaften 149
Flow Till 14, 49
Flugsand 75, 77
Fluorchlorkohlenwasserstoffe 236, 238
Flußlandschaften 175
Flußpferd 170, 174

fluviatil 71
fluviatile Sedimentation 112
Foraminiferen 120, 122, 124, 125, 179, 180, 181, 182, 216, 217, 218
Formation (stratigraphisch) 144
Formen (endemische) 192
Frauenfiguren 203
Fremdscholle 48
Frostschutt-Tundra 77
Frühglazial 71, 158
Früh-Holozän 83, 84, 165

Gattung 165
Gauss/Matuyama 182, 183
Gefrieren 6
Gefrierpunkterniedrigung 86
Geißenklösterle-Höhle 203
Genforschung 188, 194
Genome 195
Geochronologie 141, 142
Geoid 103
Geophysikalisches Jahr 237
Germanium 130, 131
Geröll-Kultur 197
Gesamtablation (Eis) 27
Gesamtakkumulation (Eis) 27
Gesamtisotopenzusammensetzung (Ozeane) 218
Geschiebelehm 45
Geschiebemergel 45
Gesellschaften, kälteharte 178
Gezeitenströmung 107
Gibbsit 136
Gibraltar 102, 231, 252
Glacier Surges 23
glazial 44
Glazial 71, 73, 75, 78, 113, 117, 119, 124, 131, 132, 134, 139, 140, 147, 148, 149, 162, 174, 182, 213, 214, 219, 253
Glaziale Serie 44, 183
Glazialer Zyklus 44
glaziales Maximum 214
Glazial-Interglazial-Zyklen 217
Glazial-Terminator 113
glaziär 4
glazigen 44
Gleichgewichtslinie (Gletscher) 42
Gleiten, basales (Eis) 20, 22
Gleitkomponente (Eis) 20, 41
Gleitvorgang (Eis) 22
Glen Roys 4
Gletscher, Bilanz 27
Gletscher, hochpolare 18
Gletscher, kalte 17, 18
Gletscher, subpolare 18
Gletscher, temperierte 15, 17
Gletscherbewegung 19, 41
Gletscherbruch 15
Gletschereis 5, 7, 18
Gletschererosion 23
Gletscherkörner 14
Gletscherleichen 26
Gletscherloben 10
Gletscheroberfläche 13
Gletscherrand 41
Gletscherschliff 4
Gletscherschwankungen 207
Gletscherstausee 4
Gletscherstirn 14
Gletschervolumen 37
Gletscherzunge 21
Glinde 159
Globigerinenschlamm 179
Globorotalia menardii 180, 217
Glucose 195
Golf von Bengalen 133
Golf von Mexico 131, 132
Golfstrom 87, 94, 95, 97, 131, 134, 225, 244, 250, 251
Gravettien 203
Gravitation 103
GRIP-Eisbohrkern 214
Grönland 12, 19, 29, 94, 117, 129, 170, 210, 213, 216, 238, 250, 252
Grönland-Eisbohrkerne 236
Grönland-Schottland-Rücken 94
Großbritannien 33, 119

Großer Salzsee 83
Großsäuger 165
Grundfolge, mitteleuropäische 150
Grundmoräne 44, 45, 47,48, 65
Gruppe (stratigraphisch) 144
Günz 183

Hadley-Zellen/-Zirkulation 239, 242
Hadley-Zirkulation 239
Halmrolyse 136
Hangterrassen 4
Harpunen 203
Häufigkeits-Zone 148
Hauptakkumulation 73
Hawaii 117
HCO_3^- 122, 129
Hengelo 159
Himalaya 193, 223, 225
Hintereisferner 17
Hirschartige 171
Hirsche 171
Hochdruckkerne 80, 255
Hochglazial 75, 77, 214, 254
hochmarines Milieu 108
Hochsander 65, 66
Höhlenbär 172
Höhlenlöwe 173
Höhlenmalereien 203
Holozän 139, 160, 169, 172, 174, 205, 214, 216, 219, 221, 255, 256
Holstein-Interglazial 150, 154, 155, 167, 169, 174, 180
Holzbearbeitung 198
Hominiden, frühe 193
Homo erectus 189, 198
Homo habilis 189
Homo sapiens 189, 198
Homo sapiens neanderthalensis 189, 201
Homo sapiens sapiens 192
Hudson-Bucht-Ereignis 62
Humboldtstrom 81
Hyänen 173
Hypsometrie 247

Illinoian 183
Illit 136
Indien 193, 224
Indik 135
Indo-Australien 243
Indonesien 197, 243
Industrieabgase 237
Inlandeiskappen, Größe 255
Innenspalte 15
Innertropische Konvergenzzone 241, 242
Insolation 253, 255
Interglazial 43, 44, 71, 77, 113, 139, 140, 141, 147, 148, 149, 150, 174, 182, 213, 214, 219, 231, 253
Interstadial 41, 114, 141, 147, 148, 149, 156, 159
Intervall-Zone 148
isochron 142
isopyknische Linien 92
isostatisch 43, 118
Italien 147
ITC (Innertropische Konvergenzzone) 239

Jäger 205
Jahresniederschlagsmengen (Holstein) 155
Jahreswarven 60, 62
Jan Mayen 94
jet flow 111, 112
jet stream 82, 239, 254, 255
Julitemperaturen (Eem) 155
Jüngere *Dryas*-Zeit 160, 177, 214, 216, 244
Junge-Schicht 225
Jungpaläolithikum 201

Käfer 177, 178
Kalender, Gregorianischer 207
Kalender, Julianischer 207
Kalifornien 180
Kalkablagerungen im Ozean 245
Kalksinter 219, 220

Kältewüsten 149
Kaltluft-Hochdruckzellen 241
Kaltwasserjahre 243
Kambrium 234
Kame 50, 58
Kanada 55, 70, 210
Kansan-Eiszeit 183
Kaolinit 136, 140
Karakorum 23, 24
Karbonat-Kompensationstiefe 121
Karbonate 244, 247, 251
Karibik 180, 217
Kaspisches Meer 83, 84
Katastrophismus 1
Keewatin-Eis 42, 62
Kernsprung 82
Kernzone (Inlandeis) 43
Kieselsäure 120, 130, 131
Kleinsäuger 173
Kliff 106
Klimaschwankungen, Geschwindigkeit von 214
Klima, arides 79, 135
Klima, atlantisches 163
Klima, humides 79
Klima, kontinentales 163, 164, 177
Klimadaten 207
Klimafaktoren 237
Klimageschichte 210
Klimamodelle 222, 253
Klimaoptima 150
Klimarekonstruktion 214
Klimaschwankungen 193, 194, 207, 210, 221, 222
Klimastratigraphie 146, 147
Klimate, kontinentale 178
Klimazonen 148
Klingen 201, 203, 205
Klosterchroniken 208
Kohlendioxid 212, 233, 234, 236
Kollision (Kontinente) 247
Konkurrenzkampf (Mensch) 193
Kontinent, antarktischer 30
Kontinentalabhang 85
Kontinentalböschungen 108
kontinentale Fazies 107
Kontinentalschelf 108, 127
Kontinent-Kontinent-Kollision 223, 224
Konturite 134
Konvektion (Ozeane) 86, 244
Konvergenz 80, 94
Kopenhagen 104
Koprolithen 138
Korallenriffe 112
Korrelationsmethoden 142
kosmische Strahlung 212
Kruste, ozeanische 223, 224
Kryosphäre 30
Kryoturbation 68
Kulturen 197
Kultursprung 198
Kuroshio 95
Küsten 106
Küstenriff 114
Küstenwüsten 80, 81

Labrador-Eis 62
Lachgas 236, 238
Lagerplätze, paläolithische 167
Lake Bonneville 83
Landbrücke 119, 120, 162, 193
Längsprofil (Gletscher) 15
Längsspalte 15
Laplace-System 220
Laterit 136
Laubwälder 150
Laurentischer Eisschild 39, 40, 42, 43, 62, 254, 255
Lemminge 173
Levalloistechnik 197, 201
Levantinisches Zwischenwasser 102
Ligurisches Meer 102
Lithostratigraphie 141, 144
Loben (Gletscher) 42
Lochstäbe 203
Lomonossow-Rücken 10
Löß 75

Lößkindl 77
Lößmollusken 77, 178
Löwen 173
Luftblasen (Eis) 212
Lufttemperatur (Schwankungen) 210
Lumineszenzmethode 142
Lysokline 121, 122, 124, 127, 129, 245

mäandrieren 74, 120
Magdalénien 168, 203
Magnetismus, remanenter 145
Magnetostratigraphie 145
Massenbilanz (Gletscher) 25, 26
Massenzunahme (Gletscher) 25
Matuyama/Gauss-Grenze 219
Matuyama-Epoche 146
Mecklenburg 2
Meereis 254, 255
Meeresspiegel 43, 71, 73, 74, 103, 104, 107, 108, 112, 113, 114, 117, 118, 120, 127, 139, 148, 160, 164, 220, 221, 223, 224, 246, 250, 254
Meeresströmungen 85, 87, 91, 131, 133, 181, 193
Meeresströmungen, oberflächennahe 244
Menap 183
Menschenaffen 193, 194, 195
Mesolithikum 205
Messer 205
Metamorphose 6
Meteoriten 234
Methan 212, 234, 236, 238
Michelsberger Kultur 205
Micoquien 201
Middle Pleistocene Revolution 220, 230
Middle Stone Age 201
Mikroabnutzungsanalysen 198
Mikrolithe 203
Mikrolithisierung 205
Mikrostichel 205
Milankovitch 112, 113, 217, 220, 226, 228
Mindel 183
Miozän 192, 225
Mississippi 132
Mitochondrien-DNA 195, 196
Mittelamerika 244
Mittelamerikanische Landbrücke 225
mittelatlantischer Rücken 138
Mitteleuropa 59, 147, 155, 160, 205
Mittelmeer 94, 102, 118, 225, 231, 252
Mittelmoräne 63
Mittelozeanischer Rücken 85, 117, 118, 246
Mittelpaläolithikum 201
Mittel-Pleistozän 153, 154, 170, 171, 172
Mittelsachsen 4
Mittel-Weichsel 175
Moershoofd 159
Monogenese-Modell 194
Monsun 80, 84, 241, 255
Mont Blanc 20
Montmorillonit 136
moraine 45
Moräne 3, 45
Moräne, glazilakustrine 49
Morphostratigraphie 142, 144
Moschusochse 170
Moustérien 201
Muldrow-Glacier 23
multilateraler Ursprung 188
multiregionale Herkunft 194
Mutation 194, 195
Mutationsgeschwindigkeit 195
Mutationsraten 196
mylonitisieren 20

Nachschüttsande 44
Nadel mit Öhr 203
Nadelwald, borealer 149
Nährgebiet (Gletscher) 12, 21, 24

Nährstoffe 98
Namib 81
Nashörner 166
Naßschnee 6
Nebenmeer 91, 101, 118, 130, 225, 231
Nebraskan-Eiszeit 183
Neogloboquadrina pachyderma 254
Neolithikum 162, 205
Nettobilanz (Gletscher) 29
Neuguinea 101, 112, 120, 197
Nevada 219
Niederschläge 251, 255
Niederschläge (Weichsel-Glazial) 216
Niederschlagsmessungen 208
Nigerdelta 84
Nil 82
Nivale Regionen 79
Nomenklatur (Fauna) 164
Nordafrika 84
Nordamerika 33, 43, 68, 91, 104, 168, 170, 172, 183, 208, 228, 255
Nordasien 77
Nordatlantik 91, 94, 125, 134, 136, 216, 231, 243, 255
Nordatlantisches Tiefenwasser 90, 94, 102, 129, 256
norddeutsches Flachland 3
Norddeutschland 4, 177
Nordeuropa 33, 62, 141, 147, 183
Nordjütland 180
Nordost-Monsun 242
Nordost-Passat 97, 242, 248
Nordpazifik 94, 136, 137
Nordpolarmeer 10
Nordsee 33, 78, 119
Nordsibirien 68
Norwegen-Grönland-See 94
Nukleinsäuren 234

^{16}O 210, 217, 218
^{17}O 217
^{18}O 210, 211, 214, 217, 219
^{18}O-Variationen 220

Oberflächenalbedo 254
Oberflächenströmungen 93, 95
Oberflächentemperaturen (Ozeane) 253, 254
Oberflächenwasser 86, 87
Ober-Miozän 168
Ober-Pleistozän 162, 168, 171, 172, 173, 174
Oberrhein 175
Ober-Weichsel 177
Odderade-Interstadial 159
Öffnung der Ozeane 246
Ogive 11
Oldowan 197, 198
Oligozän 168, 225
Orang Utan 194
Orel 159
Orient, Vorderer 205
Oser 31, 50, 55
Ostafrikanischer Graben 193
Ostalpen 24
Ostasien 196, 198, 241
Ostpazifik 243
Ostsee 10, 78
Ozeane (Salzgehalt) 250
Ozeanische Strömungen 93
ozeanische Zirkulation 213
Ozeanvolumen 224

Packeis 10, 87
Paläoklima 177, 216
Paläolithikum 197
Paläomagnetik 143, 145
Paläotemperaturen (Luft) 211
Pappschnee 6
Parabeldüne 78
Parabraunerde 77
Paraguay 224
Partikelweg (Eis) 37
Passatwind 81, 95, 97, 100, 101, 132, 239, 243, 248, 249, 250, 251
Passatwüsten 80
Passatzirkulation 239
Patagonischer Eisschild 30

Pazifik 87, 91, 95, 132, 231, 242
Pearlette-Tephra 183
Pedostratigraphie 142, 145
periglazial 68
Periglazialgebiete 67
Perihelwanderung 228
Permafrost 67
permokarbon 223
Persischer Golf 87
Peru 101
Pferde 167
Pflanzer 205
Pfrieme 203
Phillipsit 136
Phosphat 124, 125, 126, 127, 129, 130
photochemische Prozesse 225
Photosynthese 122, 125
Phylo-Zone 147
Phytoplankton 98, 243, 245, 246
Pingo 71
planarer Strahlstrom 111
planetarische Frontalzone 239, 241
planktonisch 179
Plateaugletscher 9, 24
Plattentektonik 104, 106, 118, 192, 193, 222, 223, 236
plattentektonische Ereignisse 225
plattentektonische Vorgänge 244, 246
Pleistozän 9, 138, 171
Pliozän 171, 172
Pluviale 80, 83, 84
Polarfront 241
Polargebiete 6
Polaritätswechsel 146
Polarwüsten 80, 81
Pollen 11, 150, 153
Porenwasserdruck (Sediment) 41
Postvillafranchium 169
Präboreal 160
Prä-Illinois-Zeit 183
Präkambrium 234
Prätegelen 183
Präzessionszyklus 228
Prioritätsprinzip 164
Proconsul 189, 193
Produktion, organische 129, 130
Proteine 194
proximale Warve 60
proximaler Sander 64
Przewalski-Pferd 168
Prydz Bay 93
Pteropoden 121
Pulverschnee 6

Quartär 5, 140, 141, 142, 143, 146, 147, 148, 150, 164, 167, 182, 183, 194, 197, 219, 220, 221, 224, 225, 235, 237
Quartär-Stratigraphie 144, 186
Quarz 138
Quebec 42
Querspalte 15

Radialspalte 15
Radiocarbonmethode 213
Radiolarien 130
Ramapithecus 189, 193, 194, 195
Randklüfte 15
Raum, pelagischer 138
Reaktionszeit 177
Regelation 18
Regenschatten 81
Regressionsphasen 108
Reibung, Innere (Eis) 20
Reichweiten-Zone 148
Relation der Serie (Warven) 61
Relief, übergeordnet (Gletscher) 9
Rentier 171, 203
Rhodos 102
Rhônegletscher 29
Riesenhirsch 171
Rifftreppen 112, 113
Ringe (Golfstrom) 97
Rinnen, glazigene 50, 51, 52
Riß 183
Ronne-Schelfeis 10
Ross-Meer 93

Rössner-Kultur 205
Ross-Schelfeis/Barriere 10, 29
Rotes Meer 87
Rückkopplungen 246, 250
Rudolph-See 84

Saale-Glazial 155, 167, 174, 175, 180, 182, 183, 216, 224
Sahara 81, 83, 84
Saiga-Antilope 170
Säkularvariation 146
Salinitätsprofile 88
Salzgehalt (Ozean) 90, 91, 252
Salzsumpf 82
Sammler 205
Sander 44, 50, 63, 64, 65
Sandlöß 75, 77
Sandriffe 106
Satz(end)moräne 46
Sauerstoffisotope 33, 39, 142, 182, 210, 216, 219, 220, 228, 230
Säugetierfauna 163, 164, 174
Saumriff 114
Savanne 193
Schaber 198, 201
Schelf 33, 85, 118, 133, 134, 220, 230
Schelfdeponierungshypothese 127, 129
Schelfeis 10, 221
Scherfläche 49
Schermäuse 173
Schermoräne 48
Scherwiderstand 41, 42
Schimpanse 194, 195, 196
Schmalklingen 201
Schmelzpunkterniedrigung (Eis) 17
Schmelztemperatur (Eis) 17
Schmelzwärme 86
Schmelzwasser 17, 31, 52
Schmuck 203
Schnee 5
Schnee, ewiger 7
Schneegrenze 7
Schneegrenze, klimatische 7
Schneegrenze, orographische 7
Schneegrenze, temporäre 7
Schneekristalle 6
Schneenadeln 6
Schnurkeramik 205
Schottland 4, 58
Schubflächen 14
Schubspannung 21, 22
Schwämme 130
Schwarzes Meer 83, 102
Schwarz-Weiß-Effekt 15
Schwefel 225
Schwemmfächer 55, 63
sea floor spreading 247
Seasat 104
Sedimentationsrate 138, 139
Sedimente, glaziäre 59
Sedimente, glazimarine 44
Sedimente, transversale 33
Seespiegelhöhen 80
Seewasserspiegel 255
Seitenerosion 71
Serac 15
Serapis-Tempel 103
Sibirien 68, 70, 120, 149, 155
Silicoflagellaten 130
Silizium 130, 131
Sivapithecus 189, 193
Sizilische Schwelle 102
Skandinavien 33, 53, 61, 104, 160, 177
Sohlmoräne 48
Solifluktion 68
Solutréen 203
Sommerbilanz (Gletscher) 27
Sommerkörner 6
Sommerlage (Warve) 60
Sonne (Magnetfelder) 212
Sonnenaktivität 211
Sonneneinstrahlung (Variationen) 220
Spätglazial 159
Speerschleudern 203
Spektralanalyse 220, 228

Spitzbergen 9, 23, 24
Spitzen 201, 205
Spurengase 233
St. Bernhard 3
St. Germain I 159
St. Germain II 159
Stadial 41, 147, 148, 149
Stärke 234
Staub, kosmischer 11
Staubgehalt (Erdatmosphäre) 212, 247
Staubsedimentation, äolische 11
Stauchmoräne 33, 42, 46
Steilküste 106
Steinartefakte 197
Steinsalzpseudomorphose 83
Steinwerkzeuge 198, 205
Steppe 149, 150, 168, 173, 178, 245, 248
Steppenwisent 170
Stickstoff 234
Stockholm 61, 104
Strahlstrom 239, 243, 248
Strahlung 228, 253
Strahlungsmenge 222, 223, 228, 230, 231, 248, 252
Strandterrassen 4, 83
Stratigraphie 141
Stratosphäre 225, 239
Striemung 33
Strömungen, atmosphärische 40, 41, 80, 233, 239, 241, 242, 247
Strömungen, ozeanische 222, 230, 242, 250
Strömungstheorie 21
Struktur, glazitektonische 45
Struktur, longitudinale 33
Struktur, transversale 33
Stürme, benthonische 135, 139
Stürme, schneebringende 40
Sturmfluten 208
Subantarktisches Zwischenwasser 90
Subatlantikum 162
Subboreal 160
subglazigen 55, 65
Submergenzgeschwindigkeit 24
Substrat 42
Südafrika 81, 201, 224
Südamerika 81, 91, 100, 101, 243
Südasien 241
Südatlantik 231
Süddeutschland 177
Südeuropa 141
Südliche Oszillation 243
südostasiatische Inseln 120
Südosteuropa 173
Südost-Passat 100, 248
Summit-Eisbohrkern 210
Superkontinent 223, 224
supraglazigen 55
surges 42
Suspensionsströme 133
Systematik (Fauna) 164

Tafeleisberge 10
Tageswarve 60
Taiga 149, 150
Tasmanien 120
Tasman-See 135
Taurus-Gebirge 193
Taxon 147, 148, 165
Taxonomie 164
Taxon-Reichweiten-Zone 148
Tegelen-Interglazial 154, 172
Tiefenwasserströme 230
Temperatur der Ozeane 124
Temperaturanstieg, weltweiter 237
Temperaturen (Erdatmosphäre) 210
Temperaturgradient, negativer (Antarktis) 19
Temperaturmessungen 208, 209
Temperaturprofile 88
Temperaturschwankungen 210
Tephrachronologie 143
Termination 219
Terrassen 71
Terrassenkreuzung 75

terrestrische Abfolgen 219
Tertiär 147, 154, 182, 235
Tethys-Meer 192
Textur 11
Thera-Ausbruch 212
Thermische Konvektion 86
thermische Sprungschicht 87
thermohaline Konvektion 101
thermohaline Meeresströmungen 87, 93, 94
Thermokline 87, 238
Tibet 18
Tidenhub 53
Tiefdruckgebiet 40, 81, 239, 248, 249, 255
Tiefenerosion 31, 71, 74
Tiefenwasser 81, 87, 91, 93, 94, 125, 127, 214, 231, 243, 250, 252
Tiefseebohrungen 33, 125, 127, 131, 132, 135, 139, 180, 182, 183, 210, 216, 217, 218, 219, 220, 221, 228, 230
Tiefsee-Ebenen 85
Tiefseesedimente 138, 131, 132, 140
Tiefseestratigraphie 219
till 45
Tillite, eokambrische 223
Tonminerale 137
Torf 134
Toteis 26, 55, 58
Totes Meer 83
Transgression 108, 114
Treibeis 2, 90, 91, 248
Treibhauseffekt 98, 100, 235, 249, 251
Treibhausgase 233
Tropen 79, 135, 136
tropische Regenwälder 249
Troposphäre 80, 239
Tschad-See 83, 84
Tundra 149, 150, 168, 173, 245, 248, 250
Tundra-Naßboden 77
Tunneltäler 49, 50, 51
Turbidit 132, 133, 134, 139
Typlokalität 144

Übergußtextur 58
Überlappungs-Zone 148
Unter-Pleistozän 153, 154, 165, 168, 172
Unter-Weichsel 175
upwelling 121, 132, 181, 238, 243, 245, 249
Ural 208
Uranreihen 219
Uratmosphäre 234
Urstromtal 44
U-Täler 52
Utah 83
UV-Licht 234

Vanderfjord 53
Vegetationsgemeinschaften, boreale 154
Verdampfungswärme 86
Verdunstung 249, 251
Vereisung, permokarbone 223
Vereisung, präelsterzeitlich 186
Vereisungen, eokambrische 222
Vereisungen, permokarbone 222
Vereisungszentren, permokarbone 224
Vererbung, matrilineare 195
Vergesellschaftungs-Zone 148
Vergletscherung 3
Verkieselung 82
Verwitterung 13, 82, 135, 136, 137, 140, 247, 251
Vesuv 207
Viehzüchter 205
Villafranchium 169, 173
Volumen der Ozeanbecken 245
Vorschüttsande 44
Vorstoßgeschwindigkeit (Gletscher) 43
Vostok-Kern 210, 216

Vulkanismus 136, 140, 183, 212, 213, 225, 234, 247

Wälder, nemorale 150
Waldgesellschaften 149
Walker-Zirkulation 242, 243
Wallberg 55
Walldüne 78
Wanderung (Perihel) 228
Wanderungen (Faunen) 162
Wärme, geothermische 19
Wärmeinseln 209
Wärmekapazität 86
Wärmestau unter Kontinenten 224
Wärmestrahlung, langwellige 236
Warmwasserschicht 87
Warmwassersphäre 94, 95
Warmwasserzufuhr (Ozeane) 250
Warmzeit, intra-saalezeitlich 186
Warven 44, 59, 60, 62
Warven, distale 60
Warven, proximale 60
Warvenchronologie 33, 62
Warvenzählung 62
Wasser, aufquellendes kaltes 249
Wasser, nährstoffreiches 101, 130
Wasserbüffel 174
Wasserdampf 233, 238, 251
Wasserdichte 86
Wassermoleküle, Verweilzeiten im Eis 33
Wassertemperaturen, fossile 217
Waterlain Till 49
Watten 106, 107
Weddell-Meer 87, 91, 93
Weichsel 183
Weichsel-Frühglazial 201
Weichsel-Glazial 8, 62, 67, 105, 156, 166, 167, 168, 170, 171, 172, 173, 175, 180, 205, 213, 214, 216, 221
Weißblätter 13
Weißer Nil 84
Wellung 13
Wendekreis 80
Werkzeugtechniken, mittelpalöolithische 197
Werkzeugtechnologie 188, 196, 197, 198, 201
Westafrika 135
Westantarktisches Eis 20
Westdeutschland 177
Westgrönland 24
Westwindgürtel 83, 241
Westwindzone 239, 240
Wetterbeobachtung (instrumentelle) 209
Wetterberichte 208
Wiederauftauen 6
Wildschnee 6
Wildschwein 170
Windrichtung 78, 83
Windsysteme 93, 95
Windungsrichtung (Foraminiferen) 181
Winterbilanz 27
Winterkörner 6
Winterlage 60
Wintersonnenwende 228
Wisconsin 183
Wisent 169
Witterungsbeschreibungen 208
Wolga 170
Wolken 238, 249, 251
Wühlmäuse 173
Würm 183
Wüsten 67, 79, 81, 82, 212

Zehrgebiet 12, 21, 24
Zeitskala 141
Zellorganellen 195
Zirkulation, atmosphärische 225, 226
Zirkumpolarstrom 95
Zone, gemäßigte 79
Zone, intermediäre 43, 44
Zone, kalte 79
Zugfestigkeit (Eis) 21

Zugspannung (Eis) 15
Zungenbecken 44, 59, 60
Zweigbecken 59
Zwischenwasser 93, 94
Zyklone 240
Zypern 102

SAMMLUNG GEOLOGISCHER FÜHRER

Die deutsche Ostseeküste

von Prof. Dr. Klaus DUPHORN, Kiel; Prof. Dr. Heinz KLIEWE, Priv.-Doz. Dr. Ralf-Otto NIEDERMEYER, Prof. Dr. Wolfgang JANKE, Greifswald; Dr. Friedrich WERNER, Kiel

Band 88. 1995. VIII, 281 Seiten mit 87 Abbildungen, 6 Tabellen und 1 Beilage.
13,5 x 19,5 cm, in flexiblem Kunststoffeinband. DM 49,--, ISBN 3-443-15065-9

Die Küste, jener schmale Übergangsraum zwischen Land und Meer, trennt die Kontinente von den Ozeanen. In diesem wichtigen Grenzstreifen zwischen Gestein, Wasser und Atmosphäre entstehen typische Ablagerungen und Formen, Themen dieses geologischen Führers.

Im Allgemeinen Teil wird eine Einführung in die Geologie dieses Bereiches, die geomorphologischen Merkmale und die meereskundlichen Besonderheiten vermittelt.

Der regionale Teil stellt in seinen 18 Exkursionsbeschreibungen die wichtigsten Küstenabschnitte mit ihrem Landschaftscharakter und die heutige Ostsee an ihrer südwestlichen Küste exemplarisch vor: die schleswig-holsteinische Fördenküste, die holsteinisch-westmecklenburgische (Groß)Buchtenküste, die mecklenburgische Ausgleichsküste und die vorpommersche Bodden-Ausgleichsküste.

Die allgemeinen Zusammenhänge zwischen Geologie, Archäologie, der heute viel diskutierten Klimatologie und der Kulturgeschichte werden leicht faßlich beschrieben und mit guten Bildern erläutert. Ein schon lange erwartetes Buch ist für alle am Küstengebiet Interessierten damit wieder greifbar.

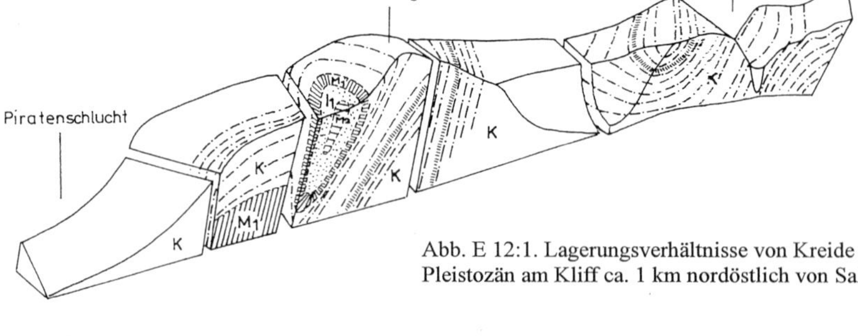

Abb. E 12:1. Lagerungsverhältnisse von Kreide und Pleistozän am Kliff ca. 1 km nordöstlich von Saßnitz

Gebr. Borntraeger · Berlin · Stuttgart
Auslieferung: E. Schweizerbart'sche Verlagsbuchhandlung (Nägele u. Obermiller)
Johannesstr. 3 A, 70176 Stuttgart · Telefon 0711/62 50 01 · Fax 0711/62 50 05